应用型本科风景园林专业规划教材

园林工程(第二版)

主　审　王　健　陈　雷

主　编　朱　敏　张媛媛

副主编　范文琳　万　斌

上海交通大学出版社

内容提要

    本书从园林工程设计与施工一体化的角度,重点介绍了园林工程中的地形塑造、道路修筑、场地管线布置、水景建造、假山安置、景观小品、绿化种植、照明亮化、工程机械以及园林工程管理的最新内容。

    本书可作为应用型本科园林专业及相关专业的教材,也可作为园林企业高级技术人员岗位培训用书。

图书在版编目(CIP)数据

  园林工程 / 朱敏,张媛媛主编.—2版.—上海:上海交通大学出版社,2016(2019 重印)

  应用型本科(农林类)"十二五"规划教材

  ISBN 978 - 7 - 313 - 08560 - 3

  Ⅰ.①园⋯　Ⅱ.①朱⋯②张⋯　Ⅲ.①园林－工程施工－高等学校－教材　Ⅳ.①TU986.3

中国版本图书馆 CIP 数据核字(2012)第 191876 号

园林工程(第二版)

主　　编:朱　敏　张媛媛
出版发行:上海交通大学出版社　　　　　地　　址:上海市番禺路 951 号
邮政编码:200030　　　　　　　　　　　电　　话:021 - 64071208
印　　制:上海万卷印刷股份有限公司　　经　　销:全国新华书店
开　　本:787mm×1092mm　1/16　　　　印　　张:23
字　　数:570 千字
版　　次:2012 年 8 月第 1 版　2016 年 9 月第 2 版　　印　　次:2019 年 12 月第 4 次印刷
书　　号:ISBN 978 - 7 - 313 - 08560 - 3
定　　价:59.00 元

第二版前言

园林工程是风景园林专业核心课程的教材。多年来,开办风景园林专业的本科院校大多使用中国林业出版社出版的《园林工程》,该教材的特点是内容基本涵盖了园林工程的一般特征,涉及园林工程的基本方面等,是一本深度、广度较为适中的好教材。但由于风景园林实践的迅速发展,该教材结合园林工程实践的新内容、新方法明显不足,对园林工程项目中单位工程、分项工程的整合不够,没有涉及结合园林工程施工"三控"新要求;同时,应用型本科院校在人才培养上着力于岗位应用型,因此,急需编写一本适应应用型本科人才培养的实用教材。

在本教材的编写过程中,力求以园林工程实战为指导思想,突出园林工程设计与施工一体化,突出园林工程实施流程重点,突出园林工程中新技术、新工艺、新管理。本书的突出特点是:校企合作,突出理论与应用的结合,园林企业的技术骨干与管理者直接参与教材的编写工作;联合国内同类型的应用型本科院校,取长补短,集中优势,打造高质量教材;结合多媒体互动,对园林工程课程各章节内容配套教学课件(读者可从以下网址下载:www.jiaodapress.com.cn);强化园林工程中综合知识点的整合应用,加大工程案例的操作分析;强化园林工程中各类工程图纸的设计规范、方法的介绍;强化园林工程中各类工程重点、要点等的介绍;注意成熟施工技术与创新工艺的介绍。本书可作为应用型本科风景园林专业教材,也可作为从事风景园林设计施工企业高级技术人员的培训用书。

本书分9章,由朱敏(金陵科技学院)、张媛媛(重庆文理学院)担任主编,范文琳(南京城南园林绿化工程公司)、万斌(金陵科技园林规划设计有限公司)担任副主编。其中绪论、第1章、第7章由朱敏编写,第2章、第5章由张媛媛、周维(重庆隽景园林景观工程有限公司)编写,第4章由纪易凡(金陵科技学院)编写,第6章由王禹杰(重庆古鼎园林景观工程有限公司)编写,第3章、第8章、第9章由万斌编写。课件资料由朱敏、范文琳负责收集整理。全书由朱敏、范文琳负责统稿,江苏省住建厅风景园林处处长王健、南京市园林局总工程师陈雷担任本书的主审工作。

《园林工程》第一版(2012年版)经过3年全国各地应用型大学风景园林、园林专业师生和园林企业高级技术人才培训的广泛使用,得到了大家的厚爱,对该教材的新观点、新内容及结合园林实践,给予了充分肯定,也对教材中存在的问题提出了意见。

本次修订出版,仍然突出教材的应用型特色,并结合这几年风景园林行业飞速发展的实际,以风景园林工程应用型人才的岗位知识与能力要求为目标,努力构建园林工程设计与施工一体化专业知识和能力的综合训练。

新版教材由金陵科技学院朱敏修订完成。修订过程得到了相关院校和园林企业同行的帮助和支持,得到了上海交通大学出版社的大力协助,在此表示感谢!

由于时间仓促和编者水平有限,书中存在的不妥之处,敬请广大同行批评指正并提出意见,以便在再版时修订。

主编　朱敏

2016 年 5 月

目　录

0　绪论——园林工程概述 ································· 1

0.1　园林与园林工程 ································· 1

0.2　园林工程的发展特征 ································· 3

0.3　园林工程的职业岗位能力 ································· 4

0.4　园林工程的知识体系构成 ································· 5

0.5　园林工程的学习方法 ································· 6

0.6　园林工程拓展学习相关网站 ································· 6

1　园林地形塑造工程 ································· 8

1.1　园林地形概述 ································· 8

1.2　园林地形的识别与绘制规范 ································· 12

1.3　园林地形塑造土方平衡原理与计算方法 ································· 14

1.4　园林地形塑造的施工 ································· 20

1.5　园林地形塑造与其他园林工程的关系 ································· 35

1.6　园林地形塑造工程案例 ································· 39

2　园林道路工程 ································· 48

2.1　园林道路概述 ································· 48

2.2　园林道路的工程设计 ································· 51

2.3　园林道路的施工 ································· 65

3　园林绿地的管线布置工程 ································· 79

3.1　园林绿地给水管线 ································· 79

3.2　园林绿地排水 ································· 104

3.3　园林绿地电缆线布置 ································· 117

3.4　园林绿地管线综合布置 ································· 124

3.5　园林绿地给排水管道的施工 ································· 132

4　园林水景工程 ·················· 137

4.1　园林水景的概述 ·················· 137

4.2　园林静态水的设计与施工 ·················· 140

4.3　园林动态水的设计与施工 ·················· 149

4.4　园林水景设计与施工的案例 ·················· 167

5　假山工程 ·················· 175

5.1　假山工程的概述 ·················· 175

5.2　假山工程的设计与施工程序 ·················· 179

5.3　假山工程施工工艺 ·················· 197

5.4　假山的施工图画法 ·················· 200

6　园林小品工程 ·················· 206

6.1　园林小品工程概述 ·················· 206

6.2　常见园林小品施工图 ·················· 214

7　园林植物种植设计与工程 ·················· 221

7.1　园林植物种植设计概述 ·················· 221

7.2　园林植物种植设计内容 ·················· 226

7.3　园林植物种植工程 ·················· 250

7.4　园林植物种植工程案例与制图 ·················· 288

8　园林照明与亮化工程 ·················· 298

8.1　园林照明亮化概述 ·················· 298

8.2　园林照明亮化设计 ·················· 304

8.3　园林景观照明亮化设计要求 ·················· 310

9　园林工程机械 ·················· 317

9.1　园林工程机械概述 ·················· 317

9.2　土方工程机械 ·················· 319

9.3　栽植机械 ·················· 339

9.4　园林绿化养护机械 ·················· 347

9.5　园林绿化机具的使用安全常识与注意事项 ·················· 358

参考文献 ·················· 362

0 绪论——园林工程概述

0.1 园林与园林工程

所谓园林,是指要满足人类对自然环境在物质和精神方面的综合要求,将生态、景观、休闲游览和文化内涵融为一体,为人类长远、根本利益服务的场所。所谓工程,人们习惯将"执技艺已成器物"的行业称之为"工",把"造物以准"的过程称之为"程",还包括期限过程的意思。所以"工程"可理解为工艺过程。在此基础上,园林工程可以理解为在一定的地域运用工程技术和艺术手段,通过局部改造地形(或进一步筑山、叠石、理水)、种植树木花草、营造建筑和布置园路等途径创作而成的美的自然环境和游憩境域,即研究园林造景技艺及工程施工的学科。它研究的中心内容是以园林规划与设计的理论为指导,探讨如何最大限度发挥园林工程综合效益及功能的前提下,解决园林中的工程建筑物、构筑物和园林风景的矛盾统一问题。园林工程范畴有三个方面,包括工程设计原理、工程设计和施工及养护管理等。

准确理解园林工程的含义,应从以下几点考虑:

首先,从园林工程场地涉及的范围来看,是以人居环境为主的空间。在充分重视利用所在地场地的地形、地质、气象等自然条件和尊重场地现状等前提下,通过园林工程的设计、实施,提供优良的绿色公共基础设施,架起物质文明与精神文明的桥梁,实现人与自然的和谐共处。

其次,从现代园林建设工程分类来看,园林工程可以分为园林工程与园林建筑工程,如表0.1所示。园林工程包括土方工程(地形塑造)、园林道路、园林绿地管线布置、园林水景、假山工程、园林种植工程、园林照明与亮化工程等。园林建筑工程应包括地基与基础工程、墙柱工程、地面与楼面工程、屋顶工程、装饰工程以及园林小品。

表 0.1 园林建设工程分类表

序号	单位工程	单项工程	主要内容
1	园林工程	地形塑造工程	地形塑造、土方平衡
		园路工程(含铺装)	各类园林地面的做法
		园林水景	驳岸、自然式护坡、水池、人工喷泉
		假山工程	各类置石、各类假山做法
		种植工程	种植设计、各类植物的种植

（续表）

序号	单位工程	单项工程	主要内容
2	园林工程配套工程	园林绿地管线布置	给水、排水等
		园林照明与亮化工程	供电系统、照明安装、防雷及接地
		道路工程	景区的主要干道
		灌溉系统	各类喷灌等
		人性化设施系统	无障碍系统、防灾减灾设施
3	园林建筑工程（含园林小品）	地基与基础工程	基础、支护、地基处理、桩基、各类基础
		墙柱工程	各类结构（木、混凝土、砌体、钢、网架）
		地面与楼面工程、屋顶工程	各类屋面的做法、楼地面的做法
		建筑给水、排水等安装工程	室内给水、排水及其他设备、管线的安装
		装饰工程	门窗、吊顶、隔墙等细部

再有，园林建设程序一般包括建设项目的筹备期（方案评审通过，立项及投资决策）、建设期（工程设计、工程施工）、使用期（运营期，效益体现）三大阶段，园林工程处于园林建设项目中的建设期，如图 0.1 所示。对于市场条件下的园林工程项目，必须按照建设工程的管理制度组织实施。

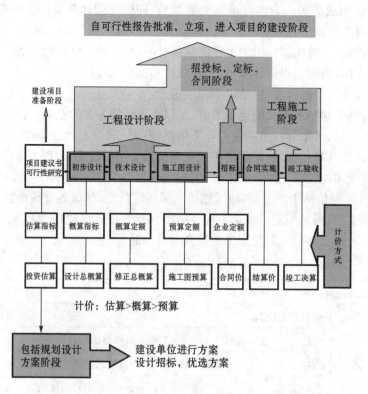

图 0.1　园林建设程序示意图

最后,从园林工程的特点来看,其完成过程体现多专业的综合性和施工的技艺性;工程景观效果突出体现生态美与社会美。因此,要求从业人士具有较高的专业素养和实践操作能力。工程设计阶段反映的主要特点:一是设计工作表现为创造性的脑力劳动;二是设计阶段是决定建设工程价值、使用价值及投资的关键阶段;三是设计工作需要多专业的协调;四是设计质量对建设工程总体质量有决定性影响。工程施工阶段反映的主要特点:一是施工阶段是以执行计划为主的阶段;二是施工阶段是实现工程价值、使用价值的主要阶段,是资金投入量最大的阶段;三是施工阶段需要协调的内容多;四是施工质量对建设工程总体质量起保证作用;五是施工持续时间较长,风险因素多;六是合同关系复杂,合同争议多。

0.2 园林工程的发展特征

中外园林的发展历史就是人类社会不断认识自然、实现理想人居环境的缩影。园林工程就是在园林发展的各个历史阶段,人类的精神梦想在场地空间中物质化的表现过程,具体表现为以下特征:

第一,具有很强的地域及时代特征。中国古典园林从考古发现的商朝囿苑开始,历经昆仑神话、蓬莱神话、写意论等具有显著特征的发展阶段,形成了在世界园林界独树一帜的"天人合一""效仿自然、高于自然"的风格,留下了宝贵的人类物质文化遗产。我国在园林兴建的过程中形成了许多独特施工方法和工艺,北宋沈括所著《梦溪笔谈》,宋《营造法式》,明代计成所著《园冶》、文震亨著《长物志》、徐霞客所著《徐霞客游记》,清代李渔所著《闲情偶寄》和沈复《浮生六记》有所触及。著名的古代造园专著《园冶》由明末造园家计成著,崇祯四年(公元1631年)成稿,崇祯七年刊行。全书共3卷,附图235幅,主要内容为园说和兴造论两部分,其中园说又分为相地、立基、屋宇、装拆、门窗、墙垣、铺地、掇山、选石、借景10篇,并绘制了两百余幅造墙、铺地、造门窗等的图案。西方园林的起源可以上溯到古埃及和古希腊时期,历经中世纪欧洲园林发展阶段、文艺复兴时期园林发展阶段、17至18世纪风景园林发展阶段及近代园林发展阶段等,形成强调规整、秩序、均衡、对称的造园理念,推崇圆、正方形、直线。欧洲几何图案形式的园林风格是在"唯理"美学思想的影响下形成的,体现的是"天人相胜"的观念和理性的追求。18世纪后,西方工业革命的迅速发展,城市规模的不断扩大,造成城市人口密集、自然及城市环境恶化,引起了人们的关注,园林已不再只限于传统意义上的造园,而是拓展为城市环境的改善,为人类、为社会提供活动空间。同时,由于生产力水平的不断提高,科技不断进步,新材料、新技术大量出现,也影响到园林工程设计的变化;其次西方建筑师发起了艺术设计思潮运动,提供了新的设计语言与设计精神,加速了造园形式的变革。

第二,体现了不断追求艺术美、社会美和生态美的实践过程。园林实践在历史的发展过程中,从传统园林(Garden and Park)到风景园林(Landscape Architecture),并在此基础上拓展的景观设计(Modern Landscape Architecture)和环境设计(Enviroment Design),反映了园林内涵与外延的不断深刻与广博,以多元的价值观思考,以工程实践不断创新的形式,全方位、多元化展现生态与人类的生存环境并重、环境与发展并重、物质与精神并重、功能与审美并重、民族文化与时代并重、区域与多元并重的主题。园林的发展变革将促使园林建设的指导思想更加以人为本,更加使人与自然和谐,更加回归自然;促使园林建设行为和建设成果更加理性化、自然化,以及环境更加适合人聚居。

总结园林工程的发展历史和各个阶段的特征，启发我们宏观地把握园林工程具体工作实施的意义，仅仅知道"做"是不够的，还要知道"做"的社会责任。

0.3   园林工程的职业岗位能力

0.3.1   我国风景园林事业的发展现状与未来

随着经济的高速发展，我国当前的城市化速度惊人，每年进城的人口在1 500万左右；每年新建成的城镇建筑总量（包括乡镇）约 20 亿 m^2，比全世界所有发达国家的新建建筑总和还要多；每年所消耗的水泥量占世界水泥总量的 42%；每年消耗的钢材量占世界钢材总量的 35%。但由此产生的环境问题日益凸显，促使全社会日益重视生态环境，城市园林绿化行业迎来了巨大的发展契机。2001～2008 年，全国城市绿化固定资产投资保持了快速增长态势，投资额从 163.2 亿元增加至 649.9 亿元，平均增长速度达到 22%。2009 年，中国城市建成区绿化覆盖面积达 135.65 万 hm^2，建成区绿化覆盖率 37.37%，绿地率 33.29%，城市人均拥有公园绿地面积 9.71m^2。到 2014 年，中国城市建成区绿化覆盖面积增加到约 260 万 km^2，城市人均拥有公园绿地面积增加到约 11.18m^2。这些数据充分显示城市园林绿化行业是一个朝阳行业。创建"园林城市""生态城市""山水城市""森林城市""宜居城市"，以此作为城市发展目标之一，为园林行业的加速发展提供了历史性机遇。

我国未来风景园林事业发展的重点：一是要形成绿色生态的发展战略，创建国家生态园林城市，建设城市湿地公园，要逐步实现城区园林化、郊区森林化、道路林荫化、庭院花园化。二是强化风景园林行业体系科学化建设，坚持规划建绿、依法治绿、科技兴绿，其根本是培养园林应用型人才。三是提升风景园林行业整体的建设水平，强调精品园林建设、文化园林建设。因此，我国未来风景园林事业的发展必将迎来新的变革，在发展模式上，由量的扩张转到质的提升，增强城市绿化的内生性；在建设方式上，由形式铺张转到节约型绿化，增强城市园林绿化的可持续性；在绿地植物配置上，由点线转到复层配置，增加绿化的生态性；在绿地结构布局上，由失衡转向均衡，增加绿化的民本性；在绿地管理上，由粗放式管理转到精细化管理，多出精品，打出品牌。

随着社会文明的不断发展，人与自然和谐成为永恒的课题，园林学科的建设也提速壮大发展。2011 年教育部新修订的《学位授予和人才培养学科目录（2011 年）》中风景园林学科被列为一级学科。园林工程作为园林专业的主干课程，必须在内涵上不断细化研究和深化特色创新，在外延上加强扩展涉及领域和市场实践。

0.3.2   园林工程的职业岗位能力

园林工程现在已发展成为综合性产业，同时专业细化也越来越清晰，市场化越来越明显。园林工程从涉及的学科来看，与城市规划、建筑学、园艺等联系紧密；从建设项目来看，涉及园林工程的设计、现场施工技术与园林工程的招投标、施工组织等。因此，园林工程职业岗位能力，可以细分为：

0.3.2.1 园林工程设计师的岗位能力

园林工程设计师在园林设计单位或园林施工企业专门从事园林建设的设计工作,能够独立承担场地中有关园林方面的技术设计与施工设计的任务,同时能够指导场地中其他配套技术设计。

0.3.2.2 园林工程建造师的岗位能力

园林工程建造师是园林施工企业专门从事园林建设现场的总负责人,能够全面实施施工的质量、进度、资金、安全等管理,具有对园林方案成果及实施图纸较深的理解能力,能把握园林工程的图纸与场地的结合、实施过程与未来实际景观的结合。

0.3.2.3 园林工程经济师岗位能力

园林工程经济师是园林施工企业专门从事园林工程招投标的技术人员,要求熟悉企业的基本情况,熟练掌握招投标的流程以及招投标书的编制方法和技巧,并具有商务谈判、商务考察的业务能力。

0.3.2.4 园林工程造价师岗位能力

园林工程造价师在园林设计单位或园林施工企业专门从事园林建设概预决算,具有对园林方案成果及实施图纸有较深的理解能力,熟悉园林工程特点和造价的编制。

0.3.2.5 园林工程监理师岗位能力

园林工程监理师是园林建设工程领域中接受建设单位的委托,按有关协议要求,完成对施工单位的建设行为进行监督控制的专业化人员。要求能够全面协助建设单位科学合理地实施质量、进度、资金、安全等监督管理,熟悉园林工程的技术流程和施工工艺的规范与标准,准确布置下达有关监理指令,完成有关工程的验收和资料存档。

0.3.2.6 园林工程咨询师岗位能力

园林工程咨询师是园林建设工程领域市场化、国际化后产生的新岗位,能够为客户提供智力服务,包括为决策者提供科学合理的建议、先进的技术,为复杂的园林工程提供技术支持;发挥准仲裁人的作用等。因此要求从业人员知识面宽、精通业务,协调管理能力强,特别熟悉国际上园林工程的实施规则。

0.4 园林工程的知识体系构成

针对风景园林事业的发展及职业岗位能力的要求,要成为园林工程的应用型人才,应有意识地加强园林工程知识和技能的学习,并勇于实践,达到理论知识与实践的融合。

园林工程知识体系构成如图 0.2 所示。通常把场地设计、园林工程设计、园林工程现场施工技术、养护管理技术称为园林工程实施的技术过程;园林工程施工组织与管理的知识称为园林工程实施的管理过程。

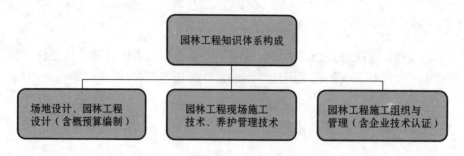

图 0.2　园林工程知识体系构成

园林工程的技术过程与管理过程，共同构成了园林工程的知识体系，是搞好园林建设不可分割的两个方面。本教材不包括园林工程施工组织与管理方面的内容。

0.5　园林工程的学习方法

园林工程的特点决定了掌握园林工程知识具有较大的难度，一是知识跨度较大，涉及美学、设计学、植物学、材料学、测量学等知识。二是知识需要综合应用，每个具体的园林工程从设计、施工到竣工，没有一个是完全一样的，因此知识运用范围及深度很难有统一的标准。三是园林工程随着时代的不断进步，从内容到展现形式也在不断变革与创新，园林工程的知识更新也需与时俱进。但掌握良好的学习方法，经过一定训练与实践，是能够掌握园林工程建设的共性与规律，从知识应用的"必然王国"迈入"自由王国"。

第一，园林工程从设计到施工，应符合国家有关技术规范的要求，特别是有关工程建设的强制性技术规范与要求。在园林工程建设过程中大家通常重视法律，忽视技术规范，其实对于园林技术人员来说，违反技术规范，给社会与人民的财产、生命造成损失，同样要受到法律的惩罚。

第二，园林工程中重要的知识点要强化模拟训练，以熟能生巧地运用。例如关于等高线，除了解等高线的基本构成要素外，还需重点掌握在场地中的运用，如不同坡度地形的识别、改造的方法、等高线视图与竖向视图的转换等。因此，园林工程中许多重要的知识点的运用，都要围绕具体的场地空间要求，根据原理和技术手段分析求算。

第三，为了方便有效地进行教学，课程将园林工程拆分为各个单项工程，分别进行讲授。但在实际施工过程中，不是简单地将各个单项工程"叠加"。优秀的项目经理必须具备从施工图纸到施工过程全局地把握控制能力。因此，在学习中，要多观察多实践，多对比成功案例中图纸与实景的关系，这样才能举一反三，灵活运用理论知识并在实践中有所创新应用。

0.6　园林工程拓展学习相关网站

(1) 土木在线 http://www.co188.com

(2) 园林中国网 http://www.cnlai.com

(3) 城市规划网 http://www.upla.cn

(4) 建筑中国网 http://arch.m6699.com

（5）中国园林建设网 http://www.china-landscape.net

（6）中国风景园林网 http://www.chla.com.cn

（7）园林花卉网 http://www.yuanlin.com.cn

（8）中国花木网 http://www.cnhm.net/plant

（9）中国风景名胜网 http://www.fjms.net

（10）中国世界遗产网 http://www.cnwh.org

（11）盆景中国网 http://www.pjcn.cn

（12）中国风景园林协会 http://www.chsla.org.cn

（13）筑龙网 http://down1.zhulong.com

1 园林地形塑造工程

【学习重点】

　　园林地形塑造的作用与工程设计方法,等高线的识别与利用,土方量的计算与平衡,土方施工技术,园林地形塑造与建筑等相关工程的关系。

　　大凡园筑,必先动土。在场地原有地形的基础上,从园林的实用功能出发,对地形、地貌、建筑、绿地、道路、广场、管线等进行综合统筹,安排园内各种景点、设施和地貌景观之间的关系,使地上设施和地下设施之间、山水之间、园内与园外之间在高程上有合理的关系,使之成为园林的骨架,对园林的整体面貌起重要作用。园林工程动土范围很广,或凿水筑山,或场地平整,或挖沟埋管,或开槽铺路,或修建景观建筑和构筑物的基础等,特别是大规模的挖湖堆山、整理地形的工程。这些项目工期长,工程量大,投资大且艺术要求高。

　　地形施工质量的好坏不仅直接影响景观质量和以后的日常维护管理,而且直接影响着土方工程量,也和造价息息相关。因此,从园林景观建设的角度来看,土方工程可以提升为地形塑造工程,也称为土方艺术、地景艺术、自然艺术。

1.1　园林地形概述

1.1.1　地形的定义

　　地形是地物和地貌的总称。其中,地物是指地球表面上相对固定的物体,可分为天然地物(自然地物)和人工地物,如居民地、工程建筑物与构筑物、道路、水系、独立地物、境界、管线垣栅和土质与植被等;地貌是指是指地表起伏的形态,如陆地上的山地、平原、河谷、沙丘,海底的大陆架、大陆坡、深海平原、海底山脉等。根据地表形态规模的大小,地形有大地形、中地形、小地形和微地形之分。大地形通常是国土规划、自然保护区规划等研究的基础;中地形通常与城市规划、风景名胜区规划相联系。大、中地形常超过园林设计中一个场地的范围,但是它对于区域特性、基地特性、方位、景观及土地利用都有直接的影响,因此大、中地形常与园林场地选址、总体规划设计有关。小地形、微地形是园林工程设计中最常见的形式,主要包含土丘、台地、斜坡、平地或因台阶、坡道引起变化的地形或沙丘、草地上的微弱起伏,是园林工程地形中主要的研究对象。

1.1.2 园林地形的定义

园林地形主要是指对园林布局和用地规划影响较大的小地形和微地形。城市园林主要由植物、地形、水景、建筑、道路等景观元素构成,在其中地形起着基础性的作用,其他所有的园林要素都是建立在地形之上,与地形共同协作,营造丰富而变化多样的城市园林环境。地形的改造是园林工程中需要首先解决的问题,也是决定整个园林建设成功与否的关键因素。园林地形有自然式地形与规则式地形之分,自然式地形根据景观特征可以分为凹地形、山谷、坡地、凸地形、山脊和平坦地形等类型;规则式地形根据景观特征也可以分为下沉广场、台地、平地和台阶。

1.1.3 园林地形的作用

1.1.3.1 通过园林地形的调整,改善小气候

地形使地表形态有丰富的变化,形成了不同方位的坡地。不同角度的坡地接受太阳辐射、日照长短都不同,其温度差异也很大。例如位于北半球的地区,南坡所受的日照要比北坡充分,其平均温度也较高;而在南半球,情况正好相反。在有地形的环境中,由于坡度、坡向和场地的海拔高度不同,山坡的日照时间和日照间距有很大差异。有关研究表明:与平地相比,$20°\sim50°$的北坡,日照强度降低 25%;而 $60°$ 的北坡,日照强度则降低 50% 左右。从坡度而言,坡度越缓,可照时间相对越长;坡度越陡,可照时间相对较短。此外,由于各个地区各个季节的主导风向一定,坡向不同,受风的影响也不相同。从风的角度而言,凸面地形、脊地或土丘等可用来阻挡冬季强大的寒风。如在园林空间中,通常选择当地冬季常年主导风向(在中国大部分地区为北风或西北风)的上风地带,尽量堆置起一些较高的山体。相反,地形也可被用来收集和引导夏季风。夏季风可以被引导穿过两高地之间形成的谷地或洼地、马鞍形的空间。穿过这类开阔地的风力,往往会因这种“漏斗效应”或“集中作用”而得到增强,带来冷却效应。地处北半球的园林,可以在其用地南部营造湖池。这样,太阳辐射到大地的光热,经过水的反射作用,可汇集至湖池北部的空间区域中,因而能够提高园林湖池北面陆地环境的气温。

1.1.3.2 利用园林地形,组织自然排水

主要依靠自然的重力排水设计园林场地中排水,会以最少的人力、财力达到最好的景观效果。较好的地形设计,即使是在暴雨季节,大量的雨水也不会在场地内产生涝积而破坏绿地的效果。从排水和水土保护的角度来考虑,为了防止水土流失,最大坡度一般不超过 10%;而为了防止场地积水,最小坡度不应该小于 1%。一般广场(人工场地),纵坡应小于 7%,横坡不大于 2%。

1.1.3.3 采用合适的园林地形,增加绿化面积和提高生物多样性

对于同一块底面面积相同的场地来说,将平地调整成坡地,起伏的地形所形成的表

面积会更大。因此在现代城市用地非常紧张的条件下进行城市园林建设时，加大地形的处理量会十分有效地增加绿地面积。并且由于地形所产生的不同坡度特征的场地，为不同习性的植物提供了生存空间，提高了人工群落生物多样性，从而加强了人工群落的稳定性。

1.1.3.4　巧用地形营景，丰富园林空间的类型

通过有意识地营造不同的地形，可以创造出秀丽、雄伟、奇特、险峻、幽深、旷达等不同性格的空间，也就在某种程度上表达了不同的情感，让人产生不同的联想。

1.1.4　影响园林地形塑造的因素

1.1.4.1　场地的现状条件对园林地形塑造的影响

场地的现状条件不仅包括场地本身的自然条件与人文环境条件，还包括场地周边的环境条件。

1.1.4.2　场地规划设计的使用功能对园林地形塑造的影响

人性化的城市园林建设要求尽可能地提供多种类型的场地，为不同爱好的游人提供丰富的活动空间，这些活动对于地形有相应的要求。例如某些特定的体育运动就对地形的要求比较高。

1.1.4.3　人们的生理舒适度对园林地形塑造的要求

应该尽量避免将活动场地设置在夏日午后太阳辐射量大的地方。北方地区最难受的季节是冬季，因此设计的重点就在于考虑冬季的环境，通过地形等相关因素的调整，为冬季户外活动创造有利空间。

1.1.4.4　传统的世界观及现代艺术思潮对园林地形塑造的影响

中国古典园林崇尚的最高境界是"虽由人作，宛若天开"，强调园林地形的处理在空间布局和外在形式上要符合自然规律，体现自然山水之趣，因此要深入掌握自然山水形成规律，在有限的空间内，让地形在各个不同方向以各种不同坡度延伸，产生各种不同体态、层次、分汇水线，形成人工山林趣味。西方园林在后现代主义艺术思潮的影响下，大地艺术流派和极简主义流派对园林地形的塑造产生了广泛的影响。

1.1.5　园林地形塑造的基本理论

园林地形塑造是以空间论为指导，通过园林地形的识别、分析、设计和改造，以最合理的方式和最节约的工程量，创造出满足使用功能、生态学功能和美学功能的空间。图 1.1(a)、(b)是人居环境中地形塑造的成功案例。

(a)　　　　　　　　　　　　　　　(b)

图 1.1　地形与植物的结合

(a) 邱园　(b) 流水别墅

1.1.6　园林地形工程设计

依据园林地形的功能及产生的作用,园林地形工程设计是指土地与空间利用的技术与艺术:从技术而言是以工程整地法的方式处理地形,在花费最省的情况,用挖、填及设置必要的构造物等手段,以达到场地适于利用的需求;从艺术性而言,则以不增加整地费用的情况下,利用美学原理,塑造各种不同风格的空间利用。

1.1.6.1　工程设计法

园林地形工程设计应做到"缓""顺""齐""平"的要求。

1) 缓

"缓"即整缓,就是将过于陡的斜坡调整为缓坡,以适于利用。如建筑物的用地坡度要控制在大于 0.2%、小于 8% 以内;种植大乔木的用地坡度要控制在 35% 范围以内。

2) 顺

"顺"即整顺,就是顺应山势来调整地形关系。这是各种山坡地利用的基本原则,首先判定坡区主要走势,再顺势调整,尽量展现原坡地的特色,减少开发时的破坏。

3) 齐

"齐"即整齐,就是将复杂不规则的等高线加以调整,求其圆柔均齐,使过于零碎曲折的场地能较为齐一协调地利用。通常在宽阔的地形,此种整地处理方法可使建筑场地整合统一而有明显的层次感。

4) 平

"平"即整平。园林工程中若需要较大的平坦土地可用整平的方式处理原地形,如选择适当的谷地、山头或缓坡地将之整平利用。

1.1.6.2　艺术设计法

艺术设计法可将场地地形按景观要求，达到"趣""景""型""缘"四种意象。

1）趣

"趣"即有趣味。各种土地规划有不同的特性，整地时宜保留特殊地形、地景、孤石、流水等，以增加空间的趣味性。

2）景

"景"即有景致。考虑全面的地形设计，应充分利用原始地形及外部空间关系，保留部分山头、树林、湿地，再新设计土丘、水塘及地形景观，创造出有特色地貌景致。

3）型

"型"即有造型。配合活动功能、文化及地方特色，设计出各种平面与立面图形，以塑造场地独特的风格与意象。如在地形的平面设计时，平地上常用轴线对称，斜坡地常用动态线性造型。

4）缘

"缘"即有地缘。土地开发后是要供人使用，因此整地后的地形应明亮舒畅，使其更具亲和力；尽量减少具有压迫感的挡土墙、疏离感的水泥森林及恐惧感的死角，使坡地利用回归自然，融入原有的生态环境。

1.2　园林地形的识别与绘制规范

1.2.1　园林地形的识别——地形图

1.2.1.1　地形图的定义

地形图指的是地表起伏形态和地物位置、形状在水平面上的投影图。具体来讲，将地面上的地物和地貌按水平投影的方法（沿铅垂线方向投影到水平面上），并按一定的比例尺缩绘到图纸上，这种图称为地形图。完整的地形图包括地形符号、地物符号和注记符号。如图上只有地物，不表示地面起伏的图称为平面图。

地形图中的地形符号就是我们常见到的地形等高线，是最常用的地形平面图表示方法。所谓等高线，就是绘制在平面图上的线条，它将所有高于或低于水平面、具有相等垂直距离的各点连接成线。等高线也可以理解为一组垂直间距相等、平行于水平面的假想面与自然地形相交切所得到的交线在平面上的投影，如图1.2所示。等高线表现了地形的轮廓，它仅是一种象征地形的假想线，在实际中并不存在。我国地图等高线是以青岛黄海平均海平面作零点高程，以米为计量单位。

1.2.1.2　等高线的基本特征

1）等高距与水平距

在地形图中，两条相邻等高线之间的水平距离称为等高线水平距；两条相邻等高线之间的

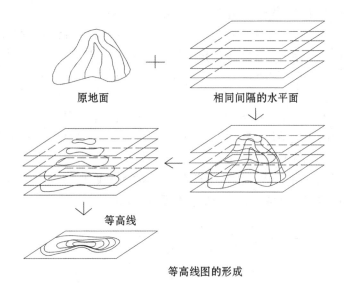

原地面   相同间隔的水平面

等高线

等高线图的形成

图 1.2 等高线的形成过程

高程差称为等高线的等高距。在一幅地形图中,等高距一般是不变的,是一个常数值,在同一条等高线上的所有的点,其高程都相等;但水平距会因地形的陡缓而发生变化。等高线密集,表示地形陡峭;等高线稀疏,表示地形平缓;等高线水平距离相等,则表示该地形坡面倾斜角度相同。

2) 闭合曲线

所有等高线总是各自闭合的。由于用地红线范围或图框所限,在图纸上不一定每根等高线都能闭合,但实际上它还是闭合的,只不过闭合处在红线范围或图框之外。等高线一般不相交或重叠,只有在表示某一悬挑物或一座桥梁时才可能出现相交的情况;在某些垂直于水平面的峭壁、挡墙处,等高线也会重合在一起。等高线在遇河流或谷地时,不直接穿过河流,而是向上游延伸,穿越河床,再向下游走出河流或谷地;遇到建筑物、道路、铺装等,原状的闭合曲线会被打断,需要根据要求重新设计新的闭合曲线。

1.2.2 园林地形图的绘制规范

园林地形图的绘制应参照《工程测量规范》(GB50026-93)、《城市测量规范》(CJJ 8-99)、《全球定位系统城市测量技术规程》(CJJ73-97)有关规定执行。除此而外,绘制地形图时应注意以下几方面:

(1) 地形图的比例尺要与场地规划与设计的深度联系。园林工程设计使用的地形图,要求比例达到1∶500～1∶1 000。对于精度要求较低的专用地形图,可按小一级比例尺地形图的规定进行测绘,或利用小一级比例尺地形图放大成图。

(2) 为了更准确地表现地形的细微变化以及查图用图的方便,一般还要将等高线进行分类标记。等高线通常分为四类,即首曲线、计曲线、间曲线和助曲线。首曲线,用 0.1mm 宽的细实线描绘,等高距和平距都以它为准,高程注记由零点起算。计曲线,从首曲线开始每隔四条或三条设一条,用 0.2mm 宽的粗实线描绘。间曲线是按 1/2 等高距测绘的等高线,用细长虚线表示。间曲线可以显出一些重要地貌的碎部特征。助曲线是按 1/4 等高距测绘的等高线,用短细虚线表示。助曲线可以显示出一些重要地貌的微特征。一般不太复杂的地形,不必出现计曲线、间曲线和助曲线。

（3）在平面地形图上,往往将图中某些特殊点或规则地形(因路交叉点、园桥顶点、涵间出口处、建筑物和铺地的用地地坪)用十字或圆点或水平三角标记符号▽来标明高程,用细线小箭头来表示地形从高至低的排水方向。

（4）地形图中常见的地形表示方法有凸凹地形的等高线、山脊地形的等高线、山谷地形的等高线、山顶(峰)地形的等高线、道路的等高线等(见图 1.3)。

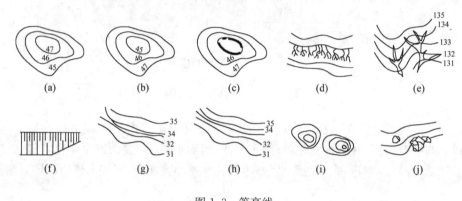

图 1.3　等高线

（a）山丘　（b）盆地　（c）凹地　（d）峭壁　（e）冲沟　（f）护坡　（g）陡坡　（h）缓地　（i）鞍部　（j）露岩

1.3　园林地形塑造土方平衡原理与计算方法

1.3.1　园林地形塑造土方平衡原理

地形设计是否合理,既直接影响场地建成后的景观,也影响施工土方量,与工程建设费用有直接关系。一个好的地形设计,以充分体现景观特色为前提,而土方量应合理的较少。理论上说,园林地形塑造的土方量,在同一场地中最好争取平衡,即挖方量等于填方量。中国园林"挖湖堆山"的造景方法,在园林地形中可以解释为使场地中的土方平衡。

在地形为单一倾斜面的情况下,自然地形坡度($i_{原}$)、场地整平坡度($i_{整}$)、场地宽度(B)和挖方($H_{挖}$)、填方高度($H_{填}$)之间的关系如图 1.4 所示,可用下式表示:

$$\sum H = H_{挖} + H_{填} = \frac{B(i_{原} - i_{整})}{100}$$

考虑土壤疏松系数,一般 $H_{挖} = 0.8 H_{填}$,即

$$H_{填} = \frac{B(i_{原} - i_{整})}{180}$$

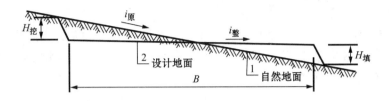

图 1.4 单一倾斜面填方、挖方的关系

1.3.2 园林地形塑造土方量计算及平衡方法

园林地形塑造土方量计算及平衡方法,有人工计算与专用软件两种方法。其计算公式相同,但使用专业计算软件更加方便与快捷。

1.3.2.1 计算公式

1) 相似体积,求算土方量

观察场地的地形状况与形态,找出并划分成相似的几何体,带入公式运算,求出土方量。此方法适用于估算场地土方量。表 1.1 为常见几何体体积计算公式。

表 1.1 相似体积套用公式估算示意

几何体名称	几何体形状	体 积
圆锥		$V = \dfrac{1}{3}\pi r^2 h$
圆台		$V = \dfrac{1}{3}\pi h(r_1^2 + r_2^2 + r_1 r_2)$
棱锥		$V = \dfrac{1}{3}S \cdot h$
棱台		$V = \dfrac{1}{3}h(S_1 + S_2 + \sqrt{S_1 S_2})$
球缺		$V = \dfrac{\pi h}{6}(h^2 + 3r^2)$

V——体积	r——半径	S——底面积
h——高	r_1, r_2——分别为上、下底半径	S_1, S_2——分别为上、下底面积

2）利用等高线或竖向关系，求算土方量

对于塑造自然地形和开挖或堆填人工沟渠，均可利用等高线关系或竖向关系，近似地获得两个以上截面，带入相应公式即可。因此，利用近似体积求算土方量，等高线关系或截面关系划分越小，算出的结果越准确。

（1）利用等高线关系，求算土方量（见图1.5）。

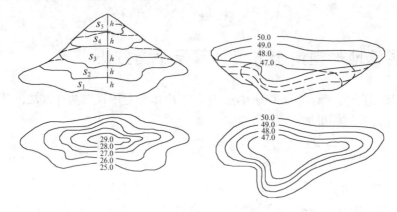

图1.5　利用等高线关系划分若干截面

$$V = \frac{s_1 + s_2}{2} \times h + \frac{s_2 + s_3}{2} \times h + \cdots + \frac{s_{n-1} + s_n}{2} \times h + \frac{s_n}{3} \times h$$

（2）利用竖向截面关系，求算土方量（见图1.6）。

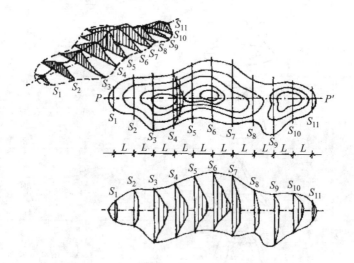

图1.6　利用竖向关系划分若干截面

$$V = \frac{1}{2}(s_1 + s_2) \times L + \cdots + \frac{1}{2}(s_{n-1} + s_n) \times L$$

式中：L 为 s_1 与 s_2 之间的长度，计算时 L 取值，越小越精确，一般要求小于50m。

3）套用方格网，求算土方量

此方法适用于场地平整的土方量计算。

此方法用已知规格的方格纸蒙在地形图上，根据地形图的等高线求出方格上各个角点的标高,与基准高度相比较,得出施工高度,然后计算填挖方体积。方格的实际边长,根据地形图比例尺的大小而定,一般在1～100 m之间,最常用的方格边长为20m。方格边长越小,计算结果越精确,但计算量加大,所以边长选择要合理。

$$施工标高＝原地形标高－设计标高$$

计算结果为正者为挖方;负者为填方。在竖向设计图纸中,坐标点的施工标高、设计标高、原地形标高的表示方法如图1.7所示。

土方零点线是指施工高度为零的各点的连线,既不填,也不挖。零点线将三角形或正方形分为两种情况:一是全部为挖方或全部为填方;二是部分为挖方,部分为填方。

方格网法计算土方量又可分为两种:一是三棱柱体法,二是四棱柱体法。

(1)三棱柱体法:将每个方格划分为两个三角形,每个三角形之下的土方构成一个三棱柱体,分别计算出各个三棱柱体的体积,求和就得出整个场地的土方量(见图1.8)。

施工标高	设计标高
+0.50	30.25
xiyi	30.75
角点编号	原地形标高

图1.7 方格网角点标注

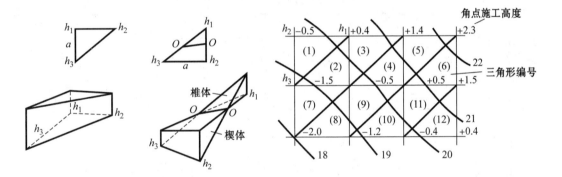

图1.8 方格网计算土方量

① 当三角形全部为挖方或全部为填方时,其体积为

$$V = \frac{a^2}{6}(h_1 + h_2 + h_3)$$

式中:V——挖方或填方的体积;

h_1、h_2、h_3——三角形各角点的施工高度,取绝对值;

a——方格网边长。

② 当三角形内部分为挖方、部分为填方时,土方零点线将三角形划分为两个几何体,一个是底面为三角形的锥体,另一个是底面为四边形的楔体时。

锥体部分的体积计算公式:

$$V_锥 = \frac{a^2}{6} \times \frac{h_1^3}{(h_1 + h_2)(h_1 + h_3)}$$

式中:$V_锥$——锥体的体积(挖方或填方);

h_1、h_2、h_3——三角形各角点的施工高度,取绝对值;

a——方格网边长。

楔体部分的体积计算公式

$$V = \frac{a^2}{6}\left[\frac{h_1^3}{(h_1+h_2)(h_1+h_3)} - h_1 + h_2 + h_3\right]$$

式中：$V_{楔}$——楔体的体积（挖方或填方）；

h_1、h_2、h_3——三角形各角点的施工高度，取绝对值；各三角形的施工标高编号按逆时针方向；

a——方格网边长。

（2）四棱柱体法：不将方格划分为两个三角形，而是直接用方格作为计算体积的基本单元，其他计算程序与三棱柱体法基本相同。

从填方和挖方的角度考虑，土方零点线经过方格时会出现两种情况：一是方格全部为填方或全部为挖方；二是将方格切分，一部分为挖方，一部分为填方。在第二种情况下，零点线对方格的分割又会出现两种情况：一是将方格分割为底面为三角形的锥体和底面为五边形的截棱柱体；二是将方格分割为底面为梯形的两个截棱柱体。可按表 1.2 分别计算出各个几何体的体积，求和就得出整个场地的土方量。

表 1.2　土石方量的方格网计算公式

		零点线计算
		$b_1 = a \cdot \dfrac{h_1}{h_1+h_3}$　　$b_2 = a \cdot \dfrac{h_3}{h_3+h_1}$ $c_1 = a \cdot \dfrac{h_2}{h_2+h_4}$　　$c_2 = a \cdot \dfrac{h_4}{h_4+h_2}$
		四点挖方或填方
		$V = \dfrac{a^2}{4}(h_1+h_2+h_3+h_4)$
		二点挖方或填方
		$V = \dfrac{b+c}{2} \cdot a \cdot \dfrac{\sum h}{4}$ $= \dfrac{(b+c) \cdot a \cdot \sum h}{8}$
		三点挖方或填方
		$V = \left(a^2 - \dfrac{b \cdot c}{2}\right) \cdot \dfrac{\sum h}{5}$
		一点挖方或填方
		$V = \dfrac{1}{2} \cdot b \cdot c \cdot \dfrac{\sum h}{3}$ $= \dfrac{b \cdot c \cdot \sum h}{6}$

4）土方量平衡法

在上述计算的基础上，分别汇总统计场地各个区域的挖方量与填方量，再用图表的形式直观地表达出来。土方平衡表和土方调配图是土方施工中必不可少的图纸资料，是编制土方施工方案的重要依据。从表1.3中可以明确各调配区的进出土量、调拨关系和土方平衡情况。在调配图（见图1.9）上能更清楚地看到各区的土方盈缺情况、土方的调拨方向、数量及距离。

表 1.3　场地土方平衡表

方格编号	挖方/m³	填方/m³	说　明
Ⅴ Ⅰ	32.3	16.5	
Ⅴ Ⅱ	17.6	17.9	
Ⅴ Ⅲ	59.1	6.3	
Ⅴ Ⅳ	106.0		
Ⅴ Ⅴ	8.8	39.2	
Ⅴ Ⅵ	8.2	31.2	
Ⅴ Ⅶ	5.5	88.5	
Ⅴ Ⅷ	5.2	60.5	
总计	242.7	260.1	缺土 17.4(需外运客土)

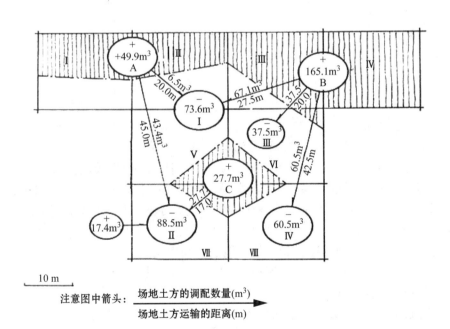

图 1.9　土方量调配图

1.4　园林地形塑造的施工

1.4.1　园林地形塑造的施工程序、内容

1.4.1.1　土方工程施工准备阶段

1）与图纸的比对、校正

进一步研究施工图纸中的竖向设计与现场的实际情况，在掌握工程内容与现场情况之后，根据甲方需求的施工进度及施工质量进行可行性分析研究，绘制施工总平面布置图和土方开挖图，对土方施工的人员、施工机具、施工进度及流程进行周全、细致的安排，为土方施工的施工组织设计奠定基础。

2）查勘现场

摸清场地情况，包括地形、地貌、水文、地质、河流、运输道路、邻近建筑物、地下埋设物（文物）、管道、电缆线路，地面上障碍物、堆积物以及水电供应等，以便进行土方开挖。

3）清除障碍物

将施工区域内的所有障碍物，如电杆、电线、地上和地下管道、电缆、树木、沟渠以及旧房屋等进行拆除或改线。

4）做好测量控制

设置区域测量控制网，包括基线和水平基准点，要求避开建筑物、构筑物、机械操作面及土方运输线路，做好轴线桩的测量及校核，进行土方工程量的测量工作。

5）定点放线

为了确定施工范围及挖土或填土的标高，应按设计图纸的要求，用测量仪器在施工现场定点放线。这一步工作很重要，为使施工充分符合设计意图，测设时应尽量精确。

由于地形塑造类型不同，定点放线的方法也不同，主要有以下几种：

（1）平整场地的放线。平整场地的工作是将原来高低不平、比较破碎的地形按设计要求整理成为平坦的具有一定坡度的场地，如停车场、集散广场、体育场等。对土方平整工程，一般采用方格网放样到地上，见图1.10。在每个方格网交点处立桩木，桩木上应标有桩号和施工标高。木桩一般选用5cm×5cm×40cm的木条，木条侧面平滑，下端削尖，以便打入土中。桩上的桩号与施工图上方格网的编号相一致。施工标高中挖方注"＋"号，填方注"－"号，如图1.11所示。在确定施工标高时，由于实际地形可能与图纸有出入，则放线时需要用水准仪测量各点标高，以重新确定施工标高。

（2）挖湖堆山的放线。堆山填土时由于土层不断加厚，桩可能被土埋没，所以常采用标杆法或分层打桩法（见图1.12）。对于较高山体采用分层打桩法。分层打桩时，桩的长度应大于每层填土的高度。土山不高于5m的可用标杆法，即用长竹做标杆，在桩上把每层标高定好。挖湖工程的放线和山体放线基本相同，但由于水体挖深一般较一致，而且池底常年隐没在水下，放线可以粗放些。岸线和岸坡的定点放线应该准确，这不仅因为它是水上部分，有造景作用，而且和水体岸坡的稳定也有很大关系。为了精确施工，可以用边坡样板来控制边坡坡度

（见图 1.13）。

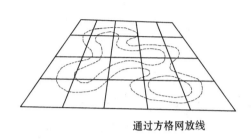

通过方格网放线

图 1.10 方格网放线

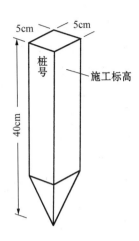

图 1.11 木桩

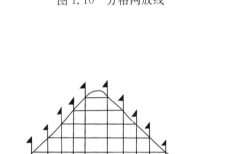

图 1.12 标杆法放线

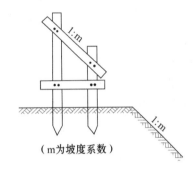

（m为坡度系数）

图 1.13 边坡样板控制边坡坡度

6）设计排水设施

在施工区域内设置临时性或永久性排水沟，或疏通原有排水泄洪系统。施工排水可分为明排水法和人工降低地下水位法两种。明排水法就是采用截、疏、抽的排水方法。截是截住水流；疏是疏干积水；抽是在基坑开挖过程中，在坑底设置集水井，并沿坑底的周围开挖排水沟，使水流入集水井中，然后用水泵抽走。排出的地下水应经过沉淀处理后才能排入市政地下管道或河沟。排水沟纵向坡度一般不小于2%，使场地不积水。山坡场地，在离边坡上沿5～6m处设置截水沟、排洪沟，阻止坡顶雨水流入开挖基坑区域内，或在需要的地段修筑挡水堤坝阻水。当地下水较大而土质属细砂、粉砂土的，基坑挖土容易产生流沙现象，需采取围蔽截水和人工降低地下水位等方法。在土方施工中，做好施工排水工作，保持土体干燥是尤为重要的。

7）修建临时道路及设施

修筑好临时道路以供机械进场和土方运输之用。主要临时运输道路宜结合永久性道路的布置修筑。道路的坡度、转弯半径应符合安全要求，两侧有排水沟。此外，还要修建临时性生产和生活设施（如工具库、材料库、临时工棚、休息室、办公棚等），同时对现场供水、供电等管线并进行试水、试电等。

8）准备机具、物资及人员

准备好挖土、运输车辆及施工用料和工程用料，并按施工现场平面布置图堆放，配备好土方工程施工所需的各专业技术人员、管理人员和技术工人等。

1.4.1.2　土方工程施工阶段

土方施工阶段包括挖、运、填、压四个环节。

1）挖方

土挖方可以根据实际情况，采用人工开挖或机械开挖的方式。

（1）人工开挖。适用于一般园林建筑、构筑物的基坑（槽）和管沟以及小溪流、假植沟、带状种植沟槽和小范围整地的人工挖土工程。除组织好人员外，还要注意人员的安全，保证工程质量。人力施工的主要工具有锹、镐、钢钎等。在施工过程中要注意施工人员要有足够的工作面，每人平均工作面为 $4\sim6m^2$，开挖时两人操作间距应大于 2.5m。

操作流程：确定开挖的范围、顺序和坡度→确定开挖的深度、分层开挖→修整边缘部位→清底。

人工开挖的一般要求：

① 工程应有合理的边坡。必须垂直下挖的，松软土不得超过 0.7m，中等密度者不得超过 1.25m，坚硬土不得超过 2m。超过以上数值的，必须设支撑板或者保留符合规定的边坡值，具体数值如表 1.4 所示。

表 1.4　土壤的自然倾斜角（设计限值）

名称	自然倾斜角	坡度/％	边坡斜率
砾石	30°	75	1∶1.75
卵石	25°	48	1∶2.10
黏土	15°	27	1∶3.70
壤土	30°	75	1∶1.75
腐殖土	25°	48	1∶2.10
粗砂	27°	50	1∶2.00
中砂	25°	48	1∶2.10
细砂	20°	36	1∶2.75

② 当开挖的土体含水量大而不稳定，或较深，或受到周围场地限制而需用较陡的边坡，以及直立开挖且土质较差时，应采用临时性支撑加固。每边的宽度应为基础宽加 10～15cm，用于设置支撑加固结构。挖土时，土壁要求平直，挖好一层支一层支撑，挡土板要紧贴土面，并用小木桩或横撑木顶住挡板。

③ 在施工过程中要注意保护基桩、龙门板和标高桩。

④ 在已有建筑侧挖基坑（槽）应间隔分段进行，每段不超过已挖好的槽段基础。

⑤ 弃土应及时运出。在挖方边缘上侧临时堆土或堆放材料以及移动施工机械时，应与基

坑边缘保持 1m 以上的距离,以保证坑边直立壁或边坡的稳定。当土质良好时,堆土或材料应距挖方边缘 0.8m 以外,高度不宜超过 1.5m。

⑥ 场地挖完后应进行验收,做好记录。如发现地基土质与地质勘探报告、设计要求不符时,应与有关人员研究并及时处理。

(2) 机械开挖。机械开挖适用于较大规模的园林建筑、构筑物的基坑(槽)和管沟以及园林中的河流、湖面、大范围的整地工程等。

操作流程:确定开挖的范围、顺序和坡度→分层、分段平均开挖→修边、清底。

机械开挖的一般要求:

① 施工机械进入现场所经过的道路、桥梁和卸车设施等,应事先检查,必要时进行加固或加宽等准备工作。

② 应根据作业区域工程的大小、机械性能、运距和地形起伏等情况,具体由现场技术员安排,并与操作人员交流。

③ 针对机械施工的特点,在工程施工放线阶段,应注意桩点和放线清晰明显。这是因为推土机施工时,进退活动范围较大,施工地面又高低不平,司机视线存在着某些死角,所以,桩木和施工放线很容易受破坏。为了解决这一问题,可加高桩木的高度,或在桩木上做些醒目的标志,以引起施工人员的注意。

④ 用机械挖掘水体时,先将土推至水体四周,运走或用来堆置地形,最后再用人工修整岸坡。

⑤ 施工期间技术人员应该经常到现场,随时随地地用测量仪检查桩点和放线的情况,掌握现场情况,以免挖错或堆错位置。

⑥ 多台机械开挖时,挖土机之间的间距应大于 10m。在挖土机工作范围内,不许进行其他作业。多台机械同时开挖,应验算边坡的稳定;挖土机离边坡应有一定的安全距离,以防塌方,造成翻机事故。深基坑上下应先挖好阶梯或支撑靠梯,或开斜坡道,并采取防滑措施,禁止踩踏支撑上下。坑四周应设安全栏杆。

开挖的土方,在场地有条件堆放时,一定留足回填需用的好土。多余的土方一次运至弃土处,避免二次搬运。土方开挖一般不宜在雨季进行,雨季开挖时,应注意边坡稳定,必要时可适当放缓边坡或设置支撑,同时应在外侧围以土堤或开挖水沟,防止地面水流入。施工时,应加强对边坡、支撑、土堤等的检查。北方地区,土方开挖不宜在冬季施工。如必须在冬季施工时,采用防止冻结法,可在冻结前用保温材料覆盖或将表层土翻耕耙松,其翻耕深度应根据当地气候条件确定,一般不小于 0.3m。开挖基坑(槽)或管沟时,必须防止基础下的基土遭受冻结。如基坑(槽)开挖完毕后,有较长的停歇时间,应在基底标高以上预留适当厚度的松土,或用其他保温材料覆盖,不使地基受冻。如遇开挖土方引起邻近建筑物(构筑物)的地基和基础暴露时,应采用防冻措施,以防产生冻结破坏。

2) 填方

填方质量的好坏直接影响地形的稳定性。填方应做到密实、填方后土壤的沉降幅度较小。

填方的一般要求:

① 填方的顺序是先填石方、后填土方,先填底土、后填表土。

② 填方的方式为分层填筑,一般每层填埋的厚度在 30cm~50cm,并进行压实处理。

③ 对于坡面填方，要防止新填的土方沿坡面滑落，应在填方前，对坡面进行咬合处理，如修成阶梯形，再进行填方。

④ 不同功能场地，如景观建筑场地、广场场地、绿地等，应符合有关技术规范要求。

⑤ 填方所使用的材料，应做到环保、无污染，严禁使用污染废弃物、建筑废渣等。对于植物栽植用的表土填方，还应进行消毒处理，做到无病虫害传播。

3）夯压

压实处理与填方通常结合进行，可采用人工夯压和机械夯压两种方式。人工夯实可借助滚筒、石碾、木夯等工具进行填方的压实，应用于场地填方面积较小的区域；机械压实可借助机械设备进行夯实，如碾压机、震夯机等，应用于场地填方面积较大的区域。

夯压的一般要求：

① 压实的过程是先在填方的四周压实，再不断向内部压实，以防止边缘土被向外挤压而引起塌落现象。

② 要分层压实，不可以一次性填到设计标高进行压实，以防止填土上紧下松的现象。

③ 压实的过程中要注意夯实的均匀，保证各处土壤密度一致。

④ 压实的时间应选择在土壤含水量最佳的时候，以保证填土夯实的效果。如粗砂土最佳的压实含水量在 $8\% \sim 10\%$，细砂土最佳的压实含水量在 $12\% \sim 15\%$，黏质土最佳的压实含水量在 $20\% \sim 30\%$ 等。

4）转运

在场地土方调整的过程中，土方的转运应考虑就地消化的原则，减少过多的外运费用。

1.4.1.3 土方工程验收、竣工阶段

任何园林建设工程，地形塑造的施工首当其冲，因此施工质量的好坏直接影响景观质量和工程养护管理成果。土方工程验收、竣工主要包括以下基本内容：

1）审查施工计划或施工方案

审查施工范围占地面积；原地面表土利用程度，原有优质土壤的利用；土方工程方格网，填挖土方总量，确定土壤可松性系数，平衡调配计划，划分拟调配区域、调配方向和数量；客土来源及土壤质地的化验报告；应保存的树木和景物、地下管线和文物的保护措施；施工质量保证措施；各种施工机械的型号和台数；原材料质量及数量、存放位置；冬、雨季节施工措施；承包人的自检系统和测试手段等。若具备施工条件，即可批准施工计划，同意开工。

2）测量放线复核

检查、复核承包人进行的测量放线工作，做好记录，双方签字后报建设单位。

3）施工场地清理检查

检查清理范围内的废弃物、垃圾、有害物的清理工作是否符合设计要求和满足施工条件。

4）栽植基础工程所用材料的检查

主要检查的项目有造型胎土、栽植土、栽培基质、土壤改良材料、肥料等，按规定要求取样检验，检查检验报告，必要时进行平行检验。

5）绿化栽植基础土方工程的质量控制与验收

（1）挖方工程。挖方工程挖至设计高程后，要求承包人按照规定进行自检，分析复核承包人提交的报验申请单和自检资料，并现场验收。挖方区的控制要点：按设计坡度进行挖方，并做好边坡的保护和支护；剥离和保存有利用价值的表土，要求承包人选择合理的开挖方法，并做好填挖衔接处的施工质量控制，以保证基础压实均匀和适宜的土壤硬度；检查承包人的雨季施工措施，保持排水畅通，保证土方不受浸泡，不出现塌方滑坡。

（2）填方工程。栽植土的填方质量既要达到设计高程要求，又要保持满足园林植物生长的物理性能。在填方施工过程中，检查填土的松铺厚度、填方状况、透气与紧密性，填方高程应满足设计高程要求。大规模填方工程的高程验收应分三次进行：第一次是在填方工程填至施工高程（设计高程加沉降量）时进行初步验收；第二次是在雨季过后（干旱地区）或大的降水过程后的中间验收；第三次是工程竣工验收前的预验收。填方区控制要点：填土前清理地表，将场地内宿根杂草和表层杂草清除干净；在填土前，填垫范围内的坑洞积水排放晾干；完成软土淤泥和不透水层的处理；局部回填地段应整平压实，检查填垫胎土和栽植土的质量和紧实度是否符合设计和规范要求，控制回填土的含水量、分层铺放厚度和碾压层次，注意检查碾压厚度和边缘碾压，以满足削坡要求，在满足设计的土壤渗透系数的前提下，确保土壤的压实度。

（3）平面和丘陵、坡面整理工程。平面、丘陵、坡面的地表凹凸处平整至设计高程，质量应满足规范或标准要求，承包人自检合格后，报告监理工程师赴现场验收。

1.4.2 园林地形塑造施工关键点

1.4.2.1 土方量的计算及平衡

对图纸设计中的土方量与实际产生的土方量要进行复核，尽量做到误差不大，确保控制造价。先计算出土方的施工标高、填区面积、挖填区土方量，再考虑各种变更因素（如土壤的可松性、压缩率、沉降量等）进行调整，对土方进行综合平衡与调配。主要参照以下原则：

（1）挖方与填方基本达到平衡，减少重复倒运。

（2）挖（填）方量与运距的乘积之和尽可能为最小，即总土方运输量或运输费用最小。

（3）好土应回填在密实度要求较高的地区，以避免出现质量问题。

（4）分区调配应与全场调配相协调，避免只顾局部平衡任意挖填而破坏全局平衡。

（5）调配应与地下构筑物的施工相结合，地下设施的填土应留土后填。

（6）选择恰当的调配方向、运输路线、施工顺序，避免土方运输出现对流和乱流现象，同时便于机具调配、机械化施工。

1.4.2.2 土的工程分类与性质

1）土的工程分类

土的工程分类如表1.5所示。

表 1.5　土的工程分类

土的分类	土的级别	土的名称	坚实系数 f	密度（t/m³）	开挖方法及工具
一类土（松软土）	I	砂土、粉土、冲积砂土层、疏松的种植土、淤泥（泥炭）	0.5～0.6	0.6～0.5	用锹、锄头挖掘，少许用脚蹬
二类土（普通土）	II	粉质的黏土；潮湿的黄土；夹有碎石、卵石的沙；粉土混卵（碎）石；种植土、填土	0.6～0.8	1.1～1.6	用锹、锄头挖掘，少许用脚蹬
三类土（坚土）	III	软及中等密实黏土；重粉质黏土；砾石土；干黄土、含有碎石卵石的黄土；粉质黏土；压实的填土	0.8～1.0	1.75～1.9	主要用镐，少许用锹、锄头挖掘，部分用撬棍
四类土（沙砾坚土）	IV	坚硬密实的黏性土或黄土；含碎石卵石的中等密实的黏性土或黄土；粗卵石；天然级配砂石；软泥灰岩	1.0～1.5	1.9	整个先用镐撬棍，后用锹挖掘，部分用楔子及大锤
五类土（软石）	V～VI	硬质黏土；中密的页岩、泥灰岩、白垩土；胶结不紧的砾岩；软石类及贝克石灰石	1.5～4.0	1.1～2.7	用镐或撬棍、大锤挖掘，部分使用爆破方法
六类土（次坚石）	VII～IX		4.0～10.0	2.2～2.9	用爆破方法开挖，部分用风镐
七类土（坚石）	X～XIII		10.0～18.0	2.5～3.1	用爆破方法开挖
八类土（特坚土）	XIV～XVI		18.0～25.0以上	2.7～3.3	用爆破方法开挖

注：土的级别为相当于一般 16 级土石分类级别；坚实系数 f 为相当于普氏岩石系数。

2）土的工程性质及现场鉴定

（1）土的工程性质。

① 土的可松性。土方的可松性为土经挖掘以后，组织破坏，体积增加的性质，以后虽经回填压实，仍不能恢复成原来的体积。土的可松性程度一般以可松性系数表示（见表 1.6）。它是挖填土方时计算土方机械生产率、回填土方量、运输机具数量、进行场地平整规划、竖向设

计、土方平衡调配的重要参数。

表 1.6 各种土的可松性参考值

土的类别	体积增加百分比/%		可松性系数	
	最初	最终	K_p	K'_p
一类(种植土除外)	8~17	1~2.5	1.08~1.17	1.01~1.03
一类(植物性土、泥炭)	20~30	3~4	1.20~1.30	1.03~1.04
二类	14~28	1.5~5	1.14~1.28	1.02~1.05
三类	24~30	4~7	1.24~1.30	1.04~1.07
四类(泥灰岩、蛋白石除外)	26~32	6~9	1.26~1.32	1.06~1.09
四类(泥灰岩、蛋白石)	33~37	11~15	1.33~1.37	1.11~1.15
五~七类	30~45	10~20	1.30~1.45	1.10~1.20
八类	45~50	20~30	1.45~1.50	1.20~1.30

$$最初体积增加百分比 = \frac{V_2 - V_1}{V_1} \times 100\%$$

$$最后体积增加百分比 = \frac{V_3 - V_1}{V_1} \times 100\%$$

式中:K_p——最初可松性系数,$K_p = \dfrac{V_2}{V_1}$;

K'_p——最终可松性系数,$K'_p = \dfrac{V_3}{V_1}$;

V_1——开挖前土的自然体积;

V_2——开挖后土的松散体积;

V_3——运至填方处压实后之体积。

② 土的压缩性。取土回填或移挖作填,松土经运输、填压以后均会压缩。一般土压缩性以土的压缩率表示(见表 1.7)。一般可按填方断面增加 10%~20% 考虑。

表 1.7 土的压缩率 P 的参考值

土的类别	土的名称	土的压缩率/P	每 m³ 松散土压实后的体积
一、二类土	种植土	20%	0.8
	一般土	10%	0.9
	砂土	5%	0.95
三类土	天然湿度黄土	12%~17%	0.85
	一般土	5%	0.95
	干燥坚实黄土	5%~7%	0.94

③ 土的休止角。土的休止角(安息角)是指在某一状态下的土体可以稳定的坡度(见表 1.8)。

表 1.8   土的休止角

土的名称	干的		湿润的		潮湿的	
	度数	高度与底宽比	度数	高度与底宽比	度数	高度与底宽比
砾石	40	1：1.25	40	1：1.25	35	1：1.50
卵石	35	1：1.50	45	1：1.00	25	1：2.75
粗砂	30	1：1.75	35	1：1.50	27	1：2.00
中砂	28	1：2.00	35	1：1.50	25	1：2.25
细砂	25	1：2.25	30	1：1.75	20	1：2.75
重黏土	45	1：1.00	35	1：1.50	15	1：3.75
粉质黏土、轻黏土	50	1：1.75	40	1：1.25	30	1：1.75
粉土	40	1：1.25	30	1：1.75	20	1：2.75
腐殖土	40	1：1.25	35	1：1.50	25	1：2.25
填方的土	35	1：1.50	45	1：1.00	27	1：2.00

（2）土的现场鉴定。

① 砂石土、沙土现场鉴别方法如表 1.9 所示。

表 1.9   碎石土、沙土现场鉴别方法

类别	土的名称	观察颗粒粗细	干燥时的状态及强度	湿润时用手拍击状态	黏着程度
碎石土	卵（碎）石	一半以上的颗粒超过 20mm	颗粒完全分散	表面无变化	无黏着感觉
	圆（角）砾	一半以上的颗粒超过 2mm（小高粱粒大小）	颗粒完全分散	表面无变化	无黏着感觉
砂土	砾砂	约有 1/4 以上的颗粒超过 2mm（小高粱粒大小）	颗粒完全分散	表面无变化	无黏着感觉
沙土	粗沙	约有一半以上的颗粒超过 0.5mm（细小米粒大小）	颗粒完全分散，但有个别胶结在一起	表面无变化	无黏着感觉
	中沙	约有一半以上的颗粒超过 0.25mm（白菜籽粒大小）	颗粒基本分散，局部胶结，但一碰即散	表面偶有水印	无黏着感觉
	细沙	大部分颗粒与粗豆米粉（>0.074mm）近似	颗粒大部分分散，少量胶结，部分稍加碰撞即散	表面有水印（翻浆）	偶有轻微黏着感觉
	粉沙	大部分颗粒与大小米粉近似	颗粒小部分分散，大部分胶结，稍加压力可分散	表面有显著的翻浆现象	有轻微黏着感觉

注：在观察土样进行分类时，应从表中颗粒最粗类别逐级查对，当首先符合某一类的条件时，按该类土定名。

② 黏土的现场鉴别方法如表 1.10 所示。

表 1.10 黏性土的现场鉴别方法

土的名称	湿润时用刀切	湿土时用手捻摸时的感觉	土的状态		湿土捻条情况
			干土	湿土	
黏土	切面光滑,有黏阻力	有滑腻感,感觉不到有砂粒,水分较大,很黏手	土块坚硬,用锤才能打碎	易黏着物体,干燥后不易剥去	塑性大,能搓成直径小于0.5mm 的长条(长度不短于手掌),手持一端不易断裂
粉质黏土	稍有光滑面,切面平整	稍有滑腻感,有黏滞感,感觉到有少量砂粒	土块用力可压碎	能黏着物体,干燥后较易剥去	有塑性,能搓成直径为2～3mm 的土条
粉土	无光滑面,切面稍粗糙	有轻微黏滞感,或无黏滞感,感觉到砂粒较多、粗糙	土块用手捏或抛扔时易碎	不易黏着物体,干燥后一碰就掉	塑性小,能搓成直径为2～3mm 的短条
砂土	无光滑面,切面粗糙	无黏滞感,感觉到全是砂粒,粗糙	松散	不能黏物体	无塑性,不能搓成土条

③ 人工填土、淤泥、黄土、泥炭的现场鉴别方法如表 1.11 所示。

表 1.11 人工填土、淤泥、黄土、泥炭的现场鉴别方法

土的名称	观察颜色	夹杂物质	形状(构造)	浸入水中的现象	湿土搓条情况	干燥后强度
人工填土	无固定颜色	砖瓦碎块、垃圾、炉灰等	夹杂物显露于外,构造无规律	大部分变为稀软淤泥,其余部分为碎瓦、炉渣,在水中单独出现	一般能搓成3mm 土条,但易断,遇有杂质甚多时,就不能搓条	干燥后部分杂质脱落,故无定形,稍微施加压力即行破碎
淤泥	灰黑色,有臭味	池沼中有半腐朽的细小动植物遗体,如草根、小螺壳等	夹杂物经仔细观察可以发觉,构造呈层状,但有时不明显	外无显著变化,在水面出现气泡	一般淤泥质土接近于粉土,故能搓成3mm 土条(长至少30mm),容易断裂	干燥后体积显著收缩,强度不大,捶击时呈粉末状,用手指能捻碎
黄土	黄褐两色的混合色	有白色粉末出现在纹理中	夹杂物质常清晰显见,构造上有垂直大孔(肉眼可见)	即行崩散而分成分散的颗粒集团,在水面上出现很多白色液体	搓条情况与正常的粉质黏土类似	一般黄土相当于粉质黏土、干燥后的强度很高,手指不易捻碎

（续表）

土的名称	观察颜色	夹杂物质	形状（构造）	浸入水中的现象	湿土搓条情况	干燥后强度
泥炭（腐殖土）	深灰或黑色	有半腐朽的动、植物遗体，其含量超过60%	夹杂物有时可见，构造无规律	极易崩碎，变为稀软淤泥，其余部分为植物根、动物残体渣滓悬浮于水中	一般能搓成1～3mm土条，但残渣甚多时，仅能搓成3mm以上土条	干燥后大量收缩，部分杂质脱落，故有时无定形

1.4.2.3　挖方、填方施工中的问题

1）滑坡与塌方的处理

（1）滑坡与塌方原因分析。产生滑坡与塌方的因素（或条件）是十分复杂的，归纳起来可分为内部条件和外部条件两方面。不良的地质条件是产生滑坡的内因，而人类的工程活动和水的作用则是触发并产生滑坡的主要外因。产生滑坡与塌方的原因主要有：

① 斜坡土（岩）体本身存在倾向相近、层理发达、破碎严重的裂隙，或内部夹有易滑动的软弱带，如软泥、黏土质岩层，受水浸后滑动或塌落。

② 土层下有倾斜度较大的岩层，或软弱土夹层，或土层下的岩层虽近于水平，但距边坡过近，边坡反倾过大，在堆土或堆置材料、建筑物荷重或地表水作用下，增加了土体的负担，降低了土与土、土体与岩面之间的抗剪强度，引起滑坡或塌方。

③ 边坡坡度不够，倾角过大，土体因雨水或地下水侵入，剪切应力增大，黏聚力减弱，使土体失稳而滑动。

④ 开垦挖方时，不合理地切割坡脚；或坡脚被地表、地下水掏空；或斜坡地段下部，被冲沟所切，地表、地下水浸入坡体；或开坡放炮坡脚松动等原因，使坡体坡度加大，破坏了土（岩）体的内力平衡，使上部土（岩）体失去稳定而滑动。

⑤ 在坡体上不适当地推土或填土，设置建筑物；或土工构筑物（如路堤、土坝），设置在尚未稳定的滑坡上；或设置在易滑动的坡积土层上。填土或建筑物增荷后，重心改变，在外力（堆载振动、地震等）和地表、地下水双重作用下，坡体失去平衡或触发滑坡复活，导致滑坡。

（2）处理的措施和方法。

① 加强工程地质勘察，对拟建场地（包括边坡）的稳定性进行认真分析和评价。工程和线路一定要选在边坡稳定的地段，对具备滑坡形成条件的或存在有滑坡的地段，一般不选作建筑场地，或采取必要的措施加以预防。

② 做好泄洪系统，在滑坡范围外设置多道环形截水沟，以拦截附近的地表水。在滑坡区内，修设或疏通原排水系统，疏导地表、地下水，防止渗入滑体。主排水沟宜与滑坡滑动方向一致，支排水沟与滑坡方向成30°～45°斜交，防止冲刷坡脚。

③ 处理好滑坡区域附近的生活及生产用水，防止浸入滑坡地段。

④ 地下水活动有可能形成山坡浅层滑坡时，可设置支撑盲沟、渗水沟，排除地下水。

⑤ 保持边坡有足够的坡度，避免随意切割坡脚。土体尽量削成较缓的坡度，或做成台阶状，使中间有1～2个平台，以增加稳定，见图1.14（a）；土质不同时，视情况削成2～3种坡度，

见图 1.14(b)。在坡脚处有弃土条件时,将土石方填至坡脚,使其起反压作用,见图 1.15。筑挡土堆或修筑台地,避免在滑坡地段切去坡脚或深挖方,如整平场地必须切割坡脚,且不设挡土墙时,应控制切割深度,将坡脚随原自然坡度,由上而下削坡,逐渐挖至要求的坡脚深度,见图 1.16。

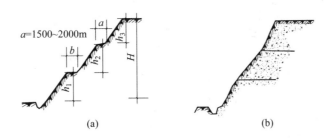

图 1.14　边坡稳定处理方式

(a) 作台阶式边坡　(b) 不同土层留核不同坡度

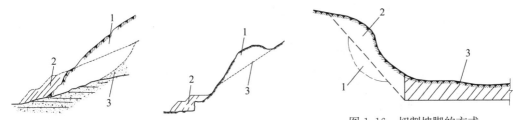

图 1.15　边坡稳定处理——加固坡脚

1—应削去的土坡　2—填筑挡土堆　3—滑动面

图 1.16　切割坡脚的方式

1—滑动面　2—应削去的不稳定部分　3—实际挖去部分

⑥ 尽量避免在坡脚处取土,在坡肩上设置弃土或建筑物。在斜坡地段挖方时,应遵守由上而下分层的开挖程序。在斜坡上填方时,应遵守由下往上分层填压的施工程序,避免在斜坡上集中弃土,同时避免对滑坡体的各种振动作用。

⑦ 对可能出现的浅层滑坡,如滑坡土方量不大时,最好将滑坡体全部挖除。如土方量较大,不能全部挖除,且表层破碎含有滑坡夹层时,可对滑坡体采取深翻、推压、打乱滑坡夹层、表面压实等措施,减少产生滑坡的因素。对于滑坡体的主滑地段可采取挖方卸荷,拆除已有建筑物等减重辅助措施;抗滑地段可采取堆方加重等辅助措施。滑坡面土质松散或具有大量裂缝时,应采取填平,夯填,防止地表水下渗,滑坡面植树、种草皮、浆砌片石等措施保护坡面。

⑧ 倾斜表层下有裂隙滑动面的,可在基础下设置混凝土锚桩(墩)(见图 1.17);土层下有

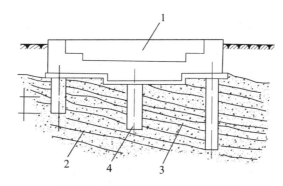

图 1.17　用锚桩(墩)处理滑动坡面

1—基础　2—基岩　3—裂缝　4—C10 混凝土锚桩或锚墩,直径 600～1000mm

倾斜岩层，将基础设置在基岩上用锚桩固定或作成阶梯形（见图 1.18）。

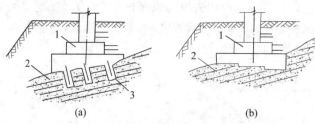

（a）　　　　　　　　　　　（b）

图 1.18　锚桩固定或台阶镶嵌固定

（a）锚桩锚固　（b）台阶嵌固

1—柱基　2—基岩　3—钢筋锚桩

　　⑨ 对已滑坡山体，稳定后采取设置混凝土锚固排桩、挡土墙、抗滑明洞、抗滑锚杆或混凝土墩或挡土墙相结合的方法加固坡脚，并在下段做截水沟、排水沟、陡坝，部分采取去土减重，保持适当坡度的综合方法处理（见图 1.19）。

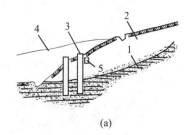
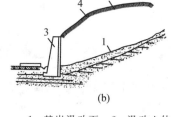

（a）　　　　　　　　　　　　　　　　（b）

1—基岩滑坡面　2—滑动土体　　　　1—基岩滑动面　2—滑动土体
3—钢筋混凝土锚固排桩　4—原地面　　3—钢筋混凝土或块石挡土墙　4—
线　5—排水盲沟　　　　　　　　　卸去土休

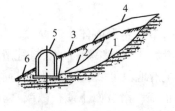
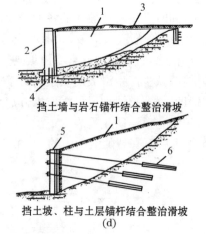

挡土墙与岩石锚杆结合整治滑坡

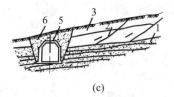

挡土坡、柱与土层锚杆结合整治滑坡

（c）　　　　　　　　　　　　　　　　（d）

1—基岩滑坡面　2—土体滑动面　　　　1—滑动土坡　2—挡土墙　3—岩石
3—滑动土体　4—卸去土　5—混凝　　锚杆　4—锚桩　5—挡土坡　6—土层
土或钢筋混凝土明洞（涵洞）6—恢　　锚杆
复土体

图 1.19　对已滑坡的山体采取的各种加固处理方式

（a）用钢筋混凝土锚固桩（抗滑桩）整治滑坡　（b）用挡土墙与卸荷结合整治滑坡　（c）用钢筋混凝土明洞（涵洞）和恢复土体平衡整治滑坡　（d）用挡土墙（挡土板、柱）与岩石（土层）锚杆结合整治滑坡

2）橡皮土（软土的一种类型）的处理

当地基为黏性土且含水量很大、趋于饱和时，夯（拍）打后，地基土变成踩上去有一种颤动感觉的土，称为"橡皮土"。

（1）橡皮土形成的原因。在含水量很大的黏土、粉质黏土、淤泥质土、腐殖土等原状土上进行夯（压）实或回填，由于原状被扰动，颗粒之间的毛细孔遭到破坏，水分不易渗透和散发，当气温较高时，对其进行夯击或湿压，特别是用光面碾（夯锤）滚压（或夯实），表面形成硬壳，更加阻止了水分的渗透和散发，形成软塑状的橡皮土。

（2）处理措施方法。暂停一段时间施工，避免再直接拍打，使橡皮土含水量逐渐降低，或将土层翻起进行晾晒。如地基已成橡皮土，可在上面铺一层碎石或碎砖后进行夯击，将表土层挤紧；橡皮土较严重的，可将土层翻起并拌均匀，掺加石灰吸收水分，同时改变原土结构成为灰土，使之有一定强度和水稳性。如用作荷载大的房屋地基，可打石桩，将毛石（大小20～30cm）依次打入土中，或垂直打入 M10 机砖，纵距 26m，横距 30m，直至打不下去为止，面层满铺厚 50mm 的碎石后再夯实。或采取换土措施，挖去橡皮土，重新填好土或级配砂石夯实。

3）流沙的处理

当基坑（槽）开挖深于地下水位 0.5m 以下，采取坑内抽水时，坑（槽）底下砌的土产生流动状态随地下水一起涌进坑内，边挖边冒，无法挖深的现象称为流沙。

发生流沙时，土完全失去承载力，不但使施工条件恶化，会引起基础边坡塌方，附近建筑物会因地基被掏空而下沉、倾斜，甚至倒塌。

（1）流沙形成的原因。当坑外水位高于坑内抽水后的水位，坑外水压向坑内流动的动水压等于或大于颗粒的浸水密度，使土粒悬浮失去稳定变成流动状态，随水从坑底或四周流入坑内，如施工时强挖，抽水愈深，动水压就愈大，流沙就愈严重；由于土颗粒周围附着亲水胶体颗粒，饱和时胶体颗粒吸水膨胀，使土粒密度减小，因而在不大的水冲力下能悬浮流动；饱和沙土在振动作用下，结构被破坏，使土颗粒悬浮于水中并随水流动。

（2）常用的处理措施方法。

① 安排在全年最低水位季节施工，使基坑内动水压减小。

② 采取水下挖土的方法（不抽水或少抽水），使坑内水压与坑外地下水压相平衡或缩小水头差。

③ 采用井点降水，水位降至基坑底 0.5m 以下，使动水压力方向朝下，坑底土面保持无水状态。

④ 沿基坑外围四周打板桩，深入坑底下面一定深度，增加地下水从坑外流入坑内的渗流路线和渗水量，减小动水压力。

⑤ 采用化学压力注浆或高压水泥注浆，固结基坑周围砂层使形成防渗帐幕。

⑥ 往坑底抛大石块，增加土的压重和减小动水压力，同时组织快速施工。

⑦ 当基坑面积较小时，也可在四周设钢板扩筒，随着挖土不断加深，直到穿过流沙层。

4）表土的处理

（1）表土的挖掘和复原。为了防止重型机械进入现场压实土壤，使土壤的团粒结构遭到破坏，最好使用倒退铲车掘取表土，并按照一个方向进行。表土最好不要临时堆放，直接平铺在预定栽植的场地，防止固结。现场无法使用倒退铲车时，可以利用适合沼泽地作业的推土机。另外，掘取、平铺表土作业不能在雨后进行，施工时的地面应该干燥，机械不得反复碾压。为了避免在复原的地面形成滞水层，平铺时要很好地耕耘，必要时需铺设碎石暗渠和透水管等以利排水。

（2）表土的临时堆放。应选择排水性能良好的平坦地面临时堆放表土。长时间（6个月以上）堆放时，应在临时堆放表土的地面上铺设碎石暗渠等以利排水。堆积高度最好在1.5m以下，如图1.20所示，不要用重型机械压实。不得已时，堆积高度也应在2.5m以下。这是因为过分的密实会破坏土壤最下部的团粒结构，造成板结。板结的土壤不得复原利用。

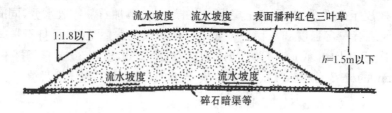

图1.20　临时堆放表土

（3）有机质土。当黏土中有机质含量超过5％以及砂土中有机质含量超过3％时，称为含有机质的土；若有机质含量超过10％，则称为泥炭质土；超过60％，称泥炭。泥炭是在潮湿和缺氧环境中由未充分分解的植物遗体堆积而成的一种土。

有机质土呈深褐色或黑色，含水量较高，压缩性很大但不均匀，往往以夹层构造形式存在于一般黏性土层中。表土中的有机质土是很好的园林种植土，应保留回填利用。

5）填土的处理

填土指由于人类活动而堆积的各种土，其物质成分较杂乱，均匀性较差。城市中许多场地的土壤，由于受到人类常年活动的影响，表层土多为填土。

（1）填土的分类。填土按其组成、堆填方式，可分为素填土、杂填土和冲填土三类（见表1.12）

表1.12　填土的分类

土的名称	组成和成因	分布范围
素填土	由碎石土、砂土、粉土、黏性土等一种或数种组成的土，不含杂质或含杂质很少	常见于山区和丘陵地带的建设中，或工矿区及一些古老城市的改建、扩建中
杂填土	含有大量建筑垃圾、工业废料及生活垃圾等杂物的填土	常见于一些古老城市和工矿区
冲填土	由水力冲填泥沙形成的填土	常见于沿海一带及江河两侧

（2）填土的特征和地基处理。

① 素填土。素填土地基承载力取决于土的均匀性和密实度。未经人工压实的素填土一

般比较疏松,不均匀,压实系数大。但堆积年限较长的老填土(堆积时间超过10年的黏土和粉质黏土、超过5年的粉土以及超过2年的砂土),由于土的自重压密作用,土质紧密,孔隙比较小,具有一定的强度,可以作为一般园林建筑建筑物的天然地基。经过分层压实的填土,如能严格控制施工质量,保证它的均匀性和密实度时,则能具有较高的承载力和水稳性。压实填土的质量以密实系数控制,一般应大于0.95。未超过上述年限的新填土,一般不宜作为建筑物的天然地基,应经加固处理后,才能作为地基。

②杂填土。杂填土地基由于成因没有规律,成分复杂,性质不均,厚度变化大,有机质含量较多,且都比较疏松,变形大,承载力低,压缩性高,有浸水湿陷性,因此应采取相应的处理措施。如杂填土不厚时,可全部挖除,然后采用加深基础或加厚垫层;若不挖除,则可用重碾压实,或振动压实,及短桩、灰土、灰土挤密桩等加固措施。但当杂填土填的时间较长,较均匀密实时,可在采取相应的措施以加强建筑物刚度后,也可作为一般建筑物的天然地基。

③冲填土。冲填土的特征与冲填土的颗粒组成有关。此类土含水量较大,压缩性较大,且有软土性质,地基的处理方法随冲填土的颗粒组成不同而不同。当含沙量较多时者,一般不需处理即可直接作为建筑物的天然地基;当含砂量较少而黏土颗粒含量较多时,则应采用降水、砂垫层、砂井预压、振冲地基、桩基等加固方法。

1.4.2.4　土方工程机械的选用

当场地和基坑面积和土方量较大时,为节约劳力、降低劳动强度、加快工程建设速度,一般多采用机械化开挖方式,并采用先进的作业方法。

机械开挖常用机械有推土机、铲运机、单斗挖土机(包括正铲、反铲、拉铲、抓铲等)、多斗挖土机、装载机等。土方压实有压实机具如压路碾、打夯机等。

土方施工机械的选择应根据工程规模(开挖断面、范围大小和土方量)、工程对象、地质情况、土方机械的特点(技术性能、适应性)以及施工现场条件等而定,可参考第8章的有关内容。

1.5　园林地形塑造与其他园林工程的关系

1.5.1　园林地形塑造与园林建筑工程的关系

充分、巧妙地利用原地形,使园林建筑和地形结合紧密,能够充分满足景观要求是在园林建筑工程中第一位的,其次是发挥建筑的使用功能。一般建筑物在地面竖向关系布置常采用平坡式、台阶式、混合式三种。建筑物、构筑物基础埋设深度对场地的填方高度有直接的制约。当单一倾斜的最大填方高度小于基础构造埋设深度时,场地竖向布置可采用简洁的平坡式;当单一倾斜的最大填方高度大于基础构造埋设深度时,场地竖向布置可采用台阶式。

建筑物室内外地坪的高差,一般应根据各种建筑物的性质、出入口要求、场地地形和地质条件等因数来确定。例如,宿舍、住宅最小值为0.15~0.45m,办公楼最小值为0.6m。

园林建筑和地形的结合的方法主要有四种：

1.5.1.1　提高勒脚

提高勒脚适用于建筑物垂直于等高线，坡度小于或等于 8％，或平行于等高线 10％～15％ 的情况布置（见图 1.21）。

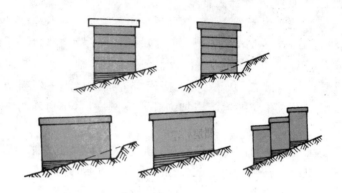

图 1.21　提高建筑物勒脚与地形结合的方式

1.5.1.2　筑台

筑台适用于建筑物垂直于等高线，坡度小于或等于 10％，或平行与等高线 12％～20％之 间的情况布置（见图 1.22）。

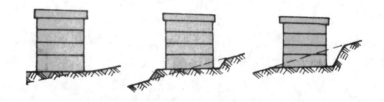

图 1.22　建筑物与地形筑台结合的形式

1.5.1.3　分层入（出）口

分层入（出）口适用于建筑物垂直于等高线，坡度为 0.3％～10％之间布置。建筑物的入 （出）口设置在不同的地形标高处（见图 1.23）。

1.5.1.4　跌落式

跌落式就是顺坡势将地形处理成台阶式，建筑物分别设置在不同的台地上。这种方式适 用在 4％～8％的坡地上（见图 1.24）。

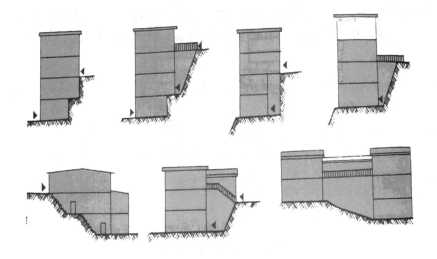

图 1.23　建筑物分层入(出)口与地形结合的方式

(a) 双侧分层入口　(b) 单侧分层入口　(c) 利用室外楼梯或踏步　(d) 天桥式

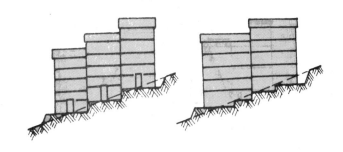

图 1.24　建筑物跌落式与地形结合的几种方式

1.5.2　园林地形塑造与其他园林工程的关系

园林地形塑造可分为陆地、水体。陆地分为平地、坡地。

1.5.2.1　平地

平地一般是指坡度小于 3% 的平坦用地。如草坪地的坡度宜塑造成 1%～3%,花坛、树木种植地为 0.5%～2%,铺装硬地为 0.3%～1%。

1.5.2.2　坡地

坡地可分为五种:

1) 缓坡地

缓坡地坡度为 3%～10%,基本可以按平地的处理方法进行工程设计与实施。

2) 中坡地

中坡地坡度为 10%～25% 之间,一般高差为 2～3m,顺等高线可布置狭长水体,修建通车路不能垂直于等高线布置,垂直于等高线的游览道必须做梯级登道。建筑群布置受一定的限制,个体建筑科自由布置,植物的种植适宜小型灌木,中大型乔木的种植要采取特殊的方法。

3）陡坡地

陡坡地是指坡度为 25％～50％的坡地,通车道路只能与等高线成较小的锐角布置,可布置梯级登山道,建筑群布置受到限制。

4）急坡地和悬坡地

急坡地是指坡度为 50％～100％的坡地,悬坡地是指坡度大于 100％的坡地。这两类坡地一般起分割空间的作用,在工程上可结合景观式挡土墙、水景的方式,种植上可采用立体容器栽植和挂网喷播的方式。

各类地形坡度与园林相关工程的关系如表 1.13 所示。

表 1.13　地形设计与园林工程的关系

地形坡度比	坡度	坡值 tan	地形设计
1∶0.58	60°	1.73	游人蹬道坡度限值
1∶0.63	50°	1.50	砖石阶道极值
1∶1.00	45°	1.00	干黏土坡角限值
1∶1.25	39°	0.80	砖石路坡极值
1∶1.4	35°	0.70	水泥路极值,梯阶坡角终值
1∶1.67	31°	0.60	之字形道路线坡值,沥青路坡极值
1∶1.72	30°	0.58	梯级坡角始值,土破限值,园林地形土壤自然倾斜角极值
1∶2.12	25°	0.47	草坡极值(使用割草机)、卵石坡角、中沙、腐殖土坡角
1∶2.75	20°	0.36	台阶设置坡度宜值
1∶1.3	18°	0.32	需设台阶、踏步
	17°	0.30	
	16°	0.28	
1∶4	15°	0.27	湿黏土坡角、终值
1∶6	12°	0.21	坡道设置终值,可开始设台阶、丘陵、台地街坊小区园路坡度中值
1∶7	10°	0.17	粗糙及有防滑条材料终值
1∶7	8°	0.14	残疾人轮道限值、丘陵坡度始值
1∶8	7.5°	0.13	对老幼均宜游览步道限值
1∶8	7°	0.12	机动车限值,面层光滑的坡道终值
1∶17	4°	0.07	自行车骑行极值、舒适坡道值
1∶17	2°	0.035	手推力,非机动车限值
1∶33.3	1°	0.017 4	土质明沟限值
1∶33.3	0.22°	0.005	草坪适宜坡值,轮椅车宜值
1∶33.3	0.172°	0.003	最小地面排水坡度

1.5.2.3 水体

与自然水面相接的坡度，可考虑按坡度（假设水平距离不变）0.3%→3%→5%→10%→20%的方式与陆地结合，如图1.25所示。

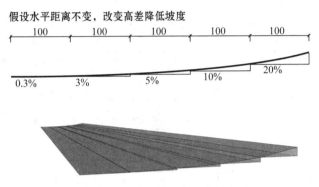

图1.25 自然水体坡度的修筑方式

1.6 园林地形塑造工程案例

1.6.1 FastTFT 土方量计算软件

1.6.1.1 软件结构

FastTFT（土方计算软件）基于 AutoCAD 平台运行，在 CAD 平台上采用外挂方式加载，包括原始数据、方格网法、三角网法、田块法、断面法等11个模块（见图1.26、图1.27）。

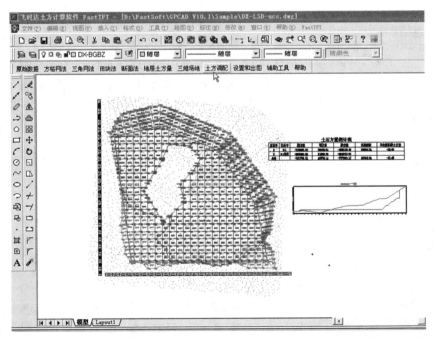

图1.26 FastTFT 软件界面

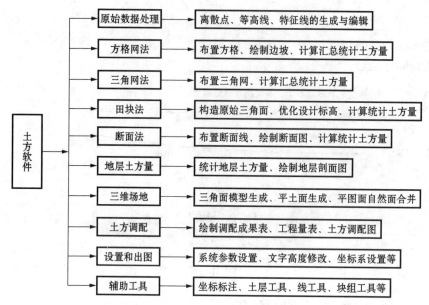

图 1.27   FastTFT 软件功能结构

软件依赖 AutoCAD 平台，核心技术包括 CAD 二次开发技术、菜单外挂加载、标高自动采集、最小二乘法土石方平衡优化、三棱柱、三棱锥和楔体的体积计算原理等。

1.6.1.2   原始数据处理

原始数据处理包括地形数据和设计数据两部分。目前，原始地形数据一般有三类：电子地形图、扫描纸质地形图、全站仪数据文件。

图 1.28   原始数据处理

在地形数据中，最重要的是标高数据，一般用离散点或等高线来表达。为了更有效地描述地形中的陡坎、护坡、田埂、挡墙等地物，软件提供了特征线（各点标高不相同的空间折线）来描述这些地物。对于电子地形图数据，可以通过原始地形的转换功能将地形转换成软件能识别的数据格式；对于扫描图或全站仪文件可以通过原始地形导入功能输入数据。原始地形的转换和输入包括离散点、等高线的转换和输入、特征线输入、钻孔点输入（见图 1.28）。

1.6.1.3   方格网法土方量计

1）操作流程

方格网法适用于地形变化连续的地形情况。方格网法计算土方量的操作流程如图 1.29 所示。

2）方格网布置与编辑

布置方格支持不规则方格网。方格间距可任意指定，通过改变对准点、对准方向可以布置出通过指定点的方格网。为了使方格网更合理，计算结果更准确，软件提供了多种有针对性的方格编辑功能：方格

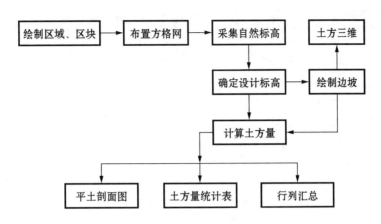

图 1.29　方格网计算土石方量方法

合并、方格裁剪、方格加密、方格分割、变标高点插入等(见图 1.30)。

3) 确定设计标高

第一步:优化设计标高是在保证土石方平衡及其他因素的情况下,给出初步的设计基准面。
"优化计算"是当改变了土方平衡条件里面的任意一个参数(弃土、埋土或平衡系数等)后,通过优化计算获得新的设计标高。"初始优化"是保持平衡系数为 1 情况下的设计标高(见图 1.31)。

图 1.30　方格网的编辑

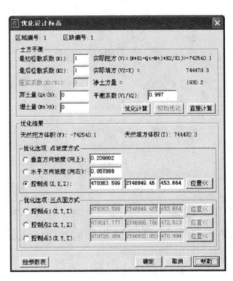

图 1.31　优化设计标高

第二步:输入设计标高(见图 1.32)。

对于一些土方计算要求比较高的用户,需要考虑土的预留、压实、草皮厚度等,软件提供了工作高差调整功能,可以设置土方计算区块的预留厚度、压实厚度、原始草皮厚度以及就地平衡填方量压实换算系数(见图 1.33)。

4) 场地边坡处理

一般设计场地不会在边界全部设置挡墙到底(或到顶),而是根据周围的情况将挡墙与

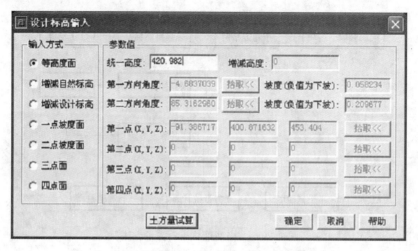

图 1.32　输入设计标高

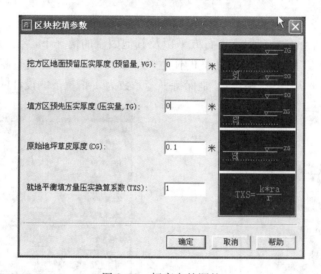

图 1.33　标高点的调整

边坡结合起来，有时还需要多级放坡，中间设置步道。在挖方区，挡墙必须设置在场地内侧，然后放坡，直到与自然地面衔接；在填方区，挡墙必须设置在场地外侧，先放坡，然后设置挡墙。

（1）单级放坡计算如图 1.34、图 1.35 所示。

（2）多级放坡计算如图 1.36 所示。土方多级放坡是为了满足用户放坡时进行分级放坡而设计的，每一级的坡比可能一致也可能不一样。多级放坡在操作中是进行一级级放坡，即通过设置绘制第一级的边坡，完成后再根据第一级边坡的结果再绘制第二或第三级边坡。

（3）计算起始放坡线如图 1.37 所示。当已知坡脚线（用地范围线）时，根据放坡坡度要求，推算场地内起始放坡线（或称为有效用地范围线）。图中红线为用地范围线，黄线为计算得到的有效用地范围线。

5）土石方量计算

土石方量计算时选择是否考虑松散系数，计算的结果中已包含了石方量。

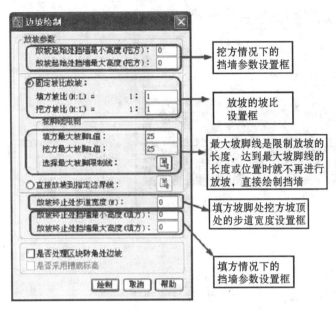

图 1.34 单级放坡界面

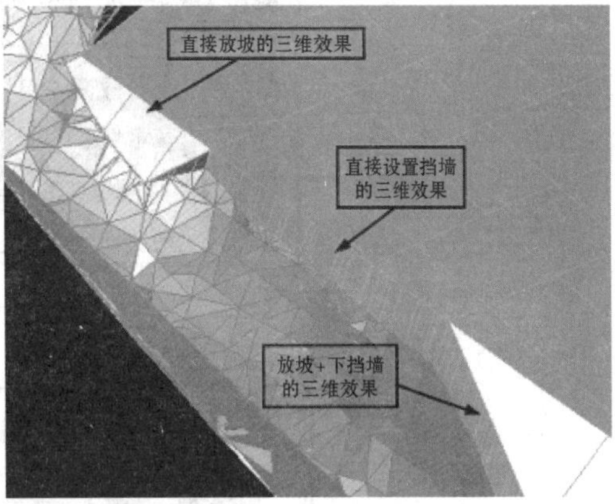

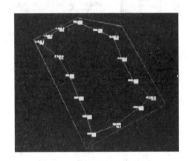

图 1.35 放坡后三维效果

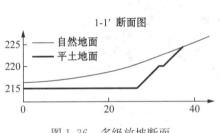

图 1.36 多级放坡断面

图 1.37 计算起始放坡线

6）土方行列汇总

行列汇总可以自动汇总，也可以部分汇总。如果该区块有边坡或石方计算，则汇总表中会单独列出石方或边坡的土方量。

7）土方量统计表、绘制图

可以单一或全部区域统计土方量，也可以部分连续区域统计。统计结果可以直接绘制表格，也可以导出到 Word 文件并直接打印（见图 1.38、图 1.39）。

1.6.1.4　设计场地的三维模拟

利用设计场地上的控制点、等高线、特征线可以自动生成三角面三维模型，在此基础上，可以采集计算任意点的设计标高，绘制设计断面与自然断面的组合图。

三维设计场地必须与三维自然地面组合才能直观设计前后的自然场地变化，因此必须进行三角面模型的合并操作，在两种三角面的边界结合部分，进行三角面的切割、替换、竖面生成等复杂计算。图 1.40(a)、(b)分别是设计前的自然地形以及合面后的效果。

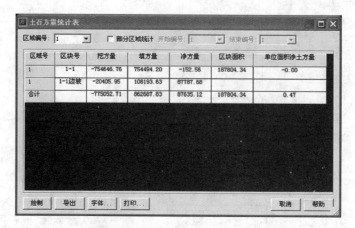

图 1.38　土方量统计结果

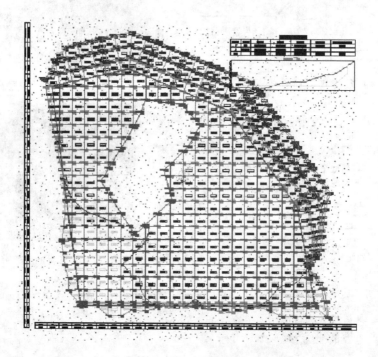

图 1.39　土方量绘制

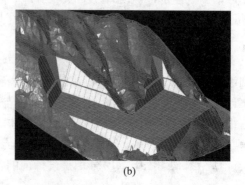

(a)　　　　　　　　　　　　　　　　(b)

图 1.40　计算机模拟三维场地设计

1.6.2　地形竖向设计中几种图纸表达方式

地形竖向设计图纸主要有四种：

1）平面测绘图

测绘平面图是指自然地形图，或针对规则地形，采用绝对坐标、相对坐标，直接标注的平面图纸。平面测绘图具有准确性，但专业性较强，不直观。

2）竖向设计图或竖向剖面图

竖向设计图或竖向剖面图具有较好的竖向准确性，但不能很好地反映竖向与水平面的关系。

3）模型制作

模型制作具有准确性高、直观等优点，但制作模型较费力和代价高，适用于方案设计后期。

4）效果图

效果图表现地形具有很强的生动性，但准确性较差，只适于初期方案设计的表达。地形效果图可采用专业软件设计或手绘完成。

1.6.3　利用地形图对地形关系进行判定与工程设计

利用地形图可以对地形起伏状况进行分析（见图 1.41）。

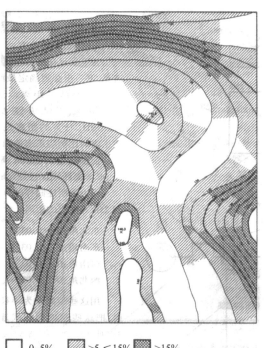

☐ 0~5%　▨ >5 ≤15%　▩ >15%

图 1.41　利用等高线分析地形的起伏状况

利用地形图可以帮助道路、管线的选线规划，使之合理布置，减少土方量。如图 1.42 所示，利用地形图从公路出口 A 到湖边的码头按设计要求修一条坡度不大于 4% 的道路。

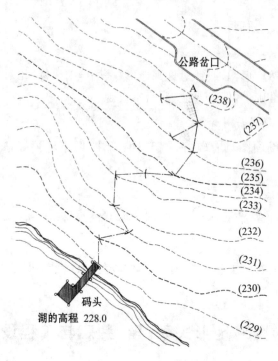

图 1.42　利用地形图修筑道路

思考题

1. 利用地形中凹坡与凸坡关系、朝向关系，设计"五彩世界"的山谷、山脊秋季景观。试用等高线平面图和竖向设计图两种方法分别表达。学会地形竖向设计中，等高线的地形图与竖向设计图的转换。

2. 为拟建一场地：尺寸为宽 25m，长 40m，南面边界线的高程为 220.0，为能够排水，场地向北以 3% 的坡度倾斜。侧边以坡度系数 3:1 砌筑。图1.43 是按要求画出的新建地形。请写出计算过程。

3. 园林规划设计的地形图，往往是从测绘部门取得的航测图，为什么在具体的规划设计中需要重新实地勘测？

4. 归纳园林地形塑造中影响土方

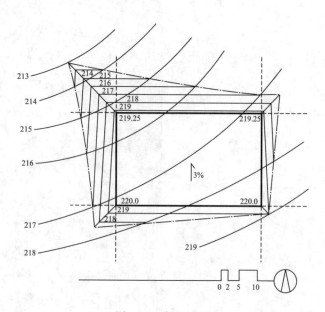

图 1.43　场地地形

量的因素。

5. 园林地形塑造中土方量计算方法有哪几种？写出方格网法的计算步骤。

6. 土方施工的基本方法有哪些？人工挖方与机械挖方的区别是什么？

7. 名词解释：

橡皮土　土壤的密实度　土壤的自然倾斜角　滑坡与塌方　边坡

8. 熟悉 FastTFT 土方量计算软件的操作。

9. 熟记以下常见的场地坡度，并注意在园林工程设计中加以应用。

(1)广场的纵坡应小于 7%，横坡不大于 2%；(2)停车场的最大坡度≤2.5%；(3)园路的坡度≤8%；(4)道路、管线、沟渠等设计选线都有坡度的限定要求；(5)居住建筑的坡度要求为 0.3~10%的限定要求。

2 园林道路工程

【学习重点】

园林道路基本理论知识,园林道路的工程设计,园林道路的施工方法。重点掌握园路施工的顺序及铺装结构的具体做法。

2.1 园林道路概述

2.1.1 园林道路的定义与功能

2.1.1.1 园林道路的定义

园林中的道路即为园路,它是构成园林基本组成要素之一。园路是贯穿全园的交通网络,是联系若干景区和景点的纽带,并为游人提供活动和休息的场所。园路作为空间界面的一个方面存在着,自始至终伴随着游览者,影响着风景的效果,它与山、水、植物、建筑等共同构成优美丰富的园林景观。园路的工程设计包括线形设计和路面竖向设计,路面设计又分为结构设计和铺装设计。

2.1.1.2 园林道路的功能

园林道路除了具有与人行道路相同的交通功能外,还有许多特有的功能:

1) 划分、组织空间

在较大的绿地的景观设计中,常常需要把较大的空间划分成不同的景区。我们可以利用地形、植物和建筑进行空间的划分,道路也是划分和组织空间的主要方法之一。利用道路,不但可以使几个绿地成为一个整体,更重要的是通过道路组织和划分空间的作用使各区形成不同的景区,达到多样统一的景观效果。

2) 组织交通和游览

首先,园路经过铺装能耐践踏、辗压和磨损,可满足各种园务运输的要求,并为游人提供舒适、安全、方便的交通条件;其次,园林景点间的联系是依托园路进行的,为动态序列的展开指明了前进的方向,引导游人从一个景区进入另一个景区;再次,园路还为欣赏园景提供了连续的不同的视点,取得步移景异的效果。

3）提供活动场地和休息场地

在建筑小品周围、花坛、水旁、树下等处,结合材料、质地和图案的变化,园路可扩展为广场,为游人提供活动和休息的场所。

4）参与造景

园路优美的线型、丰富多彩的铺装形式,本身也构成园林的一大景观;同时园路又可使周围的山、水、建筑及花草树木、石景等紧密结合,共同造成园林景观。在园林中不仅是"因景设路",而且是"因路得景",从而形成路随景转、景因路活的艺术效果。

5）组织排水

一般园林绿地的边缘低于园路,园路可以借助其路缘或边沟组织路面和路缘绿地排水,实现以地形排水为主的原则。

2.1.2 园林道路的特点

园林道路的特点主要有:第一,结构简单、薄面强基、用材多样。第二,路面注重景观效果,艺术性高。园路不同于市政道路,园路线条设计、结构设计以及铺装设计上都比市政道路细致。第三,利于排水、清扫,不起灰尘。

2.1.3 园林道路的类型

2.1.3.1 根据功能划分

1）主园路

园林主要出入口、园内各功能分区、主要建筑物和重点广场游览的主线路,是全园道路系统的骨架,多呈环形布置。其宽度视公园性质和游人量而定,一般为 3.5～6.0m。

2）次园路

为主干道的分支,贯穿各功能分区、景点和活动场所的道路,宽度一般为 2.0～3.5m。

3）游步道

景区内连接各个景点、深入各个角落的游览小路。宽度一般为 1～2m,有些游览小路宽度为 0.6～1m。

2.1.3.2 根据构造形式划分

1）路堑型

道牙位于道路边缘,路面低于两侧地面,利用道路排水(见图 2.1)。

2）路堤型

道牙位于道路靠近边缘处,路面高于两侧地面,利用明沟排水(见图 2.2)。

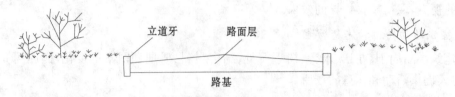

图 2.1　路堑型

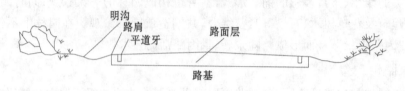

图 2.2　路堤型

3）特殊型

包括步石、汀步、蹬道、攀梯等（见图 2.3）。

图 2.3　步　石

2.1.3.3　根据面层材料划分

1）整体路面

整体路面是园林建设中应用最多的一类，是用水泥混凝土或沥青混凝土铺筑而成的路面，

图 2.4　整体路面

见图 2.4。它具有强度高、耐压、耐磨、平整度好的特点，但不便维修，且观赏性较差。整体路面由于养护简单、便于清扫，所以多为大公园的主干道所采用。但它的色彩多为灰、黑色，在园林中不够美观。近年来已经出现了彩色沥青路和彩色水泥路。

2）块料路面

块料路面是用大方砖、石板等各种天然块石或各种预制板铺装而成的路面，如木纹板路、拉条水泥板路、假卵石路等，如图 2.5 所示。这种路面简朴、大方，尤其是各种拉条路面，利用条纹反向变化产生的光影效果,加强了花纹的效果,有很好的装饰性,还可以防滑和减少反光强度,并能铺装成形态各异的图案花纹,不仅美观舒适,也便于进行地下施工时拆补,所以在园林绿地中被广泛应用。

图 2.5 块料路面

3)碎料路面

碎料路面是用各种碎石、瓦片、卵石及其他碎状材料组成的路面(见图 2.6)。这类路面铺装材料价廉,能铺成各种花纹,一般多用在游步道中。

图 2.6 碎料路面

4)简易路面

简易路面是由煤屑、三合土等构成的路面,多用于临时性或过渡性园路。

2.2 园林道路的工程设计

园路的线形包括平面线型和纵断面线型。线形设计是否合理,不仅关系到园林景观序列的组合与表现,也直接影响道路的交通功能和排水功能。

2.2.1 园林道路的平面线形设计

2.2.1.1 线型种类

平面线型主要有直线、圆弧曲线、自由曲线三种。

1）直线

在规则式园林绿地中，多采用直线形园路。

2）圆弧曲线

道路转弯或交汇时，弯曲部分应取圆弧曲线连接，并具有相应的转弯半径。

3）自由曲线

半径不等且随意变化的自然曲线，多应用于自然式园林。

2.2.1.2　设计要求

（1）园路宜有主次之别。园路应有和它的交通量相适应的宽度。一般园内允许汽车行驶的场合，其宽度应为6m。目前我国园路主要是通行大量的游人，只通行少量的管理或观光用车，主路的宽度常为4～6m。大型公园的主路考虑到节假日游园活动的需要也有达到8m宽。游步小道一般为1.0～2.5m，小径可小于1m。

（2）行车道路转弯半径在满足机动车最小转弯半径的条件下，可结合地形、景物灵活处理。

（3）园路的曲折迂回应有目的性。一方面曲折应是为了满足地形及功能上的要求，如避绕障碍物、串联景点、围绕草坪、组织景观、增加层次、延长游览路线、扩大视野；另一方面应避免无艺术性、无功能性和无目的性的过多弯曲。

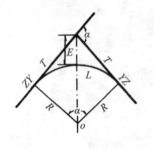

图2.7　平曲线图
T—切线长（m）；E—曲线外距（m）；L—曲线长（m）；α—路线转折角度；R—平曲线半径（m）；ZY—直圆点（曲线起点）；YZ—圆直点（曲线终点）

2.2.1.3　半径的设计

车辆在弯道上行驶时，为保证行车安全，要求弯道部分应为圆弧曲线，该曲线称为平曲线，如图2.7所示。自然式园路曲折迂回，平曲线的变化主要由下列因素决定：

（1）园林造景的需要。自然式园路曲折迂回，平曲线的变化较多，且半径大小要符合园林造景的需要。

（2）因地制宜。平曲线半径要因地形、地物条件的要求而变。

（3）保证行车安全的要求。在需要通过机动车的地段上，必须满足汽车最小转弯半径和需要。如要使行车保持一定的速度，平曲线半径的大小还应和车速相结合。

（4）行车平曲线半径最小不得低于6m。这一半径不考虑行车速度，只保证转弯需要。

2.2.1.4　曲线加宽

汽车在弯道上行驶，由于前后轮的轨迹不同，前轮的转弯半径大，后轮的转弯半径小，所以为了保证行车安全，转弯内侧的路面要适当加宽（见图2.8）。

（1）曲线加宽值与车体长度的平方成正比，与弯道半径成反比。

（2）当弯道中心线平曲线半径大于200m时可不必加宽。

（3）为了使直线路段上的宽度逐渐过渡到弯道上的加宽值，需设置加宽缓和段。

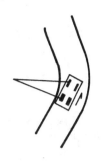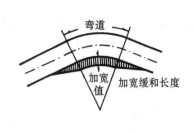

图 2.8 平曲线加宽

（4）为了通行方便，园路的分支和交汇处，应加宽其曲线部分，使其线形圆润、流畅，形成优美的视觉。

2.2.2 园林道路的竖向设计

2.2.2.1 园路的横断面设计

垂直于园路中心线方向的断面称园路的横断面，它能直观地反映路宽、道路和横坡及地上地下管线位置等情况。园路横断面的设计主要包括：依据规划道路宽度和道路断面形式，结合实际地形确定合适的横断面形式，确定合理的路拱横坡，综合解决路与管线及其他附属设施之间的矛盾等。

1）园路横断面形式的确定

园路横断面形式有一幅路（一块板）和二幅路（二块板）两种。一块板是指机动与非机动车辆在一条车行道上混合行驶，上行下行不分隔；二块板是指机动与非机动车辆混驶，但上下行由道路中央分隔带分开。园林中常见的园路多为一块板式。

园路宽度依据其分级而确定，应充分考虑承载物（见表 2.1）。

表 2.1 游人及各种车辆的最小宽度表

交通种类	最小宽度/m
单人	≥0.75
自行车	0.6
三轮车	1.24
手扶拖拉机	0.84~1.5
小轿车	2
消防车（消防车道）	2.06(4.0)
卡车	2.5
大轿车	2.66

2）园路路拱设计

为能使雨水快速排出路面，道路的横断面通常设计为拱形、斜线形等形状，称为路拱。路拱设计主要是确定道路横断面的线形和横坡坡度。

园路路拱形式有抛物线形、折线形、二坡形和单坡形四种（见图2.9）。

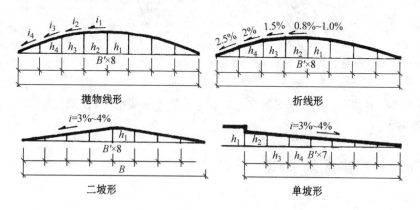

图2.9　园路路拱形式

（1）抛物线形路拱是最常用的路拱形式。其特点是路面中部较平，愈向外侧坡度愈陡，横断路面呈抛物线形。

（2）折线形路拱是将路面做成由道路中心线向两侧逐渐增大横坡度的若干短折线组成的路拱。

（3）二坡形路拱适用于二车道或多车道并且路面横坡坡度较小的双车道或多车道水泥混凝土路面。

（4）单坡形路拱可以看作是以上三种路拱各取一半所得到的路拱形式，其路面单向倾斜，雨水只向道路一侧排除。

3）横坡度

园林横坡是指园路宽方向上所形成的坡度，一般都是由中心线向两侧倾斜，主要是利于路面排水。横坡度设计要根据园路路面的排水能力及材料不同而异，如表2.2所示。

表2.2　不同路面面层的横坡度

道路类别	路面结构	横坡度/%
人行道	砖石、板材铺砌	1.5～2.5
	砾石、卵石镶嵌面层	2.0～3.0
	沥青混凝土面层	3.0
	素土夯实面层	1.5～2.0
自行车道	水泥混凝土	1.5～2.0
广场停车路面		0.5～1.5
汽车停车场		0.5～1.5

道路类别	路面结构	横坡度/%
车行道	水泥混凝土	1.0～1.5
	沥青混凝土	1.5～2.5
	沥青结合碎石或表面处理	2.0～2.5
	修整块料	2.0～3.0
	圆石、卵石铺砌，以及砾石、碎石或矿渣（无结合料处理）、结合料稳定土壤	2.5～3.5
	级配砂土、天然土壤、料粒稳定土壤	3.0～4.0

2.2.2.2 园路的纵断面设计

园路纵断面是指路面中心线的竖向断面。路面中心线在纵断面上为连续相折的直线，为使路面平顺，在折线的交点处要设置成竖向的曲线状，称为园路的竖曲线（见图 2.10）。当圆心位于竖曲线下方时，称为凸型竖曲线；当圆心位于竖曲线上方时，称为凹形竖曲线。

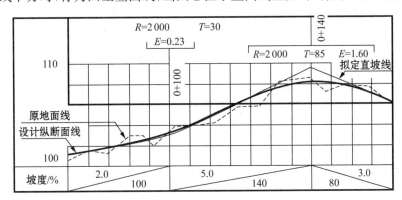

图 2.10 竖曲线

1）园路纵断面设计的主要内容

（1）确定路线各处合适的标高。

（2）设计各路段的纵坡及坡长。

（3）保证视距要求，选择各处竖曲线的合适半径，设置竖曲线并计算施工高度等。

2）园路纵断面设计的要求

（1）园路一般根据造景的需求，随地形的变化而起伏变化。

（2）在满足园林造景需要的前提下，尽量利用原地形，保证路基的稳定，并尽可能减少土方量以降低工程造价。

（3）园路的高程应与相连的城市道路高程有合理的衔接。

（4）园路应成为场地内地面排水的网络系统。

（5）园路应与园内各种地下管线密切配合，共同达到经济、明确、合理、有序的目的。

3）园路竖曲线设计

（1）确定园路竖曲线合适的半径。园路竖曲线的允许半径范围比较大，其最小半径比一般城市道路要小得多，如表2.3所示。

表2.3　园路竖曲线最小半径建议值（单位/m）

园 路 级 别	风景区主干道	主园路	次园路	小路
凸形竖曲线	500～1 000	200～400	100～200	<100
凹形竖曲线	500～600	100～200	70～100	<70

（2）园路纵向坡度设定。园路纵坡是指沿园路长方向所形成的坡度，一般路面应有8%以下的纵坡，以利排水。纵坡度设计应注意以下几点：

① 一般园路设计纵坡度为10%左右最为理想，这样的路面老幼皆宜。

② 游步道的纵坡度设计可以更大一点，但如游步道为整体路面或块、碎料铺装路面的坡一般也不应超过12%，如为形式不规则可大一点。

③ 如果由于地形、地势限制，纵坡超过15%时，必须设台阶，或台阶和平台相结合。

④ 园路纵坡设计同样要考虑到造景的需要，行车安全及路基稳定的要求。

⑤ 纵坡的坡度与坡长（见表2.4）。

表2.4　园路纵坡与限制坡长

道路类型	车　　道			游　览　道				梯　道
园路纵坡/%	5～6	6～7	7～8	8～9	9～10	10～11	11～12	>12
限制坡长/m	600	400	300	150	100	80	60	25～60

2.2.3　园林道路面层的铺装设计

2.2.3.1　园路铺装设计的原则

园路的地面铺装是园路景观中的一个重要因素，而且是与用路者接触最亲密的一个界面。路面铺装不但能强化视觉效果，影响环境特征，表达不同的立意和主题，对游人的心理产生影响，还有引导和组织游览的功能。园路的铺装设计与施工应遵循以下原则。

1）铺装要符合生态环保的要求

园林是人类为了追求更美好的生活环境而创造的，园路的铺装设计也是其中一个重要方面。它涉及很多内容，一方面，是否采用环保的铺装材料，包括材料来源是否破坏环境、材料本身是否有害；另一方面，是否采取环保的铺装形式。

2）铺装要符合园路的功能特点

除建设期间外，园路车流频率不高，重型车也不多，因此铺装设计要符合园路的这些特点，既不能弱化甚至妨害园路的使用，也不能因盲目追求某种不合时宜的外观效果而妨害道路的使用。

若是一条位于风景幽胜处的小路,为了不影响游人的行进和对风景的欣赏,铺装应平整、安全,不宜过多变化。色彩、纹样的变化同样可以起到引导人流和方向的作用。如在需景点或某个可能作为游览中间站的路段,可利用与先前对比较强烈的纹样、色彩、质感的铺装变化,提醒游人并供游人停下来观赏。出于驾驶安全的考虑,行车道路也不能铺得太华丽以至干扰司机的视觉。但在十字路口、转弯处等交通事故多发路段,可以铺筑彩色图案以规划道路类别,保证交通安全。

3)铺装要与其他造园要素相协调

园路路面设计应充分考虑到与地形、植物、山石及建筑的结合,使园路与之统一协调,适应园林造景要素。如嵌草路面不仅能丰富景色,还可以改变土壤的水分和通气状态等。在进行园路路面设计时,如为自然式园林,路面应具有流畅的自然美,无论形式上和花纹上都应尽量避免过于规整;如为规则式平地直路,则应尽量追求有节奏、有规律、整齐的景观效果。

4)铺装要与园景的意境功能想协调

园路路面是园林景观的重要组成部分,路面的铺装既要体现装饰性的效果,以不同的类型形态出现,同时在建材及花纹图案设计方面必须与园景意境相结合。路面铺装不仅仅要配合周围环境,还应该强化和突出整体空间的立意和构思。

5)铺装的可持续性

园林景观建设是一个长期过程,要不断补充完善。园路铺装应适于分期建设,如临时放过路沟管、抬高局部路面等,完全不必如刚性路面那样开肠剖肚。因此,路面铺装是否有令人愉悦的色彩、让人耳目一新的创意和图案,是否和环境协调,是否舒适的质感,对于人是否安全等,都是园路铺装设计的重要内容之一,也是最能表现"设计以人为本"这一主题的手段之一。

2.2.3.2　园路铺装类型

1)混凝土路面材料

(1)水泥混凝土。路面面层一般采用 C20 混凝土,做 120~160mm 厚,每隔 10m 设伸缩缝一道。水泥混凝土土面层的装饰主要采取各种表面抹灰处理。

① 普通抹灰材料。用普通灰色水泥配制成 1∶2 或 1∶2.5 水泥砂浆,在混凝土面层浇注后尚未硬化时进行抹面处理,抹面厚度为 1~1.5cm,如图 2.11 所示。

图 2.11　普通抹灰

② 彩色水泥抹面装饰材料。水泥里面的抹面层所用的水泥砂浆可通过添加颜料而调制成彩色水泥砂浆,做出彩色水泥路面。调制彩色水泥选用耐光、耐碱、不溶于水的无机矿物颜

料，如红色氧化铁、黄色柠檬铬、绿色氧化铬、蓝色的钴蓝和黑色的炭黑等。

③ 彩色水磨石地面材料。它是用彩色水泥石子浆罩面，经过磨光处理而成的装饰性路面。按照设计方案，路面平整后，在粗糙、已基本硬化的混凝土路面面层上弹线分格，用玻璃条、铝合金条(铜条)作为分格条，然后在路面上刷上一道素水泥浆，再以 1：1.25～1：1.50 的彩色水泥细石子浆铺面，厚 0.8～1.5cm。铺好后拍平，表面滚筒压实，待出浆后在用抹子抹面。

④ 露骨料饰面材料。采用这种饰面方式的混凝土路面和混凝土铺砌板，其混凝土应用粒径较小的卵石配制，如图 2.12 所示。

(2) 沥青混凝土。根据沥青混凝土的骨料粒径大小，有细粒式、中粒式和粗粒式沥青混凝土可供选用。一般以 30～50cm 厚沥青混凝土作面层。这种路面属于黑色路面，一般不用其他方法来对路面进行装饰处理，如图 2.13 所示。

图 2.12　露骨料饰面

图 2.13　沥青混凝土

2) 片块状材料

(1) 片材。片材是指厚度在 5～20mm 之间的装饰性铺地材料。常用的片材主要是花岗岩、大理石、面墙地砖、陶瓷广场砖和马赛克等。这类铺地一般都是在整体现浇的水泥混凝土路面上采用。在混凝土面层上铺垫一层水泥砂浆，起找平和结合作用。用片材贴面装饰的路面边缘最好要设置道牙石。

① 天然石材片。天然石材片主要指花岗岩(见图 2.14)。花岗岩有红色、青色、灰绿色等多种，先加工成正方形、长方形的薄片状，然后用来铺贴地面。其加工的规格大小可根据设计而定，一般有 500mm×500mm、700mm×500mm、700mm×700mm、600mm×900mm 等尺寸，或用其碎片铺贴，多为冰裂纹。常用的天然石材还有大理石。

② 釉面墙地砖。釉面墙地砖有丰富的颜色和表面图案，尺寸规格也很多，在铺地设计中选择余地很大。其商品规格主要有 100mm×200mm、300mm×300mm、400mm×400mm、400mm×500mm、500mm×500mm 等多种，一般不用于室外，如图 2.15 所示。

图 2.14　花岗岩板铺地

③ 陶瓷广场砖铺地。广场砖多为陶瓷或琉璃质地(见

图 2.16）。产品基本规格是 100mm×100mm，略呈扇形，可以组合成矩形或圆形图案。广场砖比釉面墙地砖厚一些，其铺装路面的强度也大一些，装饰效果比较好。

图 2.15　釉面墙地砖

图 2.16　陶瓷广场砖铺地

④ 马赛克铺地。园林内的局部路面还可用马赛克铺地，如伊斯兰式庭园道路，就常见这种铺地（见图 2.17）。马赛克色彩丰富，容易组合成图纹，装饰效果较好，但较易脱落，不适宜人流较多的道路铺装，所以目前采用马赛克装饰的路面并不多见。

（2）块材。块材通常指厚度在 50～100mm 之间的装饰性铺地材料，包括板材类、砌块类、砖三种类型。

① 板材铺地。板材包括打凿整形的天然石板和预制的混凝土板。

图 2.17　马赛克铺地

天然石板一般加工成 497mm×497mm×50mm、697mm×497mm×60mm、997mm×697mm×70mm 等规格，其下直接铺 30～50mm 的砂土作找平的垫层，可不做基层。或以砂土层作为间层，在其下设置 80～100mm 厚的碎石层作基层。石板下不用砂石垫层，而用 1∶3 水泥浆作结合层，可以保证面层更坚固和稳定（见图 2.18）。

图 2.18　天然石板

　　预制混凝土板的规格尺寸按照具体设计而定，常见有 497mm×497mm、697mm×697mm 等规格（见图 2.19）。铺砌方法同石板一样。不加钢筋的混凝土板，其厚度不小于 80mm。加钢筋的混凝土板，最小厚度仅 60mm。所加钢筋直径一般为 6～8mm，间距为 200～250mm 双向布筋。预制混凝土铺砌的顶面常加工成光面、彩色水磨石面或露骨料面。

　　② 砌块。园路可用凿打整形的石块，或用预制的混凝土砌块铺地（见图 2.20）。混凝土砌块可设计为各种形状、各种颜色和各种规格尺寸，还可以结合路面做成不同图纹和不同装饰色块，是目前城市街道的人行道及广场铺地的最常见材料之一。

图 2.19　预制混凝土板　　　　　　　　图 2.20　混凝土砌块铺地

　　③ 砖。园路铺装的砖有混凝土方砖和黏土砖两种。

　　混凝土方砖为正方形，常见规格有 297mm×297mm×60mm、397mm×397mm×60mm 等，表面经翻模加工为方格或其他图纹，用 30mm 厚细砂土作找平垫层铺砌，如图 2.21 所示。

　　用于铺地的黏土砖规格很多，有方砖，也有长砖，如图 2.22 所示。方砖及其尺寸有：尺二方砖 400mm×400mm×60mm；尺四方砖 470mm×470mm×60mm；足尺七方砖 570mm×570mm×60mm；二尺方砖 640mm×640mm×96mm；二尺四方砖 768mm×768mm×144mm。长方砖及其尺寸有：大城砖 480mm×240mm×130mm；二城砖 440mm×220mm×110mm；地趴砖 420mm×210mm×85mm；机制标准青砖 240mm×115mm×53mm。砖铺地时，用 30～50mm 厚细砂土或 3∶7 灰土作找平垫层。方砖铺地一般采取平铺方式，有错缝平铺和顺缝平铺两种

图 2.21　混凝土方砖铺地

方法。

　　（3）嵌草路面材料。嵌草路面有两种：一种为在块料铺装时，在块料之间留出空隙，其间种草，如冰裂纹嵌草路面、人字纹嵌草路面等，绿色草皮呈线状有规律地分布；另一种是制作成可以嵌草的各种纹样的混凝土空心砖，通常绿色草皮呈点状有规律的分布，如图 2.23 所示。嵌草路面的预制混凝土砌块可有多种形状和规格，也可做成各种彩色的砌砖，其厚度都不小于 80mm，一般为 100～150mm。

　　（4）地面镶嵌与拼花材料。用砖、石子、瓦片等材料拼砌镶嵌，将园路的面层做成具有美丽图纹的路面。一般用立砖、小青瓦瓦片来镶嵌出线条纹样，并组合成基本的图案，再用各色卵石、砾石镶嵌作为色块，填充图形大面，并进一步修饰铺地图案。

图 2.22　黏土砖铺地

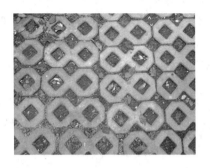

图 2.23　嵌草路面

①鹅卵石。鹅卵石是指直径 6～15cm、形状圆滑的河川冲刷石。用鹅卵石铺设的园路看起来稳重而又实用,别具一格,如图 2.24 所示。

②洗石子。洗石子的粒径一般为 5～10mm,卵圆形,颜色有黑、灰、白、褐等(见图 2.25)。铺装时可以选用单色或混合色。混合色者往往较能与环境调和,因此应用较普遍。

图 2.24　鹅卵石铺地

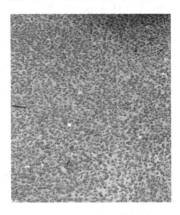

图 2.25　洗石子铺地

(5)木材路面。木材路面主要有圆木椿和木铺,如图 2.26 所示。

①圆木桩。木桩用的木材以松、杉、桧为主,直径 10cm 左右,平均长度为 15cm。

②木铺。用于铺地的木材有正方形的木条、木板,圆形的、半圆形的木桩等。木铺在潮湿近水的场所使用时,宜选择耐湿防腐的木材。

(6)透水性路面材料。透水性路面是指能使雨水直接渗入路基的人工铺筑路面,因此其具有使水还原于地下的性能。透水结构是通过特定的构造形式使雨水渗透入泥土保持地表水量的平衡,主要包括砂、碎石及砾石路面,透水性混凝土路面,透水性沥青路面,透水性转和嵌草砖路面,方石、砌块路面(石材本身不透水,主要通过石块间的缝隙渗水)。透水路面适用人行道、居住区小路、公园路和通行轻型交通车及停车场等路面。透水性路面主要有以下材料:

图 2.26　木材路面

①嵌草路面。嵌草路面有两种类型：一种为在块料路面铺装时，在块料和块料之间留有空隙，在其间种草；另一种是制作成可以种草的各种纹样的混凝土路面砖。

②彩色混凝土透水性气性路面。这是采用预制彩色混凝土异型步道砖为骨架，与无沙水泥混凝土组合而成的组合式面层（见图 2.27）。一般采用

图 2.27　彩色混凝土透水性气性路面

单一粒级的粗骨科，不用或少用细骨架，并以高标号水泥为胶凝材料配制成多孔混凝土。其空隙率达 43.2%，步道砖的折强度不低于 4.5MPa，混凝土抗折强度不低于 3 MPa，因此具有强度较高、透水效果好的性能。其基层用透水性和蓄水性能较好、渗透系数不小于 0.001cm/s 且具有一定的强度和稳定性的天然级配砂砾、碎石或矿渣等组成。过滤层是在雨水向地下渗透过程中起过滤作用，并防止软土路基土质污染基层。过滤层材料的渗透系数应略大于路基土的渗透系数。为确保土基有足够的透水性，路基土质的塑性指数不宜大于 10，应避免在重黏土路基上修筑透水性路面。修整路基时，其压实度宜控制在标准的 87%～90%。

③透水性沥青铺地。这种路面通常用直溜石油沥青。在车行道上，为提高骨料的稳定性和改善耐久性，使用掺加橡胶和树脂等办法改善沥青的性质。上层粗骨料为碎石、卵石、砂砾石、矿渣等。下层细骨料用砂、石屑，并要求清洁，不能含有垃圾、泥土及有机物等。石粉主要使用石灰岩粉末，为防止剥离，可与青石灰或水泥并用。掺料为总料重量的 20% 左右。对于黏性土等难于渗透的土路基，可在垂直方向设排水孔、灌入沙子等。

④透水砖铺地。透水砖是将煤矿石、废陶瓷、长石、高岭土、黏土等粒状物于结合剂拌和，压制成形再经过高温煅烧而成具有多孔的砖（见图 2.28）。其材料强度高、耐磨性好。

⑤改善粗砂铺地。这是在普通粗砂路结构层不变的情况下，在面层加防尘剂。防尘剂以羧基丁苯胶乳为主要成分，其胶结性好、渗透性强，不影响土壤的多孔性、透水性，不污染环境，不影响植物生长，刮 8～9 级大风不扬尘。

图 2.28　透水砖铺地

2.2.4　特殊类型及要求的园路设计

2.2.4.1　步石设计

步石主要满足造景需要，因此作为材料的石块要求大面平整、大小多变，成品应表现出一种看似随意，实质却颇具匠心的效果；同时埋设要稳固，不得有翘动现象。按要求做好垫层后即可排列面层石料。为保证步石牢固，石料必须入土 4/5，露出 1/5。步石设置力求自然协调，与周围环境融为一体。无论何种材质，步石最基本的条件是：面要平坦、不滑、不易磨损或断裂，一组步石的每块石板在形色上要类似而调和，不可差距太大。步石的尺寸从 30cm 直径的小型到 50cm 直径的大块，厚度在 6cm 以上为佳。铺设步石时，石块排列要兼备整体美与实用

性。一般成人的脚步间距平均是 45~55cm,石块与石块间的间距则保持在 10cm 左右。步石露出土面高度通常是 3~6cm。铺设时,先从确定行径开始。在预定铺设的地点来回走几趟,留下足迹,并把足迹重叠最密集的点圈画起来,石板安放在该位置上。经过这种安排的步石才会是最实用恰当。施工的步骤是先行挖土、安置石块,再调整高度及石块间的间距。确定位置后,就可填土,将石块固定,使脚踏在石面上不摇晃。

2.2.4.2 园路无障碍设计

园林绿地的各种效能要便于残障人士使用,园路也应该实现无障碍设计,如图 2.29 所示。

(1) 路面宽度不宜小于 1.2m,回车路段路面宽度不宜小于 2.5m。

(2) 道路纵坡一般不宜超过 4%,且坡长不宜过长,在适当距离应设水平路段,并不应有阶梯。

(3) 应尽可能减小横坡。

(4) 坡道坡度为 1/20~1/15 时,其坡长一般不宜超过 9m;每个转弯处,应设不小于 1.8m 的休息平台。

(5) 园路一侧为陡坡时,为防止轮椅从边侧滑落,应设高度为 10cm 以上的挡石,并设扶手栏杆。

(6) 排水沟箅子等不得不突出路面,并注意避免箅子孔卡住轮椅的车轮和盲人的拐杖。

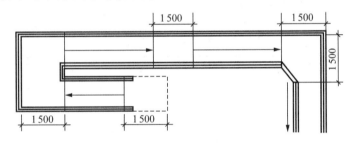

坡道起点、终点和休息平台水平长度/mm

图 2.29 无障碍坡道设计

2.2.5 园路设计实例

2.2.5.1 园路平面设计

以庭院为例,进行园路平面设计。设计内容为平面线型设计和铺装材质设计,如图 2.30 所示。

2.2.5.2 园路剖面设计

根据图 2.30 园路平面图内容,进行园路剖面设计。设计内容为各结构层次材料做法,如图 2.31、图 2.32、图 2.33、图 2.34 所示。

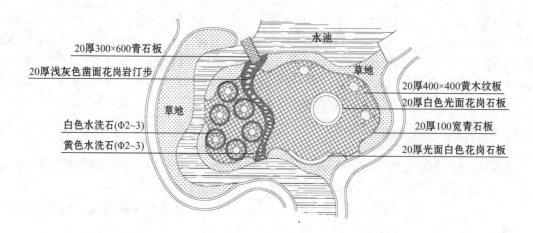

图 2.30　园路平面图

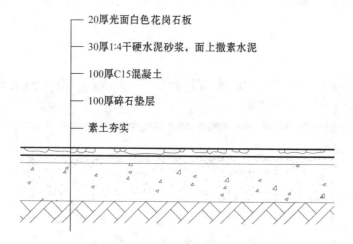

图 2.31　花岗石铺地剖面图

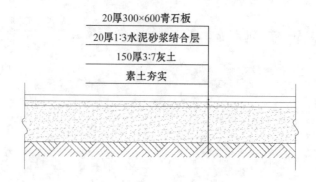

图 2.32　青石板铺地剖面图

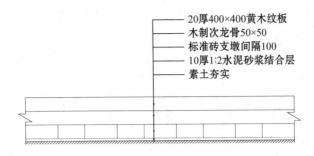

图 2.33 黄木纹板铺地剖面图

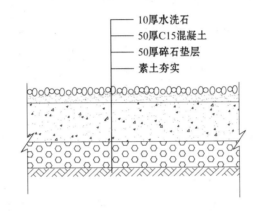

图 2.34 水洗石铺地剖面

2.3 园林道路的施工

2.3.1 园林道路的施工要求及程序

2.3.1.1 园路的结构组成

1) 典型的路面结构

园路路面层的结构形式多样,但一般比城市道路简单,其典型面层结构如图 2.35 所示。

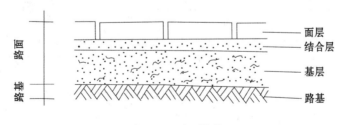

图 2.35 路面结构

2) 路面各层的作用和设计要求

(1) 面层。面层是路面最上层,它直接承受人流、车辆和大气因素(如烈日、严冬、风、雨、雪等)的影响。如面层选择不好,园路的功能无法体现。因此面层设计要坚固、平稳、耐磨耗,具有一定的粗糙度,少尘性,便于清扫。

(2) 结合层。结合层是在采用块料铺装面层时,在面层和基层之间,为了结合和找平而设置的一层。一般用3~5cm的粗砂、水泥砂浆和白灰砂浆。

(3) 基层。基层一般在土基之上,起承重作用。一方面支承由面层传递下来的负荷,另一方面把此荷载均匀地传给土基。基层不直接接受车辆和气候因素的作用,对材料的要求比面层低。一般用碎(砾)石、灰土和各种工业废渣等构筑。

(4) 路基。根据荷载的需要,路基可以采用素土夯实。在路基排水不良或有冻胀、翻浆的路段上,为了排水、隔温、防冻的需要,用煤渣土、石灰土、钢渣土等构成路基。

3) 园路与广场各层的质量要求及检查方法

(1) 各层的坡度、厚度、标高和平整度等应符合设计规定。

(2) 各层的强度和密实度应符合设计要求,上下层结合应牢固。

(3) 变形缝的宽度和位置、块材间缝隙的大小以及填缝的质量等应符合要求。

(4) 不同类型面层的结合以及图案应正确。

(5) 各层表面对水平面或对设计坡度的允许偏差,不应大于30mm。供排除液体用的带有坡度的面层应做泼水试验,以能排除液体为合格。

(6) 块料面层相邻两块料间的高差,不应大于表2.5的规定。

表2.5 各种块料面层相邻两块料的高低允许偏差

序号	块料面层名称	允许偏差/mm
1	条石面层	2
2	普通黏土砖、缸砖和混凝土板面层	1.5
3	水磨石板、陶瓷地砖、陶瓷锦砖、水泥花砖和硬质纤维板面层	1
4	大理石、花岗石、拼花木板和塑料地板面层	0.5

(7) 水泥混凝土、水泥砂浆、水磨石等整体面层和铺在水泥砂浆上的板块面层以及铺贴在沥青胶结材料或胶黏剂的拼花木板、塑料板、硬质纤维板面层应与基层结合良好,用敲击方法检查,不得有空鼓现象。

(8) 面层不应有裂纹、脱皮、麻面和起砂等现象。

(9) 面层中块料行列(接缝)在5m长度内直线度的允许偏差不应大于表2.6的规定。

表2.6 各类面层块料行列(接缝)直线度的允许偏差

序号	面层名称	允许偏差/mm
1	缸砖、陶瓷锦砖、水磨石板、水泥花砖、塑料板和硬质纤维板	3
2	活动地板面积	2.5
3	大理石、花岗石面层	2
4	其他块料面层	8

(10) 各层厚度的设计偏差在个别地方不得大于该层厚度的10%。各层的表面平整度用

2m 长的直尺检查;如为斜面,用水平尺和样尺检查。各层表面平面度的偏差不应大于表 2.7 的规定。

表 2.7 各层表面平整度的允许偏差

项次	层次	材料名称		允许偏差/mm
1	基土	土		15
2	垫层	沙、砂石、碎(卵)石、碎砖		15
		灰土、三合土、炉渣、水泥混凝土		10
		毛地板	拼花木板面层	3
			其他种类面层	5
		木搁栅		3
3	结合层	用沥青玛瑙脂做结合层铺设拼花木板、板块和硬质纤维板面层		3
		用水泥砂浆做结合层铺设板块面层以及铺设隔离层、填充层		5
		用胶结剂做结合层铺设拼花木板、塑料板和硬质纤维板面层		2
4	面层	条石、块石		10
		水泥混凝土、水泥砂浆、沥青砂浆、沥青混凝土、水泥钢(铁)屑不发火(防爆的)、防油渗等面层		4
		缸砖、混凝土块面层		4
		整体的及预制的普通水磨石、碎拼大理石、水泥花砖和木板面层		3
		整体的及预制的高级水磨石面层		2
		陶瓷锦砖、陶瓷地砖、拼花木板、活动地板、塑料板、硬质纤维板等面层以及面层涂饰		2
		大理石、花岗石面层		1

2.3.1.2 园林道路的施工要求及程序

1)园林道路的施工程序

施工放线→基槽开挖→铺筑基层→铺筑砼垫层→结合层施工→铺筑面层→路缘石安装。

2)施工要求及验收标准

(1)放线。施工前要勘察现场地质及有关情况,放线要求位置准确,严格按照施工图纸测量。园路放线时,要注意园路设计的自然曲线,要加密中心桩。

(2)基槽开挖。按路面设计宽度,在挖槽时要每侧放出 20cm。

（3）铺筑基层。对于灰土,配合比、均匀度要达到要求。灰土要分层夯实,标高、平整误差要控制在 2 cm 以内。

（4）铺筑砼垫层。灰土不能过于干燥,铺筑砼垫层时,要边摊边铺,用"平面式"振动器振实。标高、平整度误差不大于 0.5cm。

（5）结合层施工。结合层的主要作用是结合面层和基层,同时起到找平的作用,一般用 3～5cm 粗砂、水泥砂浆或白灰砂浆。

（6）铺筑面层。铺筑块料面层时,应安平放稳,注意保护边角。接缝要平顺正直,遇有图案时,要更加仔细。最后用 1：10 干水泥砂仔细扫缝,再泼水沉实。卵石结合牢固、排列图案符合设计要求,表面误差不能大于以下要求:表面平整度 1.5cm、相邻卵石高低差 0.5cm、卵石间隙宽度 0.8cm。施工完成后卵石颜色清新鲜明。

（7）路缘石安装。路缘石的基础应与路床同时挖填碾压,保证密实均匀,具有整体性。安装的路缘石要符合以下规定:路缘石安放稳固,立缘石背后必须回填密实,路缘石线段直顺,曲线段直顺,缝宽为 10mm,用 M10 水泥砂浆勾缝。

3）相关标准、规范

我国园路施工的相关标准、规范主要有:建筑地面工程施工及验收规范（GB50209-95）、建筑工程质量验收评定标准（GBJ301-88）、建筑安装工程质量检验评定统一标准（GBJ300-88）、沥青路面施工及验收规范（GBJ92-86）、水泥混凝土路面施工及验收规范（GBJ97-87）、固化类路面基层和底基层技术规程（CJJ/T80-90）、粉煤灰石灰类道路基层施工及规程（CJJ4-97）、市政道路工程质量检验评定标准（CJJ1-90）、建筑工程冬期施工规程（CJJ/T80-90）。

2.3.2　园林道路施工的工序

2.3.2.1　施工前的准备

1）熟悉设计文件

园路建设工程设计文件包括初步设计和施工图两部分。施工前,负责施工的单位应组织有关人员熟悉设计文件,以便编制施工方案,为完成施工任务创造条件。

（1）要反复学习和领会设计文件的精神,了解设计者的设计意图与匠心所在,以便更好地指导施工。

（2）要注意设计文件中所采用的各项技术指标,认真考虑其技术经济的合理性和施工的可能性。

（3）路面结构组合设计是路面工程的重要环节之一,要注意其形式和特点。

（4）要仔细校对工程造价的计算方法和数据。不但要注意工程总造价,更要注意分项造价。

（5）在熟悉设计文件的过程中,如发现疑问、错误和不妥之处,要及时与设计单位和有关单位联系,共同研究解决。

2）编制施工方案

施工方案是指导施工和控制预算的文件。一般施工方案在施工图阶段的设计文件中已经确定,但负责施工的单位应做进一步的调查研究,根据工程的特点,结合具体施工条件,编制出更为深入而具体的施工方案。

(1) 编制施工方案的内容和步骤。

① 在熟悉设计文件的过程中,掌握工程的特点,根据总工程量和所规定的施工期限确定总的施工方案。其内容包括:所采用的施工形式和步骤;布置施工作业段和分项工程,绘制施工总平面图;安排施工进度,并确定机械化程度;标定施工作业段或分项工程的施工项目;决定各施工作业段和分项工程的施工方法和施工期限,绘制出各自的施工进度图;根据工程进度计算劳动力、机械和工具的需要量订出计划。

② 编制各种材料(包括自采材料和外购材料)供应计划。其内容包括:根据施工进度安排材料进入工地的时间和地点;选择运输方式,布置运输路线,确定运输机具的数量;确定自采材料的开采和加工方案,并制订生产计划;最后汇总编制,并编写说明书。

(2) 注意事项。

① 深入调查,反复研究,充分利用有利因素,注意不利因素,使所编制的施工方案合理、可靠与切实可行。

② 分项工程和各施工作业段的施工期限应与设计文件中总施工期限吻合。确定期限时,对各种因素(如雨、风、雪等气候条件及其他),尤其是路面工程的特点周密考虑。各工序和分项工程之间的安排要环环紧扣,做到按时或提前完成任务。

③ 已经确定的施工方案并不是一成不变的。往往在编制方案时可能把多种因素都考虑进去,但在施工过程中还会发现不足之处,因此随时予以合理调整。

2.3.2.2　现场准备工作

(1) 修建房屋(临时工棚)。按施工计划确定修缮房屋数量或工棚的建筑面积。

(2) 场地清理。在园路工程涉及的范围内,凡是影响施工进行的地上、地下物均应在开工前进行清理,对于保留的大树应确定保护措施。

(3) 便道便桥。凡施工路线,均应在路面工程开工前做好维持通车的便道便桥和施工车辆通行的便桥(如通往料场、搅拌站地的便道)。

(4) 备料。现场备料多指自采材料的组织运输和收料堆放,但外购材料的调运和贮存工作也不能忽视。

2.3.2.3　施工放线

按路面设计的中线,在地面上每 20～50m 放一中心桩,在弯道的曲线上应在曲头、曲身和曲尾各放一中心桩,并在各中心桩上写明桩号,再以中心桩为准,根据路面宽度定边桩,最后放出路面的平曲线。

2.3.2.4　基槽开挖

在修建各种路面之前,应在要修建的路面下先修筑铺路面用的浅槽里(路槽),经碾压后使用,使路面更加稳定、坚实。

一般路槽有挖槽式、培槽式和半挖半培式三种,可用机械或人工修筑。通常按设计路面的宽度,每侧放出 20cm 挖槽,路槽的深度应等于路面的厚度,槽底应有 2%～3% 的横坡度。路槽做好后,在槽底上洒水,使其潮湿,然后用蛙式跳夯夯 2～3 遍。

2.3.2.5　铺筑基层

基层是园路的主要承重层,其施工的质量直接影响道路强度及使用。常用的基层有干结碎石基层、天然级配沙砾基层和石灰土基层。

1）干结碎石基层

碎石粒径多为 30～80mm,摊铺厚度一般为 8～16cm。常用平地机或人工摊铺,碎石间结构空隙要用粗砂、石灰土等材料填充,用 10～20t 压路机碾压直无明显轮迹为止。平整度允许误差±1cm,厚度允许误差±10%。

2）天然级配沙砾基层

沙砾应颗粒坚韧,大于 20mm 的粗骨料含量占 40% 以上,层厚多为 10～20cm。施工时用平地机或人工摊铺,注意粗细骨料要分布均匀。碾压前要洒水至全部石料湿润,碾压方法和要求同干结碎石。此法适用于园林中各级路面,如草坪停车场等。

3）石灰石基层

其施工方法有路拌法、厂拌法和人工拌和法三种。

（1）路拌法。机械或人工铺土后再铺灰。拌和机沿路边缘线纵向行驶拌和（呈螺旋形线路）至中心,每次拌和的纵向接茬应重叠不小于 20cm,并随时检查边部及拌和深度是否达到要求。干拌一遍后洒水渗透 2～3h,再进行湿拌 2～3 遍。机械不易拌到的地方要进行人工补拌。

（2）厂拌法。厂拌法是采用专门的拌和机械设备在工厂或移动拌和站进行集中拌和混合料,再将拌和好的混合料运至工地摊铺的施工方法。该法可加快施工进度,提高工程质量。

（3）人工拌和法。备料时以人工运输和拌和为主,有时辅以运输车运输,拌和方式有筛拌法和翻拌法。前者是将土和石灰混合或交替过孔径 15mm 的筛,过筛后适当加水拌和到均匀为止;后者是将土和石灰先干拌 1～2 遍,然后加水拌和,2～3 遍,直到均匀为止。为使混合料的水分充分、均匀,可在当天拌和后堆放闷料,第二天再摊铺。石灰土基层的厚度为 15cm（即一步灰土）,起初虚铺厚度为 21～24cm。交通量大的路段或严寒冻胀地区基层厚度可适当增加,并注意要分层压实。石灰土混合料以平地机整平和整形,并刮出路拱,然后在进行压料作业。用 12t 以上三轮压路机或振动压路机在路基全宽内进行碾压,小型园路用蛙式夯。碾压时应遵守先轻后重、先慢后快、先边后中、先低后高的原则。一般需碾压 6～7 遍,密实度达到无明显轮迹为止。碾压中如碰到松散、起皮等现象,要及时翻开重新拌和。

2.3.2.6　结合层施工

结合层一般用 M7.5 水泥、白泥、砂混合砂浆或 1:3 白灰砂浆。砂浆摊铺宽度应大于铺装面约 5～10cm,已拌好的砂浆应当日用完。也可用 3～5cm 的粗砂均匀摊铺而成。特殊的石材铺地,如整齐石块和条石块,结合层采用 M10 水泥砂浆。

2.3.2.7　铺筑面层

在完成的路面基层上,重新定点、放线,每 10m 为一施工段落,根据设计标高、路面宽度定放边桩、中桩，打好边线、中线。设置整体现浇路面边线处的施工挡板，确定砌块路面的砌块列数及拼装方式。面层材料运入现场。常见的面层施工有以下几种：

1）水泥混凝土面层施工

（1）核实、检验和确认路面中心线、边线及各设计标高点正确无误。

（2）若是钢筋混凝土面层，则按设计选定钢筋并编扎成网。钢筋网接近顶面设置要比在底部加筋更能保证防止表面开裂，也更便于充分捣实混凝土。

（3）按设计的材料比例配制、浇筑、捣实混凝土，并用长 1m 以上的直尺将顶面刮平。顶面稍干一点，再用抹灰砂板抹平至设计标高。施工中要注意做出路面的横坡和纵坡。

（4）混凝土面层施工完成后，应及时养护。养护期应为 7 天以上，冬季施工后的养护期还应更长些。

（5）水泥路面装饰方法有很多种，要按照设计的路面铺装方式来选用合适的施工方法。

① 普通抹灰与纹样处理。用普通灰色水泥配制成 1∶2 或 1∶2.5 水泥砂浆，在混凝土面层浇筑后尚未硬化时进行抹面处理，抹面厚度为 1～1.5cm。当抹面层初步收水，表面稍干时，再用以下方法进行路面纹样处理：

（a）滚动。用钢丝网做成的滚筒，或者用模纹橡胶囊在 30m 直径铁管外做成的滚筒，在经过抹面处理的混凝土面板上滚压出各种细密纹理。滚筒长度在 1m 以上较好。

（b）压纹。利用一块边缘有许多整齐凸点和凹槽的木板或木条，在混凝土抹面层上挨着压下，一面压一面移动，就可以将路面压出纹样，起到装饰作用。用这种方法时要求抹面层的水泥砂浆含砂量较高，水泥与砂的配合比可为 1∶3。

（c）锯纹。在新浇的混凝土表面，用一根木条如同锯割一般，一面锯一面前移，即能够在路面锯出平行的直纹，既有利于路面防滑，又有一定的路面装饰作用。

（d）刷纹。最好使用弹性钢丝做成刷纹工具。刷子宽 45cm，刷毛钢丝长 10cm 左右，木把长 1.2～1.5m。用这种钢丝刷在未硬的混凝土面层上可以刷出直纹、波浪纹或其他形状的纹理。

② 彩色水泥抹面装饰。水泥路面的抹面层所用水泥砂浆，可通过添加颜料而调制成彩色水泥砂浆做出彩色水泥路面。彩色水泥配制方法如表 2.8 所示。

表 2.8 彩色水泥的配制

调制水泥色	水泥及其用量/g	原料及其用量/g
红色、紫砂色水泥	普通水泥 500	铁红 20～40
咖啡色水泥	普通水泥 500	铁红 15、铬黄 20
橙黄色水泥	白色水泥 500	铁红 25、铬黄 10
黄色水泥	白色水泥 500	铁红 10、铬黄 25
苹果绿色水泥	白色水泥 500	铬绿 150、钴蓝 50
青色水泥	普通水泥 500	铬绿 0.25
青色水泥	白色水泥 1000	钴蓝 0.1
灰黑色水泥	普通水泥 500	炭黑适量

③ 彩色水磨石饰面。彩色水磨石地面是用彩色水泥石子浆罩面,再经过磨光处理而形成的装饰性路面。

④ 露骨料饰面。混凝土露骨料主要是采用刷洗的方法,在混凝土浇好后 2～6h 内就应进行处理,最迟不得超过浇好后的 16～18h。

2) 片块状材料的地面铺筑

片块状材料做路面面层,在面层与道路基层之间所用的结合层有两种做法:一种是用湿性的水泥砂浆、石灰砂浆或混合砂浆作为材料;另一种是用干性的细砂、石灰粉、灰土(石灰和细土)、水泥粉砂等作为结合材料或垫层材料。

(1) 湿法铺筑。用厚度为 1.5～2.5cm 的湿性结合材料,如用 1:2.5 或 1:3 水泥砂浆、1:3 石灰砂浆、M2.5 混合砂浆或 1:2 灰泥浆等,垫在路面面层混凝土板上面或路面基层上面作为结合层,然后在其上砌筑片状或块状贴面层。砌块之间的结合以及表面抹缝,亦用这些结合材料。

(2) 干法铺筑。以干性粉沙状材料做路面面层砌块的垫层和结合层。

① 花岗石园路的铺装方法及施工要点。园路铺装前,应按施工图纸的要求选用花岗石的外形尺寸,少量的不规则的花岗石应在现场进行切割加工。先将有缺边掉角、裂纹和局部污染变色的花岗石挑选出来,完好的进行套方检查,规格尺寸如有偏差,应磨边修正。有些园路的面层要铺装成花纹图案的,挑选出的花岗石应按不同颜色、不同大小、不同形状分类堆放,铺装拼花时才能方便使用。对于呈曲线、弧形等形状的园路,并按平面弧度加工,花岗石按不同尺寸堆放整齐。对不同色彩和不同形状的花岗石进行编号,便于施工时不乱套。在花岗石块石铺装前,应先弹线,弹线后先铺若干条干线作为基线,起标筋作用,然后向两边铺贴开来。花岗石铺贴之前还应泼水润湿,阴干后备用。铺筑时,在找平层上均匀铺一层水泥砂浆,随刷随铺,用 20mm 厚 1:3 干硬性水泥砂浆作黏结层。花岗石安放后,用橡皮锤敲击,既要达到铺设高度,又要使砂浆黏结层平整密实。可先进行试拼,查看颜色、编号、拼花是否符合要求,图案是否美观。对于要求较高的项目应先做一样板段,请建设单位和监理工程师进行验收,符合要求后再进行大面积的施工。同一块地面的平面有高差,比如台阶、水景、树池等交汇处,在铺装前,花岗石应进行切削加工,圆弧曲线应磨光,确保花纹图案标准、精细、美观。花岗石铺设后采用充足水分,保证花岗石与砂浆黏结牢固。养护期 3 天之内禁止踩踏。花岗石面层的表面应洁净、平整、色泽一致,斧凿面纹路交叉、清晰、整齐美观,接缝均匀、周边顺直、镶嵌正确、板块无裂纹、掉角等缺陷。

② 水泥面砖园路的铺设方法。水泥面砖是以优质色彩水泥、砂,经过机械拌和成型,养护而成,其强度高、耐磨、色泽鲜艳、品种多。水泥面砖便面还可以做成凸纹和圆凸纹等多种纹样。水泥面砖由于是机制砖,色彩品种要比花岗石多,因此在铺装前应按照颜色和花纹分类,有裂缝、掉角、表面有缺陷的面砖剔除。水泥面砖园路的铺装与花岗石园路的铺装方法大致相同,具体操作步骤如下:

(a) 基层清理。在清理好的地面上,找到泛水,扫好水泥浆,再按地面标高留出水泥面砖厚度做灰饼,用 1:3 干硬砂浆冲筋、刮平,厚度约为 20mm。刮平时砂浆要拍实、刮毛并浇水养护。

(b) 弹线预铺。在找平层上弹出定位十字中线,按设计图案预铺设花砖,砖缝顶预留

2mm,按预铺设的位置用墨线弹出水泥面砖四边边线,再在边线上画出每行砖的分界点。铺贴前,应先将面砖浸水 2～3 小时,再取出阴干后使用。

(c) 水泥面砖的铺贴工作应在砂浆凝固前完成。铺贴时要求面砖平整、镶嵌正确。施工间歇后继续铺贴前,应清除已铺贴的花砖挤出的水泥混合砂浆。

(d) 铺砖石。地面结合层的水泥混合砂浆拍实搓平。水泥面砖背面要清扫干净,先刷出一层水泥石灰浆,随刷随铺,就位后用小木槌凿实。注意控制结合层砂浆厚度,尽量减少敲击。在铺贴施工过程中,如出现不完全砖时用石材切割机切割。

水泥面砖在铺贴 1～2 天后,用 1:1 稀水泥砂浆填缝。面层上溢出的水泥砂浆在凝固前予以清除。待缝隙内的水泥砂浆凝固后,再将面层清洗干净。铺贴工序完成 24 小时后浇水养护,完工 3～4 天内不得上人踩踏。

③ 小青砖园路的铺装方法。小青砖园路铺装前,应按设计图纸的要求选好小青砖的尺寸、规格。先将有缺边、掉角、裂纹和局部污染变色的小青砖挑选出来,完好的进行套方检查。规格尺寸有偏差的应磨边修正。在小青砖铺设前,应先进行弹线,然后按设计图纸的要求先铺装样板段,特别是铺装席纹、人字纹、斜柳叶、十字绣、八卦锦、龟背锦等形式的园路,更应预先铺设一段,看一看面层形式是否符合要求,然后再大面积地进行铺装。具体操作步骤如下:

(a) 基层、路基。基层做法一般为素土夯实→碎石垫层→素混凝土垫层→砂浆结合层。在路基施工中,应做好标高控制工作,碎石和素混凝土垫层的厚度应按施工图纸的要求,砂石路基一般较薄。

(b) 弹线预铺。在混凝土垫层上弹出定位十字中线,按施工图标注的面层形式预铺一段,符合要求后,再大面积铺装。

(c) 先做园路两边的"子牙砖",相当于现代道路的侧石,因此要先进行铺筑,用水泥砂浆作为垫石并加固。

小青砖与小青砖之间应挤压密实。铺装完成后,用细灰扫逢。

④ 透水砖铺地。具体操作步骤如下:素土夯实→碎石垫层→砾石砂垫层→反渗土工布→1:3 干拌黄沙→透水砖面层。从透水砖的基层做法中可以看出基层中增加了一道反渗土工布,使透水砖的透水、保水性能能够充分地发挥显示出来。透水砖的铺筑方法同花岗石块的。由于其底下是干拌黄沙,因此比花岗石铺筑更方便些。

3) 碎料地面铺筑

常见的碎料地面铺装用鹅卵石铺装。用鹅卵石铺装的园路看起来稳重而又实用,且具有江南园林风格。这种园路也常作为人们的健身径。完全使用鹅卵石铺成的园路往往会稍显单调,若于鹅卵石间加几块自然扁平的切石,或少量的色彩鹅卵石,就会出色许多。铺装鹅卵石路时,要注意卵石的形状、大小、色彩是否调和。特别在与切石板配置时,相互交错形成的图案要自然,切石与卵石的石质及颜色最好避免完全相同,才能显出路面变化的美感。

施工时,因卵石的大小、高低完全不同,为使铺出平坦的路面,必须在路基上下工夫。先将未干的砂浆填入,再把卵石及切石一一填下。鹅卵石呈蛋形,应选择光滑圆润的一面向上,在作为庭院或园路使用时一般横向埋入砂浆中,在作为健身径使用时一般竖向埋入砂浆中,埋入量约为卵石的 2/3,这样比较牢固,也可以使路面整齐、高度一致。切忌将卵石最薄一面平放在砂浆中,否则极易脱落。摆完卵石后,再在卵石之间填入稀砂浆,填充实后就算完成了。卵石排列间隙的线条要呈不规则的形状,千万不要弄成十字形或直线形。此外,卵石的疏密也应保持均衡,不可部分拥挤、部分疏松。如果要做成花纹则要先进行排版放样再进行铺设。

鹅卵石地面铺设完毕应立即用湿抹布轻轻擦拭其表面的灰泥,使鹅卵石保持干净,并注意保护施工现场的成品。

鹅卵石园路的路基做法一般也是素土夯实→碎石垫层→素混凝土垫层→砂浆结合层→卵石面层。这种基层的做法与一般园路基层做法相同,但是因为其表面是鹅卵石,黏结性和整体性较差,所以如果基层不够稳定卵石面层很可能松动剥落或开裂,所以基层施工是整个鹅卵石园路施工中非常关键的一步。

4）木铺地园路的铺装方法

在园林工程中,木铺地园路是室外的人行道,面层木材一般是采用耐磨、耐腐、纹理清晰、强度高、不易开裂、不易变形的优质木材。

一般木铺地园路做法是:素土夯实→碎石垫层→素混凝土垫层→砖墩→木格栅→面层木板。木铺地园路与一般块石园路的基层做法基本相同,所不同的是增加了砖墩及木格栅。

木板和木格栅的木材的含水率应小于 12%。木材在铺装前还应做防火、防腐、防蛀等的处理。

（1）砖墩。砖墩一般采用标准砖、水泥砂浆砌筑,砌筑高度应根据铺地架空高度及使用条件而确定。砖墩与砖墩之间的距离一般不宜大于 2m,否则会造成木格栅的端面尺寸加大。砖墩的布置一般与木格栅的布置一致,如木格栅间距为 50cm,那么砖墩的间距也应为 50cm。砖墩的标高应符合设计要求,必要时可以在其顶面抹水泥砂浆或细石混凝土找平。

（2）木搁栅。木搁栅的作用主要是固定与承托面层。如果从受力状态分析,它可以说是一根小梁。木搁栅断面应根据砖墩的间距大小而有所区别。间距大,木搁栅的跨度大,断面尺寸相应的也要大些。木搁栅铺筑时,要找平。木搁栅安装要牢固,并保持平直。在木搁栅之间要设置剪刀撑。设置剪刀撑主要是增加木搁栅的侧向稳定性,将一根根单独的格栅连成一体,增加了木铺地园路的刚度,也对于木搁栅的翘曲变形也起到了一定的约束作用。所以,在架空木基层中,格栅与格栅之间设置剪刀撑,是保证质量的构造措施。剪刀撑布置于木搁栅两侧面,用铁钉固定于木搁栅上,应按设计要求布置间距。

（3）面层木板的铺设。面层木板的铺装主要采用铁钉固定,即用铁钉将面层板条固定在木搁栅上。板条的拼缝一般采用平口、错口。木板条的铺设方向一般垂直于人们行走的方向,也可以顺着人们行走的方向,这应按照施工图纸的要求进行铺设。铁钉钉入木板前,应先将钉帽砸扁,然后在钉入木板内,再用工具把铁钉钉帽捶入木板内 3～5mm。木铺地园路的木板铺装好后,应用手提刨将表面刨光,然后由漆工进行砂、嵌、批、涂刷等油漆的涂装工作。

5）嵌草砖铺地

嵌草砖铺地石在转的孔洞或砖的缝隙间种植青草的一种铺地。如果青草茂盛的话,这种铺地看上去是一片青草地,且平整、地面坚硬。有些是作为停车场的地坪。

嵌草砖铺地的基层做法是素土夯实→碎石垫层→素混凝土垫层→细砂层→砖块及种植土、草籽。

植草砖铺地的基层做法是:素土夯实→碎石垫层→细砂层→砖块及种植土、草籽。

从以上种植草砖铺地的基层做法中可以看出,素土夯实、碎石垫层、混凝土垫层,与一般的花岗石道路的基层做法相同,不同的是在种植草砖铺地中有细砂层,以及面层材料不同。因此,植草砖铺地做法的关键也是在于面层植草砖的铺装。应按设计图纸的要求选用植草砖,目前常用的植草砖有水泥制品的二孔砖和无孔的水泥小方砖。植草砖铺筑时,砖与砖之间留有间距,一般为50mm左右,此间距中撒入种植土,再撒入草籽。目前也有一种植草砖格栅,是一种有一定强度的塑料格栅,成品为500mm×500mm,将它直接铺设在地面上,撒上种植土,种植青草后,就成了植草砖铺地。

2.3.2.8 路缘石安装

1) 水泥砼拌和

(1) 采用滚筒式混凝土搅拌机拌和。拌和前测定碎石、砂的含水量,并根据天气变化调整施工配合比。

(2) 各种材料的用量严格按照监理工程师审核的配合比进行控制,用磅秤称量,确保用量准确,按质量计的允许误差严格控制在规范规定的范围以内:水泥±1%,碎石±3%,砂±3%,水±1%。

(3) 在正式拌和之前,先用适量的砂浆搅拌,拌后排弃,然后再按规定的配合比进行搅拌。

(4) 搅拌机装料顺序为砂、水泥、碎石。进料后,边搅拌边加水。

(5) 严格控制每盘混凝土的搅拌时间。

(6) 搅拌过程中安排试验室技术员专门负责监督拌料,确保水泥砼的质量,试验室取样制取试件,进行抗压强度等试验。

(7) 每天作业完毕后,将搅拌机内残留的混合料清洗干净,不得留有残渣。

2) 路缘石预制

预制采用路缘石成型机,严格按照图纸标示尺寸进行,预制出的路缘石具有足够的强度、抗撞击、耐风化、表面平整无脱皮现象,否则,予以废弃。

3) 养护

路缘石预制完毕后,立即进行覆盖,并洒水养护7天。

4) 施工放样

在下基层铺筑并养护结束后,进行路缘石施工放样。根据中央分隔带宽度放出路缘石控制点(每10m一个点)。

5) 清理下水层

放样结束后,对下基层表面进行清理,清除表面的碎石、砂、土等杂物,是表面干净整洁,并在路缘石安装之前对其洒水润湿。

6) 安装

(1) 首先沿路缘石安装控制线在下基层表面铺一层砂浆,确保路缘石平面位置和高程准确。

(2) 砂浆抹平后安装路缘石并进行勾缝,勾缝前对安好的路缘石进行检查,检查其侧面,顶面是否平顺以及缝宽是否达到要求,不合格的重新调整,然后再勾缝。

路缘石铺设完毕后,质检小组对直顺度、缝宽、相邻两块高差及顶面高程等指标进行检测,不合格者重新铺设。

2.3.2.9　道牙安装与其他构筑物

（1）道牙基础宜与路床同时填挖辗压，以保证密度均匀，具有整体性。

（2）弯道处的道牙最好事先预制成弧形。道牙的结合层长用 M5 水泥砂浆 2cm 厚，应安装平稳牢固。

（3）道牙间缝隙为 1cm，用 M10 水泥砂浆勾缝。道牙背后路肩用夯实白灰土 10cm 厚、15cm 宽保护，亦可用自然土夯实代替。

（4）对于事先修筑的雨水口，园路施工时应注意保护。若有破坏，应及时修筑。一般雨水口进水箅子的上表面低于周围路面 2～5cm。土质明沟按设计挖好后，应对沟底及边坡适当夯实。或用块石砌明沟，按设计将沟槽挖好后，充分夯实。通常以 MU7.5 砖（或 80～100 厚块石）用 M2.5 水泥砂浆砌筑。砂浆应饱满，表面平整、光洁。

2.3.3　园林道路常见的病害

2.3.3.1　裂缝与凹陷

造成裂缝与凹陷这种破坏的主要原因是基土过于湿软或基层厚度不够、强度不足或不均匀，在路面荷载超过土基的承载力时出现（见图 2.36）。

(a)　　　　　　　　　　　　　(b)

图 2.36　裂缝与凹陷
(a) 裂缝　(b) 凹陷

2.3.3.2　啃边

啃边是指路肩与道牙直接支撑路面，使之横向保持稳定。因此路肩与其基土必须紧密结实，并有一定的坡度。否则由于雨水的侵蚀和车辆行驶时对路面边缘啃蚀，使之损坏，并从边缘起向中心发展。这种破坏现象叫做啃边（见图 2.37）。

图 2.37　啃边

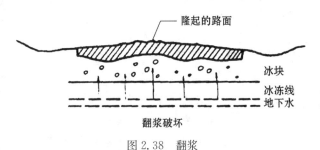

图 2.38　翻浆

2.3.3.3 翻浆

翻浆是指在季节性冰冻地区,地下水位高,特别是对于粉砂性土基,由于毛细管的作用,水分上升到路面下,冬季气温下降,水分在路面下形成冰粒,体积增大,路面就会出现隆起现象,到春季上层冻土融化,而下层尚未融化,这样使冰冻线土基变成湿软的橡皮状,路面承受力下降,这时如果车辆通过,路面下陷,邻近部分隆起,并将泥土从裂缝中挤出来,使路面破坏。这种现象叫做翻浆(见图 2.38)。

2.3.4　园林道路施工与其他园林工程施工的关系

园林道路工程由于风景园林空间景观的要求,线性上曲线多,竖向上坡度多,铺装上变化多,施工的技术要求难度大。同时施工时与停车场、小广场等园路附属设施相结合,还与水景工程、假山工程、给排水工程、绿化种植工程等多项内容结合,无论那一项工程,从设计到施工都要着眼于完工后的景观效果,营造良好的园林景观。

由于园林工程有多项内容,在施工过程中往往由多个施工单位建造,因此,若在工程衔接及施工配合上出现问题会影响施工进度,拖延工期。因此,在施工管理中应注意以下几方面问题。

1)精心准备

在取得工程施工项目后,应按照设计要求做好工程概预算,为工程开工准备好施工场地、施工材料、施工机械、施工队伍等。

2)合理计划

根据对施工工期的要求,组织材料、施工设备、施工人员进入施工现场,计划好工程进度,保证能连续施工。

3)统筹安排

园路工程虽然是一个单项工程,但是在施工中往往涉及与绿化栽植等其他园林工程项目的协调和配合,因此,在施工过程中要做到统一领导,各部门、各项目协调一致,使工程建设能够顺利进行。

　　园林基建工程的施工及管理是一门实践性很强的学科，作为一名工程技术人员，在实际工作中既要掌握工程原理，又要有指导现场施工等方面的技能，只有这样才能正确把握设计意图，较好地把园林工程的科学性、技术性、艺术性等有机地结合起来，建造出既经济、实用又美观的园林作品。

思考题

1. 园路施工的步骤有哪些？
2. 园路结构的组成有哪些？
3. 常见园路铺装材质有哪些？
4. 水泥混凝土面层纹路有哪些处理形式？
5. 简述花岗石园路的铺装方法及施工要点。
6. 简述嵌草砖铺地施工要点。
7. 结合实践，掌握各类园路的结构设计要点及画法、路面的铺装设计。
8. 结合实践，掌握园路施工的顺序及铺装结构的具体做法。
9. 2014年国家住建部颁布了《海绵城市建设技术指南》，强调了透水铺装的应用。试举例说明在园路工程设计中如何从技术方法、材料选用上保证实现。

3 园林绿地的管线布置工程

【学习重点】

重点介绍园林绿地中常见的给水(含喷灌系统)、排水管线的特点、设计与计算方法、施工要求,园林绿地供电设计与电缆线布置,以及它们作为园林工程的地下隐蔽基础工程,应结合地形塑造工程与道路修筑工程等综合考虑场地布线问题,达到既符合规范、满足功能要求又到达节约设计的目的。

3.1 园林绿地给水管线

园林绿地给水管线的设计就是利用自然资源的水源,采用科学的计算,因地适宜地布置各给水管道,利用先进设备和技术将河、湖、泉等水源,净化后的水质贮蓄在特定的水池中经过一定的压力运输,满足园林场地功能的需要。有条件的园林绿地可以人工湿地来协助城市污水后期治理,同时将治理达标的水质再生水利用到绿地灌溉和娱乐性景观环境中。所以,园林绿地的给水工程中包括取水工程、净水工程和输、配水工程。

园林给水管道的流程如图 3.1 所示。

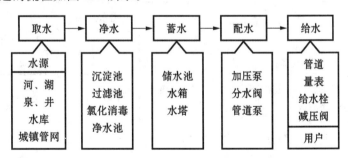

图 3.1 给水管道的流程图

3.1.1 园林绿地用水特点、用水量及水质标准

3.1.1.1 园林绿地给水特点

(1)园林绿地水质要求不同。一般来讲给水包括生活用水和功能用水及灌溉用水。前者

生活饮用系统的水质应符合现行的国家标准《生活饮用水卫生标准》GB5749-2006 的要求；后者应符合《地表水环境质量标准》GB3838-2002Ⅳ类水质以上的要求。

（2）园林绿地的水源应由城市自来水为主，兼有地下水源和临近自然水体经过过滤的水质补充娱乐用水、水景用水、灌溉用水（见图 3.2）。

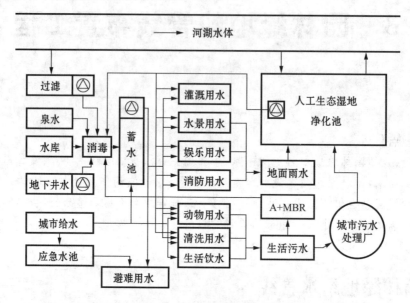

图 3.2　园林绿地的水源示意图

（3）园林绿地用水点较分散，用水点分布于起伏的地形中，高程变化较大。

3.1.1.2　用水量标准

（1）可参考住宅类别、建筑标准、卫生器具完善程度和区域条件等因素，按表 3.1 确定。

表 3.1　住宅最高日生活用水定额及小时变化系数

住宅类型		卫生器具设置标准	用水定额 L/(人·d)	小时变化系数	使用时间/h
普通住宅	Ⅰ	有大便器、洗涤盆	85～150	3.0～2.5	24
	Ⅱ	有大便器、洗脸盆、洗涤盆、洗衣机、热水器和沐浴设备	130～300	2.8～2.3	24
	Ⅲ	有大便器、洗脸盆、洗涤盆、洗衣机、集中热水器供应（或家用热水机组）和沐浴设备	180～320	2.5～2.0	24
别墅		有大便器、洗脸盆、洗涤盆、洗衣机及其他设备（净身盆、洗碗机等）、家用热水机组或集中热水供应和沐浴设备	200～350	2.3～1.8	24

注：用水定额根据可参照《室外给水设计规范》GB50013 确定。缺水地区，宜采用低值。

（2）可参考宿舍旅馆等公共建筑的生活用水定额及小时变化系数，根据卫生器具完善程度和区域条件、使用要求，按表 3.2 确定。

表 3.2 宿舍、旅馆和其他公共建筑的生活用水定额及小时变化系数

建筑物名称	单位	生活用水量定额（最高日）/L	小时变化系数	使用时间/h
宿舍 Ⅰ类、Ⅱ类 Ⅲ类、Ⅳ类	每人每日 每人每日	150～200 100～150	3.0～2.5 3.5～3.0	24 24
招待所、培训中心、普通旅馆 设公用盥洗室 设公用盥洗室和淋浴室 设公用盥洗室、淋浴室、洗衣室 设单独卫生间、公用洗衣室	每人每日 每人每日 每人每日 每人每日	50～100 80～130 100～150 120～200	3.0～2.5 3.0～2.5 3.0～2.5 3.0～2.5	24 24 24 24
酒店式公寓	每人每日	200～300	2.5～2.0	24
宾馆客房 旅客 员工	每床位每日 每人每日	250～400 80～100	2.5～2.0 2.5～2.0	24 24
办公楼 公寓式办公楼	每人每班 每人每日	30～50 （300～350）	1.5～1.2 （2.0）	8～10 （10～16）
商场 员工及顾客	每㎡营业厅面积每日	5～8	1.5～1.2	12
公用浴室 淋浴 淋浴、浴盆 桑拿浴（淋浴、按摩池）	每顾客每次 每顾客每次 每顾客每次	100 120～150 150～200	2.0～1.5 2.0～1.5 2.0～1.5	12 12 12
理发室、美容院	每顾客每次	40～100	2.0～1.5	12
餐饮业 中餐酒楼 快餐店、职工及学生食堂 酒吧、咖啡厅、茶座、卡拉 OK 房	每顾客每次 每顾客每次 每顾客每次	40～60 20～25 5～15	1.5～1.2 1.5～1.2 1.5～1.2	10～12 12～16 8～18
电影院	每观众每场	3～5	1.5～1.2	3
会展中心（博物馆、展览馆） 员工	每㎡展厅每日 每人每班	3～6 30～50	1.5～1.2	8～16

（续表）

建筑物名称	单位	生活用水量定额 （最高日）/L	小时变化系数	使用时间 /h
体育场、体育馆 运动员淋浴 观众	每人每次 每人每场	30～40 3	3.0～2.0 1.2	（一场内 4） （二场内 6） （三场内 8～9）
健身中心	每人每次	30～50	1.5～1.2	8～12

（3）浇洒道路和绿化用水量应根据路面种类、气候条件、植物种类、土壤理化性状，浇灌方式和制度等因素综合确定（见表 3.3）。

表 3.3　浇洒道路和绿化用水表

路面性质	用水量标准[L/(m² · 次)]
碎石路面	0.40～0.70
土路面	1.00～1.50
水泥或沥青路面	0.20～0.50
绿化及草地	1.50～2.00

注：浇洒次数一般按每日上午、下午各一次计算。

（4）园林绿地中的游泳池和游乐池用水宜循环使用。游泳池和水上游乐池的池水循环周期根据池的类型、用途、池水容积、水深、使用人数等因素确定，一般可参照表 3.4。

表 3.4　游泳池和水上游乐池的池水循环周期

池的类型		循环周期/h
比赛池、训练池		4～6
跳水池		8～10
俱乐部、宾馆内游泳池		6～8
公共游泳池		4～6
儿童池		2～4
幼儿戏水池		1～2
造浪池		2
按摩池	公共	0.3～0.5
	专用	0.5～1.0
滑道池、探险池		6
家庭游泳池		8～10

游泳池和水上游乐池的池水必须进行消毒杀菌处理。游泳池和水上游乐池的初次充水时间,应根据使用性质,城市给水条件等确定,宜小于 24h,最长不得超过 48h。游泳池和水上游乐池的补充水量可参照表 3.5 确定。大型游泳池和水上游乐池应采用平衡水池或补充水箱间接补水。家庭游泳池等小型游泳池如采用直接补水,补充水管应采取有效的防止回流污染的措施。

表 3.5　游泳池和水上游乐池的补充水量

池的类型和特征		每日补充水量占池水容积的百分数/%
比赛池、训练池、跳水池	室内	3～5
	室外	5～10
公共游泳池、游乐池	室内	5～10
	室外	10～15
儿童池、幼儿戏水池	室内	不小于 15
	室外	不小于 20
按摩池	室内	8～10
	室外	10～15
家庭游泳池	室内	3
	室外	5

注:游泳池和水上游乐池的最小补充水量应保证一个月内池水全部更新一次。

3.1.1.3　水质标准

生活给水系统的水质应符合现行的国家标准《生活饮用水卫生标准》(GB5749-2006)的要求。园林绿地用水必须符合《污水再利用工程设计规范》(GB50335-2002)水质控制指标。

生活饮用水水质卫生要求生活饮用水水质应符合下列基本要求,保证饮用安全:不得含有病原微生物;化学物质不得危害人体健康;放射性物质不得危害人体健康;感官性良好;应经消毒处理。

3.1.1.4　再生水

再生水是指污水经适当处理后,达到一定的水质指标,满足某种使用要求,可以进行有益使用的水。

1) 污水再生利用工程内容

污水再生利用工程应包括:确定再生水水源,确定再生水用户、工程规模和水质要求;确定再生水厂的厂址,处理工艺方案和输送再生水的管线布置;确定用户配套设施;进行相应的工程估算,投资效益分析和风险评价等。园林绿地一般有自然水体,有再生水体基础条件。公园内有水景和游泳池和水上游乐池就应建再生水厂,以减轻城市自来水厂的供水压力。

2）城市污水再生处理工艺

（1）二级强化处理，指既能去除污水中含碳有机物，也能脱氮除磷的二级处理工艺。

（2）进一步深度处理，指去除二级处理未能完全去除的污水中杂质的净化过程。

（3）深度处理通常由以下单元技术优化组合而成：混凝、沉淀、澄清、气浮、过滤、活性炭吸附、脱氮、离子交换、膜技术、膜生物反应器、曝气生物滤池、臭氧氧化、消毒及自然净化系统等。可参考《污水再利用工程设计规范》（GB50335 - 2002）。

3）安全措施和监测控制

再生水管道严禁与饮用水管道连接。再生水管道应由防渗防漏措施，埋地时应设置带状标志，明装时应涂上有关标准规定的标志颜色和"再生水"字样。闸门井井盖应铸上"再生水"字样。再生水管道上严禁安装饮用水器和饮用水龙头。

4）水质控制指标

再生水体作为景观环境用水时，其水质应按表3.6所指标控制。

表 3.6　景观环境用水的再生水水质指标/mg/L

项　　目	观赏性景观环境用水			娱乐性景观环境用水		
	河道类	湖泊类	水景类	河道类	湖泊类	水景类
基本要求	无漂浮物，无令人不愉快的嗅和味					
pH 值(无量纲)	6～9					
5 日生化需氧量(BOD5)≤	10	6		6		
悬浮物(SS)≤	20	10		—		
浊度(NTU)≤	—			5.0		
溶解氧≥	1.5			2.0		
总磷(以 P 计)≤	1.0	0.5		1.0	0.5	
总氮	15					
氨氮(以 N 计)≤	5					
粪大肠菌群(个/L)≤	10 000	2 000		500		不得检出
余氯≥	0.05					
色度(度)≤	30					
石油类≤	1.0					
阴离子表面活性剂≤	0.5					

注：①对于需要通过管道输送再生水的非现场回用情况采用加氯消毒方式；而对于现场回用情况不限制消毒方式。②若使用未经过除磷脱氮的再生水作为内景观环境用水，鼓励使用本标准的各方在回用地点积极探索通过人工培养具有观赏价值水生植物的方法，使景观水体的氮磷满足表中的要求，使再生水中的水生植物有经济合理的出路。③"—"表示对此次项无要求。④ 氯接触时间不应低于 30min 的余氯。对于非加氯方式无此项要求。⑤ 本表引自国家标准《城市污水再生利用景观环境用水水质》GB/T18921-2002。

5）污水再利用分类

城市污水再生利用按用途分类如表 3.7 所示。

表 3.7 城市污水再生利用分类

分类	范 围	示 例
农、林、牧、渔业用水	农田灌溉	种子与育种、粮食与饲料作物、经济作物
	造林育苗	种子、苗木、苗圃、观赏植物
	畜牧养殖	畜牧、家畜、家禽
	水产养殖	淡水养殖
城市杂用水	城市绿化	公共绿地、住宅小区绿地
	冲厕	厕所便器冲洗
	道路清扫	城市道路的冲洗及喷洒
	车辆冲洗	各种车辆冲洗
	建筑施工	施工场地清扫、浇洒、灰尘抑制、混凝土制备与养护、施工中的混凝土构件和建筑物冲洗
	消防	消火栓、消防水炮
工业用水	冷却用水	直流式、循环式
	洗涤用水	冲渣、冲灰、消烟除尘、清洗
	锅炉用水	中压、低压锅炉
	工艺用水	溶料、水浴、蒸者、漂洗、水力开采、水力输送、增湿、稀释、搅拌、选矿、油田回注
	产品用水	浆料、化工制剂、涂料
环境用水	娱乐性景观环境用水	娱乐性景观河道、景观湖泊及水景
	观赏性景观环境用水	观赏性景观河道、景观湖泊及水景
	湿地环境用水	恢复自然湿地、营造人工湿地
补充水源水	补充地表水	河流、湖泊
	补充地下水	水源补给、防止海水入侵、防止地面沉降

注:本表引自国家标准《城市污水再生利用分类》GB/T18919-2002。

3.1.2 园林绿地给水管线的布置

3.1.2.1 给水管网系统布置基本要求

(1) 给水系统布局时,园林绿地给水系统应满足园林绿地的水量、水质、水压及园林消防、安全给水的要求,并应按园区地形、规划布局、技术、经济等因素经综合评价后确定。

(2) 应合理利用原建给水设施,并进行统一规划。

(3) 园林绿地内地形起伏大或给水范围广时,可采用分区或分压给水系统。

(4) 利用园林绿地自然资源,在自然水体的江河、湖泊上游可以建造水厂。有山泉水质符合国家对用户水质要求,可规划给水系统。园林绿地用多个水源可供利用时,宜采用多水源给水系统。

（5）园林绿地地形可供利用时，宜采用重力输配水系统。

3.1.2.2　给水管网系统的安全

（1）给水系统中的工程设施不应设置在易发生滑坡、泥石流、塌陷等不良地质地区及洪水淹没和内涝低洼地区。地表水取水构筑物应设置在河岸稳定的地段。工程设施的防洪及排涝等级不应低于所在城市设防的相应等级。

（2）配水管网应布置成环状，如图 3.3 所示。

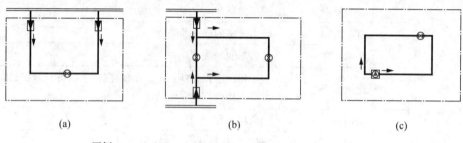

(a)　　　　　　　　　　(b)　　　　　　　　　　(c)

图例：▶ 水表井　　◙ 自备水源　　⊗ 阀门
══════ 城镇给水管网　　───── 园区给水主管网

图 3.3　与城镇给水管网形成环状及自备水源环状管网
(a) 利用城镇单道给水管段形成的环状管网　(b) 两道城镇给水管段形成的环状管网　(c) 自备水源的给水环状管网

（3）园林绿地给水管网宜布置成环状或与城镇给水管道连接环网，环状给水管网与城镇给水管网的连接管不宜少于两条。园区支管和各用水点管可布置成枝状。园区干管宜布置在水量较大的地段，以最短距离向大用水点供水。当管网负有消防职能时，应符合消防规范的规定。

园区的室外给水管道应沿园内道路敷设，宜平行于建筑物敷设在人行道，慢车道或草地下，但不宜布置在管理用房的庭院内，以便于检修及减少对道路交通及管理和员工的影响。

（4）管道布置时应根据其用途、性能等合理安排，避免产生不良影响。如污水管应尽量远离生活用水管，减少生活用水被污染的可能性；金属管不宜靠近直流电力电缆，以免增加金属管的腐蚀。

（5）园区给水管道的外壁距建筑物外墙的净距不宜小于 1m，且不得影响建筑物的基础。市政消防栓距路边不宜小于 0.5m，并不应大于 2m；距建筑物外墙或外墙边缘线不宜小于 5m。

给水管道与建筑物、构筑物等的最小水平净距一般可参照表 3.8。当管道埋深低于建（构）筑物的基础底而又与基础相近，应与结构工程师商议，确定间距或采用相应的措施，如埋地 PVC-U 和 PE 管要求不得在受压的扩散角范围内，扩散角一般取 45°。

表 3.8　给水管与建筑物、构筑物等的最小水平净距

名称 最小净距/m 给水管道直径/mm	建筑物基础	地上杆柱		道路侧石边缘	铁路钢轨（或坡脚）	围墙
		通讯照明<10kV	高压铁塔基础边			
D≤200	1.0	0.5	3.0	1.5	6.0	1.5
D>200	3.0					2.5

(6) 各种埋地管道的平面位置不得上下重叠,并尽量减少和避免互相间的交叉。给水管严禁在雨污水检查井及排水管渠内穿越。

(7) 各种管道的平面排列及标高设计相互发生冲突时,应按下列原则处理:小管径管道让大管径管道;可弯管道让不能弯的管道;新设管道让已建管道;压力管道让自流管道;临时性管道让永久性管道。

(8) 室外给水管道与污水管道平行或交叉敷设时,一般可按下列规定设计:

① 平行敷设:给水管在污水管的侧上面 0.5m 以内,当给水管管径小于等于 200mm 时,管外壁的水平净距不得小于 1.0m;大于 200mm 时,管外壁的水平净距不宜小于 1.5m。给水管在污水管的侧上下面 0.5m 以内时,管外壁的水平净距应根据土壤的渗水性确定,一般不得小于 3.0m,在狭窄地方可减少至 1.5m。

② 交叉敷设:给水管应尽量设在污水管的上面且不允许有接口重叠。给水管敷设在污水管下面时给水管应加套管,其长度为交叉点每边不得小于 3.0m。套管两端应采用防水材料封闭。当采用硬聚氯乙烯给水管(PVC-U)输送生活饮用水时,不得敷设在排、污水管道下面。

(9) 给水管道与铁路交叉时,其设计应按铁路行业技术规定执行,并取得铁路管理部门同意。

(10) 给水管道穿过河流时,尽量利用已有或新建桥梁进行架设。穿越河底的管道应尽量避开锚地。一般宜设两条管道,并按一条停止工作另一条仍能通过设计流量确定管径。管顶距河底埋设深度应根据水流冲刷条件、航行状况、疏浚的安全余量确定,并与航运部门协商确定。管内流速应大于不淤流速,并应有检修和防止冲刷破坏的保护措施,宜加设套管;管道的埋设深度还应在其相应防洪标准(根据管道等级确定)的洪水冲刷深度以下,且至少应大于 1m。管道埋设在通航河道时,应符合航道管理部门的技术规定,并应在两岸设立标志。管道埋设深度在航道底设计高程 2m 以下。

(11) 室外给水管道的覆土深度应根据土壤冰冻深度、地面荷载、管材强度及管道交叉等因素确定,一般应满足下列要求:管道不被振动或压坏;管内水流不被冰冻或增高温度。

当在非冰冻地区埋设,若在机动车行道下,一般情况金属管道覆土厚度不小于 0.7m;非金属管道覆土厚度不小于 1.2m。若在非机动车道路下或道路边缘地下,金属管道覆土厚度不宜小于 0.3m,塑料管不宜小于 1.0m(在人行道下,PVC-U 管经大于 63mm 时,不宜小于 0.75m;管径小于等于 63mm 时,不宜小于 0.5m。PE 管不宜小于 0.6m。园林绿地中草坪下管道覆土大于 0.3m,灌木不宜小于 0.7m,乔木下不应敷设任何管道和电缆)。非金属管道及给水钢塑复合压力管穿越高级路面、高速公路、铁路和主要市政管线和大型园林绿地主给水管线设施,应采用钢筋混凝土管、钢管或球墨铸铁管等套管。套管结构设计应按有关主管部门的规定执行。建筑给水超薄壁不锈钢塑料复合管,管顶覆土不应小于 0.15m,在穿越道路时当管顶埋深小于等于 0.65m 时要加金属或钢筋混凝土套管。

在冰冻地区埋设,在满足上述要求的前提下,管顶最小覆土深度不得小于土壤冰冻线以下 0.15m,一般管道底埋设深度为冰冻线下 $D+200mm$。

(12) 园林给水管道一般宜直接敷设在未经扰动的原状土层上;若地基土质较差或地基为岩石地区,管道可采用砂垫层,其厚度金属管道不小于 100mm,塑料管不小于 150mm,并应铺平、夯实;若园区的地基土质松软,应做混凝土基础,如果有流沙或淤泥地区,则应采取相应的施工措施和基础土壤的加固措施后再做混凝土基础。

（13）非整体连接（如承插式）管道在垂直和水平方向转弯处、分叉处、管道端部堵头处，以及管径截面变化处应设支墩。支墩的设置应根据管径、转弯角度、管道设计内压力和接口摩擦力，以及管道埋设处的地基和周围土质的物理力学指标等因素，按《给水排水工程管道结构设计规模》GB50332 的规定计算。

3.1.3　园林绿地供水系统与供水方式

园区给水设计应根据不同的用水要求综合利用各种水资源，可采取统一给水系统、分质给水系统、分区给水系统（见表 3.9）。

由于情况各异，条件不同，供水可采用一种方式，也可采用多种方式组合。所以工程设计者应根据实际情况，在符合有关规定的前提下确定供水方案，力求以最简便的管路，经济、合理、安全地达到供水要求。

表 3.9　园林绿地供水方式

分类	图示	供水方式	适用范围
方案一	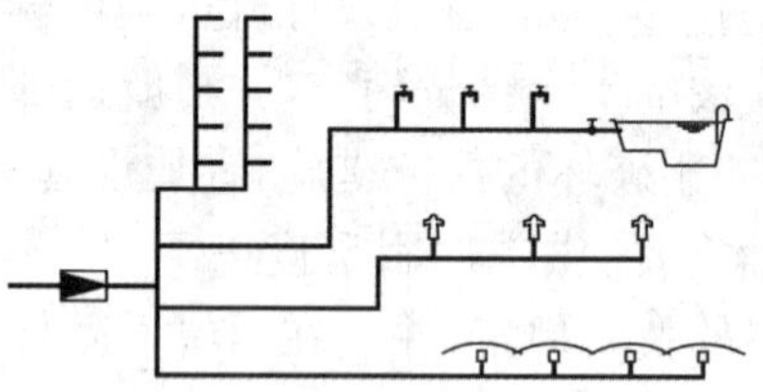	与外部管网直接相连，利用外网水压直接供水	一般适用于小型园林绿地、单层和多层建筑、高层建筑中下面几层；绿地直接喷灌和消防用水及各景点直接用水。本方案供水系统简单，充分利用外网水压、水质较好，故设计中应优先选用。外网压力过高，某些点压力超过允许值时，应采取减压措施
方案二	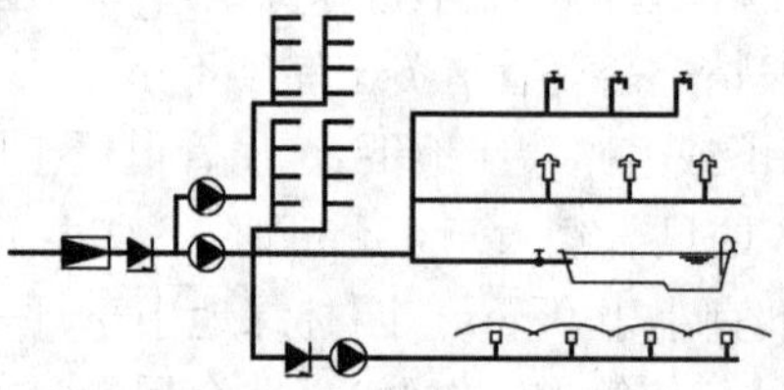	由泵直接从外网抽水升压供水	一般适用于城市管网压力低园林绿地用水分区供水；绿地喷灌系统、消防、园区景点系统建筑高、中、低供水系统
方案三	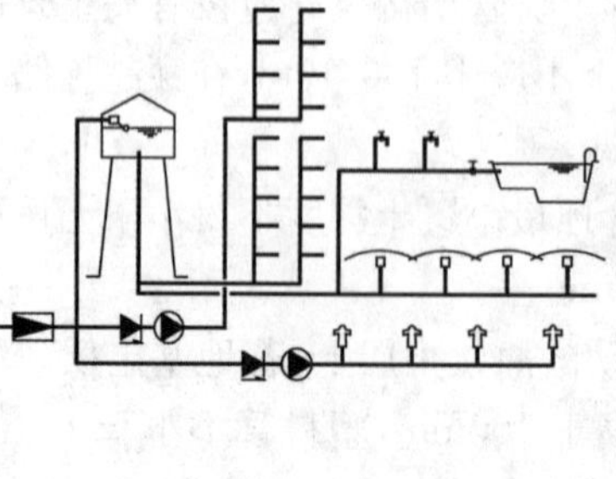	与外部管网直接相连，由外网供至高位水箱，再从水箱向用水点供水。一般利用夜间外网压力高时水箱进水	一般适用城市管网直供和水泵（调频泵）双系统供水，利用高水位水箱供多层和户外景点用水点和一般绿地喷灌用水；高层建筑采用调频泵供水；消防应急用水采用加压泵。本方案适用于中型园区分区多系统供水

（续表）

分类	图示	供水方式	适用范围
方案四		直接从外网到调节池（或吸水）抽水泵升压供水到各用水点	一般适用于城市管网或有自备水井水源的综合利用，水泵升压分区串联供水。对于大型园林绿地应充分利用再生水、雨水等非传统水源，优先采用循环和重复利用给水系统，宜实行分质供水

图例： ▶ 倒流防止器； ⌐ 浮球阀； ▶ 水表； ◉ 水泵； ⸸ 喷灌； ⌐ 户外用水点； ⊥ 阀门； 介 消火栓； ⫼ 建筑； ⌇ 泳池

3.1.4 园林绿地给水管线布置的计算

3.1.4.1 用水量的估算

一般包括下列用水量项目：服务业和管理业用水量；绿化和浇洒广场、道路用水量；游泳池、水景娱乐设施用水量；消防用水量；管网流失和未预见水量等。

（1）公共建筑最高日用水量按下式计算：

$$Q_{d2} = \Sigma \frac{m_i q_{2i}}{1\,000}$$

式中：Q_{d2}——小区为各公共建筑最高日用水量（m³/d）；

m_i——计算单位（人；床；㎡等）；

q_{2i}——单位最高日用水定额[L/（人·d）；L/（床·d）L/（㎡·d）等]。

（2）浇洒道路或绿化用水量按下式计算：

$$Q_{d3} = \Sigma \frac{q_{3i} \cdot F_i \cdot n_{3i}}{1\,000}$$

式中：Q_{d3}——浇洒道路或绿化的用水量（m³/d）；

q_{3i}——浇洒道路或绿化的用水量标准[L/（㎡·次）等]；

F_i——浇洒道路或绿化的面积（㎡）；

n_{3i}——每日浇洒道路或绿化的次数（次/d）。

（3）各类用水项目的平均小时用水量按下式计算：

$$Q_{CP} = \frac{Q_{di}}{T_i}$$

式中：Q_{CP}——平均小时用水量（m³/h）；

T_i——使用时间（h）。

公式中应注意：因不同的用水项目使用时间不同，故不同的用水项目应采用对应的使用时间；管网漏水量和未预见水量之和应按下式求得：

$$Q_{LW} = \frac{b_0}{24} \Sigma Q_{di}$$

式中：Q_{LW}——管网漏水量和未预见水量之和（m³/h）；

b_0 可按最高日用水量的 10%～15% 计算。

（4）将计算得出的各项平均小时用水量叠加（并包括 Q_{Lw}），既可得出园区的平均小时用水量，但对于非 24h 用水的项目，若用水时段完全错开，可只计入其中最大的一项用水量。

（5）各类用水项目的最大小时用水量按下式计算：

$$Q_{max} = \frac{Q_{di}}{T_i} \cdot K_{hi}$$

式中：Q_{max}——最大小时用水量（m^3/h）；

K_{hi}——各类用水项目的小时变化系数，K_{hi} 在园林绿地可取值 4～6。

（6）最大时的平均秒流量按下式计算：

$$Q_{cs} = \frac{Q_{max} \cdot 1\,000}{3\,600}$$

式中：Q_{CS}——最大时平均秒流量（L/S）。

3.1.4.2 从城镇供水管网引至园区主给水管的流量计算

园区主给水管道流量可以根据下列情况分别计算：

1）园区不设提升设施

主管流量设计由各干管计算的供水给水秒流量总和而来，一般主管道在 10 万 ㎡ 面积区域，其规格不小于 DN160。考虑到园林绿地在主管道上需安装消火栓，消火栓应急供水量为 30L/s。

园区给水干管从主管接至各用水点，各用水引入干管根据建筑物用途而确定的系数设计给水秒流量，应按下式计算：

$$q_g = 0.2a\sqrt{Ng}$$

式中：q_g——计算管段给水设计秒流量（L/S）；

N_g——计算管段的用水器具给水当量总数；

a——根据建筑物用途定系数（见表 3.10）。

表 3.10   根据建筑物用途而定的系数值

建筑物名称	a 值	建筑物名称	α 值
养老院	1.2	客运站	3.0
办公楼,商场	1.5	公共厕所	3.0
图书馆	1.6	游泳馆	3.0
修养所	2.0	水上游乐场	3.5
酒店公寓	2.2	科研馆	3.5
宿舍、招待所	2.5	动物园	4.0
餐馆	2.5	植物园	4.0

2）当园区设置提升泵供水时

（1）应尽量利用城镇管网的压力供水。在条件许可时,应采用压力分区供水方案。

（2）提升泵的流量按下列要求确定：

① 园区内不设水塔，由提升泵向服务对象直供时，不应小于服务对象的生活给水设计流量。可参照表3.10确定。

② 园区内设水塔，全部（或部分）由水塔（高水位水箱）供水时，可按不小于服务对象的最大小时用水量计。

③ 提升泵既直接向用水点供水，又向水塔供水（再由水塔供至其他用水点）时，应分别计算，取其大值为泵的流量。这时水塔要求泵的水位宜适当提高。泵的扬程应满足两者的供水要求。

④ 提水泵的扬程可参照表3.11要求计算。

表3.11　建筑楼层所需最小水压（自室外面算起）

建筑层数	1	2	3	4	5	6	7	8	9	10
最小水压/MPa	0.10	0.12	0.16	0.20	0.24	0.28	0.32	0.36	0.40	0.44

⑤ 水塔或提升泵直接向用水点供水，宜有不少于两条管道与园区环网相接。

⑥ 负有消防职能时，还应满足消防要求。

3.1.4.3　园林绿地给水管径计算

园林绿地给水管径按下列要求计算确定

（1）各建筑物的引入管或各供水支管与园区管网的接管处及干管的汇集点内算节点，节点之间的管段内计算管段。

（2）园区的室外给水管道的设计流量根据用水功能定时定流量。如水景水池补换水应按照不同大小的水景池的水容量，再根据设定给水时间计算出管段的管径（见表3.12）。水质类型一般生活给水属于城镇管网应该选择小管径，这样减轻城镇管网其他用户的供水；再生水和天然水质的水源主要供给非饮用水的用户，公园应该是主要用水大户，所以相应用管径大的规格，同时考虑计算较合理的流速和流量时间。

表3.12　喷泉水池给水管径参数表（公称直径DN）

水池分类			给水水源与选用管径/DN		
规模	水容量（m³）	供水时间（h）	城镇生活给水（饮用水）	再生水（超滤）	天然水质（Ⅲ类）
小型	≤50	0.5～2	70	100	125
中小型	50～200	2～4	100	125	150
中型	200～500	3～6	150	175	200
中大型	500～1 000	4～8	175	200	250
大型	1 000～3 000	6～18	200	250	300
超大型	3 000～10 000	10～24	300	325	350

注：城镇生活给水系统不得与再生水系统和天然水质系统管网混接；城镇生活给水系统接至水池的进水口的阀门应安装隔离排污阀。

（3）建筑物内的给水管道流速一般可参照表 3.13。也可采用下列参数：卫生器具的配水支管一般采用 0.6～1.0m/s；横向配水管，管径超过 25mm，宜采用 0.8～1.2m/s；环状管、干管和主管宜采用 1.0～1.8m/s。各种管材的推荐流速如下：铜管：管径大于等于 25mm，流速宜采用 0.8～1.5m/s，管径小于 25mm，宜采用 0.6～0.8m/s。建筑给水薄壁不锈钢管：公称直径不小于 25mm，流速宜采用 1.0～1.5m/s；公称直径小于 25mm，宜采用 0.8～1.0m/s。建筑给水硬聚氯乙烯管：公称外径小于或等于 50mm，流速小于等于 1.0m/s；公称外径大于 50mm，流速小于或等于 1.5m/s。建筑给水聚丙烯管：公称外径不大于 32mm，流速不宜大于 1.2m/s，公称外径为 40～63mm，不宜大于 1.5m/s，公称外径大于 63mm，不宜大于 2.0m/s。建筑给水氯化聚乙烯管：公称外径不大于 32mm，流速应小于 1.2m/s，公称外径为 40～75mm，应小于 1.5m/s，公称外径不小于 90mm，应小于 2.0m/s。复合管可参照内衬材料的管道流速（建筑给水超薄壁不锈钢塑料复合管流速宜取 0.8～1.2m/s），管内最大流速不应超过 2.0m/s。

表 3.13　生活给水管道的水流速度

公称直径/mm	15～20	25～40	50～70	≥80
水流速度/m·s	≤1.0	≤1.2	≤1.5	≤1.8

（4）公园给水管道的主管径按下列公式确定：

$$d = \sqrt{\frac{4Q}{\pi v}}$$

式中：d——管径（m）；

Q——管段计算流量 m^3/s；

v——流速 m/s 或求出流量，查表计算。

由平均秒流量及经济流速，查表计算管径 d（内径）。在资料不全时一般可按 0.6～0.9m/s 设计，最小不得小于 0.5m/s，一般也不宜大于 1.5m/s。与消防合用的给水管网，消防时其管内流速应满足消防要求。

经济流速一般为小管径 $d = 100 - 400mm$，$v = 0.6～0.9m/s$；大管径 $d > 400mm$，$v = 0.9～1.4m/s$。

3.1.4.4　给水管道水压的确定

1）给水管道水压的确定

给水管的水压的确定，要满足两个主要条件：一是供水点的水压要求；二是场地内最不利配水点的水压要求。计算公式：

$$H_{总水压力} = H_1 + H_2 + H_3 + H_4（m 水柱）$$

其中：H_1——总引水管处与最不利配水管间的地面高程差；

H_2——计算配水点至建筑物进水管的标高差；

H_3——计算配水点所需流出的水头值。H_3 值随阀门类型而定，一般取 2～10mH_2O 高；（$H_2 + H_3$ 的参考数值为平房 10mH_2O，二层 12mH_2O，≥三层，每层增加 4mH_2O）

H_4——水头损失，包括水管沿程水头损失与局部水头损失的总和。沿程水头损失估算值按每公里管段的水头损失值为 5mH$_2$O/km;局部水头损失按沿程水头损失百分比计算:生活用水管按沿程水头损失的 25% 计算,生产用水按 20% 计算,消防用水按 10% 计算。

2) 水头损失精确计算

(1) 给水管道的沿程水头损失计算公式:

$$h_i = i \cdot L$$

式中:h_i——沿程水头损失(KPa);

　　L——管道计算长度(m);

　　i——管道单位长度水头损失(KPa/m),

① 塑料给水管水力计算公式:

$$i = \lambda \frac{1}{d_j} \frac{v^2}{2g}$$

式中:i——水力坡降;

　　λ——摩阻系数;

　　d_j——管子的计算内径(m);

　　v——平均水流速度(m/s);

　　g——重力加速度,为 9.81(m/s^2)。

应用时,应先确定系数 λ 值。对于各种材质的塑料管(硬聚氯乙烯管、聚丙烯管、聚乙烯管等),摩阻系数定为:$\lambda = \dfrac{0.25}{\text{Re}^{0.226}}$;

式中:R_e——雷诺数。

$$Re = \frac{v d_j}{\gamma}$$

其中:γ——液体的运动粘滞系数(m^2/s),

当 $\gamma = 1.3 \times 10^{-6}$ m^2/s(水温为 10℃)时,将公式中求得的 λ 值代入公式 $i = \lambda \dfrac{1}{d_j} \dfrac{v^2}{2g}$ 中,进行整理后得到公式:

$$i = 0.000\,915 \frac{Q^{1.774}}{d_j^{4.774}}$$

式中:Q——计算流量(m^3/s);

　　d_j——管的计算内径(m)。

② 混凝土管(渠)及采用水泥砂浆内衬的金属管道水力计算公式:

$$i = \frac{v^2}{C^2 R}$$

式中:i——管道单位长度的水头损失(水力坡降);

　　v——管道断面水流平均流速(m/s)

　　C——流速系数;

　　R——水力半径(m)。

其中：

$$C = \frac{1}{n}R^y$$

式中，n——管（渠）道的粗糙系数；

y——可按下式计算：$y = 2.5\sqrt{n} - 0.13 - 0.75\sqrt{R}(\sqrt{n} - 0.1)$（$0.1 \leqslant R \leqslant 3.0$；$0.011 \leqslant n \leqslant 0.040$）；

管道计算时，y 也可取 $\frac{1}{6}$，即按 $C = \frac{1}{n}R^{1/6}$ 计算。

（2）给水管道的局部损失计算公式：

$$h_j = \sum \zeta \frac{v^2}{2g}$$

式中：H_f——局部水头损失（KPa）；

ξ——局部阻力系数；

v——管道断面水流平均流速（m/s）；

g——重力加速度（m/s²）。

① 生活给水管道的配水管的局部水头损失，也可按管道的连接方式，采用管（配）件当量长度法计算。表 3.14 为螺纹接口的阀门及管件的摩阻损失当量长度表。

表 3.14　阀门和螺纹管件的摩阻损失的折算补偿长度/m

管件内径 /mm	各种管件的折算管道长						
	90°标准弯头	45°标准弯头	标准三通 90°转角流	三通直向流	闸板阀	球阀	角阀
9.5	0.3	0.2	0.5	0.1	0.1	2.4	1.2
12.7	0.6	0.4	0.9	0.2	0.1	4.6	2.4
19.1	0.8	0.5	1.2	0.2	0.2	6.1	3.6
25.4	0.9	0.5	1.5	0.3	0.2	7.6	4.6
31.8	1.2	0.7	1.8	0.4	0.2	10.6	5.5
38.1	1.5	0.9	2.1	0.5	0.3	13.7	6.7
50.8	2.1	1.2	3	0.6	0.4	16.7	8.5
63.5	2.4	1.5	3.6	0.8	0.5	19.8	10.3
76.2	3	1.8	4.6	0.9	0.6	24.3	12.2
101.6	4.3	2.4	6.4	1.2	0.8	38	16.7
127	5.2	3	7.6	1.5	1	42.6	21.3
152.4	6.1	3.6	9.1	1.8	1.2	50.2	24.3

注：本表的螺纹接口是指管件无凹口的螺纹，即管件与管道在连接点内径有突变，管件内径大于管道内径。当管件为凹口螺纹，或管件与管道为等径焊接，其折算补偿长度取本表值的 1/2。

② 当管道的管(配)件当量资料不足时,可按管件的连接状况。管网的沿程水头损失的百分数取值:管(配)件内径于管道内径一致,采用三通分水时,取 25%～30%;采用分水器分水时,取 15%～20%;管(配)件内径略大于管道内径,采用三通分水时,取 50%～60%;采用分水器分水时,取 30%～35%;管(配)件内径略小于管径,管(配)件的插口插入管口内连接,采用三通分水时,取 70%～80%;采用分水器分水时,取 35%～40%。

③ 表 3.15 中所列数据为各种管材技术规范(程)等相关资料中推荐的局部水头损失,供设计人员参考。

表 3.15　各种管材的局部水头损失值

管材名称	局部水头损失按沿程水头损失百分数
建筑给水铝塑复合管(PAP)	采用三通配水:50%～60%,分水器配水:30%
建筑给水钢塑复合管	螺纹连接内衬塑可锻铸管件:生活给水管网 30%～40%,生活、生产合用给水管网 25%～30%;法兰或沟槽式连接内涂(衬)塑钢件:10%～20%
建筑给水超薄壁不锈钢塑料复合管	承插式连接:20%～30%;卡套式连接:30%～35%
给水钢塑复合压力管	室内可按 25%～30%计
建筑给水硬聚氯乙烯管(PVC-U)	25%～30%
建筑给水氯化硬聚氯乙烯管(PVC-C)	25%～30%
建筑给水聚丙烯管(PP-R、PP-B)	25%～30%
建筑给水聚乙烯管(PE、PEX、PE-RT)	(1) 热熔连接、电熔连接、承插式柔性连接和法兰连接,采用三通分水时宜取 25%～30% (2) 管材端口内插不锈钢衬套的卡套式连接,采用三通分水时宜取 35%～40%,采用分水器分水时宜取 30%～35% (3) 长压式连接和管材端口插入管件本体的卡套式连接,采用三通分水时宜取 60%～70%,采用分水器分水时宜取 35%～40%
建筑给水薄壁不锈钢管	25%～30%
建筑给水铜管	25%～30%
铸铁管、热镀锌钢管	25%～30%

注:表中数值只适用于室内生活给水的配水管,不适用于给水干管。如由泵提升至水箱等输水管应按管道的实际布置状况经计算确定。小区埋地输水管的局部水头损失值:埋地聚乙烯给水管按沿程水头损失的 12%～18%计。埋地聚乙烯给水管的局部水头损失值应由制造厂提供,或查相关技术规程。埋地金属管道宜按相关公式计算,当资料不足时除水表和止回阀等需要单独计算外,可按管网沿程水头损失的 15%～20%计算。水泵内的水头损失可估计 2～3mH₂O。

3) 水力计算的结果处理

当 $H_{总水压力}$ 大于城市配水管 H_0 并不多时,为避免设立局部升压设备而增加投资,可放大某些管径,以减少管网的水力损失来满足。当 $H_{总水压力}$ 小于 H_0 较多时,则可充分利用管压,在允许值内适当缩小某些管段的管径。

景区内的消防用水,重点地段水压小于 25mH₂O 的水头,低压网消防用水大于 10mH₂O

的水头。

3.1.5   给水管道材料的选择

（1）给水系统采用的管材、配件、设备、仪表等应符合现行产品标准的要求。生活饮用水系统所涉及的材料必须符合《生活饮用水输水配水设备及防护材料的安全性评价标准》GB/T17219 的要求。管道及管件的工作压力不得大于产品标准公称压力或标称的允许工作压力。当生活给水与消防共用管道时，管材、配件等还必须满足消防的要求。在符合使用要求的前提下，应选用节能、节水型产品。卫生器具和配件应符合《节水型生活用水器具》CJ164 的要求。

（2）给水管道的管材应根据管内水质、水温、水压及敷设场所的条件及敷设方式等因素综合考虑。

① 埋地管道的管材应具有耐磨性和能承受相应的地面荷载的能力。当 DN 大于 75mm 时可采用球墨铸铁管、给水塑料管和复合管；当 DN 小于或等于 75mm 时，可采用给水塑料管、复合管或经可靠防腐处理的钢管。园林绿地埋地敷设的塑料管应采用硬聚氯乙烯（PVC-U）给水管，并可参照《室外埋地硬聚氯乙烯给水管道工程技术规程》CECS17：2000 实施，及聚乙烯（PE）给水管，并应符合《埋地聚乙烯给水管道工程技术规程》CJJI0I 的有关规定。当采用给水钢塑复合压力管时可参照《给水钢塑复合压力管管道工程技术规》CECS237：2008 实施。室外明敷管道一般不宜采用铝塑复合管和给水塑料管。

室内给水管应选用耐腐蚀和安装连接方便可靠的管材。明敷或嵌墙敷设一般可采用塑料给水管、复合管、建筑给水薄壁不锈钢管、建筑给水铜管及经可靠防腐处理的钢管。敷设在地面找平层内宜采用建筑给水硬聚氯乙烯管、建筑给水聚丙烯管、建筑给水聚乙烯管、建筑给水氯化聚乙烯管、铝塑复合管、建筑给水超薄壁不锈钢塑料复合管，管道直径不得大于 DN20～DN25。高层建筑给水立管不宜采用塑料管。给水泵房内及输水干管道宜采用法兰连接的建筑给水钢塑复合管和给水钢塑复合压力管。

② 采用塑料管材时，其供水系统压力一般不应大于 0.6 MPa（PVC-C 、PP-R、PP-B 管可不大于 1.0 MPa），水温不应超过该管材的有关规定。

管材允许的最大工作压力应根据不同的工作温度而修正。部分 S 和 SDR 系列塑料给水管在不同工作温度下，按 50 年使用寿命，其最大工作压力如表 3.16 所示。

表 3.16　全塑料给水管材 S 或 SDR 系列的最大工作压力/MPa

工作温度及管种		管系列						
		SDR21	SDR17	SDR13.6	SDR11	SDR9	SDR7.4	—	—
20℃	PVC-U								
	PP-R	—	—	—	1.30	1.62	2.03	2.60	3.24
	PP-B	—	—	—	1.16	1.45	1.82	2.33	2.91
	PE80	—	—	1.00	1.25	1.60	—		
	PE100	—	1.00	1.25	1.60	—			
	PE-X	—	—	1.20	1.51	1.91	2.4		
	PE-RT	—	—	1.17	1.47	1.84	2.3		

（续表）

工作温度及管种		管 系 列							
		SDR21	SDR17	SDR13.6	SDR11	SDR9	SDR7.4	—	—
30℃	PVC-U								
	PVC-C	0.87	1.08	1.40	1.74	—	—	—	—
	PE80	—	—	0.87	1.08	1.39	—	—	—
	PE100			1.08	1.39				
	PE-X			1.07	1.34	1.69	2.13		
	PE-RT		—	1.02	1.29	1.61	2.01		
	PP-B				(1.25)	(1.60)	(2.00)		
	PP-R		—	(1.00)	(1.25)	(1.60)	(2.00)		
40℃	PVC-U								
	PP-R	—	—	—	0.92	1.16	1.44	1.85	2.31
	PP-B				0.80	1.00	1.25	1.59	1.99
	PE80	—	—	0.74	0.92	1.18			
	PE100	—	—	0.92	1.18	(1.48)	—		
	PE-X			0.95	1.19	1.36	1.89		
	PE-RT			0.89	1.12	1.40	1.75		

注：PVC-U 管输送水温在 25～45℃之间时，管材的最大允许工作压力按下式计算确定：$P_{PNS}=f_t \cdot P_N$。式中：P_{PNS}——管材的最大允许工作压力(Mpa)；P_N——管材的公称压力(管材在 20℃条件下输送 20℃水的最大工压力)(MPa)；f_t——不同水温的压力下降系数：水温 $T≤25℃$，$f_t=1.0$；$25℃<T≤35℃$，$f_t=0.8$；$35℃<T≤45℃$，$f_t=0.63$。表中括号内数据供参考。实际选用时应根据使用条件和管道质量等因素，留有安全余量。

③ 给水管道上使用的各类阀门的材质，应耐腐蚀和耐压，根据管径大小和所承受压力的等级及使用温度等要求确定，一般可采用全铜、全不锈钢、铁壳铜芯和全塑阀门等。不应使用镀铜的铁杆、铁芯阀门。

3.1.6 阀门

(1) 按使用要求选择不同类型的阀门(水嘴)，一般按下列原则：

① 管径不大于 50mm 时，宜采用截止阀；管径大于 50mm 时宜采用闸阀、蝶阀。

② 需调节流量，水压时宜采用调节阀、截止阀。

③ 要求水流阻力小的部分(如水泵吸水管上)，宜采用闸门板阀、球阀、半球阀。

④ 水流需双向流动的管段上采用闸阀，不得使用截止阀。

⑤ 安装空间小的部位宜采用蝶阀、球阀。

⑥ 在经常启闭的管段上，宜采用截止阀。

⑦ 口径较大的水泵出水管上宜采用多功能阀。

⑧ 公共场所卫生间的洗手盆宜采用感应式水嘴或自闭水嘴等限流节水装置。

⑨ 蹲式大便器、小便器必须采用感应式控制或脚踏式空气隔断冲阀（采用水箱除外）。

（2）给水管道上的下列部位应设置阀门：

① 园区给水管道从城镇给水管道的引水管段上。

② 园区室外环状管网的节点处，应按分隔要求设置。环状管段过长时，宜设置分段阀门。

③ 从园区给水干管上接出的支管起端或接户管起端。

④ 入户管，水表前和各分支立管（立管底部或垂直环形管网立管的上、下端部）。

⑤ 环状管网的分干管，贯通支状管网的连接管。

⑥ 室内给水管道向住户，公用卫生间等接出的配水管起端。

⑦ 水泵的出水管，自灌式水泵的吸水管。

⑧ 水池（塔、箱）的进出水管、泄水管。

⑨ 设备（如加热器、冷却塔等）的各种配管工艺要求配置阀门。

⑩ 公共卫生间的多个卫生器具（如大、小便器，洗脸盆，淋浴器等）的配水管起端。

⑪ 某些附件，如自动排气阀、泄压阀、水锤消除器、压力表、洒水栓等前、减压阀与倒流防止器的前后，根据安装及使用要求设置。

⑫ 给水管网的最低处宜设置泄水阀。

（3）给水管道的下列部位应设置止回阀：

① 直接从城镇给水管网接入园区或建筑物的引水管。

② 密闭的水加热器或用水设备的进水管。

③ 水泵的出水管。当直接从管网上吸水时，若设有旁通管，该管上应装。

④ 进、出水合用一条管道的水箱，水塔，高地水池的出水管段上（该止回阀应作隔振处理，且不宜选用振动大的旋启式或升降式止回阀），如图 3.4 所示。

⑤ 双管淋浴器的冷热水干管或支管上。

⑥ 管网有倒流可能时，水表后面与阀门之间的管道上。

装有倒流防止器的管段，不需要再装止回阀。而止回阀不具备倒流防止器功能，不是防止倒流污染的有效装置。

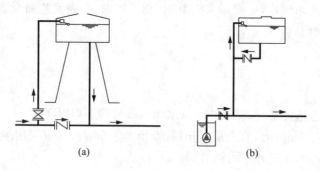

图 3.4　进出水管道

（a）水塔接城市管网　（b）进出合用一条管道的水箱

（4）给水管网的压力高于配水点允许的最高使用压力时，应设置减压阀。减压阀的配置应符合下列要求：

① 用于给水分区的减压阀应采用既减动压又减静压的减压阀。

② 阀后压力允许波动时,宜采用比例式减压阀;阀后压力要求稳定时,宜采用可调式减压阀;生活给水系统宜采用可调式减压阀。

③ 减压阀前的水压宜保持稳定,阀前的管道不宜兼作配水管(即该管道上不宜在接出支管供配水点用水)。

④ 减压阀必须设置在汽蚀区以外,避免减压阀出现汽蚀现象。比例式减压阀的减压比例不宜大于 3 : 1,可调式减压阀的阀前与阀后的最大压差不应大于 0.4MPa,要求环境安静的场所不应大于 0.3MPa;阀前最低压力应大于阀后动压力 0.2 MPa。可调式减压阀,当公称直径小于等于 50mm,宜采用直接式;公称直径大于 50mm 时宜采用先导式。

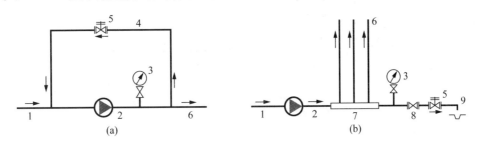

图 3.5 泄压安全阀

1—引水管 2—加压水泵 3—压力表 4—回水管 5—泄压水阀
6—供水管 7—分水器 8—阀门 9—泄水口

⑤ 当采用额定转速水泵直接供水(尤其是串联供水时),若给水管网存在短时超压况且短时超压会引起不安全时,应设置泄压阀(见图 3.5)。泄压阀的设置应符合下列要求:泄压阀用于管网泄压,阀前应设置阀口;泄压阀的泄水口,应连接管道;泄压水宜排入非生活用水池(可排入集水井或排水沟);当直接排放时,应有消能措施。

⑥ 给水加压系统,应根据水泵扬程,管道走向,环境噪音要求等因素,设置水锤消除装置。

(5)倒流防止器是一种采用止回部件组成的可防止给水管道水流倒流的装置,又被称为减压型倒流防止器或隔离排污阀。

它是严格限定管道中压力水只能单向流动的水力控制组合装置,见图 3.6。现有的产品行业标准为 CJ/T160-2002。

倒流防止器的安装应符合下列要求:

① 安装地点环境清洁,不应装在有腐蚀性和污染的环境处,安装处应设排水设施。

② 必须水平安装,排水口不得直接至排水管道。应采用间接排水(一般自动泄水阀的排水应通过漏水斗排到地面排水沟,并不得与排水沟直接连接)。

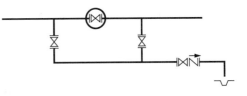

图 3.6 环状管网泄污阀

③ 应安装在便于维护的地方(有足够的维护空间),不得安装在可能结冻或被水淹没的场所,一般宜高出地面 300mm。

④ 倒流防止器前应设检修阀门、过滤器及可曲橡胶接头,其后也设检修阀门。

3.1.7　给水管网控制的其他部件

3.1.7.1　真空破坏器

真空破坏器一种可导入大气压，消除给水管道内水流因虹吸而倒流的装置，可以分为大气型[见图 3.7(a)]和压力型[见图 3.7(b)]。

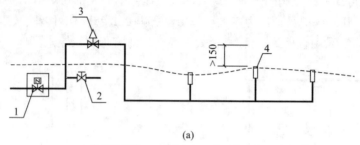

(a)

1-前置控制阀　2-进水阀　3-单项管型真空破坏器
4-最高喷头

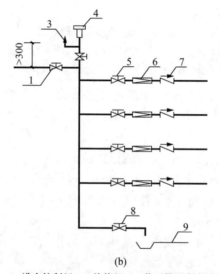

(b)

1-进水控制阀　2-检修阀　3-单项管型真空破坏器
4-排气阀　5-控制阀　6-水表；7-止回阀
8-泄水阀　9-排水设施

图 3.7　真空破坏器安装
（a）大气型　（b）压力型

真空破坏器的安装应符合下列要求：不应装在有腐蚀性和污染的环境处；应直接安装于配水支管的最高点，其位置高出最高回水点或最高溢流水位的垂直高度：压力型不得小于300mm，大气型不得小于 150mm；大气型真空破坏器的进气口应向下。

3.1.7.2 管道过滤器

给水管网的下列部位应设置管道过滤器,并符合下列要求:减压阀、泄压阀、自动水位控制阀、温度调节阀等阀件前;水加热器的进水管上,换热装置的循环冷却水进水管上;水泵吸水管上,进水总表前。过滤器的滤网应采用耐腐蚀材料,滤网网孔尺寸应按使用要求确定;除确实需要外,给水管道系统一般不应串联重复使用管道过滤器。

3.1.7.3 排气装置

给水管道的下列部位应设置排气装置:间歇式使用的给水管网,其管网末端和最高点设置自动排气阀;给水管网有明显起伏、积聚空气的管段,宜在该段的峰点设自动排气阀或手动阀门排气;气压给水装置,当采用自动补气式气压水罐时,其配水管网的最高点设自动排气阀。

3.1.7.4 水表

下列管段应装设水表:园区的引入管;居住建筑和公共建筑的引入管;综合建筑的不同功能分区(如商场、餐饮等)或不同用户的进入管;浇洒道路和绿化用水的配水管上;必须计量的用水设备(如锅炉、水加热器、冷却塔、游泳池、喷水池及中水系统等)的进水管或补水管上;收费标准不同的应分设水表。

3.1.8 园林绿地给水管线施工图的制图要求

3.1.8.1 施工图内容

给水管网设计应包括设计说明、设计图纸、主要设备表等。给水管网施工图主要包括确定设计依据,在了解场地地形地貌和水文资源及气象资料的基础上,明确用水标准、用水量,布置方式等,并进行园林绿地给水的具体规划与设计。

3.1.8.2 设计说明

(1) 设计依据,包括批准文件,采用的主要法规和标准,其他专业提供的设计资料,工程可利用的市政条件等。

(2) 设计范围。

(3) 给水设计要点。

① 水源,说明各给水系统的水源条件。

② 主要的技术指标、用水量:列出各类用水标准和用水量,不可预计水量,总用水量(最高日用水量,最大时用水量)。

③ 给水系统,说明各类用水系统的划分及组合情况,分质分压供水的情况。

3.1.8.3 设计图纸

(1) 给水管网总平面图比例一般采用1:300、1:500、1:1000。

（2）在总图上，给出给水管道的平面位置，标注出干管的管径、流水方向、洒水栓、消火栓井、水表井等。

（3）全部给水管网及附近的位置、型号和详图索引号，并注明管径、埋置深度或敷设方法。

（4）标出给水管道与市政管道系统连接点的控制标高和位置。

（5）主要设备表，按子项目分别列出主要设备的名称、型号、规格（参数）、材质、数量。

3.1.9　园林绿地灌溉系统

3.1.9.1　喷灌的定义

园林绿地喷灌系统是一种比较节约水和人力资源，向植物提供水分的特殊供水管线系统。在城市园林绿地中使用喷灌系统，还能改善小气候。喷灌系统按喷灌控制的面积分为全覆盖灌溉和局部灌溉局部灌溉又称为微灌或滴灌，是指按照植物需水要求，通过低压管道系统与安装在末级管道上的特制灌水器，将水和作物生长所需的养分以较小的流量均匀、准确地直接输送到作物根部附近的土壤表层或土层中的灌水方法。与传统的地面灌溉和全面积都湿润的喷灌相比，微灌只以少量的水湿润作物根部附近的部分土壤，因此又叫做局部灌溉。

3.1.9.2　喷灌系统的组成

喷灌系统通常由喷头、供水管材（通常是 PVC 管材）、过滤设备、控制设备（传感器、干电池控制器、时序控制器、计算机中央控制系统等，是体现喷灌系统自动化程度的重要反应）以及加压设备和安全设备等组成。

3.1.9.3　喷灌系统的工程设计

1）按喷灌方式，可分为移动式、半固定式和固定式三种。

（1）移动式喷灌系统：要求园林绿地附近有可取用的水源，其动力、水泵、供水管线和喷头等是可以移动的，适用于临时性园林绿地。

（2）半固定式喷灌系统：其泵站和主要干管等设备是固定的，支管和喷头是可以移动的。适用于固定场地中，根据所种植的不同植物要求进行调整。

（3）固定式喷灌系统：喷灌系统的所有设备均安装到位并固定，供水管线通常采用地埋，适用于常见的园林绿地。

2）喷灌系统的工程设计

（1）对于固定式喷灌系统，应结合基础资料（地形条件、气象气候条件、土壤条件、灌溉植物的种类等）进行分析并规划设计。

（2）确定喷洒的方式和喷头的组合形式。喷洒方式主要有圆形喷洒和扇形喷洒。一般在地块边缘的采用扇形喷洒，地块中央的采用圆形喷洒（见表 3.17）。喷头的组合形式设计，应采用"一角、二边、三中间"的顺序进行（见图 3.8），确保地块内所有面积均能得到灌溉。

表 3.17　不同喷头组合喷洒范围说明

序号	喷头组合图形	喷洒 方式	喷头间距(L),只管间距 (b)与喷头射程(R)的关系	有效控制 面积	适用
A	正方形	全圆	$L = b = 1.42R$	$S = 2R^2$	在风向改变频繁的地方效果较好
B	正三角形	全圆	$L = 1.73R$ $b = 1.5R$	$S = 2.6R^2$	在无风的情况下喷灌的均匀度最好
C	矩形	扇形	$L = R$ $b = 1.73R$	$S = 1.73R^2$	较 A,B 节省管道
D	等腰三角形	扇形	$L = R$ $b = 1.87R$	$S = 1.865R^2$	同 C

(a)
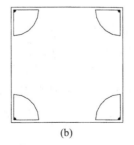
(b)
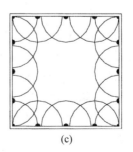
(c)
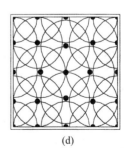
(d)

图 3.8　喷头布置步骤示意

（3）管线的定位和管径的而确定。管线的定位,依据喷头组合的覆盖面积,确定支管的位置,再确定主管的定位定线。喷灌系统管线一般采用枝状管网(干管-支管-喷头的单线形式)和环状管网(干管-支管-喷头-支管-干管的双线形式)进行布置。管径大小先根据喷头的水量要求确定立管(与喷头相接)的直径;根据立管(喷头)的多少,将所需水量进行相加,并按经济流速(管径<400mm 取 0.6~1.0m/s;管径>400mm 取 1.0~1.4m/s),计算支管管径;根据地块内所有喷头的数量,并按经济流速,计算出干管的管径。

（4）喷灌系统水力的计算。喷灌系统水力的计算可以套用给水系统水力的计算方法。

（5）在坡地进行喷灌系统设计时,应尽量让干管垂直于等高线、支管平行于等高线布置,这样有利于减少水头损失。

（6）在干管的低端应设计泄水阀,以利于检修。在支管与喷头的连接处,应设计止水阀,以利于喷头水压的调节。支管采用升降地埋式设计有利于园林绿地景观。主干管地埋的深度应大于 80cm 以下,防止被破坏。

3.2　园林绿地排水

3.2.1　园林绿地排水的特点及排水方式的选择

3.2.1.1　园林绿地排水的特点

园林绿地排水的特点是:排水主要是雨水和少量污水;公园、风景区大多具有起伏的地形和水面,有利于地面排水和雨水的排除;园林中有大量的植物,可以吸收部分雨水,同时还需考虑旱季植物对水的需要,要注意保水;园林排水方式可采取多种形式,在地面上的形式应尽可能结合园林造景。

3.2.1.2　排水方式的选择

园林排水的特点决定园林的排水方式:以地面排水方式为主结合沟渠和管道排水等,主要有以下四种类型:

1）地面排水

有效地利用园林中地形条件,通过竖向设计将谷、涧、沟、道路等加以组织,划分排水区域,并就近排入园林水体或城市雨水干管。地面排水方式可以归结为四个字:拦、蓄、分、导。如处理得当,工程建设造价低。

（1）拦:有组织地拦截地表水,减少地表径流对园林建筑及其他重要景点的影响。

（2）蓄:利用绿地保水、蓄水和地表洼地与池塘集水。例如,洼地是在土壤表面的一个直线凹地,它能聚集低的地表水流,将其导入一个低的洼地,然后从出口排出去。在横断面上洼地没有一个明确的限定局部,因此它可能是一个草坪或景观其他开放部分。

（3）分:用山石、地形、建筑墙体将大股地表径流分成多股细流以减少危害。

（4）导:把多余的地表水或造成危害的地表径流通过地表、明沟和管渠及时排至水体或城市雨水管中。

2) 明沟排水

利用各种明沟,有组织地排放地表水。明沟横断面形式多样(见图 3.9)。明沟的坡度根据材料而定,不小于 0.4%。排水沟主要用于运输高流量的水,而且常作为引导水流到达出水口的通道(见图 3.10)。

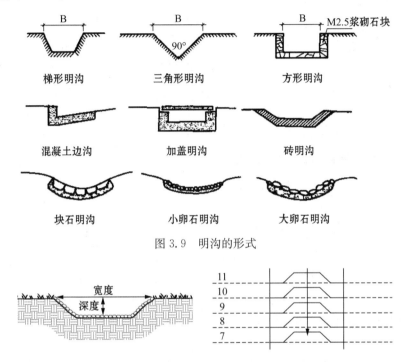

图 3.9　明沟的形式

图 3.10　石砌明沟排水横断面图与用等高线表示的平面图

3) 排水管道

主要用于排除园林生活污水、低洼地雨水、公园中没有自然水体区域的雨水及大面积建筑、铺装地(广场)周围的雨水。排水管道工程建设造价高。

4) 地下排水系统(盲沟)

盲沟又称暗沟,是一种地下排水渠道,用以排除地面积水,降低地下水。地下排水系统在一些要求排水良好的活动场地尤其必要,如体育场地、儿童游戏场地等。不耐水的足球场草地、草地网球场、高尔夫球场、门球场等以及植物生长区、观赏草地等,都可以采取盲沟排水。

3.2.2　截流排水系统

3.2.2.1　渗流及截流排水道

1) 渗流

当水纵向地沿着斜坡缓慢流动时,即使是在平坡或缓坡上也会渗流出来。有时水会渗流到地表,这是由于斜坡坡度变的陡峭,或者是由于一些不适水岩层,比如表面较浅的基岩会迫使水渗出地表。

2）截流排水道

阻止水渗透最好的方法就是用截流排水道或阻力去拦截其路线，然后在下坡点纳入地表排水系统。为能充分发挥其效应，截流排水道应该接近非渗透水层（见图3.11）。这种截流排水道无论是敞开的（明沟截流）还是覆盖的（暗截流）都能起到同样的作用。

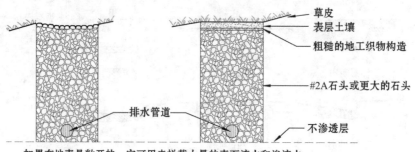

如果在地表是敞开的，它可用来拦截大量的表面流水和渗流水

图3.11　用于拦截渗流水的截流排水道的剖面图

3.2.2.2　截流排水道的过滤层

1）过滤层

所有的地下排水系统至少都有一个过滤层或滤水材料与排水管形成界面。为防止土粒进入排水管，通常在土壤和排水管之间安置过滤层。过滤层需要满足以下两个条件：

（1）过滤层的过滤容量至少有保护土壤或其他保护物质总量那么大。更进一步说，为了防止阻塞，它的容量得比土壤或其他的物质的容量更大。

（2）保护物质进入过滤层需要有数量限制，应当很快停止或有效减少它们的进入，防止管涌，一种土粒被渗流带走或侵蚀的现象，同时渗流在土壤中创造出很多的缝隙，导致塌方或其他类似的情况。

一个级配过滤层不是地工织物（土工布）的，是由粒级不同的颗粒组成的一系列材料层。

2）堵塞

堵塞是一种由于过滤层流量减少而导致排水困难的一种现象。过滤层排水能力的减少是由两种障碍引起的：一种是当固体材料堵塞了过滤器的开口处时产生的堵塞；另一种是当细小的微粒堵塞在过滤器的开口处或空隙处产生的堵塞。

3）解决方法

在施工期间和排水系统的回填期间要特别注意微粒的处理；在使用过程中，可以用化学方法处理铁锈和碳酸钙形成的结晶；在有树木生长或靠近树木生长的区域铺设结实的管道。

3.2.3　园林绿地地下排水系统（盲沟）

3.2.3.1　地下排水管线布置

1）地下排水系统排水测试

为了确定是否需要地下排水系统（特殊用途的场地设计，比如运动场地等除外），必须对场地土壤排水情况进行测试。最好的测试是进行简单的渗滤测试,方法是用普通的铁铲或铁锹挖一个洞,洞的壁应该十分粗糙,并且工具挖掘时产生的痕迹不能去掉。洞的底部应覆盖一层厚约 25～50mm 的细砾层,用来防止底部土壤堵塞。向洞里灌满水,最少 300mm,然后放置 24小时后进行测试(见图 3.12)。测试的结果如果高于 38mm/h,则不需要设置地下排水系统。为了达到最好效果,这个测试应该在有疑问的场地不同的位置进行多次。

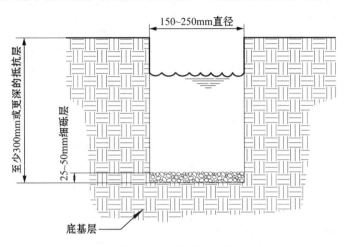

图 3.12 渗漏测试试验

2)地下排水系统铺设方式

最常用的地下排水系统两种是平行式和人字形。这两种方式近几十年都成功地应用于农业和园林绿地中。

(1)平行式设计,适用于由水平到缓斜坡的场地,在最低点有收集的管道(见图 3.13)。

(2)人字形设计,适用于积水地形或有引导到出口的中央排水管的陡峭或狭窄型场地(见图 3.13)。人字形排水系统更常用于复杂的场地中。

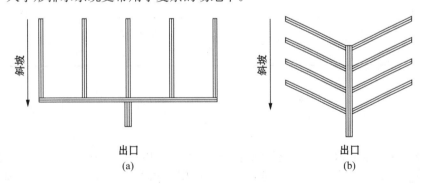

图 3.13 平行地下排水管线方式
(a)平行式 (b)人字形

3)地下排水系统铺设深度与间距

根据不同的土壤条件,地下排水系统铺设深度与间距可参考表 3.18。

表 3.18　多种土质分类的地下排水系统的深度和间距

土壤质地类型	土壤分离百分比/%			到排水管底部的深度 /m	排水管之间的间距 /m
	沙	粉土	黏土		
沙	80~100	0~20	0~20	0.9~1.2 0.6~0.9	45~90 30~45
砂壤土	50~80	0~50	0~20	0.9~1.2 0.6~0.9	30~45 25~30
壤土	30~50	30~50	0~20	0.9~1.2 0.6~0.9	25~30 22~25
粉砂壤土	0~50	50~100	0~20	0.9~1.2 0.6~0.9	22~25 20~22
沙质黏壤土	50~80	0~30	20~30	0.9~1.2 0.6~0.9	20~22 17~20
黏壤土	20~50	20~50	20~30	0.9~1.2 0.6~0.9	17~20 14~17
粉质黏壤土	0~30	50~80	20~30	0.9~1.2 0.6~0.9	14~17 12~14
砂土	50~70	0~20	30~50	0.9~1.2 0.6~0.9	12~14 10~12
粉质黏土	0~20	50~70	30~50	0.9~1.2 0.6~0.9	10~12 9~10
黏土	0~50	0~50	30~100	0.9~1.2 0.6~0.9	9~10 7~9

3.2.3.2　地下排水系统的设计

1）水通道

地下排水系统水通道常常由级配砾石、细沙、土工布和大于 100m 的圆形管道组成。增加圆形管道，更加用于地下排水。这些管道位于防渗层或其之上。间距基于土壤的质地，其中黏土间距最窄，轻粉砂壤土和壤土适中，砂土最宽。如果用穿孔的管道（圆孔），这些孔洞必须位于管道下方。地下排水系统应该每 30m 有至少 100mm 的落差。

2）地下排水系统剖面图构造

（1）剖面图构造：没有地工织物（土工布）的简单级配的颗粒过滤层（见图 3.14）。

（2）剖面图构造：级配的地工织物的过滤层（见图 3.15）。

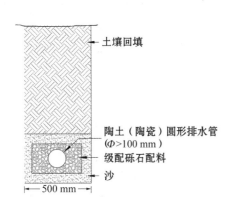

图 3.14 地下排水系统剖面图构造

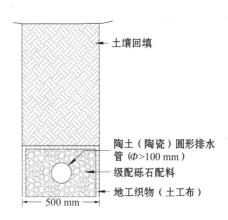

图 3.15 地下排水系统剖面图构造

3.2.4 排水管网的设计与流量计算

3.2.4.1 排水管网设计的基本要求

1）排水体制

对生活污水、工业废水和地表降水采取的汇集方式，称为排水体制。排水体制分为分流制、合流制，应依据《室外排水设计规范》(GB50014-2006)的有关规定。

2）排水管网系统设计

(1) 划分排水分区。地形起伏的区域按自然地形分水线划分（与等高线相垂直的汇水线的确定）；地形平坦的区域，按面积大小进行划分。每一个分水区设立一个或一个以上的排水干管。

(2) 确定排水的位置及控制点。

(3) 确定排水各管段及设计。

任意两个检查井间的连续管段，若采用的设计流量、管道坡度不变，可选用相同的管径。流入每设计管段的污水流量包括本段的流量与转入流量。

根据每设计管段的污水流量，查阅水力计算表，即可确定相应的管段的管径、管道坡度、流速、充满度等设计参数。

3.2.4.2 园林绿地排水管线流量计算

1）雨水管设计流量

(1) 雨水设计流量 $Q(L/S)$ 按公式计算：

$$Q = \psi q F$$

式中，ψ——径流系数，如表 3.19 所示；

q——设计降雨强度（L/S·100m²）（可参考《我国部分城镇降雨强度表》）；

F——场地汇水面积（100m²）。

表 3.19　径流系数

地面种类		径流系数
屋面		0.9～1
绿化屋面（在现期约 5 年）		0.5
混凝土和沥青路面		0.9
块石等铺砌路面		0.6
级配碎石路面		0.45
干砌砖、石及碎石路面		0.4
非铺砌的土路面		0.3
绿地		0.15～0.25
地下室顶板绿地	覆土厚度≥500mm	0.25
	覆土厚度<500mm	0.4

注：室外汇水面平均径流系数应按地面的种类平均计算确定。如资料不足，小区综合径流系数根据建筑稠密程度取为 0.5～0.8。北方干旱地区小区，园林径流系数一般取 0.3～0.6。建筑密度大取高值，密度小取低值。

（2）降雨强度：

① 降雨强度应根据当地降雨强度公式计算。降雨强度基本公式：

$$q = \frac{1.67A(1 + c \cdot \lg p)}{(t+b)^n}$$

式中：q——设计降雨强度（L/S·100m²）；

　　　P——设计重现期（a）；

　　　t——降雨历时（min）；

　　　A、b、c、n——当地降雨参数。

② 设计重现期。建筑雨水系统的设计重现期不宜小于表 3.20 中的数据。

表 3.20　各种汇水区域和排水系统设计重现期

汇水区域名称		设计重现期（a）
室外场地	居住小区	1～3
	车站、码头、机场基地	2～5
	下沉式广场、地下车库	5～50
排水系统	汇水≤10 万 m² 管渠	2～5
	汇水>10 万㎡ 管渠	5～50
	泄洪河流、管渠	50～100

注：根据汇水区域地形坡度≤0.5％，设计重现期应取高限值；汇水过水区域地形坡度≥0.5％选择重现期低限值。地形坡度越大选择设计重现期低限值越低。

③ 降雨历时。雨水管道和沟渠的降雨历时按下式计算：

$$t = t_1 + mt_2$$

式中:t——降雨历时(min);

t_1——地面集水时间(min),视距离长短、地形坡度和地面铺砌情况而定。室外地面一般取 5～10min,建筑屋面取 5min;

t_2——管渠内雨水流行时间,建筑物管道可取 0;

m——折减系数,按表 3.21 取值。

表 3.21　折减系数/m

建筑物管道、室外按户管或小区支管	室外干管	陡坡地区干管	明渠
1	2	1.2～2	1.2

2)明渠最大设计流速

排水管渠应以重力流为主,宜顺坡敷设,不设立排水泵站。当排水管遇有翻越高地,穿越河流、软土地基,长距离输送污水等情况,无法采用重力流或重力流不经济时,可采用压力流。园林绿地降雨排水以明渠为主,对于明渠流速取决于土质情况和不同渠坡驳岸材料,设计时按表 3.22 取值。

表 3.22　明渠最大设计流速

明渠类别	最大设计流速/(m/s)
粗砂或低塑性粉质黏土	0.8
粉质黏土	1.0
黏土	1.2
草皮护面	1.6
干砌块石	2.0
浆砌块石或浆砌砖	3.0
石灰岩和中砂岩	4.0
混凝土	4.0

3)水力计算

(1)排水管渠的流量按下式计算:

$$Q = AV$$

式中:Q——设计流量(m^2/s);

A——水流有效断面面积(m^2);

V——流速(m/s)。

(2)排水管渠的流速按下式计算:

$$v = \frac{1}{n} R^{\frac{2}{3}} I^{\frac{1}{2}}$$

式中:v——流速(m/s);

R——水力半径(m);

I——水力坡降，采用排水管的坡度；

n——粗糙系数，见表3.23。

表3.23 排水管渠粗糙系数

管渠类别	粗糙系数/n
UPVC管、PE管、玻璃钢管	0.009～0.01
石烯水泥管、钢管	0.012
陶土管、铸铁管	0.013
混凝土管、钢筋混凝土管、水泥砂浆抹面渠道	0.013～0.014
浆砌砖渠道	0.015
浆砌块渠道	0.017
干砌块石渠道	0.020～0.025
土明渠（包括带草皮）	0.025～0.030

（3）排水管渠的最大设计充满度，应符合下列规定：

① 污水管道应按非满流计算，其最大设计充满度按表3.24规定取值；

表3.24 最大设计充满度

管径或渠高/mm	最大设计充满度
200～300	0.55
350～450	0.65
500～900	0.70
≥1 000	0.75

注：在计算污水管道充满度时，不包括短时突然增加的污水量，但当管径小于或等于300mm时，应按满流复核。

② 排水管道和合流管道应按满流计算。

（4）塑料管道排水管的水力计算，可按表3.25和表3.26取值。

表3.25 硬聚氯乙烯排水管水力计算表（$n＝0.009$）

坡度	$h/D=0.5$								$h/D=0.6$			
	DN50		DN75		DN90		DN110		DN125		DN160	
	Q	v	Q	v	Q	v	Q	v	Q	v	Q	v
0.003											8.38	0.74
0.0035									3.48	0.63	9.06	0.80
0.004					2.59	0.61	3.72	0.67			9.68	0.85
0.005					2.90	0.69	4.16	0.75			10.82	0.95
0.006			1.79	0.65	3.18	0.75	4.55	0.82			11.86	1.04
0.007			1.22	0.63	1.94	0.71	3.43	0.81	4.92	0.89	12.81	1.13

(续表)

坡度	h/D=0.5								h/D=0.6			
	DN50		DN75		DN90		DN110		DN125		DN160	
	Q	v	Q	v	Q	v	Q	v	Q	v	Q	v
0.008			1.31	0.67	20.70	0.75	3.67	0.87	5.26	0.95	13.69	1.20
0.009			1.39	0.71	2.20	0.80	3.89	0.92	5.58	1.01	14.52	1.28
0.010			1.46	0.75	2.31	0.84	4.10	0.97	5.88	1.06	15.31	1.35
0.012	0.52	0.63	1.60	0.82	2.53	0.92	4.49	1.07	6.44	1.17	16.77	1.48
0.015	0.58	0.69	1.79	0.92	2.83	1.03	5.02	1.19	7.20	1.30	18.75	1.65
0.020	0.67	0.80	2.07	1.06	3.37	1.19	5.80	1.38	8.31	1.51	21.65	1.90
0.025	0.74	0.90	2.31	1.19	3.66	1.33	6.48	1.54	9.30	1.68	24.20	2.13
0.036	0.76	0.91	2.36	1.21	3.73	1.36	6.61	1.57	9.48	1.72	34.68	2.17
0.030	0.81	0.98	2.53	1.30	4.01	1.46	7.10	1.68	10.18	1.84	36.51	2.33
0.035	0.88	1.06	2.74	1.41	4.33	1.58	7.67	1.82	11.00	1.99	28.64	2.52
0.040	0.94	1.13	2.93	1.50	4.63	1.69	8.20	1.95	11.76	2.13	30.62	2.69
0.045	1.00	1.20	3.10	1.59	4.91	1.79	8.70	2.06	12.47	2.26	32.47	2.86
0.050	1.05	1.27	3.27	1.68	5.17	1.89	9.17	2.17	13.15	2.38	34.23	3.01
0.055	1.10	1.33	3.43	1.76	5.43	1.98	9.61	2.28	13.79	2.50	35.90	3.16
0.060	1.15	1.39	3.58	1.84	5.67	2.07	10.04	2.39	14.40	2.61	37.50	3.30
0.065	1.20	1.44	3.73	1.92	5.90	2.15	10.45	2.48	14.99	2.71	39.03	3.43
0.070	1.24	1.50	3.87	1.99	6.12	2.23	10.85	2.57	15.56	2.82		
0.075	1.29	1.55	4.01	2.06	6.34	2.31	11.23	2.66	16.10	2.91		
0.080	1.33	1.60	4.14	2.13	6.54	2.38	11.60	2.75	16.63	3.01		

注:Q——排水流量(L/s),v——流速(m/s),DN——塑料排水管公称外径(mm)。

表 3.26 高密度聚乙烯排水管水力计算表($n=0.009$)

坡度	h/D=0.5								h/D=0.6			
	DN50		DN75		DN90		DN110		DN125		DN160	
	Q	v	Q	v	Q	v	Q	v	Q	v	Q	v
0.003											7.75	0.72
0.0035									3.23	0.62	10.96	0.78
0.004							2.46	0.61	3.46	0.66	8.95	0.84
0.005							2.75	0.68	3.86	0.74	10.01	0.93
0.006					1.76	0.65	3.01	0.74	4.23	0.81	10.96	1.02

（续表）

| 坡度 | h/D=0.5 | | | | | | | | h/D=0.6 | | | |
| | DN50 | | DN75 | | DN90 | | DN110 | | DN125 | | DN160 | |
	Q	v	Q	v	Q	v	Q	v	Q	v	Q	v
0.007			1.16	0.62	1.90	0.70	3.26	0.80	4.57	0.87	11.84	1.10
0.008			1.24	0.66	2.03	0.75	3.48	0.86	4.89	0.93	12.66	1.18
0.009			1.32	0.70	2.15	0.80	3.69	0.91	5.19	0.99	13.43	1.25
0.010			1.39	0.74	2.27	0.84	3.89	0.96	5.47	1.05	14.15	1.32
0.012	0.46	0.60	1.52	0.81	2.49	0.92	4.26	1.05	5.99	1.14	15.51	1.45
0.015	0.51	0.67	1.70	0.90	2.78	1.03	4.77	1.18	6.69	1.28	17.34	1.62
0.020	0.59	0.78	1.96	1.05	3.21	1.19	5.50	1.36	7.73	1.48	20.02	1.87
0.025	0.66	0.87	2.19	1.17	3.59	1.33	6.15	1.52	8.64	1.65	22.38	2.09
0.026	0.67	0.89	2.24	1.20	3.66	1.35	6.28	1.55	8.81	1.69	22.82	2.13
0.030	0.72	0.95	2.40	1.28	3.96	1.45	6.74	1.66	9.47	1.81	24.52	2.29
0.035	0.78	1.03	2.59	1.39	4.25	1.57	7.28	1.80	10.23	1.96	26.48	2.47
0.040	0.84	1.10	2.77	1.48	4.54	1.68	7.78	1.92	10.93	2.09	28.31	2.64
0.045	0.89	1.17	2.94	1.57	4.81	1.78	8.26	2.04	11.59	2.22	30.03	2.80
0.050	0.93	1.23	3.10	1.66	5.08	1.88	8.70	2.15	12.22	2.34	31.65	2.92
0.055	0.98	1.29	3.25	1.74	5.32	1.97	9.13	2.25	12.83	2.45	33.20	3.10
0.060	1.02	1.35	3.40	1.82	5.56	2.06	9.53	2.35	13.39	2.56	34.67	3.23
0.065	1.07	1.40	3.54	1.89	5.79	2.14	9.92	2.45	13.94	2.66		
0.070	1.11	1.45	3.67	1.96	6.01	2.22	10.30	2.54	14.46	2.77		
0.075	1.14	1.51	3.80	2.03	6.22	2.30	10.66	2.63	14.97	2.86		
0.080	1.18	1.55	3.92	2.10	6.42	2.37	11.01	2.72	15.46	2.96		

注：Q——排水流量(L/s)，v——流速(m/s)，DN——塑料排水管公称外径(mm)。

3.2.4.3 排水管网设计

（1）排水管网设计除可以按照上述方法进行计算外，应掌握以下基本设计经验：

① 园林绿地中雨水管在自流条件下，最小允许流速不得小于0.75m/s；最大允许流速，金属管不大于10m/s，非金属管不大于5m/s。

② 参考最小管径与最小坡度的关系（见表3.27）。园林绿地中由于枯枝落叶等较多，易堵塞管道，所以最小管径应在此基础上适当放大设计。

表 3.27 最小管径与最小坡度关系

管类	位置	最小管径/mm	最小设计坡度/mm
污水管	在绿地内或园路下	200	0.004
雨水管或合流管	在绿地内或园路下	300 或 250	0.003
雨水管连接管		200	0.010

③ 管顶最小覆土深度应根据管材强度、外部荷载、土壤冰冻深度和土壤性质等条件,结合当地埋管经验确定。管顶最小覆土深度宜为:人行道下 0.6m,车行道 0.7m;有冻土层的一定在冻土层以下。

(2) 要根据园林地形,绘出分水线、集水线、排水方向、标高等,并与城市主排水管网(或河流)连接,尽量避免设置雨水泵站。

(3) 要依据各管段的设计流量,按照从上游到下游、从支管(渠)到主管(渠)的顺序确定各管段的管径、坡度等。

(4) 管道接口应根据管道材质和地质条件确定,可采用刚性接口或柔性接口。污水及合流管道宜采用柔性接口。当管道穿过粉砂、细砂层并在最高地下水位以下,或在地震设防烈度为 8 度设防区时,应采用柔性接口。

(5) 管道基础应根据管道材质、接口形式和地质条件确定,可采用混凝土基础、砂石垫层基础或土弧基础。对地基松软或不均匀沉降地段,管道基础应采取加固措施。

(6) 在管网选线确定后,要根据有关规范要求确定雨水口、检查井的位置和形式。

(7) 不同直径的管道在检查井内连接,宜采用管顶平接或水面平接;管道转弯和交接处,其水流转角不应小于 90°;设计排水管道时,应防止在压力流情况下接户管发生倒灌。

3.2.4.4 雨水、污水管道附属构筑物

为了排除雨水、污水,除管渠本身外,还需在管渠系统上设置某些附属构筑物,常见的有雨水井、检查井、跌水井、闸门井、倒虹管、出水口等。

1) 雨水口

雨水口是在雨水管渠或合流管渠上收集雨水的构筑物。一般的雨水口由基础、井身、井口、井算几部分构成的。其底部及基础可用 C15 混凝土做成,尺寸在 1200mm×90mm×100mm 以上。井身、井口可用混凝土浇制,也可以用砖砌筑,砖壁厚 240mm。为了避免过快锈蚀和保持较高的透水率,井算应当用铸铁制作。雨水口的水平截面一般为矩形,长 1m 以上,宽 0.8m 以上;竖向深度一般为 1m 左右。井身内需要设置沉泥槽时,沉泥槽的深度应不小于 12cm。雨水管的管口设在井身的底部。

雨水口设置的间距一般为 30~80m。在低洼和易积水地段,可多设雨水口。

2) 检查井

(1) 检查井的位置应设在管道交汇处、转弯处、管径或坡度改变处、跌水处以及直线管段上每隔一定距离处。

(2) 检查井在直线管段的最大间距应根据疏通方法等具体情况确定,一般按表 3.28 取值。

表 3.28　检查井最大间距

管径或暗渠净高/mm	最大间距/m	
	污水管道	雨水（合流）管道
200～400	40	50
500～700	60	70
800～1 000	80	90
1 100～1 500	100	120
1 600～2 000	120	120

（3）检查井各部尺寸，应符合下列要求：

① 井口、井筒和井室的尺寸应便于养护检修，爬梯和脚窝的尺寸，位置应便于检修和上下安全；

② 检修室高度在管道埋深许可时一般为 1.8m，污水检查井由流槽顶起算，雨水（合流）检查井由管底起算。

（4）位于车行道的检查井，应采用具有足够承载力和稳定性良好的井盖与井座。

3）跌水井

由于地势或其他因素的影响，使得排水管道在某地段的高差超过 1m 时，就需要在该处设置一个具有水力消能作用的检查井，这就是跌水井。根据构造特点来分，跌水井有竖管式和溢流堰式两种形式。

4）出水口

（1）排水管渠出水口位置、形式和出口流速，应根据受纳水体的水质要求、水体的流量、水位变化幅度、水流方向、波浪状况、稀释自净能力、地形变迁和气候特征等因素确定。

（2）出水口应采取防冲刷、消能、加固等措施，可酌情设置标志。

（3）有冻胀影响地区应考虑用耐冻胀材料砌筑，出水口的基础必须设在冰冻线以下。

5）闸槽（门）井

受降雨或潮汐的影响，水体水位增高，可能对排水管形成倒灌；或者为了防止非雨时污水对水体的污染，控制排水管道内水的方向与流量，就要在排水管网中或排水泵站的出口处设置闸门井。闸门井由基础、井室和井口组成。如单纯为了防止倒灌，可在闸门井内设活动拍门。活动拍门通常为铁质，圆形，只能单向开启。当排水管内无水或水位较低时，活动拍门依靠自重关闭；当水位增高后，水流的压力而使拍门开启。如果为了既控制污水排放，又防止倒灌，也可在闸门井内设置能够人为启闭的闸门。闸门的启闭方式可以是手动的，也可以是电动的。

6）倒虹管

排水管道遇到河流、洼地或地下构筑物等障碍物时，不能按照原有的坡度埋设，而是按下凹的折线方式从障碍物下通过，这种管道称为倒虹管。倒虹管由进水井、管道、出水井三部分组成。管道有折管式和直管式。一般在较宽的河道采用沉管法施工，在较短的障碍物下采用顶管法施工。

3.2.4.5 渠道

（1）在地形平坦地区、埋设深度或出水口深度受限的地区，可采用渠道（明渠或盖板渠）排除雨水。盖板渠宜就地取材，构造宜方便维护，渠壁可与道路侧石联合砌筑。

（2）明渠和盖板渠的底宽不小于 0.3m。无铺砌的明渠边坡，应根据不同的地质按表 3.29 规定取值；用砖石或混凝土块铺砌的明渠可采用 1：0.7～1：1 的边坡。

表 3.29　明渠边坡取值

地　　质	边坡值
粉砂	1：3～1：3.5
松散的细砂、中砂和粗砂	1：2～1：2.5
密实的细砂、中砂、粗砂或黏质粉土	1：1.5～1：2
粉质黏土或黏土砾石或卵石	1：1.25～1：1.5
半岩性土	1：0.5～1：1
风化岩石	1：0.25～1：0.5
岩石	1：0.1～1：0.25

（3）渠道接入涵洞时，应符合下列要求：

① 考虑断面收缩、流速变化等因素造成明渠水面壅高的影响；

② 涵洞断面应按渠道水面达到设计超高时的泄水量计算；

③ 涵洞两端应设挡土墙，并护坡和护底；

④ 涵洞宜做成方形。如为圆管时，管底可适当低于渠底，其降低部分不计入过水断面。

⑤ 渠道和管道连接处应设挡土墙等衔接设施。渠道接入管道处应设置格栅。

⑥ 明渠转弯处，其中心线的弯曲半径一般不小于设计水面宽度的 5 倍，盖板渠和铺砌明渠不小于设计水面宽度的 2.5 倍。

3.2.5　园林绿地污水的处理

园林绿地中产生的污水量较少，主要是餐饮部门和公厕排放的污水。这类污水的特点是水质比较稳定、浑浊、深色，具有恶臭，呈微碱性，一般不含有毒物质，但常含富营养物质，且含有大量细菌、病毒和寄生虫卵。该类污水若直接排放必将破坏周围环境和水体。污水处理的方式主要有两种：一种是经过沉淀池处理，直接排入到城市污水管网中；另一种方式就是就地处理，经过污水处理装置和设备，采用物理、化学、生物等综合技术，将污水转变为可利用的再生水、中水回用；污泥经脱水制成泥饼可用于绿化施肥或进行卫生填埋。

3.3　园林绿地电缆线布置

园林绿地电缆线布置主要包括两大类：一是照明、动力电源电力电缆；二是电信、数字程控管理弱电电缆。园林绿地需用的照明、动力电源主要由市政电力电网提供。有条件园林可利用自身优势，有水力资源可开发水力发电，有长日照资源可采用太阳能资源，靠沿海、平原地区有风力资源可采用风力发电。园林绿地数字智能化管理系统中，弱电网络主要有电话、数字有线电视、网络电缆、数字智能化灌溉系统、景观控制系统、音响控制系统等。

3.3.1　园林绿地供电布置原则及布置方式

3.3.1.1　园林绿地供电布置原则

1）名词术语

（1）变电所：指10kV及以下交流电源经电力变压器变压后对用电设备供电的设备及其配套建筑物。

（2）配电所：指安装由开闭和分配电能作用高压配电设备（母线上不含配变）及其配套建筑物（构筑物），俗称开闭所。

（3）环网柜：指以环网供电单元（负荷开关盒和熔断器等）组合成的组合柜，称为环网供电柜，简称环网柜。

（4）电缆分支箱：指用于电缆线路的接入和接出，作为电缆线路的多路分支，起到输入和分配电能作用的电力设备，简称分支箱。

（5）配电变压器：指将10kV及以下电压等级变压成为400V电压等级的配电设备，简称配变。按绝缘材料可分为油浸式配变（简称油变）、干式配变（简称干变）。

（6）箱式变电站：指把配变、高压设备、低压设备装在一个箱体内的组合配电设备，简称箱变。含环网供电单元的组合式箱变。

（7）配置系数：指配置变压器的容量（kVA）或低压配电干线馈送容量（kVA）与居住区电负荷（kW）之比值。

（8）电能计量装置：电能计量装置指包含各种类型计量表计（电能表）、计量用电压、电流互感器及其二次回路、电能计量柜（箱）等。

（9）光伏设备系统：指由阳光电池阵列、集电器、逆变器、蓄电池及防雷器等设备组成的系统，它可以将太阳光能转换为电能供给用户。

2）园林绿地供电布置原则

（1）园林绿地内供配电设施应事先规范化、标准化，以简化设计施工，缩短建设周期，方便运行维护，降低成本。

（2）园林绿地区域内应根据城市规划要求，从美化环境、提高供电可靠性出发，建设以电缆线为主的配电网。

（3）园林绿地配电设施的建设要求以地方供电设施建设标准执行外，还应符合国家行业相关标准规范。

3.3.1.2　园林绿地供电布置方式

1）配变电所

（1）园林占地面积在5万 m^2 以上或设计用电200kW以上就应考虑布置独立供电系统。

交流电压为 10kV 及以下布置配变电所。地震基本烈度为 7 度及以上的地区,配变电所的设计和电气设备安装应采取必要的抗震措施。

(2) 配变电所位置的选择,应根据下列要求综合确定:接近负荷中心;进出线方便;接近电源一侧;设备吊装,运输方便;不应设在有剧烈震动的场所;不应设在厕所、水体、桥、林地或其他经常积水场所的正下方或邻近的地方;不宜设在有多尘、水雾(如大型冷却塔)或由腐蚀性气体的场所。

2) 配电变压器选择

(1) 变电所符合下列条件之一时,宜装设两台及以上变压器;有大量一级负荷及虽为二级负荷但从保安角度需设置时(如消防等);季节性负荷变化较大时,夏季的水景设备、喷灌等使用,而冬季不使用;集中负荷较大时,夜晚亮化需要用电量较大的情况下。

(2) 在下列情况下可设专用变压器:

① 当动力和照明采用共用变压器,严重影响照明质量及灯泡寿命时;可设照明专用变压器。

② 当季节性的符合容量较大时(如大型展馆中的空调冷冻机等),可设专用变压器。

③ 接线为 Y、Yuo 的变压器,当单相不平衡负荷引起的中性线电流超过变压器低压线组额定电流的 25% 时,宜设单相变压器。

(3) 低压为 0.4kV 变电所中单台变压器的容量不宜大于 1 000kV·A。当用电设备容量较大,负荷集中且运行合理时,可选用较大容量的变压器。园林绿地变电所的单台变压器容量不宜大于 630kV·A。

3) 室外线路

(1) 室外线路配电线路的导线选择、路径及对弱电线路的干扰、架空线路宜按 5~10 年发展规划确定;电缆线路则按 15~20 年发展规划确定。设计架空线路时,必须掌握线路通过地区的地形、地貌、地质、交通运输、通信设施以及气象条件等资料。

(2) 设计电缆线路时,应符合下列要求:选择最短距离的路径,并考虑已有和拟建的建筑物的位置;减少穿越各种管路、铁路、公路城市道路、堆场和弱电电缆线路的次数;避免电缆遭受损坏及腐蚀,并便于维修。

(3) 电缆的敷设方式应根据电缆敷设处的环境条件、电缆数量、施工条件及所选用的电缆形式决定。3~10kV 的配电线路称为高压配电线路(简称高压线路);1kV 以下的配电线路称为低压配电线路(简称低压线路)。

(4) 架空线路。

① 架空线路的路径和杆位应符合以下要求:综合考虑运行、施工、交通条件和路径长度等因素;沿道路平行架设,并避免通过铁路起重机或汽车起重机频繁活动的地区和各种露天堆放场;减少与其他设施的交叉和跨越建筑物;与有爆炸物和可燃液(气)体的生产厂房、仓库、储罐等接近时,应符合有关规定;应与城镇规划及配电网络改造相协调。

② 架空线路设计的气象条件,应根据当地气象资料和已有的线路的运行经验确定,采用 10 年一遇的数值。如当地气象资料与表 3.30 典型气象区接近时,采用典型气象区所列数值。

表 3.30   典型气象区

气象区		I	II	III	IV	V	VI	VII
大气温度/℃	最高	+40						
	最低	−5	−10	−5	−20	−20	−40	−20
	导线覆冰	−	−5					
	最大风	+10	+10	−5	−5	−5	−5	−5
风速/（m/s）	最大风	30	25	25	25	25	25	25
	导线覆冰	10						
覆冰厚度/mm			5	5	5	10	10	15
冰的比重		0.9						

③ 架空线路的最大设计风速，对高压线路应采用离地面 10m 高处，10 年一遇 10min 平均最大值。如无可靠资料，在空旷平坦地区不应小于 25m/s；在山区宜采用附近平地风速的 1.1 倍，且不应小于 25m/s。

④ 电杆、导线的风荷载应按下式计算：

$$W = 9.807C \cdot F \frac{v^2}{16}$$

式中：W——电杆或导线风荷载（N）；

C——风载体型系数，采用下列数值：环行截面钢筋混凝土杆，0.6；矩形截面钢筋混凝土杆，1.4；导线直径＜17mm，1.2；导线直径≥17mm，1.1；导线覆冰，不论直径大小，1.2；

F——电杆杆身侧面的头投影面积，或导线直径与水平档距的乘积（m²）；

V——设计风速（m/s）。

各种电杆均应按风向与线路方向垂直的情况计算（转角杆按转角等分线方向）。

⑤ 设计覆冰厚度应根据当地城镇已有配电线路，架空通信线路的运行经验确定。如无资料，除第 I 气象外，宜参考表 3.30。

⑥ 高、低压线路的档距可参考表 3.31。耐张段的长度又不宜大于 2km。

表 3.31   架空线路档距/m

地区	线路电压	
	高压	低压
域区	40～50	30～45
居住区	35～50	30～40
园林	50～100	40～60

⑦ 配电线路的钢筋混凝土杆宜采用定型产品，电杆的构造符合国家标准性；各型电杆应按荷载条件进行计算最大风速、无冰、未断线，覆冰、相应风速、未断线或最低气温、无冰、无风、未断线；电杆的埋没深度应根据地质条件进行倾覆稳定计算确定，例如，单回路的配电线路，电杆埋深不应小于表 3.32 中的数值。

表 3.32 电杆埋没深度

杆高/m	8	9	10	11	12	13	14
埋深	1.50	1.60	1.70	1.80	1.90	2.00	2.30

⑧ 接户线(由高、低压线路至建筑物第一个支持点之间的一段架空线)在受电端的对地距离,不应小于下列数值:高压接户线 4.00m;低压接户线 2.50m。由接户线至室内第一个配电设备的一段低压线路,称为进户线,此段线路不宜过长。

⑨ 跨越街道的低压接户线,至路面中心的垂直距离不应小于下列数值:通车街道 6.00m;通车困难的街道、人行道 5.00m,胡同(里)、弄、巷 3.00m。

⑩ 导线与山坡、峭壁、岩石之间的净距,在最大计算风偏情况下,应不小于表 3.33 中的数值。

表 3.33 导线与山坡、峭壁、岩石最小净距/m

线路通过地区	线路电压	
	高压	低压
步行可达到的山坡	4.50	3.00
步行不能达到的山坡、峭壁、岩石	1.50	1.00

(5)电缆线路。

① 电缆选择:一般环境场合宜采用铝芯电缆;在振动剧烈和特殊要求的场所,应采用铜芯电缆。地埋敷设的电缆,宜采用有外保护层的铠装电缆,在无机械损伤可能的场所,也可以采用塑料护套电缆或带外护层的铝包电缆。三相四线制线路中使用的电力电缆,应选用四芯电缆。电缆截面的选择一般按电缆长期允许载流量和允许电压损失确定,并考虑环境温度的变化、多根电缆的并列以及土壤热阻率等影响,分别根据敷设的条件进行校正。

② 埋地敷设:当沿同一路径敷设的室外电缆根数为 8 根以下时,可采用直接地埋敷设。直接埋设的深度不应小于 0.7m(在寒冷地区,电缆应埋设于冻土层以下)。

3.3.2 园林绿地供电量

3.3.2.1 园林绿地用电量及功率估算

1)负荷性质的确定

园林绿地区内的建筑物及配套设施根据负荷性质不同,可分一、二、三级负荷。园林绿地区内一级负荷有:水上的游乐设施中的泵房、应急照明用电等;动物园中的电器设施、泵房、电梯、消防设施、应急照明等;园林应急水池中的给排水泵房、应急照明;Ⅰ类汽车库中的机械停车设备以及采用升降梯作车辆疏散出口的升降梯;建筑面积大于 5 000m² 人防工程。园林绿地内二级负荷有:各种展馆建筑的电梯、泵房、消防设施、应急照明用电等;各种露天游乐设施、电梯、应急照明用电等;Ⅱ、Ⅲ类汽车库;建筑面积小于或等于 5 000m² 的人防工程;污水处理建筑设施、泵房、应急照明用电等;区域性的增压泵房、智能化系统网络中心等。园林区域用电负荷属于三级负荷。

2）园林绿地用电量估算

园林绿地总用电量根据照明用电量和动力用电量（景观水景设备用电、生产设备用电）来估算确定，即 $S_{总用电量} = S_{照明} + S_{动力}$ 。

$$S_{照明} = k\frac{\sum P_1 A K_c}{1\,000\cos\varphi}$$

$$S_{动力} = K_c\frac{\sum P_2}{\eta\cos\varphi}$$

式中，$S_{总用电量}$——园林绿地总用电量（kVA）；

$S_{照明}$——园林绿地照明总用电量（kVA）；

$S_{动力}$——园林绿地动力设备总用电量（kVA）；

k——同时使用系数（一般取 0.5～0.8）；

K_c——负荷需要系数（动力电取 0.7，照明电可参考表 3.34）；

P_1——每平方面积用电量（可参考表 3.35，W/m²）；

P_2——动力设备额定功率（例如，园林水景常见喷头用电功率计算表见表 3.36，kVA）；

A——建筑物及场地使用面积（m²）；

$\cos\varphi$——平均功率因数（照明电取 1，动力电取 0.75）；

η——电动机的平均效率（取 0.86）。

表 3.34　园林建筑照明负荷需要系数表

建筑物名称	需要系数	建筑物名称	需要系数
展览馆	0.5～0.7	露天游乐园	0.5～0.7
综合商业	0.75～0.85	室内运动场	0.7～0.8
餐厅	0.8～0.9	植物园	0.35～0.45
旅游宾馆	0.35～0.45	动物园	0.35～0.45
文化馆	0.7～0.8	锅炉房	0.9～1

表 3.35　园林绿地建筑照明亮化功率密度值（LPD）

照明场所	采用灯型	对应的照度值（lx）	照明功率密度值（LPD）（W/m²）
行车道	高压钠灯	300～500	7～10
景观大道	高压钠灯	300～500	7～9
步行道	节能灯	100～200	5～10
儿童游乐园	白炽灯/荧光灯	1 000～2 000	20～50
游泳场	金卤灯/荧光灯	500～1 500	15～30
阅读场地	金卤灯/节能灯	500～1 000	10～20
休闲场地	高压钠灯/日光灯	100～200	2～5

（续表）

照明场所	采用灯型	对应的照度值 （lx）	照明功率密度值 （LPD）（W/m²）
台、亭、廊、桥、 榭、厕所、补妆室	节能灯/白炽灯 白炽灯/荧光灯	50～100 100～200	2～5 5～10
园林建筑亮化 雕塑品、标志亮化	金卤灯/LED 金卤灯/白炽灯	100～200 50～100 30～50	5～7 10～30
景观乔木 模纹色块 草坪	金卤灯/LED 金卤灯/节能灯 节能灯	300～500 50～100 500～1 000 100～300	5～10 3～5 2～4
公园进出口广场 停车场 旅游商业广场 影戏场地	高压泵灯 高压钠灯 金卤灯/荧光灯 高压汞灯/白炽灯		6～10 1～2 10～15 3～10

表 3.36 园林水景常见喷头用电功率计算表

统一代号	喷高/m	喷洒直径/m	功率/kW
GP 鼓泡喷头（涌泉）			
PJY50	0.95～1.40	0.40～0.70	1.5
PJY40	0.60～0.90	0.50～0.75	1.5
PJY25	0.40～0.70	0.60～0.80	1.5
BQ 半球形喷头			
PMB 50	0.33	1.20	2.2
PMB 40	0.30	0.90	1.4
PMB 25	0.27	0.60	1.1
PMB 20	0.24	0.45	0.6
PZW 可调方向直射喷头			
PZW70	7.0～12.0	—	7.5
PZW50	5.0～9.5		4.2
PZW40	4.6～9.0		3.8
PZW25	4.0～8.0		1.4
PZW20	3.4～5.0		1.1
PZW15	2.6～3.9		0.25

（续表）

统一代号	喷高/m	喷洒直径/m	功率/kW
JQ 加气压柱喷头			
PJU50	5.40	1.25	4.0
PJU50	2.45	0.75	2.2
PJU25	1.80～4.20	0.5	1.0
HZ 花柱喷头			
PSC50	2.2～3.0	2.10～2.60	8.8
PSC40	1.80～2.50	1.50～1.80	5.2
PSC25	1.80～2.50	1.80～2.20	3.8

注:水帘、叠水、溪流用电功率计算基本数据水面宽 1.0kW/m;水动距离 0.05kW/10m;落差高程 0.05kW/m;流量值 $Q=10m^3/h \cdot m$。

3.3.2.2　选配变压器

估算园林绿地总用电量后,可据此向供电部门申请安装相应电容的配电变压器。选配变压器主要考虑变压器的变压范围和容量,即能把多高的电压降到要求的低电压和能供给负荷的电量是多少。

变压器的容量是用视在功率 S(VA)来表示的。在计算所选变压器的容量时,要将负荷的有用功率换算为视在功率,换算公式为:

$$S_{视在} = \frac{P}{\cos\varphi}$$

式中:$S_{视在}$——变压器容量(VA);

　　　P——负荷所采用的有功功率(W);

　　　$\cos\varphi$——负荷的功率因子。

选择变压器还要注意其合理的供电半径,一般低压侧为 6kV 和 10kV 的变压器,其合理的供电半径为 5～10km;低压侧为 380V 的变压器,供电半径小于 350m。

3.4　园林绿地管线综合布置

3.4.1　园林绿地管线综合布置的原则

1）园林工程管线的平面位置和竖向位置应采用城市统一的坐标系统和高程系统

园林管网设计应统一在市政管网规划下,以城镇网管设计图为准。园林绿地管线主要是给水排水、电力管线、电信管线、热力管线和燃气管线等,在地下敷设时,为了使环境美观和保护生态环境,应合理利用地下空间,同时也要保证园林设施及人身安全。园林工程管线规划要与城市管网规划相结合,采用城市统一的坐标系统和高程系统,避免工程管线在平面位置和竖向高程上系统之间的混乱和互不衔接。

特殊情况下,应单独考虑布置方案,如山区等特殊的地势条件,使得工程管线规划比较复杂,一是重力流管线不能按道路走向敷设,而多为沿等高等线敷设;二是园林建筑区块的相对分散和不规则,造成工程管线系统相对分散和独立。

2)园林绿地工程管线综合规划要符合下列规定

(1)应结合城市道路网规划,在不妨碍工程管线正常运行、检修和合理占用土地的情况下,使线路短捷。

(2)应充分利用现状工程管线。当现状工程管线不能满足需要时,通过经济、技术综合比较后,可废弃或替换。

(3)尽量避免在土质松软地区、地震断裂带、沉陷区、滑坡危险地带、地下水位高的地带敷设。确实无法避开的工程管线,施工时要采取特殊保护措施及事故发生时的应急措施。

(4)工程管线的布置应与城市现状及规划的地下铁道、地下通道、人防工程等地下隐蔽性工程协调配合。

3)编制园林工程管线综合规划设计时,应减少管线在道路岔口处交叉

当工程管线竖向位置发生矛盾时,宜按下列规定处理:压力管线让重力自流管线;可弯曲管线让不易弯曲管线;分支管线让主干管线;小管径管线让大管径管线。

3.4.2 园林绿地管线综合布置的规范

3.4.2.1 管线的覆土深度

严寒或寒冷地区给水、排水、电力、燃气等工程管线应根据土壤冰冻深度确定管线覆土深度;给水、排水、电力、燃气等工程管线(严寒或寒冬地区以外地区的工程管线)应根据土壤性质和地面承受荷载的大小确定管线的覆土深度。

工程管线的最小覆土深度应符合表 3.37 的规定。

表 3.37 工程管线的最小覆土深度/m

管线名称		电力管线		电力管线		热力管线		燃气管线	给水管线	雨水排水管线	污水排水管线
		直埋	管沟	直埋	管沟	直埋	管沟				
最小覆土深度	人行道下	0.50	0.40	0.70	0.40	0.50	0.20	0.60	0.60	0.60	0.60
	车行道下	0.70	0.50	0.80	0.70	0.7	0.20	0.80	0.70	0.70	0.70

注:10kV 以上直埋电力电缆的覆土深度不应小于 1.0m。

3.4.2.2 布置地点

电信、电力电缆、给水、燃气、雨污水排水等工程管线可布置在非机动车道或机动车道

下面：

（1）工程管线在道路下面的敷设位置相对固定。从道路红线向道路中心线方向平行布置的次序，应根据工程管线的性质、埋设深度等确定。分支线少、埋设深、检修周期短和可燃、易燃和损坏时对建筑物基础安全有影响的工程管线应远离建筑物。布置次序为：电力电缆、电信电缆、燃气、给水、热力干线、燃气、给水、雨水排水和污水排水。

（2）工程管线在庭院内建筑线向外方向布置的次序，应根据工程管线的性质和埋设深度确定，为：电力、电信、污水排水、燃气、给水和热力。

（3）沿园林道路规划的工程管线应与道路中心线平行，其主干线应靠近分支管线多的一侧；工程管线不宜从道路一侧转到另一侧；道路红线宽度超过30m的城市干道宜两侧布置给水管线（园林绿地应设城镇饮水给水和再生水中水管线）。

（4）各种工程管线不应在垂直方向上重叠直埋敷设。

（5）沿铁路、公路敷设的工程管线应与铁路、公路线路平行。当工程管线与铁路、公路交叉时宜采用垂直交叉方式布置；受条件限制，可倾斜交叉布置，其最小交叉角宜大于30°。

（6）河底敷设的工程管线应选择在稳定河段，埋设深度应按不妨碍河道的整治和管线安全的原则确定。当在河道下面敷设工程管线是应符合下列规定：在一至五级航线下面敷设，应在航道底设计高程2m以下；在其他河道下面敷设，应在河底设计高程1m以下；当在灌溉渠道下面敷设，应在渠底设计高程0.5m以下。

3.4.2.3　管线与建筑物、构筑物的最小水平间距

在考虑不影响建筑物安全和防止管线受腐蚀、沉陷、震动及重压的情况下，各种管线与建筑物和构筑物之间的最小水平间距，应符合表3.38规定。

表3.38　各种管线与建筑物、构筑物之间最小的水平间距/m

管线名称	建筑物基础	地上杆柱（中心）			铁路（中心）	城市道路侧石边缘	公路边缘
		通信，照明及<10kV	≤35kV	>35kV			
给水管	3.00	0.50	3.00		5.00	1.50	1.00
排水管	2.50	0.50	1.50		5.00	1.50	1.00
燃气管	2.00	1.00	1.00	5.00	3.75	1.50	1.00
热力管	2.50	1.00	2.00	3.00	3.75	1.50	1.00
电力电缆	0.6	0.60	0.60	0.60	3.75	1.50	1.00
电信电缆	0.6	0.50	0.60	0.60	3.75	1.50	1.00
电信管道	1.5	1.00	1.00	1.00	3.75	1.50	1.00

3.4.2.4　管线之间的水平与垂直净距

应根据各类管线的不同特性和设置要求综合布置，各类管线相互间的水平与垂直净距，应符合表3.39和表3.40的规定。

表 3.39 各种地下管道之间最小水平净距/m

管线名称	给水管	排水管	燃气管	热力管	电力电缆	电信电缆	电信管道
排水管	1.5	1.5	——	——	——	——	——
燃气管	1.0	1.5	——	——	——	——	——
热力管	1.5	1.5	1.5	——	——	——	——
电力电缆	0.5	0.5	1.0	2.0	——	——	——
电信电缆	1.0	1.0	1.0	1.0	0.5	——	——
电信管道	1.0	1.0	1.0	1.0	1.2	0.2	——

表 3.40 各种地下管线之间最小垂直净距/m

管线名称	给水管	排水管	燃气管	热力管	电力电缆	电信电缆	电信管道
给水管	0.15	——	——	——	——	——	——
排水管	0.40	0.15	——	——	——	——	——
燃气管	0.15	0.15	0.15	——	——	——	——
热力管	0.15	0.15	0.15	0.15	——	——	——
电力电缆	0.15	0.50	0.50	0.50	0.50	——	——
电信电缆	0.20	0.50	0.50	0.15	0.50	0.25	0.25
电信管道	0.10.	0.15	0.15	0.15	0.50	0.25	0.25
明沟沟底	0.50	0.50	0.50	0.50	0.50	0.50	0.50
涵洞基底	0.15	0.15	0.15	0.15	0.50	0.20	0.25
铁路轨底	1.00	1.20	1.20	1.20	1.00	1.00	1.00

3.4.2.5 管线与绿化树种间最小水平净距

地下管线不宜横穿公共绿地和庭院绿地。与园林绿化树种间的最小水平净距,应符合表 3.41 的规定。

表 3.41 管线及其他设施与绿化树种间的最小水平净距/m

管线名称	最小水平净距	
	至乔木中心	至灌木中心
给水管、闸井	1.5	1.5
污水管、雨水管、探井	1.5	1.5
燃气管、探井	1.2	1.2
电力电缆、电信电缆	1.0	1.0

（续表）

管线名称	最小水平净距	
	至乔木中心	至灌木中心
电信管道	1.5	1.0
热力管	1.5	1.5
地上杆柱(中心)	2.0	2.0
消防龙头	1.5	1.2
道路侧石边缘	0.5	0.5

3.4.3　园林绿地管线综合设计

3.4.3.1　管线综合设计是园林绿地设计必不可少的组成部分

管线综合的目的应在符合各种管线设计与施工的技术规范前提下，统筹安排好各自的合理空间，解决管线之间或与建筑物、道路和绿化之间的矛盾，使之各得其所，并为各管线的施工及管理提供良好条件。

园林绿地的管线布局，凡属压力管线均与城市干线网有密切关系，如城市给水管，电力管线，燃气管，暖气管等，管线要与城市干管相衔接；凡重力自流的管线与地区排水方向及城市雨污干管相关；雨水可排放到自然水或河溪里，有条件园林绿地雨水，应采用 MBR（膜生物反应器）污水处理技术进行处理，经过超滤膜深度处理出的再生水，可在园林水景和喷灌作为水源水。

3.4.3.2　管线综合设计考虑管线综合的各种因素

在进行管线综合设计时，应与城市市政管网条件及本区的竖向规划设计互相配合，多加校验，这样才能使管线综合方案切合实际。管线的合理间距是根据施工、检修、防压、避免相互干扰以及管道表井、检查井大小等因素而决定的。管线的水平净距和垂直净距可参见各专业规范。管线深埋和交叉时的相互垂直净距一般要考虑下列因素：保证管线受到荷载而不受损伤；保证管体不冻坏或管内液体不冻凝；便于与城市干线连接；符合有关的技术规范的坡度要求；符合竖向规划要求；避让需保留的地下管线及人防通道；符合管线交叉时垂直净距的技术要求。

3.4.3.3　园林绿地管线的埋设考虑的因素

（1）电力电缆与电信管缆宜远离，减小电力磁场对电信的干扰。一般将电力电缆布置在道路的东侧或南侧，电信管缆在道路的西侧或北侧，这样既可简化管线综合方案，又能减少管线交叉的相互冲突。

（2）地下管线一般应避免横贯或斜穿公共绿地，以避免限制植物的种植和建筑小品的布置，或管线对植物的伤害、植物对管线的破坏，如暖气管会烤死树木，而树根的生长又往往会使有些管线的管壁破裂。如需管线必须穿越时，要注意尽量从绿地边缘通过，不要破坏绿地的完整性。

3.4.3.4　常见管线综合的最小布置方式

园林绿地内车行道的最小宽度为 6m，如两侧各安排一条宽度为 1.5m 的人行道，总宽度为 9m，在无供热管线的园区内，即可满足综合管线的埋设。六种基本管线的最小水平间距（见图 3.16）。在需敷设供热管线的园林内，由于要埋设暖气沟，道路、建筑物的最小宽度约为 14m。

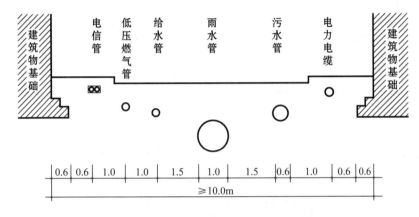

图 3.16　无供热管线的园林绿地内地下管线的布置

3.4.3.5　管线与电气设备的间距

综合布线电缆与可能产生电磁干扰的电动机、电力变压器等电气设备应保持必要的间距，间距应符合表 3.42 的要求。墙上敷设的综合布线电缆、光缆及与其他管线的间距应符合表 3.43 的规定。

表 3.42　综合布线电缆与电力电缆的间距

其他干扰源	与综合布线接近状况	最小净距/mm
380V 以下电力电缆小于 2kV·A	与缆线平行敷设	130
	有一方在接地的金属线槽或钢管中	170
	双方都在接地的金属线槽或钢管中	10
380V 电力电缆小于 2~5kV·A	与缆线平行敷设	300
	有一方在接地的金属线槽或钢管中	150
	双方都在接地的金属线槽或钢管中	80
380V 电力电缆大于 5kV·A	与缆线平行敷设	600
	有一方在接地的金属线槽或钢管中	300
	双方都在接地的金属线槽或钢管中	150

表 3.43　墙壁上敷设综合布线电缆,光缆及管线与其他管线的间距

管线的间距	最小平行净距/mm	最小交叉净距/mm
其他管线	电缆、光缆及管线	电缆、光缆及管线
避雷引下线	1 000	300
保护地线	50	20
给水管	150	20
压缩空气管	150	20
热力管(不包封)	500	500
热力管(包封)	300	300
煤气管	300	20

3.4.3.6　综合管沟规划设计

园林绿地在综合管网较多和复杂地段可采用多类管线综合管沟设计,将不同功能管线同沟敷设,根据各管线的特征采取相应的技术措施,克服其间相扰矛盾,以符合现行国家技术安全标准,保障管线正常运行,并取得较好的经济效益和社会效益。

地沟管道设计有通行地沟管道、不通行地沟管道两种类型。

(1) 不通行地沟管道敷设有在基础墩上和在支架上两种形式。前者是在底板及基础施工后立即安装管道,待吊装、连接、试验、涂漆防腐处理后在砌筑沟槽和封盖;后者是在沟壁支架施工后,在封盖前进行管道安装,安装前应检查支架是否牢固、方形补偿器的位置是否正确、固定支架有无加强措施等,管道试压合格和吹扫、涂漆、防腐、绝热处理完毕后进行封盖。

(2) 通行地沟管道净空高度不应小于 1.8m,人行道宽度不小于 0.6m,沟内设有照明、通风、排水等设施。通行地沟管道均为钢管,可敷设在地沟一侧或两侧,也可单层或多层敷设。通行地沟应每隔 100～150m 设有吊装口,以便吊入管材、阀件、施工材料、机具和设备等。安装时将钢管沿沟底放在方木垫上,摆正找平后组装,焊接成管段,用人工或链式起重机将其安装至支架上。吊装前要检查支架是否平直牢固、坡度是否正确。安装的顺序为先底层后高层。固定焊口应尽量设在吊装口处。管道连接合格后,可按施工规范要求进行试压、清洗、吹扫、涂漆和绝缘施工。

(3) 地沟管道基础。管道基础施工钢管和铸铁管的敷设不需要专用基础;在沙土和黏土地基上敷设管道也可不设基础。在软土地基上敷设管道或敷设非金属管道时,需要设置基础,如碎石粗砂基础、砂质基础、素混凝土带形基础和钢筋混凝土带形基础等。

根据《城市工程管线综合规划规范》的规定,当遇到下列情况之一时,工程管线宜采用综合管沟集中敷设:交通运输繁忙或工程管线设施较多的机动车道、城市主干道以及配合新建地下铁道、立体交叉等工程地段;不易开挖道路的路段;广场或主要道路的交叉处;需同时敷设两种以上工程管线及多回路电缆的道路;道路与铁路或河流的交叉处;道路宽度难以满足直埋敷设多种管线的路段。

3.4.3.7　综合管沟各类管线布设要求

综合管沟内相互无干扰的工程管线,可设置在管沟的同一个小室;相互有干扰的工程管线

应分别在管沟的不同小室(见图 3.17)。

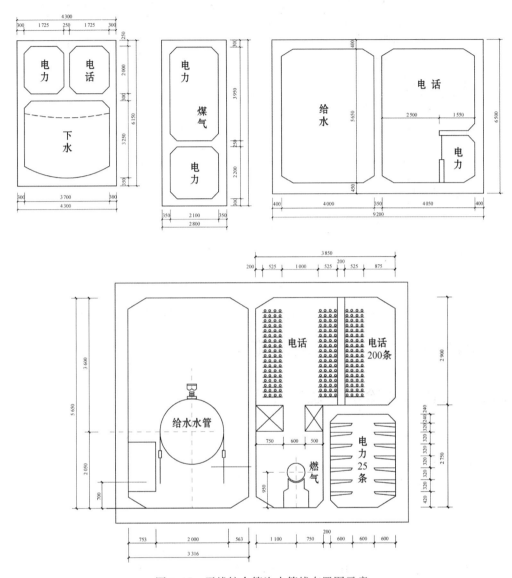

图 3.17　干线综合管沟内管线布置图示意

　　为了确保综合管沟内各工程管线的正常进行和综合管沟的安全,相互有干扰的工程管线通常分开设置在不同的小室内。如电信电缆与高压电力电缆分开设置,燃气管线与高压电力电缆分开设置,以免燃气管线万一泄露,引起灾害。给水管线与排水管线可在综合管沟一侧布置,排水管线应布置在综合管沟的底部(见图 3.18)。

　　电信电缆管线与高压输电电缆管线必须分开设置。敷设工程管线干线的综合管沟应设置在机动车道下面,其覆土深度应根据道路施工、行车荷载和综合管沟的结构强度以及当地的冰冻深度等因素综合确定。敷设工程管线支线的综合管沟应设置在人行道或非机动车道下,其埋设深度应根据综合管沟的结构强度以及当地的冰冻深度等因素综合确定。

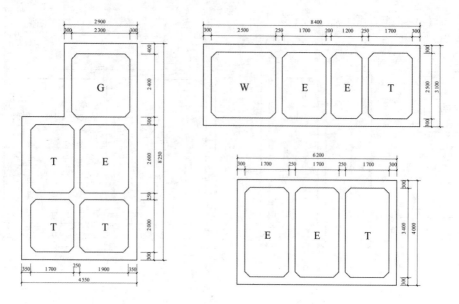

图 3.18　相互干扰共沟敷设的管线布置示意图

G—燃气；T—电话；W—上水；E—电力

3.5　园林绿地给排水管道的施工

3.5.1　园林绿地给水管道的施工

园林绿地给水管道的施工包括以下顺序：放线挖槽、管道基础、下管安装、管道连接、水压试验、管道清洗、回填沟槽土。

3.5.1.1　放线挖槽

1）放线

放线要按照图纸的要求打桩放线，用龙门板确定沟槽的中心线和沟边线，在龙门板上标出开挖的深度；在管道改变方向的地方设置坐标桩，在管道变坡点设置水平桩。

2）挖槽

放线效验后，可以开沟挖槽。沟底的宽度，可按管径大小分别为：$\phi<100mm$，参考开挖尺寸为 0.8m；$100mm<\phi<400mm$，参考开挖尺寸为 1.00m；$400mm<\phi<600mm$，参考开挖尺寸为 1.6m。为避免开挖过程中的塌方，应保证一定的边坡要求。为保证顺利下管，挖出的土方应放置在沟槽一边，且离沟边最少要求有 0.8m 的距离，堆土的高度不得超过 1.5m。

3.5.1.2　管道基础

沟槽开挖完成后，应根据沟底土壤的状态，确定管道的基础。当土壤耐压较高和地下水位较低时，可直接埋在管沟内的原土层上；在岩石或半岩石的地基处，须在管沟底部铺垫厚度为 100mm 以上的粗砂，再在上面铺设管道；在土壤松软的地基处，应做 C15 混凝土基础；当沟槽底部有流砂或位于沼泽地带时,管道的混凝土基础下还应设桩架。

3.5.1.3 下管安装

在下管安装前,应检查管材有无缺陷和损坏,并进行清理等工作。将检查好的管子沿管沟依次排开,承口迎着水流的方向,插口顺着水流方向,管子的配件也要放置到位。管底标高和基础检查合格后,先将管件和阀门安放到位,再用人工或机械的方法吊装下管。下管安装操作(见图 3.19、图 3.20)。

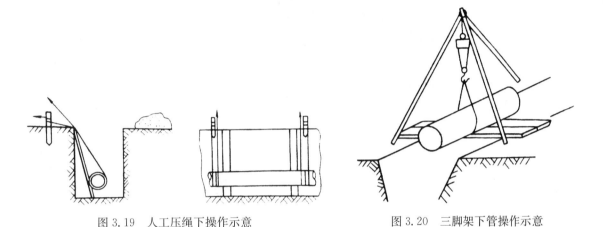

图 3.19 人工压绳下操作示意　　　　图 3.20 三脚架下管操作示意

3.5.1.4 管道连接

管径小于 75mm 的给水管道采用螺纹连接;管径大于 75mm,根据管材不同,可采用承插连接、法兰连接、焊接等连接方法。管子对管子连接时,可利用撬杠等工具将插口推入承口中,并保持管子成直线。为保证稳定,应及时在除接口外的管子中部进行覆土。

3.5.1.5 水压试验

管道安装完毕,应对管道系统进行水压试验。一般以 500~1000m 为一段。试压按规范要求执行,检查管道系统的耐压强度和严密性。水压试验如图 3.21 所示。

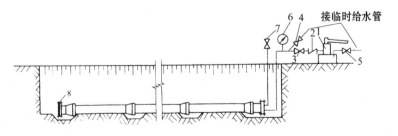

图 3.21 给水管道水压试验设备示意
1—试压泵　2—止回阀　3—阀门　4、5—进水阀　6—压力表　7—放气阀
8—堵板

3.5.1.6　管道清洗

管道清洗、消毒也是给水管道施工的一项重要工作。先用高压水流对内管进行冲洗，排水后，再对管道进行消毒。可用溶解的漂白粉放入管内，浸泡24h后，再放水冲洗，直至合格。

3.5.1.7　回填沟槽土

管道试压完毕后应及时回填沟槽土。应从管道两侧填土并分层夯实，注意不要破坏管壁的防腐层。回填土不得有直径大于100mm的块石。

3.5.2　园林绿地排水管道的施工

园林绿地排水管道的施工安装包括以下顺序：放线挖槽、管道基础、下管安装、管道连接、闭水试验、管道清洗、回填沟槽土。其顺序、要求与给水管道施工一致。需要注意有几点不同：第一，由于排水管道埋设较深，开挖时容易积水，应采用排入集水井的方法，及时将污水排除；第二，由于排水是重力排水，管底坡度不得产生倒流；第三，污水管道的闭水试验，不能有渗漏。

3.5.3　园林绿地地下排水系统（盲沟）的施工

园林绿地地下排水（盲沟）分为有管盲沟和无管盲沟，其施工要点分别为：

3.5.3.1　有管盲沟

有管盲沟排水管放置在石子滤水层中央，石子滤水层周边用土工布包裹，基底标高相差较大时，上下层盲沟用跌落井连接。有管盲沟的施工要点如表3.44所示。

表3.44　有管盲沟施工要点

项目	施工要点
沟槽开挖	在基底上按盲沟位置、尺寸放线，然后用人工或机械进行回填或开挖。盲沟底应回填灰土，盲沟壁两侧回填素土至沟顶标高。沟底回填灰土应找好坡
放线回填	按盲沟宽度用人工或机械对回填土进行刷坡整治，按盲沟尺寸成形。沿盲沟壁底人工铺设分隔层（土工布）。分隔层在两侧沟壁上口留置长度，应根据盲沟宽度尺寸并考虑相互搭接，不少于10cm。分隔层的预留部分应临时固定在沟上口两侧，并注意保护，不应损坏
施工隔离层	在铺好分隔层的盲沟内人工铺17～20cm厚的石子。铺设时必须按照排水管的坡度进行找坡。此工序按坡度要求做好，严防倒流；必要时应以仪器实测每段管底标高
铺设排水管	铺设排水管，接头处先用砖头垫起，再用0.2mm薄钢板包裹以钢丝绑平，并用沥青胶和土工布涂裹两层，撤去砖，安好管子，拐弯用弯头连接。跌落井应先用红砖或沥青浇砌井壁，再安装管井。管选用内径为Φ100mm的硬质PVC管，壁厚6mm，沿管周六等分，间隔150mm，钻12mm孔眼，隔行交错制成透水管。

（续表）

项目	施 工 要 点
滤水层	排水管安装好后,经测量管道标高符合设计要求,即可继续铺设石子滤水层至盲沟沟顶。石子铺设应使厚度、密实度均匀一致。施工时不得损坏排水管
分隔层	石子铺至沟顶即可覆盖土工布,将预留置的土工布沿石子表明覆盖搭接。搭接宽度不应小于10cm,并顺水方向搭接
回填土	最后进行回填土,注意不要损坏土工布

现在,市场上还有一种新型的软式透水管,采用特多龙纱及钢线外覆PVC,结构如图3.22所示。由于软式透水管通过整体周身来全方位过滤,能快速有效地排除地下水,因而具有渗透率、排水量大、使用方便、工效高等优点,并逐渐取代传统的聚氯乙烯打孔管排渗水。

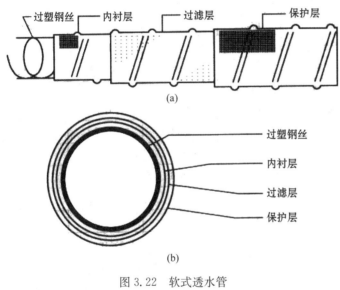

图 3.22　软式透水管
（a）结构示意图　（b）截面图

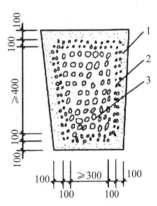

图 3.23　无管盲沟构造剖面示意图
1—粗砂滤水层　2—小石子滤水层　3—石子透水层

3.5.3.2　无管盲沟

无管盲沟是指沟槽内无管道,通过沟槽内的粗砂(0.1~2mm 粒径)、小石子滤水层(5~10mm 粒径卵石)、石子渗水层(60~100mm 砾石或碎石)组成(见图3.23)。无管盲沟施工要点如表3.45所示。

表 **3.45**　无管盲沟施工要点

项目	施 工 要 点
沟槽开挖	按盲沟位置、尺寸放线,采用人工或小型反铲 PC-200 开挖。沟底应按设计坡度找坡,严禁倒坡

（续表）

项目	施 工 要 点
铺设滤水层	沟底审底，两壁拍平，铺设滤水层。底部开始先铺设粗砂滤水层，厚 100mm；再铺小石子滤水层，厚 100mm，要同时将小石子滤水层外边缘之间的粗砂滤水层铺好。在铺设中间的石子滤水层时，应按分层铺设的方向同时将两侧的小石子滤水层和粗砂滤水层铺好
铺设滤水层	铺设各层滤水层要保持厚度和密实度均匀一致；注意勿使污物、泥土混入滤水层。铺设应按结构层次分明，靠近土的四周应为粗砂滤水层，再向内四周为小石子滤水层，中间为石子滤水层
设置滤水箅子	盲沟出水口应设置滤水箅子

思考题

1. 说明各给水系统的水源条件。

2. 写出园林绿地给水系统布置设计的要点。

3. 结合案例说明浇灌系统的浇灌方式和控制方式。

4. 写出园林绿地给水系统施工技术的关键要点。

5. 查阅有关资料说明塑料管电熔连接、胶粘剂粘接与法兰连接。

6. 为什么压力管线让重力自流管线？

7. 如何选择园林绿地排水方式？

8. 写出园林绿地排水管网系统布置设计的要点。

9. 写出园林绿地排水方式中盲沟排水与截流排水的区别。

10. 污水或雨水需要处理时，结合案例说明。分别说明所需处理的水质、处理方式，设备选型、构筑物概况及处理效果。

11. 给水系统上的阀门，水表，泄污阀应该各安装在系统的什么部位？

12. 写出园林绿地供电设计的要点。

4 园林水景工程

【学习重点】

园林水景工程主要包括静态水景(水池、湖泊、池塘)和动态水(喷泉、瀑布、跌水、溪流),掌握其常见的形式、类型、结构特点,学会常见水景的设计与施工技术,掌握常见设计图纸的基本画法。

4.1 园林水景的概述

水是生命的源泉,是一切生命有机体赖以生存之本。中国传统园林历来崇尚自然山水,并受传统哲学思想影响,先秦时期就将水引入园林中,认为水是园林之血脉,是园林空间艺术创作的重要元素。中国古代园林中的"蓬莱仙境""曲水流觞""挖湖堆山"就是典型的理水造景案例。水不仅构成多种格局的园林景观,更是让园林因水而充满生机和灵性。水池、湖泊、溪流、瀑布、跌水、喷泉等都是园林中常见的水景设计形式,它们静中有动,寂中有声,以少胜多渲染着园林气氛。

园林水景工程是园林工程中与理水有关的工程的总称,本章主要介绍人工湖、水池、瀑布、溪流、喷泉等水景工程。

4.1.1 水的基本特征、园林景观中的表现及作用

4.1.1.1 水的基本特征

1) 可塑

水是无色、无味的液体,本身无固定的形状,其形状由容器的形状决定。不同大小、形状、色彩和质地的容器,形成形态各异的水景。在园林中进行湖、水池、溪流等水景设计,实质上是对它们的底面(池底)和岸线(池壁)进行设计,如通过溪流底部高差的设计,便可产生不同流动效果的水流。因此说,水景设计本质上是对"盛水容器"进行设计。

2) 动态

水受到盛水容器形状的影响以及重力、风力、压力等外力作用形成各种动态,或静止,或缓流,或奔腾,或坠落,或喷涌。静态的水宁静安谧,能形象地倒映出周围环境的景色,给人以轻

松、温和的享受；动态的水灵动而具有活力，令人兴奋和激动。动态水景是景观中的构图重心、视线的焦点，达到引人注目的效果。

3）色彩

水是无色的透明液体，因其存在于特定的景观环境中，受容器、阳光、周围景物、照明等介质影响，呈现出环境赋予它的各种各样的颜色。水受环境影响表现的色彩使水景与周围的环境很好地融合。

4）声响

水流动、落下或撞击障碍物时都会发出声响，改变水的流量及流动方式，可以获得多种多样的音响效果。同时水声可直接影响人的情绪，能使人平静、温和，也可使人激动、兴奋。

5）光影

在光线的作用下，水可以通过倒影反映出周围的景物，并随着环境的变化而改变影像。当水面静止时，反映的景物清晰鲜明；当水面被微风拂过，荡起涟漪时，原本清晰的影像即刻破碎化为斑驳色彩，如同抽象派绘画一样。现代水景与照明结合，使水的光影特征表现得淋漓尽致。

4.1.1.2　园林水景的基本表现

水景在园林景观中表现的形式多样，一般根据水的形态分类，园林水景有以下几种类型：

1）静水

园林中以片状汇聚水面的水景形式，如湖、池等。其特点是宁静、祥和、明朗。园林中静水主要起到净化环境、划分空间、丰富环境色彩、增加环境气氛的作用。

2）流水

被限制在特定渠道中的带状流动水系，如溪流、河渠等，具有动态效果，并因流量、流速、水深的变化而产生丰富的景观效果。园林中流水通常有组织水系、景点，联系园林空间，聚焦视线的作用。

3）落水

指水流从高处跌落而产生的变化的水景形式，以高处落下的水幕、声响取胜。落水受跌落高差、落水口的形状影响而产生多种多样的跌落方式，如瀑布、壁落等。

4）压力水

水受压力作用，以一定的方式、角度喷出后形成的水姿，如喷泉。压力水往往表现较强的张力与气势，在现代园林中常布置于广场或与雕塑组合。

4.1.1.3　水景在园林中的作用

1）景观作用

水是园林的灵魂，水景的运用使园林景观充满生机。由于水的千变万化，在组景中常用于借水之声、形、色以及利用水与其他景观要素的对比、衬托和协调，构建出不同的富有个性化的园林景观。在具体景观营造中，水景具有以下作用：

（1）基底作用。大面积的水面视野开阔、坦荡，能衬托出岸畔和水中景观。即使水面不大,但水面在整个空间中仍有面的感觉时,水面仍可作为岸畔和水中景观的基面,产生岸畔和景观的倒影,扩大和丰富空间。

(2)系带作用。水面具有将不同的园林空间、景点连接起来产生整体感的作用。通过河流、小溪等使景点联系起来称为线形系带作用,而通过湖泊池塘的岸边联系景点的作用则称之为面形系带作用。

(3)焦点作用。水景中喷泉、跌落的瀑布等动态形式的水的形态和声响能引起人们的注意,吸引人们的视线。此类水景通常安排在景观向心空间的焦点、轴线的交点、空间醒目处或视线容易集中的地方,以突出其焦点作用。

2)生态作用

水是地球万物赖以生存的根本,水为各种动植物提供了栖息、生长、繁衍的条件。维持水体及其周边环境的生态平衡,特别是城市中的人工湿地,对城市区域生态环境的维持和改造起到了重要的作用。

3)休闲娱乐作用

人类本能地喜爱水,接近、触摸水都会感到舒心愉快。在水上还能开展多项娱乐活动,如划船、游泳、嬉戏、垂钓等。因此,在现代景观中,水是人们消遣娱乐的一种载体,可以带给人们无穷的乐趣。休闲娱乐水景场地,要注意水体深度的控制,设置安全水位线。如儿童戏水池的水深不能大于 0.3m。

4)蓄水、灌溉及防灾作用

园林水景中,大面积的水体可以在雨季起到蓄积雨水的作用。特别是在暴雨来临、山洪暴发时,要求及时排除或蓄积洪水,防止洪水泛滥成灾。到了缺水的季节再将所蓄之水有计划地分配使用,可以有效节约城市用水。海绵城市的建设要求,就是要构建一个既有景观又有蓄水、防灾等功能的城市水系系统。

4.1.2 景观水设计的基本原则

4.1.2.1 功能性原则

园林水景的基本功能是供人观赏,它必须是能够给人带来美感,使人赏心悦目的。水景也有戏水、娱乐的功能。随着水景在住宅领域的应用,人们已不仅满足观赏水景要求,更需要的是亲水、戏水的感受,因此出现了各种戏水池、旱喷泉、涉水小溪、儿童戏水泳池等,从而使景观水体与戏水娱乐水体合二为一,丰富了景观的使用功能。

水景还有调节小气候的功能。小溪、人工湖、各种喷泉都有降尘净化空气、调节湿度的作用,尤其是能明显增加环境中的负氧离子浓度,使人感到心情舒畅,具有一定的保健作用。

4.1.2.2 整体性原则

水景是工程技术与艺术设计结合的作品。一个好的水景作品,必须要根据它所处的环境氛围要求进行设计,要研究环境的要素,从而确定水景的形式、形态、平面及立体尺度,实现与环境相协调,形成和谐的量、度关系,构成主景、辅景、近景、远景的丰富变化。

4.1.2.3　艺术性原则

水景的创作应满足艺术性要求，不同形式的水景表达的园林意境有自然美和人工美。美国造园学家格兰特提出飘积理论，认为自然力具有飘积作用，流水作为一种自然力，也具有这种飘积作用，所以河道弯曲、河岸蜿蜒而具有流畅的自然线势，这是自然美的极致。水景设计的艺术性就是要深入理解水的本质、水的艺术形式等。

4.1.2.4　经济性原则

水景设计不仅要考虑功能性、艺术性要求，同时也要考虑水景运行的成本。不同的景观水体、不同的造型、不同的水势形成的水景，其运行的经济性是不同的。如循环水系统可节约用水；利用地势和自然水系不仅可节约水，还可节约动力能源。在当前节约型社会的发展背景下，水景设计的经济性是衡量水景设计的一个重要指标。

4.2　园林静态水的设计与施工

4.2.1　人工湖的设计与施工

人工湖是在依地势低洼处挖凿而成的水域，如现代公园中的人工水面。人工湖属于静水景观，其特点是水面宽阔平静，具有平远开朗之感。人工湖往往设计一定水深而利于渔业生产。可在设计时注重湖岸线变化，并利用人工堆土形成湖中小岛，用来划分水域空间，使水景层次更为丰富。

4.2.1.1　人工湖的布置要点

人工湖一般为现有水体改造或是利用低洼地势挖土成湖。不论哪种方式，人工湖在筑造时都要依据地形地貌及周边环境进行设计，充分表现湖面与周围环境的协调与美感，体现湖的水体特色。

（1）人工湖的基址选择应选择壤土、土质细密、土层厚实之地，不宜选择过于黏质或渗透性大的土质作为湖址。

（2）注意湖体水位设计，选择合适的排水设施，如水闸、溢流孔（槽）、排水孔等。

（3）大水面湖应有一个主要空间和几个次要空间组成，以岛屿、桥、涵或岸线转折等手段进行分割与联系，体现水面变化；同时湖面设计必须和岸上景观相结合。

（4）注意湖岸线的"自然线势"，以自然曲线为主，讲究飘积作用，自然流畅，开合相映。同时注意水岸结合部位细节设计，曲折有致，避免单调。

（5）现代园林中较大的人工湖设计最好能兼顾考虑水上运动和赏景结合。

4.2.1.2　人工湖的工程设计

1）水源选择

人工湖用水需求量较大，从经济和可行性角度考虑，应优先选择蓄积天然降水或引天然河湖水作为水源。城市园林中小型人工湖在条件允许的情况可选择城市生活用水作为补充水源。选择水源时还应注意卫生上的要求。

2）人工湖基址对土壤的要求

人工湖平面设计完成后，要对拟挖湖所及的区域进行土壤的探测，为施工做准备。

（1）黏土、砂质黏土、壤土等具有土质细密、土层深厚或渗透力小的特点，是最适合挖湖的土壤类型。

（2）以砾石为主，黏土夹层结构密实的土壤，也适宜挖湖。

（3）砂土、卵石等容易漏水，应尽量避免在其上挖湖。如漏水不严重，要探明地下透水层的位置深浅，采用相应的截水墙或用人工铺垫隔水层等工程措施处理。

（4）基土为淤泥或草煤层等松软层，必须全部挖出。

（5）湖岸立基的土壤必须坚实。黏土虽透水性小，但在湖水到达低水位时，容易开裂，湿时又会形成松软的土层、泥浆，故单纯黏土不宜作为湖的驳岸的基础。

3）人工湖水量损失的测定和估算

人工湖水量损失主要是由于风吹、蒸发、溢流、排污和渗漏等原因造成的损失。

（1）水面蒸发量的测定和估算。湖面的蒸发量是非常大的，尤其是大水面的人工湖。为了合理设计人工湖的补水量，测定湖面水分蒸发量是很有必要的。目前我国主要采用 E-601型蒸发器测定水面的蒸发量，但其测得的数值比水体实际的蒸发量大，必须采用折减系数（一般取 0.75～0.85）。

也可用下式估算：

$$E=0.22(1+0.17W_{200}^{1.5})(e_0 \text{-} e_{200})$$

式中，E——水面蒸发量（mm）；

e_0——对应水面温度的空气饱和水汽压，mbar（1bar＝105Pa）；

e_{200}——水面上空 200cm 处空气水汽压，mbar（1bar＝105Pa）；

W_{200}——水面上空 200cm 处的风速（m/s）。

（2）人工湖渗漏损失。计算水体的渗漏损失十分复杂。园林水体可参照表 4.1 进行计算。

表 4.1　园林水体渗漏损失表

渗漏损失	全年水量损失（占水体体积的百分比）
良好	5%～10%
中等	10%～20%
较差	20%～40%

根据湖面蒸发水的总量及渗漏的水的总量可计算出湖水体积的总减少量，依此可计算最低水位；结合雨季进入湖中雨水的总量，可计算出最高水位；结合湖中给水量，可计算出常水位。这些都是进行人工湖水位设计和驳岸设计必不可少的数据。

4.2.1.3　人工湖施工要点

（1）认真分析设计图纸，并按设计图纸确定土方量，编制施工组织设计，做好施工准备。

（2）详细勘查现场，按设计线形定点放线。放线可用石灰、黄沙等材料。打桩时，沿湖岸线外缘 15～30cm 打一圈木桩，第一根桩为基准桩，其他桩皆以此为准。基准桩即是湖体池缘高度。桩打好后，注意保护好标志桩、基准桩。

（3）考察基址渗漏状况。好的湖底全年水量损失占水体体积 5%～10%；一般湖底 10%～20%；较差的湖底 20%～40%，以此制定施工方法及工程措施。

（4）湖体施工时排水尤为重要。如水位过高，施工时可用多台水泵排水，也可通过梯级排水沟排水。地下水位过高时，对湖底施工影响较大，必须注意地下水的排放。通常在湖底四周开挖环状排水沟和集水井，再利用水泵排除，以降低地下水位。湖底开挖同时要注意岸线的稳定，必要时用块石或竹木支撑保护，最好做到护坡或驳岸的同步施工。通常基址条件较好的湖底不做特殊处理，适当夯实即可。渗漏性较严重的湖底必须采取工程手段，常见的措施有灰土层湖底、塑料薄膜湖底和混凝土湖底等作法，见图 4.1。

1—400—50厚3:7灰土夯实
2—素土夯实

灰土层湖底做法

1—450厚黄土夯实
2—0.50厚聚乙烯膜
3—50厚找平黄土层
4—素土夯实

塑料薄膜湖底做法

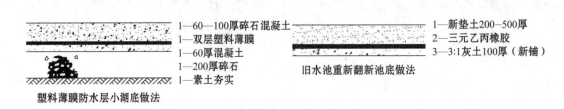

1—60—100厚碎石混凝土
1—双层塑料薄膜
1—60厚混凝土
1—200厚碎石
1—素土夯实

塑料薄膜防水层小湖底做法

1—新垫土200—500厚
2—三元乙丙橡胶
3—3:1灰土100厚（新铺）

旧水池重新翻新池底做法

图 4.1　几种简易湖底的做法

（5）湖岸处理。先根据设计图严格将湖岸线用石灰放出。放线时应保证驳岸（或护坡）的实际宽度，并做好各控制基桩的标注。开挖后要对易崩塌之处用木（竹）条、板等支撑，遇到洞、孔等渗漏性大的地方，要结合施工材料采用抛石、填灰土、三合土等方法处理。如岸壁土质良好，做适当修整后可进行后续施工。

① 驳岸。人工湖的驳岸一般采用重力式驳岸（见图 4.2）。在施工时应注意：

驳岸地基应相对稳定，土质应均匀一致，防止出现不均匀沉降；持力层标高应低于水体最低水位标高 50cm。基础垫层应为 10cm 厚 C_{15} 混凝土，其宽度应大于基础底宽 10cm。驳岸基础宽度是驳岸主体高度的五分之三或五分之四，压顶宽度最低不得小于 36cm，砌筑砂浆应采用 1:3 水泥砂浆。驳岸后侧回填土不得采用黏性土，并应按要求设置排水盲沟与雨水排水系统相连。较长的驳岸，应每隔 20～30m 设置变形缝，变形缝宽度应为 1～2cm；驳岸顶部标高出现较大高程差时，应设置变形缝。规则式驳岸压顶标高距水体最高水位标高不宜小于 50cm。

② 护坡。护坡是指较为缓和的岸线关系，也是水体建造中常采用的生态形式（见图 4.3）。

当采用 3:1 的岸线关系时，可保证湿地植物的种植要求；当采用 6:1 的岸线关系时，可保证野生动物的通道关系；当采用 10:1 的岸线关系时，宽度在 60cm，可建造水中植床；池塘深度控制在 45cm 左右，可保证鱼类等生长；人工湖的护坡岸线关系，控制在 1:3～1:6 为好。

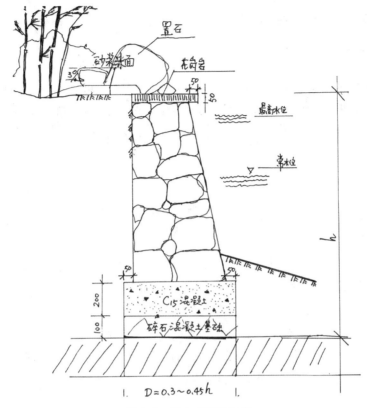

图 4.2 重力式驳岸示意

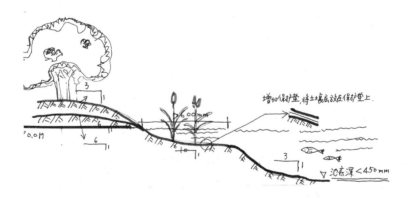

图 4.3 各类型护坡示意及其生态关系

（6）开挖注意事项。湖体开挖要注意控制安全水位线的深度和宽度；开挖时注意先挖底部中心再四周，形成缓坡岸；再根据设计要求，形成护坡或驳岸。

4.2.1.4 驳岸、护坡坍塌问题的处理

由于水体的流动冲刷及岸边线雨水受压等作用，产生渗透、入渗、超载、拉裂等不稳定的岸线坍塌现象，可以通过在岸线上种植植被与水生植物、抛石压脚等方法加固处理。

4.2.2　水池的设计与施工

4.2.2.1　水池概述

水池在园林中的用途广泛，可用作广场中心、道路尽端，也可以和亭、廊、花架等建筑、小品组合形成富于变化的各种景观效果。常见的喷水池、观鱼池及水生植物种植池等都属于这种水体类型。水池平面形状和规模主要取决于园林总体规划以及详细规划中的观赏与功能要求。

4.2.2.2　水池设计

水池设计包括平面设计、立面设计、剖面结构设计、管线设计等。

1）水池的平面设计

水池平面设计显示水池在地面以上的平面位置和尺寸。水池平面设计必须标注各部分的高程，标注进水口、溢水口、泄水口、喷头、集水坑、种植池等的平面位置以及所取剖面的位置。

2）水池的立面设计

水池立面设计反映立面的高度和变化。水池的深度一般根据水池的景观要求和功能要求设计。水池的池壁顶面与周围的环境要有合适的高程关系，一般以最大限度地满足游人的亲水性要求为原则。池壁顶除了使用天然材料，表现自然形式外，还可用规整的形式，加工成平顶或挑伸、中间折拱或曲拱、向水池一面倾斜等多种形式。

3）水池的剖面设计

水池剖面设计应从地基至池壁顶，注明各层的材料和施工要求。剖面应有足够的代表性，如一个剖面不足以说明设计细节时，可增加剖面。

4）水池的管线设计

水池中的基本管线包括给水管、补水管、泄水管、溢水管等（见图4.4）。有时给水与补水管道使用同一根管子。给水管、补水管和泄水管为可控制的管道，可控制水的进出。溢水管为自由管道，不加闸阀等控制设备以保证自由溢水。对于循环用水的溪流、跌水、瀑布等还包括循环管道。对配有喷泉、水下灯光的水池还包括供电系统设计。

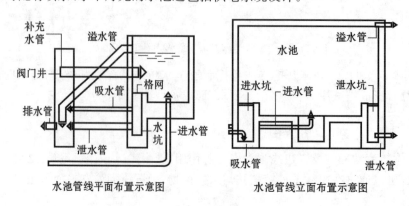

图4.4　水池管线布置示意图

管线设计的具体要求：

（1）一般水景工程的管线可直接敷设在水池内或直接埋在土中。大型水景工程中，如果管线多而且复杂时，应将主要管线布置在专用管沟内。

（2）水池设置溢水管，以维持一定的水位和进行表面排污，保持水面清洁。溢水口应设格栅或格网，以防止较大漂浮物堵塞管道。

（3）水池应设泄水口，以便于清扫、检修和防止停用时水质腐败或结冰。池底都应有不小于1%的坡度，坡向泄水口或集水坑。水池一般采用重力泄水，也可利用水泵的吸水口兼作泄水。

（4）在水池中可以布置卵石、汀步、跳水石、跌水台阶、置石、雕塑等景观小品，共同组成景观。池底装饰可利用人工铺砌砂土、砾石或钢筋混凝土池底，再在其上选用池底装饰材料。

4.2.2.3　水池施工技术

目前，园林中人工水池从结构上可以分为刚性结构水池、柔性结构水池两种。不同结构的水池，施工要求不同。

1）刚性水池施工技术

刚性结构水池施工也称钢筋混凝土水池，池底和池壁均配钢筋，寿命长、防漏性好，适用于大部分水池（见图4.5）。

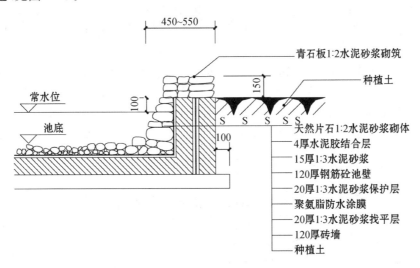

图4.5　刚性水池的结构

（1）施工准备。

① 配料准备。水池基础与池底一般采用C20混凝土，池底与池壁多用C15混凝土，根据混凝土型号准备相应配料。另根据防水设计准备防水剂或防水卷材。配料准备时，注意池底池壁必须采用425号以上普通硅酸盐水泥，且水灰比不大于0.55、粒料直径不得大40mm、吸水率不大于1.5%，混凝土抹灰和砌砖抹灰用325号水泥或425号水泥。

② 场地放线。根据设计图纸定点放线。放线时水池的外轮廓应包括池壁厚度。为施工方便，池外沿各边加宽50cm，用石灰或黄沙放出起挖线，每隔5～10m（视水池大小）打一小木

桩,并标记清楚。方形、长方形水池的直角处要校正,并最少打三个桩;圆形水池应先定出水池的中心点,再用线绳(足够长)以该点为圆心,水池宽的一半为半径(注意池壁厚度)划圆,石灰标明,即可放出圆形轮廓。

（2）池基开挖。挖方有人工挖方和人工结合机械挖方,可以根据现场施工条件确定挖方方法。开挖时一定要考虑池底和池壁的厚度。如为下沉式水池,应做好池壁的保护。挖至设计标高后,池底应整平并夯实,再铺上一层碎石、碎砖作为垫层。如果池底设置有沉泥池,应结合池底开挖同时施工。

池基挖方会遇到排水问题,常用基坑排水。这是既经济又简易的排水方法,即沿池基边挖成临时性排水沟,并每隔一定距离在池基外侧设置集水井,再通过人工或机械抽水排出。

（3）池底施工。混凝土池底,如其形状比较规整,则长 50m 内可不做伸缩缝;如其形状变化较大,则在其长度约 20m 并断面狭窄处做伸缩缝。一般池底可根据景观需要,进行色彩上的变化,如贴蓝色的面层材料等,以增加美感。混凝土池底施工要点如下:

① 依基层情况不同分别处理。如基土稍湿而松软时,可在其上铺以厚 10cm 的碎石层,并夯实,然后浇灌混凝土垫层。

② 混凝土垫层浇完隔 1~2 天(应视施工时的温度而定),在垫层面测量确定底板中心,然后根据设计尺寸进行放线,定出柱基以及底板的边线,画出钢筋布线,依线绑扎钢筋,接着安装柱基和底板外围的模板。

③ 在绑扎钢筋时,应详细检查钢筋的直径、间距、位置、搭接长度、上下层钢筋的间距、保护层及埋件的位置和数量是否符合设计要求。上下层钢筋均应用铁撑(铁马凳)加以固定,使之在浇捣过程中不发生变化。

④ 底板应一次连续浇完,不留施工缝。如发现混凝土在运输过程中产生初凝或离析现象,应在现场进行二次搅拌后方可入模浇捣。底板厚度在 20cm 以内,可采用平板振动器,20cm 以上则采用插入式振动器。

⑤ 池壁为现浇混凝土时,底板与池壁连接处的施工缝可留在基础上 20cm 处。施工缝可留成台阶形、凹槽形、加金属止水片或遇水膨胀橡胶带。各种施工缝的优缺点及做法如表 4.2 所示。

表 4.2　各种施工缝的优缺点及做法

施工缝种类	简图	优点	缺点	做法
台阶形		可增加接触面积,使渗水路线延长和受阻,施工简单,接缝表面易清理	接触面简单,双面配筋时,不易支模,阻水效果一般	支模时,可在外侧安设木方,混凝土终凝后取出
凹槽形		加大了混凝土的接触面,使渗水路线受更大阻力,提高了防水质量	在凹槽内易于积水和存留杂物,清理不净时影响接缝严密性	支模时将木方置于池壁中部,混凝土终凝后取出

（续表）

施工缝种类	简 图	优 点	缺 点	做 法
加金属止水片	金属止水片	适用于池壁较薄的施工缝,防水效果比较可靠	安装困难,且需耗费一定数量的钢材	将金属止水片固定在池壁中部,两侧等距
遇水膨胀橡胶止水带	遇水膨胀橡胶止水带	施工方便,操作简单,橡胶止水带遇水后体积迅速膨胀,将缝隙塞满、挤密		将腻子型橡胶止水带置于已浇筑好的施工缝中部即可

（4）水池池壁施工技术。人造水池一般采用垂直形池壁。垂直形的优点是池水降落之后,不至于在池壁淤积泥土,从而使低等水生植物无从寄生,同时易于保持水面洁净。垂直形的池壁可用砖石或水泥砌筑,以瓷砖、罗马砖等饰面,甚至做成图案加以装饰。

① 混凝土浇筑池壁施工技术。混凝土池壁,尤其是矩形钢筋混凝土池壁,应先做模板固定。模板固定有无撑及有撑支模两种施工方法,以有撑支模为常用方法。当池壁较厚时,内外模可在钢筋绑扎完毕后一次立好。操作人员可进入模内振捣混凝土,也可应用串筒将混凝土灌入,分层浇捣。池壁拆模后,应将外露的止水螺栓头割去。

② 混凝土砖砌池壁施工技术。混凝土砖厚10cm,结实耐用,常用于池塘建造。混凝土砖砌筑池壁简化了池壁施工的程序,但混凝土砖一般只适用于古典风格或设计规整的池塘。池壁可以在池底浇筑完工后的第二天再砌。施工时,要趁池底混凝土未干时将边缘处拉毛。池底与池壁相交处的钢筋要向上弯伸入池壁,以加强结合部的强度。另外砌混凝土砖时要特别注意保持均匀的砂浆厚度。也可采用大规格的空心砖。使用空心砖时,中心必须用混凝土填塞;有时也用双层空心砖墙,中间填混凝土的方法来增加池壁的强度。

（5）池壁抹灰施工技术。抹灰在混凝土及砖结构的水池施工中是一道十分重要的工序,它使池面平滑,不会伤及池鱼,而且池面光滑也便于清洁工作。

① 砖壁抹灰施工要点。内壁抹灰前2天应将池壁面扫清,用水洗刷干净,并用铁皮将所有灰缝刮一下,要求凹进1～1.5cm。采用325号普通水泥配制水泥砂浆,配合比1∶2,可掺适量防水粉,搅拌均匀。在抹第一层底层砂浆时,应用铁板用力将砂浆挤入砖缝内,增加砂浆与砖壁的黏结力。底层灰不宜太厚,一般在5～10mm。第二层将墙面找平,厚度5～12mm。第三层面层进行压光,厚度2～3mm。砖壁与钢筋混凝土底板结合处,应加强转角抹灰厚度,使呈圆角,防止渗漏。外壁抹灰可采用1∶3水泥砂浆。

② 钢筋混凝土池壁抹灰要点。抹灰前将池内壁表面凿毛,不平处铲平,并用水冲洗干净。抹灰时可在混凝土墙面上刷一遍薄的纯水泥浆,以增加黏结力。其他做法与砖壁抹灰相同。

（6）压顶。规则水池顶上应以砖、石块、石板、大理石或水泥预制板等作压顶。压顶或与地面平,或高出地面。当压顶与地面平时,应注意勿使土壤流入池内,可将池周围地面稍向外倾。有时在适当的位置上,将顶石部分放宽,以便容纳盆钵或其他摆饰。图4.6是几种常见压顶的做法。

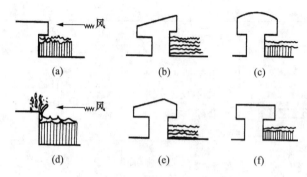

图 4.6　水池池壁压顶形式与做法

(a) 有沿口　(b) 单坡　(c) 圆弧　(d) 无沿口　(e) 双坡　(f) 平顶

（7）试水。试水工作应在水池全部施工完成后进行。其目的是检验结构安全度，检查施工质量。试水时应先封闭管道孔，由池顶放水入池。一般分几次进水，根据具体情况，控制每次进水高度。从四周上下进行外观检查，做好记录，如无特殊情况，可继续灌水到储水设计标高。同时要做好沉降观察。

灌水到设计标高后，停 1 天，进行外观检查，并做好水面高度标记。连续观察 7 天，外表面无渗漏及水位无明显降落方为合格。

2）柔性结构水池施工

随着新建筑材料的出现，水池也可采用柔性材料作为结构。这类水池常采用玻璃布沥青席、三元乙丙橡胶（EPDM）薄膜、再生橡胶薄膜池、油毛毡作为防水材料，具有造型好、易施工、速度快、成本低等优点。

（1）玻璃布沥青席水池。施工前先准备好沥青席。方法是以沥青 0 号、3 号按 2 : 1 比例调配好；再按沥青 30%，石灰石矿粉 70% 的配比，且分别加热至 100℃，将矿粉加入沥青锅拌匀；把准备好的玻璃纤维布（孔目 8mm×8mm 或者 10mm×10mm）放入锅内蘸匀后慢慢拉出，确保黏结在布上的沥青层厚度在于 2～3mm；拉出后立即洒滑石粉，并用机械碾压密实，每块席长 40m 左右。

施工时，先将水池土基夯实，铺 300 mm 厚 3 : 7 灰土保护层，再将沥青席铺在灰土层上，搭接长 5～100mm，同时用火焰喷灯焊牢，端部用大块石压紧，随即铺小碎石一层。再在表层散铺 150～200mm 厚卵石一层即可（见图 4.7）。

（2）三元乙丙橡胶（EPDM）薄膜水池。EPDM 薄膜类似于丁基橡胶，是一种黑色柔性橡胶膜，厚度为 3～5mm，能经受 −40℃～80℃的温度，扯断强度大于 7.35N/mm²，使用寿命可达 50 年，自重轻、不漏水、施工方便，特

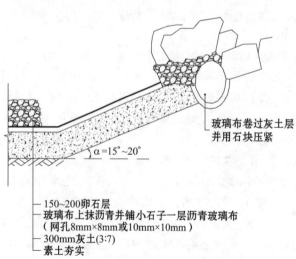

150～200卵石层
玻璃布上抹沥青并铺小石子一层沥青玻璃布
（网孔8mm×8mm或10mm×10mm）
300mm灰土(3:7)
素土夯实

玻璃布卷过灰土层
并用石块压紧

$\alpha = 15° \sim 20°$

图 4.7　玻璃布沥青席水池

别适用于大型展览临时布置水池和屋顶花园水池。建造 EPDM 薄膜水池,要注意衬垫薄膜与池底之间必须铺设一层保护垫层,材料可以是细砂(厚度>5cm)、合成纤维等。铺设时,先在池底混凝土基层上均匀地铺一层 5cm 厚的沙子,并洒水使沙子湿润,就可铺 EPDM 衬垫薄膜,注意薄膜四周至少多出池边 15cm(见图 4.8)。

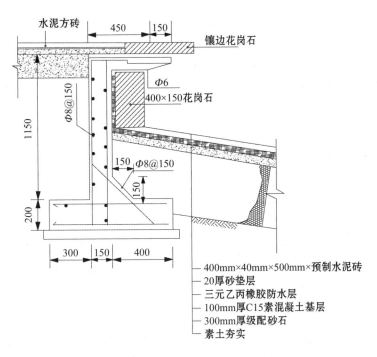

图 4.8　三元乙丙橡胶薄膜水池结构(单位:mm)

4.3　园林动态水的设计与施工

4.3.1　喷泉工程

4.3.1.1　喷泉工程概述

喷泉是利用压力使水从喷头中喷向空中,再自由落下的一种动态水景工程,具有壮观的水姿、奔放的水流、多变的水形。喷泉作为动态水景,丰富城市了景观。喷泉对其一定范围内的环境质量还有改良作用,它能够增加局部环境中的空气湿度,并增加空气中负氧离子的浓度,减少空气尘埃,有益于人们的身心健康。随着技术的进步,出现了以下多种造型喷泉形式。

1) 程控喷泉

将各种水型、灯光,按照预先设定的排列组合进行控制程序的设计,通过程序控制器发出控制信号,使水型、灯光实现多姿多彩的变化。程控喷泉的主要组成包括喷头、管网、动力设备,程序控制器、电磁阀等。

2）音乐喷泉

是在程序控制喷泉的基础上加入音乐控制系统,计算机通过对音频及 MIDI 信号的识别,进行译码和编码,最终将信号输出到控制系统,使喷泉及灯光的变化与音乐保持同步,从而达到喷泉水型、灯光及色彩的变化与音乐情绪地完美结合,使喷泉表演更生动,更加富有内涵。

3）旱泉

喷泉系统置于地下,表面饰以光滑美丽的铺装,铺设成各种图案和造型。水花从地下喷涌而出,在彩灯照射下,地面犹如五颜六色的镜面,将空中飞舞的水花映衬得无比娇艳,使人流连忘返。停喷后,不阻碍交通,可照常行人,适于宾馆、饭店、商场、大厦、街景小区等。旱泉也称旱喷,需要注意的是设计喷泉水压时应充分考虑游人的安全。

4）跑泉

跑泉是由计算机控制数百个喷水点,随音乐的旋律高速喷射,或瞬间形成排山倒海之势,或形成委婉起伏波浪式,或组成其他水景,衬托景点的壮观与活力,适于江、河、湖、海及广场等宽阔的地点。

5）室内喷泉

布置于室内的小型水池喷泉,多采用程控或实时声控方式运行。娱乐场所可采用实时声控,伴随着优美的旋律,水景与舞蹈、歌声同步变化,相互衬托,使现场的水、声、光、色达到完美地结合,极具表现力。

6）层流喷泉

又称波光喷泉,采用特殊层流喷头,将水柱从一端连续喷向固定的另一端,中途水流不会扩散,不会溅落。白天,层流喷泉就像透明的玻璃拱柱悬挂在天空;夜晚,在灯光照射下,犹如雨后的彩虹,色彩斑斓,适于各种场合与其他喷泉相组合。

7）趣味喷泉

以娱乐、增加趣味性为目的的喷泉,如子弹喷泉、鼠跳泉、喊泉,适于公园、旅游景点等,具有极强的娱乐功能。

8）激光喷泉

配合大型音乐喷泉设置一排水幕,用激光成像系统在水幕上打出色彩斑斓的图形、文字或广告,即渲染美化了空间又起到宣传、广告的效果,适于各种公共场合,具有极佳的营业性能。

9）水幕电影

水幕电影是通过高压水泵和特制水幕发生器,将水自上而下,高速喷出,雾化后形成扇形"银幕",由专用放映机将特制的录影带投射在"银幕"上,形成水幕电影。当观众在观摩电影时,扇形水幕与自然夜空融为一体,当人物出入画面时,好似人物腾起飞向天空或自天而降,产生一种虚无缥缈和梦幻的感觉,令人神往。

4.3.1.2　喷泉布置要点

选择喷泉位置首先考虑喷泉的主题、形式,要与环境相协调。在一般情况下,喷泉的位置多设于建筑、广场的轴线焦点或端点处;其次,喷泉宜安置在避风的环境中以保持水型。

喷水池的形式有自然式和规则式,可以居于水池中心,组成图案,也可以偏于一侧或自由地布置,并根据喷泉所在地的空间尺度来确定喷水的形式、规模及喷水池的大小比例。

4.3.1.3 喷头与喷泉造型

1) 常用的喷头种类

喷头是喷泉的主要组成部分,它的作用是把具有一定压力的水变成各种预想的、绚丽的水花喷射出来。因此,喷头的形式、质量和外观等,都对整个喷泉的艺术效果产生重要的影响。

喷头因受水流的摩擦,一般多用耐磨性好,不易锈蚀,又具有一定强度的黄铜或青铜制成。为了节省铜材,近年来亦使用铸造尼龙制造喷头,这种喷头具有耐磨、自润滑性好、加工容易、轻便、成本低等优点;缺点是易老化、使用寿命短、零件尺寸不易严格控制等。目前,国内外经常使用的喷头式有以下类型:

(1) 单射流喷头。单射流喷头是压力水喷出的最基本的形式,也是喷泉中应用最广的一种喷头。它不仅可以单独使用,也可以组合使用,能形成多种样式的喷水型,见图 4.9(a)。

(2) 喷雾喷头。喷雾喷头是喷头内部装有一个螺旋状导流板,使水流做圆周运动,水喷出后,形成细细的弥漫的雾状水流,见图 4.9(b)。

(3) 环形喷头。环形喷头是喷头的出水口为环形断面,即外实内空,使水形成集中而不分散的环形水柱。它以雄伟、粗犷的气势跃出水面,带给人们奋发向上的气氛,见图 4.9(c)。

(4) 旋转喷头。旋转喷头是利用压力水由喷嘴喷出时的反作用力或其他动力带动回转器转动,使喷嘴不断地旋转运动,从而丰富了喷水造型,喷出的水花或欢快旋转或飘逸荡漾,形成各种扭曲线形,婀娜多姿,见图 4.9(d)。

(5) 扇形喷头。扇形喷头是喷头的外形很像扁扁的鸭嘴,它能喷出扇形的水膜,或像孔雀开屏一样美丽的水花,见图 4.9(e)。

(6) 多孔喷头。多孔喷头可以由多个单射流喷嘴组成一个大喷头;也可以由平面、曲面或半球形的带有很多细小孔眼的壳体构成喷头,它们能呈现出造型各异的盛开的水花,见图 4.9(f)。

(7) 变形喷头。变形喷头是喷头形状的变化形成多种花式。变形喷头的种类很多,它们共同的特点是在出水口的前面有一个可以调节的、形状各异的反射器,水流通过反射器能产生水花造型,如牵牛花形、半球形、扶桑花形等,见图 4.9(g)、(h)。

(8) 蒲公英形喷头。蒲公英形喷头是在圆球形壳体上,装有很多同心放射状喷管,并在每个管头上装有一个半球形变形喷头。它可单独使用,也可以几个喷头高低错落地布置,显得格外新颖、典雅,见图 4.9(i)、(j)。

(9) 吸力喷头。吸力喷头是利用压力水喷出时,在喷嘴的喷口处附近形成负压区。由于压差的作用,它能把空气和水吸入喷嘴外的环套内,与喷嘴内喷出的水混合后一并喷出。此时水柱的体积膨大,同时因为混入大量细小的空气泡,形成白色不透明的水柱。它能充分地反射阳光,因此光彩艳丽;夜晚如有彩色灯光照明则更为光彩夺目。吸力喷头又可分为喷水喷头、加气喷头和吸水加气喷头,见图 4.9(k)。

(10) 组合式喷头。组合式喷头是由两种或两种以上形体各异的喷嘴组合成一个大喷头,它能够形成较复杂的水花形状,见图 4.9(l)。

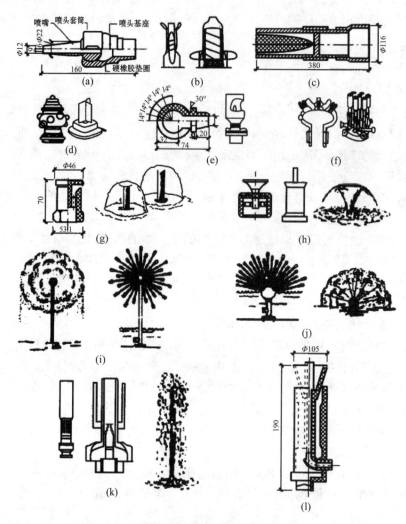

图 4.9　喷泉喷头的种类

（a）单射流喷头　（b）喷雾喷头　（c）环形喷头　（d）旋转喷头　（e）扇形喷头　（f）多孔喷头　（g）半球形喷头
（h）牵牛花形喷头　（i）球形蒲公英喷头　（j）半球形蒲公英喷头　（k）吸力喷头　（l）组合式喷头

2）喷泉的水形设计

喷泉水形是由喷头的种类、组合方式及俯仰角度等几个方面因素共同构成，如表 4.3 所示。喷泉水形的基本构成要素是由不同形式喷头喷水所产生的水形，即水柱、水带、水线、水幕、水膜、水雾、水花、水泡等。

表 4.3　喷泉中常见的基本水形

名　称	水　形	备　注
单射形		单独布置

（续表）

名　称		水　形	备　注
水幕形			布置在圆周上
拱顶形			布置在圆周上
向心形			布置在圆周上
圆柱形			布置在圆周上
编织形	向外编织		布置在圆周上
	向内编织		布置在圆周上
	篱笆形		布置在圆周或直线上
屋顶形			布置在直线上
喇叭形			布置在圆周上
圆弧形			布置在曲线上
蘑菇形			单独布置
吸力形			单独布置,此型可分为吸水型、吸气型、吸水吸气型

（续表）

名　称	水　形	备　注
旋转形		单独布置
喷雾形		单独布置
洒水形		布置在曲线上
扇形		单独布置
孔雀形		单独布置
多层花形		单独布置
牵牛花形		单独布置
半球形		单独布置
蒲公英形		单独布置

　　由这些水形按照设计构思进行不同的组合，就可以创造出千变万化的水形设计，如有水柱、水线的平行直射、斜射、仰射、俯射，还有水线交叉喷射、相对喷射、辐状喷射、旋转喷射，还可以是水线穿过水幕、水膜，用水雾掩藏喷头，用水花点击水面等。从喷泉射流的基本形式来分，水形的组合形式有单射流、集射流、散射流和组合射流 4 种，形成多种美丽的水形图案，如图 4.10 所示。

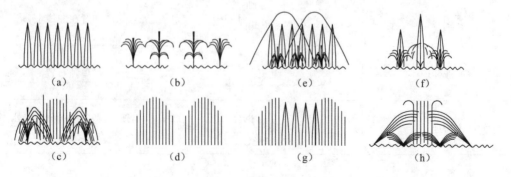

图 4.10　水形组合

4.3.1.4　喷泉的控制方式

1) 手阀控制

这是最常见和最简单的控制方式,在喷泉的供水管上安装手控调节阀,用来调节各管段中水的压力流量,形成固定的水姿形式。手阀控制一般不用于喷泉的启动,但为了便于喷泉系统的维修和水压调节,手阀是喷泉系统必不可少的组成。

2) 继电器控制

喷泉大多采用时间继电器,只需设计时间序列,控制器即可控制电磁阀、彩色灯等的起闭,从而实现自动变换的喷水姿态。

3) 计算机控制

计算机通过对音频、视频、光线、电流等信号的识别,进行译码和编码,最终将信号输出到控制系统,达到喷泉与灯光的变化、音乐变化保持同步,从而喷泉的水型、灯光、色彩、视频与音乐形成完美的结合。

4.3.1.5　喷泉的给排水系统

喷泉的水源应为无色、无味、无有害杂质的清洁水。因此,喷泉除用城市自来水作为水源外,也可用地下水,其他像冷却设备和空调系统的废水也可作为喷泉的水源。

1) 喷泉的给水方式

喷泉的给水方式有四种,如图 4.11 所示。

(1) 直流式供水(自来水供水),流量在 2~3L/s 以内的小型喷泉,可直接由城市自来水供水,使用后的水排入雨水管网。

(2) 离心泵循环供水,为了确保水具有必要的、稳定的压力,同时节约用水,减少开支,对于大型喷泉,一般采用循环供水。离心泵循环供水的方式需设泵房。

(3) 潜水泵循环供水,将潜水泵直接放置于喷水池中较隐蔽处或低处,直接抽取池水向喷水管及喷头循环供水。这种供水方式较为常见,一般多适用于小型喷泉。

(4) 高位水体供水,在有条件的地方,可以利用高位的天然水塘、河渠、水库等作为水源向喷泉供水,水用过后排放掉。

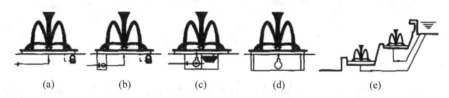

图 4.11　喷泉的给水方式
(a) 小型喷泉供水　(b) 小喷泉加压供水　(c) 泵房循环供水　(d) 潜水泵循环供水
(e) 利用高位蓄水池供水

为了确保喷水池的卫生,大型喷泉还可设专用水泵,以供喷水池水的循环,使水池的水不断流动;并在循环管线中设过滤器和消毒设备,以消除水中的杂物、藻类和病菌。喷水池的水应定期更换。在园林或其他公共绿地中，喷水池的废水可以和绿地喷灌或地面洒水等结合作水的二次使用。

2）喷泉给排水管线布置

大型水景工程的管线可布置在专用或共用管沟内，一般水景工程的管道可直接敷设在水池内。为保持各喷头的水压一致，宜采用环状配管或对称配管，并尽量减少水头损失。每个喷头或每组喷头前宜设置调节水压的阀门。对于高射程喷头，喷头前应尽量保持较长的直线管段或设整流器。喷泉给排水系统的构成如图 4.12 所示。

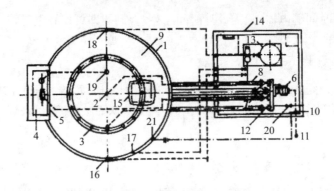

图 4.12　喷泉的给排水系统平面布置图

1—喷水池　2—加气喷头　3—装有直射流喷头的环状管　4—高位水池　5—堰　6—水泵　7—吸水滤网
8—吸水关闭阀　9—低位水池　10—风控制盘　11—风传感计　12—平衡阀　13—过滤器　14—泵房
15—阻涡流板　16—除污器　17—真空管线　18—可调眼球状进水装置　19—溢流排水口
20—控制水位的补水阀　21—液位控制器

喷泉给排水管网主要由进水管、配水管、补充水管、溢流管和泄水管等组成。水池管线布置如图 4.13 所示。

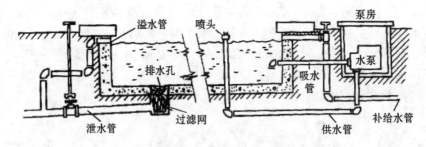

图 4.13　喷泉工程的给排水系统立面布置图

喷泉工程的给排水系统布置要点是：

（1）由于喷水池中水的蒸发及在喷射过程中有部分水被风吹走等，造成喷水池内水量的损失。因此，在水池中应设补充水管、浮球阀或液位继电器，随时补充池内水量的损失，以保持水位稳定。

（2）为了防止因降雨使池水上涨而设的溢水管，应直接接通雨水管网，并应有不小于 3‰的坡度；溢水口的设置应尽量隐蔽，在溢水口外应设拦污栅。

（3）泄水管直通雨水管道系统，或与园林湖池、沟渠等连接起来，使喷泉水泄出后作为园林其他水体的补给水,也可供绿地喷灌或地面洒水用,但需另行设计。

(4) 在寒冷地区,为防冻害,所有管道均应有一定坡度,一般不小于 2%,以便冬季将管道内的水全部排空。

(5) 连接喷头的水管不能有急剧变化,如有变化,必须使管径逐渐由大变小。另外,在喷头前必须有一段适当长度的直管,管长一般不小于喷头直径的 20~30 倍,以保持射流稳定。

4.3.1.6 喷泉的水力计算及水泵选型

各种喷头因流速、流量的不同,喷出的花形会有很大差异。如达不到预定的流速、流量,就不能获得设计的效果,因此喷泉设计必须经过水力计算,主要是计算喷泉的总流量、扬程和管径。

1) 总流量、管径、扬程的计算

(1) 单个喷嘴的流量(q)的计算公式

$$q = uf\sqrt{2gH} \times 10^{-3}$$

式中:q——喷嘴流量(m^3/s);

u——流量系数,与喷嘴的形式有关,一般为 0.62~0.94,如蘑菇式喷头:0.8~0.98;雾状喷头:0.9~0.98;牵牛花喷头:0.8~0.9;

f——喷嘴出水口断面积(mm^2);

g——重力加速度($9.80/s^2$),

H——喷头入口水压(米水柱)。

(2) 总流量(Q)。喷泉总流量是指在某一时间同时工作的各个喷头喷出的流量之和的最大值,即

$$Q = q_1 + q_2 + \cdots + q_n$$

(3) 选择合适的进水管径(D)。管径的计算公式为

$$D = \sqrt{\frac{4Q}{\pi v}}$$

式中:D——管径(mm);

Q——总流量(m^3/s);

v——流速,通常选用 0.5~0.6m/s。

(4) 总扬程。水泵的提水高度称扬程。一般将水泵进、出水池的水位差称为净扬程,加上水流进出水管的水头损失称为总扬程。即:

总扬程=净扬程+损失扬程

其中损失扬程的计算比较复杂。对一般的喷泉可以粗略地取净扬程的 10%~30% 作为损失扬程。损失扬程估算见表 4.4。

表 4.4 损失扬程估算表

净 扬 程	损 失 扬 程
5m 以下	1m
6~10m	1~2m
11~15m	2~3m

（续表）

净 扬 程	损 失 扬 程
16～20m	3～4m
21～40m	4～8m

2）选择合适的水泵

根据以上所计算的总扬程以及水泵铭牌上的扬程，即在一定转速下效率最高时的扬程，一般称为"额定扬程"，确定合适的水泵。

（1）水泵选型。喷泉使用的水泵以离心泵、潜水泵最为普遍。

① 单级悬壁式离心泵是依靠泵内的叶轮旋转所产生的离心力将水吸入并压出，特点是扬程选择范围大，应用广泛，有 IS 型、DB 型。

② 潜水泵分为立式与卧式，使用方便，安装简单，不需要建造泵房，主要型号有 QY 型、QD 型、B 型等。潜水泵的电机必须有良好的密封防水装置。使用卧式潜水泵，可将水池内的水位降至最小值。

③ 管道泵可以用于移动式喷泵或小型喷泵，将泵体与循环水、自来水的管道直接相连，以满足喷泉扬程的需要。

（2）水泵性能。水泵选择要做到双满足，即流量满足、扬程满足。先了解水泵的性能，再结合喷泉水力计算结果，最后确定泵型。通过水泵上铭牌能基本了解水泵的规格及主要性能。

① 水泵型号。水泵型号按流量、扬程、尺寸等给水泵编号，有新旧两种型号。

② 水泵流量。水泵流量是指水泵在单位时间内的出水量，单位为 m^3/h 或 L/s。

③ 水泵扬程。水泵扬程是指水泵的总扬水高度。

④ 允许吸上真空高度。允许吸上真空高度是防止水泵在运行时产生汽蚀现象，通过试验而确定的吸水安全高度，其中已留有 0.3m 的安全距离。该指标表明水泵的吸水能力，是水泵安装高度的依据。

（3）泵型的选择。通过流量和扬程两个主要因素选择水泵，方法如下：

① 确定流量。按喷泉水力计算总流量确定。

② 确定扬程。按喷泉水力计算总扬程确定。

③ 选择水泵。水泵的选择应依据所确定的总流量、总扬程（查水泵铭牌即可）。如喷泉需用两个或两个以上水泵提水时（水泵并联，流量增加，压力不变；水泵串联，流量不变，压力增大），用总流量除水泵数得到每台水泵流量，再利用水泵性能表选泵。若两种水泵都适用，应优先选择功率小、效率高、叶轮小、重量轻的型号。

离心泵的铭牌见图 4.14。

其中，扬程：以 H 表示，单位为 mH_2O；流量：单位时间水泵的出水量，以 Q 表示。（1L/s=3600L/h=3.6m^3/h）；允许吸上真空高度：表示水泵能够吸上水的高度，为安全考虑，再加 0.3m 的安全超高，规定水泵的安装高度必须在这个真空高度范围之内；型号 IS 为国际标准单级单吸清水离心泵；100 为泵入水口直径；80 为泵出水口直径；160 为泵叶轮名义直径。

4.3.1.7　喷泉照明

喷泉照明设计已成为喷泉设计的重要内容。喷泉照明多为内侧给光，根据灯具的安装位

```
清水离心式水泵

型号 IS100−80−160A          流量 90m³/h

扬程 24 m               允许吸上真空高度 5.8m

轴功率 11kW              转速 2 900 r/min

效率 77%               重量 60kg

出厂编号 8−15            出厂日期 ××××.××
```

图 4.14 离心泵铭牌

置,可分为水上环境照明和水体照明两种方式。

水上环境照明,灯具多安装于附近的构筑物上。特点是水面照度分布均匀,色彩均衡、饱满,但往往使人们眼睛直接或通过水面反射间接地看到光源,眼睛会产生眩光。水体照明,灯具置于水中,多隐蔽,多安装于水面以下 5cm 处,特点是可以欣赏水面波纹,并能随水花的散落映出闪烁的光,但照明范围有限。喷泉配光时,其照射的方向、位置与喷水姿有关,见图4.15。喷泉照明要求比周围环境有更高的亮度,如周围亮度较大时,喷水的先端至少要有100～200lx的光照度;如周围较暗时,需要有 50～100lx 的光照度。照明用的光源以白炽灯为最,其次可用汞灯或金属卤化物灯。光的色彩以黄、蓝色为佳。配光时,还应注意防止多种色彩叠加后得到白色光,造成局部的色彩损失。一般主视面喷头背后的灯色要比观赏者旁边的灯色鲜艳,因而要将黄色等透射较高的彩色灯安装于主视面一侧,以加强衬托效果。水下灯具的电压不超过 12V。

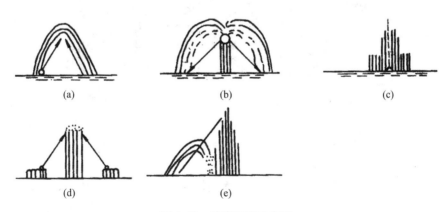

图 4.15 喷泉照明示意图

(a) 给光与喷水平行　(b) 给光与喷水溅落处　(c) 给光与喷水同向　(d) 线光与喷水顶部　(e) 给光穿过水幕照射水柱

喷泉照明线路要采用水下防水加强绝缘铜芯电缆,防水电缆要接地,且要设置漏电保护装置。采用超低压供电(交流电不超过 12V,直流电不超过 30W)。变压器采用隔离变压器。允许自动切断电源作为保护。照明灯具应密封防水,安装时必须满足施工相关技术规程。操作时要严格遵守先通水浸没灯具后开灯、先关灯后断水的操作规程。灯具要易于清洁。电源线要通过护缆塑管（或镀锌管）由池底接到安装灯具的地方，同时在水下安装接线盒，电源线的一端与水下接线盒直接相连，灯具的电缆穿进接线盒的输出孔并加以密封，并保证电缆护套管充满率不超过 45%。为避免线路破损漏电，必须经常检查。水池应常清扫换水，也可添加除藻剂。

4.3.2　落水工程

4.3.2.1　瀑布工程

1）瀑布的构成和分类

（1）瀑布的构成。瀑布是一种自然现象，是河床跌落形成，水从断裂处滚落下跌时，形成优美动人或奔腾咆哮的景观，因遥望下垂如布，故称瀑布。瀑布一般由背景、上游积聚的水源、落水口、瀑身、承水潭及下流的溪水组成（见图 4.16）。

人工瀑布常以假山上的山石、植物组成背景，以蓄水池作为上游积聚的水源（或用水泵动力提水），布置山石为落水口，通过处理山石落水口形状和组合设计瀑身形成，并在下方下设水池作为承水潭。

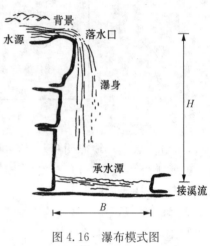

图 4.16　瀑布模式图
B—承水潭宽度　H—瀑身高度

（2）瀑布的分类。瀑布的设计形式种类比较多，如布瀑、跌瀑、线瀑、直瀑、射瀑、泻瀑、分瀑、双瀑、偏瀑、侧瀑等十几种。可从流水的跌落、瀑布口的设计形式来划分瀑布种类。

① 按瀑布跌落方式分，有直瀑、分瀑、跌瀑和滑瀑四种（见图 4.17）。

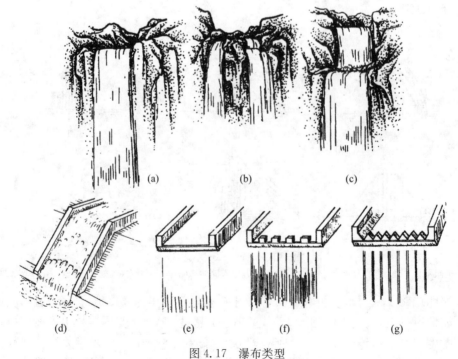

图 4.17　瀑布类型
(a) 直瀑　(b) 分瀑　(c) 跌瀑　(d) 滑瀑　(e) 布瀑　(f) 带瀑　(g) 线瀑

(a) 直瀑，即直落瀑布。这种瀑布的水流是不间断地从高处直接落入其下的池、潭水面或石面。若落在石面，就会产生飞溅的水花四散洒落。直瀑的落水能够造成声响喧哗，可为园林环境增添动态水声。

(b) 分瀑。实际上是瀑布的分流形式，因此又叫分流瀑布。它是由一道瀑布在跌落过程中受到中间物阻挡一分为二，再分成两道水流继续跌落。这种瀑布的水声效果也比较好。

(c) 跌瀑。跌瀑也称为跌落瀑布，是由很高的瀑布分为几跌，一跌一跌地向下落。跌瀑适宜布置在比较高的陡坡坡地，其水形变化较直瀑、分瀑都大一些，水景效果的变化也多一些，但水声要稍弱一点。

(d) 滑瀑，即滑落瀑布。其水流顺着一个很陡的倾斜坡面向下滑落。斜坡表面所使用的材料质地情况决定着滑瀑的水景形象。斜坡是光滑表面，则滑瀑如一层薄薄的透明纸，在阳光照射下显示出湿润感和水光的闪耀。坡面若是凸起点（或凹陷点）密布的表面，水层在滑落过程中就会激起许多水花，当阳光照射时，就像一面镶满银色珍珠的挂毯。

② 按瀑布口的设计形式来分，瀑布有布瀑、带瀑和线瀑三种（见图 4.17）。

(a) 布瀑。是瀑布的水像一片又宽又平的布一样飞落而下。瀑布口的形状设计为一条水平直线。

(b) 带瀑。带瀑是从瀑布口落下的水流，组成一排水带整齐地落下。瀑布口设计为宽齿状，齿排列为直线，齿间的间距全部相等。齿间的小水口宽窄一致，相互都在一条水平线上。

(c) 线瀑。线瀑是排线状的瀑布，水流如同垂落的丝帘，这是线瀑的水景特色。线瀑的瀑布口形状设计成尖齿状。尖齿排列成一条直线，齿间的小水口呈尖底状。从一排尖底状小水口上落下的水呈细线形。随着瀑布水量增大，水线也会相应变粗。

2) 瀑布设计

(1) 瀑布的设计要点。

① 筑造瀑布景观，应师法自然，以自然的瀑布作为参考，来体现自然情趣。

② 设计前需先行勘查现场地形，以决定瀑布大小、比例及形式，并依此绘制平面图。

③ 瀑布设计有多种形式，筑造时要考虑水源的大小、景观主题，并依照岩石组合的不同形式进行合理的创新和变化。

④ 属于平坦地形时，瀑布不要设计得过高，以免看起来不自然。

⑤ 为节约用水，减少瀑布流水的损失，可设计装置循环水流系统的水泵，见图 4.18。平时只需补充一些因蒸散而损失的水量即可。

⑥应以岩石及植物隐蔽作为出水口，切忌露出塑胶水管，否则将破坏景观的自然。

⑦ 岩石间的固定除用石与石互相咬合外，还需用钢筋、水泥强化其安全性；并应尽量以植物等掩饰，以免破坏自然山水的意境。

(2) 瀑布用水量的估算。瀑布的用水量与布身的高度有直接关系。瀑布顶蓄水池中的水向外溢，为了使水幕整齐平直，故外溢时的速度一般小于 0.9m/s。每米宽度的瀑布每秒的用水量，见表 4.5。人工建造瀑布用水量较大，因此多采用水泵循环供水。

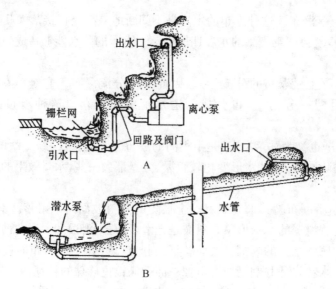

图 4.18　水泵循环供水瀑布示意

表 4.5　瀑布用水量估算表

瀑布落水高度/m	溢水厚度/mm	用水量/L·s⁻¹	瀑布落水高度/m	溢水厚度/mm	用水量/L·s⁻¹
0.30	6	3	3.00	19	7
0.90	9	4	4.50	22	8
1.50	13	5	7.50	25	10
2.10	16	6	>7.50	32	12

也可根据公式进行计算。计算公式为：

$$Q = K \times B \times H^{3/2}$$

式中：Q——用水量（L·s⁻¹）；

　　　K——系数，$K = 107.1 = 10.177H + \dfrac{14.22}{D}H$；

　　　B——全堰幅宽（m）；

　　　H——堰顶水膜厚度（m）；

　　　D——堰水槽深（m）。

3）瀑布的营建

（1）顶部蓄水池的设计。蓄水池的容积根据瀑布的流量来确定，要形成较壮观的景象，就要求其容积大；相反，如果要求瀑布薄如轻纱，容积就不必太大。蓄水池结构可参考普通水池做法，见图 4.19。

（2）堰口处理。堰口就是使瀑布的水流改变方向的山石部位。堰口处理方式不同，对瀑布形态影响很大。园林中常用青铜或不锈钢板制成堰唇，并使落水口平整、光滑，以获得平稳、薄膜状瀑布；或将堰口做拉道，凿出细沟，以获得带瀑、线瀑；也可以处理蓄水池水面与堰口之间的高差，来处理瀑布的声势。

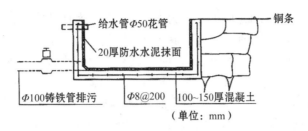

图 4.19　蓄水池结构示意

（3）瀑身设计。瀑布水幕的形态称为瀑身，它是由堰口及堰口以下山石的堆叠形式确定的。堰口处的山石虽然在一个水平面上，但水际线伸出、缩进，可以使瀑布形成的景观有层次感。瀑身设计表现了瀑布的各种水态特征。注重瀑身的变化，可创造多姿多彩的水态。瀑布不同的水幕形式如图 4.20 所示。

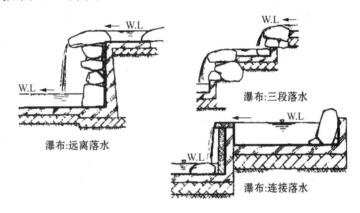

图 4.20　瀑布落水

（4）潭（承水池）。天然瀑布落水口下面多为一个潭体。在做瀑布设计时，也应在落水口下面做一个受水池。为了防止落时水花四溅，受水池的宽度不小于瀑身高度的 2/3，如图 4.16 所示。

（5）与音响、灯光的结合。利用音响效果渲染气氛．增强水声如波涛翻滚的意境。也可以把彩色的灯光安装在瀑布的对面，晚上就可以呈现出彩色瀑布的奇异景观。需要注意的是要防止水对光线的反射与折射，避免产生眩光。

4.3.2.2　跌水工程

1）跌水的特点

跌水本质上是瀑布的变异，其构筑的方法和前面的瀑布基本一样，它强调一种规律性的阶梯落水形式。跌水的外形就像一道道楼梯，外形有高有低，层次有多有少，有韵律感及节奏感，使用的材料更加自然美观，如经过装饰的砖块、混凝土、厚石板、条形石板或铺路石板等。跌水形式有规则式、自然式及其他形式。因此跌水表现出了不同形式、不同水量、不同水声丰富多彩的跌水景观。它是结合地形、美化地形的一种理想的水态，得到了很广泛的应用。

2）跌水的形式

跌水的形式有多种，就其落水的水态，一般将其分为以下几种形式：

（1）单级式跌水。单级式跌水也称一级跌水。溪流下落时，如果无阶状落差，即为单级跃水。单级跌水由进水口、胸墙、消力池及下游溪流组成。

进水口是经供水管引水到水源的出口，应通过某些工程手段使进水口自然化，如配饰山石。胸墙也称跌水墙，它能影响到水态、水声和水韵。胸墙要求坚固、自然。消力池即承水池，其作用是减缓水流冲击力，避免下游受到激烈冲刷，消力池底要有一定厚度。一般，当流量 2m³/s，墙高大于 2m 时，底厚 50cm。消力池长度也有一定要求，其长度应为跌水高度的 1.4 倍。连接消力池的溪流应根据环境条件设计。

（2）二级式跌水。二级式跌水是即溪流下落时，具有两阶落差的跌水。通常上级落差小于下级落差。二级跌水的水流量较单级跌水小，故下级消力池底厚度可适当减小。

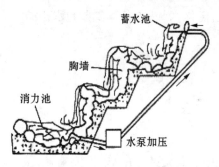

图 4.21 多级跌水

（3）多级式跌水。多级式跌水是即溪流下落时，具有三阶以上落差的跌水如图 4.21 所示。多级跌水一般水流量较小，因而各级均可设置蓄水池（或消力池），水池可为规则式也可为自然式。水池内可点铺卵石，防止上一级落水的冲击。有时为了造景需要，渲染环境气氛，可配装彩灯，使整个水景盎然有趣。

（4）悬臂式跌水。悬臂式跌水的特点是其落水口处理与瀑布落水口泻水石处理极为相似，它是将泻水石突出成悬臂状，使水能泻至池中间，因而落水更具魅力。

（5）陡坡跌水。陡坡跌水是以陡坡连接高、低渠道的开敞式过水构筑物，园林中多应用于上下水池的过渡。由于坡陡水流较急，需有稳固的基础。

4.3.3 溪流工程

溪流是指被限制在有坡度的渠道中，由于重力作用而产生自流的水。它是一种动态水景，表现了运动性、方向性、生动活泼的动态水景。溪流从其平面形状来说，是一种线形组合。除其本身的观赏价值外，在设计上可以用来串联其他不同的景观元素，形成一个连续有序的整体。溪流的水景表现，取决于水的流量、渠道的宽窄及池底的性质。上述因素的变化与组合，可以产生丰富多彩的景观变化。

4.3.3.1 溪流布置要点

布置溪流最好选择有一定坡度的基址，依流势而设计，急流处为 3% 左右，缓流处为 0.5%～1% 左右。普通的溪流，其坡势多为 0.5% 左右，宽度约 1～2m，水深 5～10cm 左右。而大型溪流如江户川区的古川亲水公园溪流，长约 1km、宽 2～4m，水深 30～50cm，河床坡度却为 0.05%，相当平缓，其平均流量为 0.5m³/s，流速为 20cm/s。

4.3.3.2 溪流设计要点

（1）明确溪流的功能，如观赏、嬉水、养殖昆虫、植物等。依照功能进行溪流水底、防护堤细部、水量、水质、流速设计调整。

（2）对游人可能涉入的溪流，其水深应设计在 30cm 以下，以防儿童溺水。同时，水底应作防滑处理。

（3）溪流的岸线要求曲折流畅，回转自如，充分考虑自然飘积的作用。曲折的岸线表现了自然界中溪流的特点，而且可丰富景观层次，组织空间变化。

（4）溪流的岸线一般不要平行，可通过岸线的自然变化，形成宽窄不同的水面，创造出开合变化的空间。在上游细窄处，形成水流湍急、浪花水声泛起的空间的动感，营造欢快、愉悦的气氛；在下游宽阔处，形成水流平缓，可以用来观鱼、戏水。

（5）在溪流中可以设置汀步和置石（如分水石、挡水石等）和浅滩，既可增加水流的变化，又丰富了水岸景观，便于游人在水边停留观赏。

（6）对溪底可选用大卵石、砾石、水洗砾石、瓷砖、石料等材料铺砌处理，以美化景观。尽管大卵石、砾石溪底不便清扫，但如适当加入砂石、种植苔藻进行处理，更会展现其自然风情，也可减少清扫次数。

（7）水底与防护堤都应设防水层，防止溪流渗漏。

（8）溪流计算。

① 流速计算。公式为：

$$v = \frac{1}{n} R^{\frac{2}{3}} i^{\frac{1}{2}}$$

式中：v——流速（m/s）；

n——河道粗糙系数（可查表），R——水力半径（m）；

i——河流比降；

$R = \frac{\omega}{x}$（ω 为过水断面，是指水流垂直方向的断面面积；x 为湿周，是指水流和岸壁相接触的周界，湿周越长，表示水流受到的阻力越大）；

$i = \frac{\Delta H}{L}$（任一河道的落差 ΔH 与河道长度 L 的比）。

当河道粗糙变化不大或河槽形状呈现出宽浅的特征时，用河道平均水深 $h_{平}$ 代替 R，

$$v = \frac{1}{n} h_{平}^{\frac{2}{3}} i^{\frac{1}{2}}$$

其中，当河道为三角形断面时，$h_{平} = 0.5h$；当河道为梯形断面时，$h_{平} = 0.6h$；当河道为矩形断面时，$h_{平} = h$；当河道为抛物线断面时，$h_{平} = h$，h 为河道的最大水深。

溪流的最大流速（m/s），其中混凝土硬质块石砌筑，$v = 8.00 \sim 10.00$；混凝土砌筑，$v = 5.00 \sim 8.00$；草皮护坡，$v = 0.8 \sim 1.00$；黏质土护坡，$v = 1.00 \sim 1.20$。

② 流量计算（m³/s）。公式为：

$$Q = \omega \times v$$

③ 溪流的流量损失。溪流的流量损失主要为渗漏。溪流的长度越长，水流量越大，土壤的渗漏性越强，流量的损失就越大。一般情况下，经过铺砌的小溪河床，其流量损失为 5%～10%；自然土壤上的溪流河床，流量损失为 30%；透水性强的河床，流量损失为 50% 左右。还需考虑 1% 左右的流水面蒸发量损失。

4.3.3.3　溪流施工技术要点

1）施工准备

主要环节是进行现场踏查，熟悉设计图纸，准备施工材料、施工机具，确定施工队伍。对施工现场进行清理平整，接通水电，搭置必要的临时设施等。

2）溪道放线

依据已确定的溪流设计图纸。用石灰、黄沙或绳子等在地面上勾画出溪流的外形轮廓，同时确定溪流循环用水的出水口和承水池间的管线走向。由于溪道宽窄变化多，放线时应加密打桩量，特别是转弯点。各桩要标注清楚相应的设计高程，变坡点要做特殊标记。

3）溪槽开挖

溪流要按设计要求开挖，最好挖掘成 U 形坑，因小溪多数较浅，表层土壤较肥沃，要注意将表土堆放好，作为溪涧种植用土。溪道开挖要求有足够的宽度和深度，以便安装散点石。值得注意的是，一般的溪流在落入下一段之前都应有至少 7cm 的水深，故挖溪道时每一段最前面的深度都要深些，以确保流水畅通和自然。溪道挖好后，必须将溪底基土夯实，溪壁夯实。如果溪底用混凝土结构，先在溪底铺 10~15cm 厚碎石层作为垫层。

4）溪底施工

（1）混凝土结构。在碎石垫层上铺上沙子（中沙或细沙），垫层 2.5~5cm，盖上防水材料（EPDM、油毡卷材等），然后现浇混凝土（水泥标号、配比参阅水池施工），厚度 10~15cm（北方地区可适当加厚），其上铺水泥砂浆约 3cm，然后再铺素水泥浆 2cm，按设计放入卵石即可。

（2）柔性结构。如果小溪较小，水又浅，溪基土质良好，可直接在夯实的溪道上铺一层 2.5~5cm 厚的沙子，再将衬垫薄膜盖上。衬垫薄膜纵向的搭接长度不得小于 30cm，留于溪岸的宽度不得小于 20cm，并用砖、石等重物压紧。最后用水泥砂浆把石块直接粘在衬垫薄膜上。

5）溪壁施工

溪岸可用大卵石、砾石、瓷砖、石料等铺砌处理。和溪道底一样，溪岸也必须设置防水层，防止溪流渗漏。如果小溪环境开朗，溪面宽、水浅，可将溪岸做成草坪护坡，且坡度尽量平缓。临水处用卵石封边即可。

6）溪道装饰

为使溪流更自然有趣，可用较少的鹅卵石放在溪床上，这会使水面产生轻柔的涟漪。同时按设计要求进行管网安装，最后点缀少量景石，配以水生植物，饰以小桥、汀步等小品。

7）试水

试水前应将溪道全面清洁和检查管路的安装情况。而后打开水源，注意观察水流及岸壁，如达到设计要求，说明溪道施工合格。

溪流剖面构造图做法，如图 4.22、图 4.23 所示。

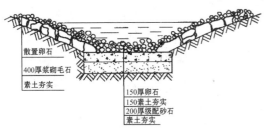

图 4.22　卵石护坡小溪结构图

图 4.23　自然山石草护坡小溪结构图

4.4　园林水景设计与施工案例

4.4.1　水池设计案例

图 4.24 为湖南某高校中心广场水池。该水池位于广场中心,三面被建筑围合。其设计采取中国传统"天圆地方"的思想,平面轮廓简洁大方,体量适中,方形水池中设一圆岛,成为该广场视觉的焦点。水池池壁池底都采用钢筋混凝土结构,池壁压顶采用花岗岩,底部紧贴地面,以方便游人观赏。图 4.25 为水池平面及剖面设计图。

图 4.24　湖南某高校中心广场水池

4.4.2　喷泉设计步骤及实例

4.4.2.1　设计步骤

喷泉的设计应按以下步骤进行:水姿造型设计;喷头的选择;确定喷头个数;水力计算;选泵;配管;绘制喷泉管线布置图。

4.4.2.2　工程实例

以北京某宾馆喷泉水景工程为例。

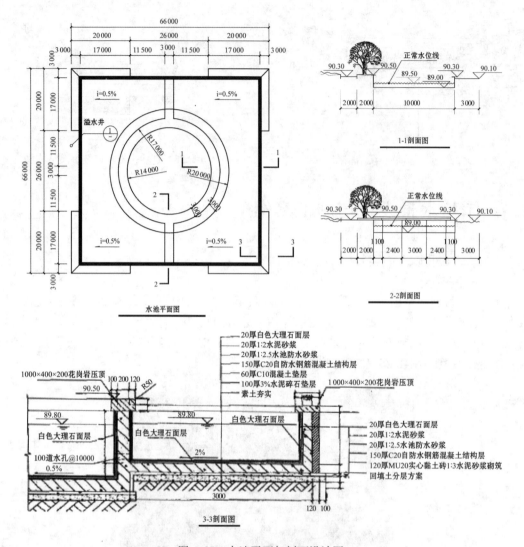

图 4.25　水池平面与剖面设计图

1）喷泉环境

该喷泉位于宾馆大门前的小广场上，成为广场的构图中心。由于大门距街道较近，喷泉的观赏距离较近，视野不够开阔。

2）造型选择

分析所在环境，喷泉不宜选择太大的水池和太高的水柱。水池直径 14m，类似马蹄形，内池直径 8m，池壁用花岗岩砌筑。在内池的正中交错布置三排冰塔水柱，最大高度 2.90m，沿圆周设有 83 个直流水柱，喷向池中心。落入池内的水流沿内池池壁溢入外池，在池壁上形成一周壁流。

为防止外池的水流溅出池外弄湿水池两边的主要通道，外池内布置了不易溅水的牵牛花形和涌泉形水柱。

为增加水景的层次，在内外池之间增设了一个矩形小水池，内设涌泉水柱。

为适应宾馆傍晚活动较多的特点,在水池内设有三色水下彩灯。水姿和彩灯均利用可编程序控制器进行程序控制。

喷泉的平、立面效果图如图 4.26 所示。

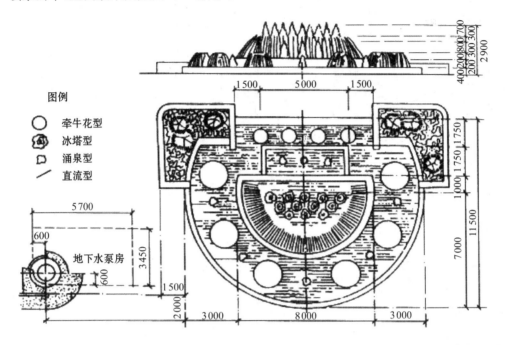

图 4.26 喷泉平、立面效果图

3) 喷泉管线的布置要点

管道、设备的平面布置图,见图 4.27。

(1) 管道安装宜先安装主管,后安装支管。管道位置和标高应符合设计要求。

(2) 水平安装配水管网管道时,应有 2‰～5‰ 的坡度朝向泄水点。

(3) 管道下料时,管道切口应平整,并与管中心垂直。

(4) 各种材质的管材连接应保证不渗水。

(5) 水景潜水泵安装应符合下列规定:潜水泵应采用法兰连接;同组喷泉用的潜水泵应安装在同一高程;潜水泵轴线应与总管轴线平行或垂直;潜水泵淹没深度小于 50cm 时,在泵吸入口处应加装防护网罩;潜水泵电缆应采用防水型电缆,控制开关应采用漏电保护开关。

(6) 浸入水中的电缆应采用 24V 低电压电缆,水下灯具和接线盒应满足密封防渗要求。

(7) 喷泉喷头安装应符合下列规定:管网应安装完成试压合格并进行冲洗后,方可安装喷头;喷头前应有长度不小于 10 倍喷头公称尺寸的直线管段或设整流装置;确定喷头距水池边缘的合理距离。

4) 主要工艺设备

根据水景工程的造型设计要求,所选的主要喷头和设备见表 4.6。喷头总数 113 个,水下彩灯 37 盏,卧式循环水泵两台,泵房排水潜污泵一台,电动蝶阀 6 个。循环总流量约 300L/s,耗电总功率 62kW。管道、设备的平面布置图见图 4.27。

表 4.6　主要工艺设备表

编号	名称	规格/mm	数量	编号	名称	规格/mm	数量
1	牵牛花喷头	φ50	6	16	水泵吸水口	φ100	2
2	牵牛花喷头	φ40	4	17	水池泄水口	φ100	1
3	涌泉喷头	φ25	8	18	水池溢水口	φ100	1
4	冰塔喷头	φ75	5	19	水泵	10Sh—19	1
5	冰塔喷头	φ50	4	20	水泵	10Sh—19A	1
6	冰塔喷头	φ40	3	21	潜污泵		1
7	直流喷头	φ15	83	22	电动磁阀	φ100	1
8	水下彩灯（黄）	P200W	6	23	电动磁阀	φ150	1
9	水下彩灯（绿）	P200W	6	24	电动磁阀	φ150	1
10	水下彩灯（黄）	P200W	5	25	电动磁阀	φ100	1
11	水下彩灯（绿）	P200W	4	26	电动磁阀	φ150	1
12	水下彩灯（红）	P200W	8	27	电动磁阀	φ150	1
13	水下彩灯（黄）	P200W	8	28	闸阀	φ50	1
14	浮球阀	DN50	1	29	闸阀	φ100	1
15	水泵排水口	DN32	1				

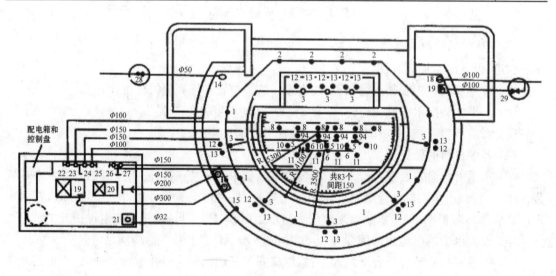

表 4.27　喷泉管道、设备平面布置图

5）运行控制

根据水流变换要求和喷头所需的水压要求，将所有喷头分成六组，每组有专用管道供水，分别用六个电动蝶阀控制水流，每个电动蝶阀只有开关两个工位，利用可编程序控制器控制开关变化。随着水流的变换，水下彩灯也相应开关变化，使喷泉的水姿和照明按照预先输入的程序变换。喷泉程序控制见表 4.7。

表 4.7　喷泉程序控制表

名称	编号	数量	时间/s
			5 10 15 20 25 30 35 40 45 50 55 60 65 70 75 80 85 90 95 100 105 110 115 120
水泵	19	1	
	20	1	
电动磁阀	22	1	
	23	1	
	24	1	
	25	1	
	26	1	
	27	1	
水下彩灯	12	8	
	13	8	
	18	6	
	19	5	
	10	5	
	11	4	

4.4.3　人工浮岛

4.4.3.1　浮岛定义

浮岛原本是指由于泥炭层向上浮起作用,使湖岸的植物一部分被切断,漂浮在水面的一种自然现象。在这里介绍的浮岛是一种像筏子似的人工浮体,在这个人工浮体上栽培一些芦苇之类的水生植物,放在水里,是一种经过人工设计建造、漂浮于水面上,供动、植物和微生物生长、繁衍、栖息的生物生态设施。浮岛在栽植植物后具有改善景观、净化水质、创造生物生息空间、消波护岸等综合性功能。目前在园林行业主要应用在有景观要求的河流湖泊、水体富营养的池塘、水位波动较大的水库等水域。

4.4.3.2　浮岛的作用

1)水质净化

人工浮岛的水质净化针对富营养化的水质,利用生态工学原理,降解水中的 COD、氮、磷的含量。根据有关研究资料,湖沼沿岸植物带的水质净化要素有以下 7 个:植物茎等表面对生物特别是藻类的吸附;植物的营养吸收;水生昆虫的摄饵、羽化等;鱼类的摄饵、捕食;防止已沉淀的悬浮性物质再次上浮;日光的遮蔽效果;在湖泥表面的除氮。

2)创造生物(鸟类、鱼类)的生息空间

人工浮岛本身具有适当的遮蔽、涡流、饲料等效果,构成了鱼类生息的良好条件。实际的调查表明,在设施周围、人工浮岛的下面聚集着大量的各类鱼种,均为生下来不到一年的幼鱼。有关人工浮岛上的鸟类研究相对比较多,发现一些鸟类的巢穴。有时为了吸引某种鸟在岛上搭窝,根据该鸟的筑巢习惯在人工浮岛上进行特殊布置,为该鸟创造筑巢的条件。

3）改善景观

浮岛可以改变单一的水面景观，能够在水体中产生倒影等优美景象，见图4.28。

图4.28　浮岛的景观

4）消波效果对岸边构成保护作用

人工浮岛在水位波动大的水库或因波浪的原因难以恢复岸边水生植物带的湖沼，或是在有景观要求的池塘等闭锁性水域得到广泛的应用。

4.4.3.3　浮岛的构造

1）构造分类

人工浮岛可分为干式和湿式两种。水与植物接触的为湿式，不接触的为干式。干式浮岛因植物与水不接触，可以栽培大型的木本、园艺植物，通过不同木本的组合，构成良好的鸟类生息场所，同时也美化了景观。但这种浮岛对水质没有净化作用。一般这种大型的干式浮岛是用混凝土或是用发泡聚苯乙烯做的。湿式浮岛里又分有框架和无框架两种。有框架的湿式浮岛，其框架（植物栽培基盘）一般用纤维强化塑料、不锈钢加发泡聚苯乙烯、特殊发泡聚苯乙烯加特殊合成树脂、盐化乙烯合成树脂、混凝土等材料制作。目前，湿式有框架型的人工浮岛占70％。无框架浮岛一般是用椰子纤维编织而成，对景观来说较为柔和，又不怕相互间的撞击，耐久性也较好，但植物栽培基盘用椰子树的纤维、渔网之类的材料与土壤混合在一起，由于装入土壤会增加重量且加速水质恶化，目前使用较少，只有20％左右。也有用合成纤维作植物的基盘，然后用合成树脂包起来的人工浮岛法。

2）大小和形状

一个浮岛的大小一般来说边长1～5m不等，考虑到搬运性、施工性和耐久性，边长2～3m的比较多。形状以四边形的居多，也有三角形、六角形或各种不同形状组合起来的。以往施工时单元之间不留间隙，现在趋向各单元之间留一定的间隔，相互间用绳索连接（连接形式因人工浮岛的制造厂家的不同而各异）。这样做有4点优势：可防止由波浪引起的撞击破坏；可为大面积的景观构造降低造价；单元和单元之间会长出浮叶植物、沉水植物，丝状藻类等也生长茂盛，成为鱼类良好的产卵场所、生物的移动路径；有水质净化作用。

3）人工浮岛的水下固定设计

人工浮岛的水下固定设计是一个较为重要的设计内容，既要保证浮岛不被风浪带走，还要保证在水位剧烈变动的情况下，能够缓冲浮岛和浮岛之间的相互碰撞。水下固定形式视地基状况而定,常用的有重量式、锚固式、杆定式三种方式,见图 4.29。另外,为了缓解因水位变动引起的浮岛间的相互碰撞,一般在浮岛本体和水下固定端之间设置一个小型的浮子。

图 4.29 人工浮岛的水下固定方式

4)布设规模

人工浮岛的布设规模因目的的不同,规模也不同,到目前还没有固定的公式可套。研究结果表明,提供鸟类生息环境至少需要 1 000m² 的面积;以净化水质为目的必须覆盖水面的 30%;以景观为主要目的的浮岛,应在视角 10°~20°的范围内布设。

5)人工浮岛的造价

人工浮岛的造价比较高,一般在 2 000~3 000 元/m²。

4.4.4 人工湿地池

4.4.4.1 人工湿地池的定义

人工湿地是从生态学原理出发,运用生态工程净化技术,模仿自然生态系统,将土壤、沙、石等材料按一定的比例组合成基质,并在其上栽植一定数量根系发达、景观效果良好的水生植物,形成类似自然湿地的新型水质净化系统。人工湿地池可运用园林景观设计方法设计布置。植物材料有芦苇、美人蕉、灯芯草、风车草、花叶芦竹、溪荪等景观效果优良的水湿植物。

4.4.4.2 人工湿地池的构成

(1)可以根据需净化的总水量与人工湿地单位面积的净化能力,设计净化池,也可以设计成景观池塘等。人工湿地池分为下行水流和上行水流两个水池,底部和四周池壁以混凝土和砖墙封闭,每个池自下而上分层铺设砾石、沙作为基质。上池沙基质表面下方均匀排布分水管,下池集水管埋于基石中。沙表面种植植物,沙中生长微生物(见图 4.30)。

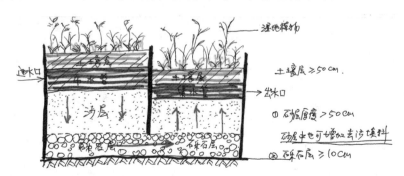

图 4.30 人工湿地池净化水质示意

（2）通过潜水泵将富营养化输送并注入到生态缓冲池（可全天自动间歇式注水），再由布水管道均匀流入布水池，向下沉淀，经布水池底部流入集水池。富营养化在生态池中停留 3 天，在这个过程中营养物质被植物—微生物复合系统吸收、分解。净化后的水最后借助相对高程又流回。

思考题

1. 水景在园林中有何作用？
2. 飘积理论的内涵是什么？在水景工程中如何运用飘积理论？
3. 人工湖的布置要点和施工要点有哪些？
4. 设计一水池并绘出平面图、立面图、剖面图。
5. 溪流工程设计的要点、施工注意事项有哪些？
6. 瀑布的构成有哪些？瀑布设计的要点有哪些？
7. 现代喷泉有哪些类型？简述程控喷泉的组成。
8. 结合实践，设计一个人工浮岛。

5 假山工程

【学习重点】

　　本章的主要内容为假山工程的基本知识、天然假山工程的设计与施工程序、人工假山工程的设计与施工程序、假山施工图的绘制方法，了解对假山历史、假山功能的学习，掌握假山设计工程设计的原则和方法、天然假山和人造假山常用材质和施工工艺、绘制假山施工图的方法。

5.1 假山工程的概述

　　假山工程是一门专业性、技术性极强的工程，它需要工程施工技术和力学的基本知识，造型艺术的理解和修养。

5.1.1 假山的定义、历史及发展

5.1.1.1 假山的定义

　　假山是指用人工堆起来的山，是从真山演绎而来的。人们通常称呼的假山实际上包括假山和置石两部分。假山是以造景游览为主要目的，充分结合其他多方面的功能作用，以土、石为材料，以自然山水为蓝本并加以艺术的提炼和夸张，人工再造的山水景物的通称。假山体量大而集中，可观可游，使人有置身于自然山林之感。置石是以山石为材料作独立性或附属性的造景布置，主要表现山石的个体美或局部的组合而不具备完整的山形。置石体量较小而分散，主要以观赏为主，发挥一些功能方面的作用。

5.1.1.2 假山的历史及发展

　　山与水是人类赖以生存的物质基础，也是自然界中最富魅力的基本景观。我国把山石作为审美对象并加以欣赏、歌颂和赞美由来已久。老子说"上善若水""上德若谷"（《道德经》）；孔子说"智者若水，仁者乐山"（《论语》）。至秦汉时，帝王为追求长生不老，便在御苑中仿东海神岛营造太液池，池中筑有蓬莱、方丈、瀛洲等仙山，此后"一池三山"成了后代帝王御苑的滥觞，同时也开创了中国造园史上堆叠假山的先河。西汉富人袁广汉和梁孝王刘武都在园林中堆石

叠山；北魏张伦所造的景阳山更是以"重岩复岭嵌接相属、深洞丘壑透迤连接"而闻名遐迩；而宋徽宗赵佶的艮岳，以帝王之力，营造了模仿天下名山的大型假山景观，堪称是中国园林假山的典范之作。至明清，在园林中叠石为山相沿成风，现存著名的如避暑山庄的金山亭、北海的静心斋、苏州的狮子林、扬州的个园等。

园林假山的营建自然离不开专业的匠师，在我国的造园史上，曾出现过一大批造园叠山的大师，尤其是从明代万历年间到清代乾嘉之交的 200 多年里，更是群星璀璨、人才辈出，周秉忠、周廷策、张南垣、张然、陆俊卿、陈似云、许晋安、陆叠山、张国泰、戈裕良等造园叠山大师就是这群星中最耀眼的几颗；上海豫园的大黄石假山、苏州环秀山庄的太湖石假山、苏州惠荫园水假山等实物，及文震亨的《长物志》、计成的《园冶》、李渔的《闲情偶记》等造园学和关于起居环境装饰美化的专著都为我们留下了一份丰厚的遗产。

5.1.2　假山在园林中的作用及应用

5.1.2.1　作为自然山水园的主景和地形骨架

以山为主景，或以山石为驳岸的水池作主景，整个园林的地形骨架、起伏、曲折皆以此为基础来变化，如金代在太液池中用土石相同的手法堆叠的琼华岛（今北京北海公园中的塔山）、明代南京徐达王府之西园（今南京之瞻园）、明代所建今上海豫园、清代扬州之个园和苏州的环秀山庄等。这类园林实际上是假山园，总体布局都是以山为主，以水为辅，其中建筑并不一定占主要的地位。江南园林中也常用孤置山石作为庭院的主景，如苏州留园的冠云峰、上海豫园的玉玲珑所在的庭院。

5.1.2.2　作为园林划分空间和组织空间的手段

中国园林善于运用"隔景"的手法，根据用地功能和造景特色将园林化整为零，形成丰富多彩的景区。这就需要划分和组织空间。划分空间的手法很多，其中利用假山划分空间是从地形骨架的角度来划分，具有自然和灵活的特点，特别是山水相映成趣地结合来组织空间，使空间更富于性格的变化。建于清代的圆明园（集锦式布局）和苏州的拙政园、网师园就是运用假山来组织和划分空间的很好例证。假山在组织空间的同时可以灵活运用障景、对景、背景、框景、夹景等手法；可以通过假山来转换建筑空间轴线，或在两个不同类型的景观空间之间运用假山实现自然过渡。如颐和园中仁寿殿和昆明湖之间的地带是宫殿区与居住、游览区的交界，这里用土山带石的做法堆了一座假山，该假山在分隔空间的同时结合了障景处理，在宏伟的仁寿殿后面把园路收缩得很窄，并采用"之"字线形穿山而形成谷道，一出谷口则辽阔、疏朗、明亮的昆明湖突然展开在面前。这种"欲放先收"的造景手法取得了很好的实际效果。此外，如拙政园枇杷园和远香堂、腰门一带的空间用假山结合云墙的方式划分空间，从枇杷园内通过园洞门北望雪香云蔚亭，又以山石作为前置夹景，都是成功的例子。

5.1.2.3　运用山石小品作为点缀园林空间和陪衬建筑、植物的手段

山石的这种作用在我国南、北方各地园林中均有所见，尤以江南私家园林运用最广泛。如苏州留园东部庭院基本上是用山石和植物装点的，有的以山石作花台，或石峰凌空，或藉粉墙

前散置,或竹、石结合作为廊间转折的小空间和窗外的对景(见图5.1)。例如"揖峰轩"这个庭院,在大天井中部立石峰,天井周围的角落里布置自然多变的山石花台。游人环游其中,一个石景往往可以兼做几条视线的对景。石景又以漏窗为框景,增添了画面层次和明暗的变化。此处庭院仅仅四五处山石小品布置,却由于游览视线的变化而得到几十幅不同的画面效果。这种"步移景异""小中见大"的手法主要是运用山石小品来完成的。足见利用山石小品点缀园景具有"因简易从,尤特致意"的特点。

图5.1　山石点缀空间、陪衬建筑

5.1.2.4　用山石做驳岸、挡土墙、护坡和花台等

在坡度较陡的土山坡地常散置山石以护坡。这些山石可以阻挡和分散地面径流,降低地面径流的流速从而减少水土流失。例如北海琼华岛南山部分的群置山石、颐和园龙王庙土山上的散点山石等都有减少冲刷的效用。在坡度更陡的山上往往开辟成自然式的台地,在山的内侧所形成的垂直土面多采用山石做挡土墙,如图5.2所示。自然山石挡土墙的功能和整形式挡土墙的基本功能相同,而在外观上曲折、起伏、凹凸多致。例如颐和园"圆朗斋""写秋轩"、北海的"酣古堂""宙鉴室"周围都是自然山石挡土墙的佳品。

图5.2　山石作挡土墙

在用地面积有限的情况上要堆起较高的土山,常利用山石作山脚的藩篱,这样就可以缩小土山所占底盘面积而又具有相当的高度和体量。如颐和园仁寿殿西面的土山、无锡寄畅园西岸的土山都是采用这种做法。江南私家园林中还广泛地利用山石作花台养殖牡丹、芍药和其他观赏植物,并用花台来组织庭院中的游览路线,或与壁山结合,或与驳岸结合,在规整的建筑

范围中创造自然、疏密的变化。

假山和置石的功能与作用都是和造景密切结合的，它们可以因高就低，随形赋形，并与园林中其他造景要素如建筑、道路、植物等组成各式各样的园景，使人工建筑物和构筑物自然化，减少建筑物某些平板、生硬的线条的缺陷，增加自然、生动的气氛。

5.1.2.5   作为室外自然式的家具或器设

在室外用自然山石作石桌、石几、石凳、石栏等，既不怕日晒夜露，又可结合造景。山石还用作室内外楼梯（称为云梯）、园桥、汀石等，见图5.3。

图5.3   山石作器设

5.1.3   假山的常见分类

假山就是指由人工堆叠起来的山体，用料不外乎土、石，所以假山的类型大致可分为以下几种：

5.1.3.1   土山

土山就是不用一石而全用堆土的假山。现在一说假山，好像是专指叠石为山，其实假山本来是从土山开始，逐步发展到叠石的。李渔在其《闲情偶记》中说："用以土代石之法，既减人工，又省物力，且有天然委曲之妙，混假山于真山之中，使人不能辨者，其法莫妙于此。"土山利于植物生长，能形成自然山林的景象，极富野趣，所以在现代城市绿化中有较多的应用。但因江南多雨，土山易受冲刷，故而多用草坪及地被植物等护坡。在古代园林中，现存的土山则大多仅为整个山体的一部分，而非全山，如苏州拙政园雪香云蔚亭的西北隅。

5.1.3.2   石山

石山是指全部用石堆叠而成的假山。因石山用石极多，所以其体量一般都比较小，李渔所说的"小山用石，大山用土"就是个道理。小山用石，可以充分发挥叠石的技巧，使它变化多端，耐人寻味，况且在小面积范围内，聚土为山必难成山势，所以庭院中缀景大多用石，或当庭而立，或依墙而筑，也有兼做登楼的蹬道，如苏州留园明瑟楼的云梯假山等。

5.1.3.3 土石山

土石山是最常见的园林假山形式,土石相见,草木相依,便富自然生机。尤其是大型假山,如果全用山石堆叠,容易显得琐碎,加上草木不生,即使堆得嵯岈屈曲,终觉有骨无肉,所以李渔说:"掇高广之山,全用碎石,则如百衲僧衣,求一无缝处而不得,此其所以不耐观也。"(《闲情偶记》)如果把土与石结合在一起,使山脉石根隐于土中,泯然无迹,而且还便于植树,树石浑然一体,山林之趣顿出。土石相间的假山主要有以石为主的带(戴)土石山和以土为主的带(戴)石土山。

1) 带土石山

带土石山又称石包山。此类假山先叠石为山成为骨架,然而再覆土,土上再植树种草。带土石山有两种结构,一类是在主要观赏面堆叠石壁洞壑,山顶和山后覆土,如苏州艺圃和怡园的假山;另一类是山的四周及山顶全部用石,或用石较多,只留树木的种植穴,而主要观赏面无洞,形成整个石包土格局,如苏州留园中部的池北假山。

2) 带石土山

带石土山又称土包石。此类假山以堆山为主,只在山脚或山的局部适当用石以固定土壤,并形成优美的山体轮廓。如沧浪亭的中部假山,山脚叠以黄石,蹬道盘纡其中,可形成林木蔚然而深秀的山林景象。

此外,在园林中还可以根据选用的石料,按布置形式的不同分为缀山(同前所述石山)、孤置(石型较好,可以独立放置观赏)、群置(石料按设计要求,在一定区域内有主次关系的布置)、对置(左右各放置一组,形式上的均衡)、散置(按设计要求,在一定区域内点缀的布置)等。

5.2 假山工程的设计与施工程序

5.2.1 天然石假山的设计与施工

5.2.1.1 天然石假山的材料

1) 湖石类

湖石因其产于湖泊而得名。湖石从质地与颜色来分有两种:一种产于湖中,是湖相沉积的粉砂岩,颜色浅灰中泛出白色,色调丰润柔和;另一种产于石灰岩地区的山坡、土中或河流边,是石灰岩经地表水风化溶蚀而生成的,其颜色多为青灰色或黑灰色,质地坚硬。湖石由于水的冲击和溶蚀作用,被塑造成为具有穴、窝、坑、环、沟、孔、洞的变异极大的石形,其外形圆润、柔曲,石内玲珑剔透,断裂之处则呈尖月或扇形。湖石的这些形态决定了它特别适于用作特置的单峰石和环透式假山。清代以来公认的四大园林名石(太湖石、英石、灵璧石、黄蜡石)中多为湖石。

湖石在我国分布很广,在不同的地方和不同的环境中生成的湖石其色泽、纹理、质地和形态方面有些差别。常见的湖石有太湖石、房山石、仲宫石、英德石、灵璧石、宣石等。

(1) 太湖石。太湖石原产于苏州所属太湖中的西洞庭山,在江南园林中运用最为普遍,是历史上开发较早的一类山石。古代从帝王宫苑到私人宅园多以太湖石炫耀家门，我国著名的宋代寿山艮岳收集的奇石就多为太湖石。"皱、漏、透、瘦"为其主要审美特征。太湖石质坚而

脆，属于石灰岩，多为灰色，少见白色、黑色，如图5.4所示。石灰岩长期经受波浪的冲击以及含有二氧化碳的水的溶蚀，其纹理纵横、脉络显隐。石面上遍多坳坎，称为"弹子窝"，扣之有微声，还很自然地形成沟、缝、穴、洞，有时窝洞相套，玲珑剔透，如天然的雕塑品，观赏价值比较高，因此常选其中形体险怪、嵌空穿眼者作为特置石峰。太湖石在水中和土中皆有所产。产于水中的太湖石色泽于浅灰中露白色，比较丰润、光洁，也有青灰色的，具有较大的皱纹而少有细的褶皱。产于土中的湖石于灰色中带青灰色，性质比较枯涩而少有光泽，遍多细纹，好像大象的皮肤一样，也称为"象皮青"。太湖石大多是从整体岩层中选择开采出来的，其靠山面必有人工采凿的痕迹。江南其他湖泊区也有出产，和太湖石相近的有宜兴石（即宜兴张公洞、善卷洞一带山中）、南京附近的龙潭石和青龙山石。

图5.4　太湖石

（2）房山石。房山石原产于北京房山县大灰厂一带山中，称为"北太湖石"。房山石为石灰岩质地，坚硬，重量大，有一定韧性。其石形像太湖石一样具有涡、穴、沟、环、洞的变化，但多密集小孔而少大洞，外观比较浑厚、稳重。新采的山石带有泥土的红色，日久则石面带灰黑色，如图5.5所示。

图5.5　房山石

图5.6　英德石

（3）英德石。英德石又称英石，原产于广东英德市。英德石是石灰岩碎块被雨水淋溶和埋在土中被地下水溶蚀所生成的，质地坚硬，脆性较大。其石形轮廓多转角，石面形状有巢状、绉状等，绉状中又分大绉和小绉，以玲珑精巧者为佳，如图5.6所示。淡青灰色，有的间有白脉笼络。多为中、小形体。根据色泽的差异，可分为白英、灰英和黑英。灰英居多，白英和黑英罕见。岭南园林中常用掇山或作几案石品、盆景用石。

（4）灵璧石。灵璧石原产于安徽省灵璧县。石产土中，被赤泥渍满，需刮洗方显本色。其石呈灰色而甚为清润，质地亦脆，用手弹有共鸣声。石面有坳坎的变化，石形千变万化，但其很少有宛转回折之势，需用人工以全其美，如图5.7所示。灵璧山石可作为山石小品，大多作为盆景石玩。

图 5.7　灵璧石

图 5.8　宣石

（5）宣石。宣石原产于安徽宁国县。宣石其色有如积雪覆于灰色石山，也由于为赤土积渍，因此又带些赤黄色，非刷净不见其质，所以越旧越白。宣石质地坚硬，石面常有明显的棱角，如图 5.8 所示。扬州个园的冬山就采用宣石来象征冬季的雪景，效果很好。

2）黄石

黄石因色而得名，一般为橙色，属于一种黄色的细砂岩。黄石产地很多，以江苏常熟虞山的黄石最为著名，苏州、常州、镇江等地皆有所产。其石形体方正，见棱见角，节理面相互垂直，雄浑沉实。黄石方正大方，立体感强，块钝而棱锐，具有强烈的光影效果，给人以方正、稳重和顽劣感，是堆叠大型石山常用的石材之一，如图 5.9 所示。明代所建上海豫园的大假山、苏州耦园的假山和扬州个园的秋山均为黄石叠成的佳品。

图 5.9　黄　石

3）青石

青石是一种青灰色的细砂岩，产于北京西郊洪山口一带，在北京园林假山叠石中常见。青石质地纯净而少杂质。由于是沉淀而形成的岩石，石内有一些水平层理，水平层的间隔一般不大，所以其形体多呈片状，故有"青石片"之称，如图 5.10 所示。青石的节理面不像黄石那样有规整和相互垂直的纹理，但也有相互交叉的斜纹。北京圆明园"武陵春色"的桃花洞、北海的濠濮涧和颐和园后湖局部都用青石为材料来掇山。

4）石笋石

石笋石是外形修长如竹笋的一类山石的总称(见图 5.11)。这类山石产于浙江与江西交界的常山和玉山一带。石皆卧于山土中，采出后直立地上，园林中常作独立小景布置，如个园的春山等。常见石笋石有 4 种：白果笋、乌炭笋、慧剑、钟乳石笋。

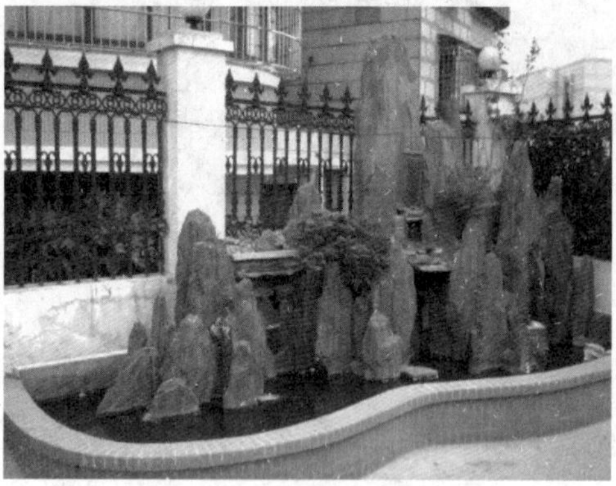

图 5.10 青石

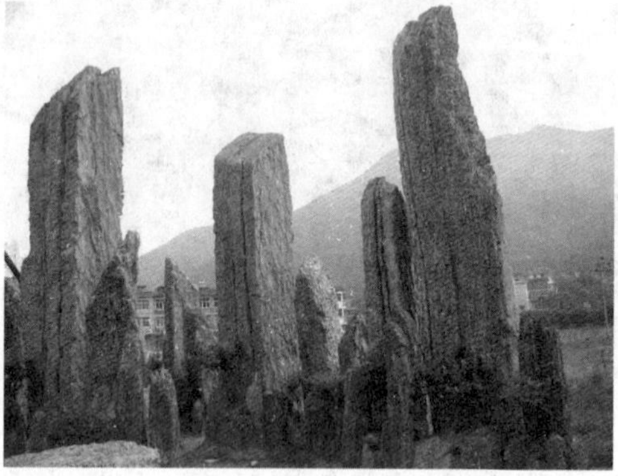

图 5.11 石笋石

(1) 白果笋。白果笋是一种长形的砾岩岩石，在青灰色的细砂岩中沉积了一些卵石，犹如银杏所产的白果嵌在石中，因此而得名。有时把大而圆的头向上的称为“虎头笋”，而上面尖而小的称为“凤头笋”。白果笋质重而脆，石形修长呈条柱状。石面上“白果”未风化的，称为龙岩；岩石面砾石已风化成一个个小穴窝的，则称为凤岩。北方称白果笋为“子母石”或“子母剑”。“剑”喻其形，“子”即卵石，“母”是细沙母岩。这种山石在我国园林中均有所见。

(2) 乌炭笋。乌炭笋是一种乌黑色的石笋，比煤炭的颜色稍浅而无光泽。如用浅色景物做背景，乌炭笋的轮廓就更清新。

(3) 慧剑。慧剑是指一种青灰色、水灰青色的石笋。北京颐和园前山东腰有高达数丈的大石笋就是这种“慧剑”。

(4) 钟乳石笋。钟乳石笋是将石灰岩经溶解沉积形成的钟乳石倒置，或将石笋正放用以点缀景色。北京故宫御花园中有用钟乳石笋作特置小品的。

5）黄蜡石

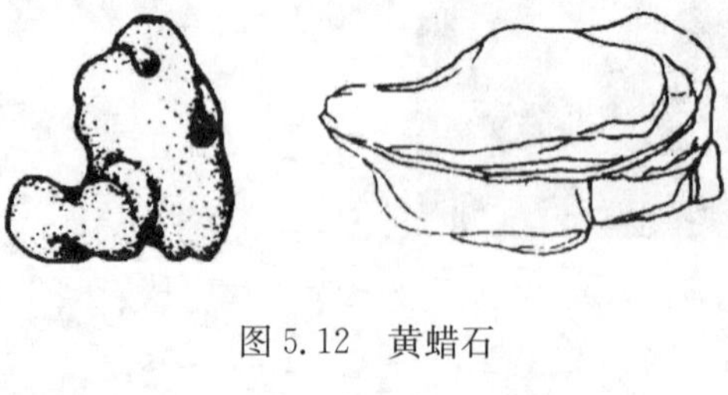

图 5.12 黄蜡石

黄蜡石属于变质岩的一种，主要由酸性火山岩和凝灰岩经热液蚀变而生成，在某些铝质变质岩中也有产出。黄蜡石产地分布在我国南方各地。黄蜡石有灰白、浅黄、深黄等色，有蜡状光泽，圆润光滑，质感似蜡，如图 5.12 所示。黄蜡石有石形圆浑和大卵石状，但并不为卵形、圆形或长圆形，而多为抹圆角有涡状凹陷的各种异形块状，也有呈长条状的。此石以石形变化大而无破损、无灰砂、表面滑若凝脂、石质晶莹润泽者为上品，即石形要“皱、透、溜、哞”。此石宜条、块配合使用，若与植物一起组成庭院小景则更有富于变化的景观组合效果。

6）钟乳石

钟乳石是石灰岩被水溶解后又在山洞、崖下沉淀生成的一种石灰岩，多为乳白色、乳黄色、土黄色,如图 5.13 所示。质优者洁白如玉,为石景珍品;质色稍差者可作假山。钟乳石质重、坚硬、石形变化大,常见的形状有石钟乳、石幔、石柱、石笋、石兽、石蘑菇、石葡萄等。石内较少孔洞,石的断面可见同心层状构造。钟乳石的形状千奇百怪,石面肌理丰腴,用水泥砂浆砌假山时附着力强,山石结合牢固,山形可根据设计需要随意变化。钟乳石广泛出产于我国南方和西南地区,只要是地下水丰富的石灰岩山区,都有钟乳石产出。

图 5.13　钟乳石

7）水秀石

水秀石又名砂积石、崖浆石、透水石、吸水石、芦管石、麦秆石等。水秀石是石灰岩的砂泥碎屑随着富含溶解状碳酸钙的地表水被冲到低洼地、山崖下,而沉淀、凝结、堆积下来的一种次生岩石,也属于石灰华一类。此石黄白色、土黄色至红褐色,质较轻,粗糙,疏松多孔,如图5.14 所示。石内常含草根、苔藓及枯枝化石和树叶印痕等。石面形状变化大,多有纵横交错的树枝、草秆化石及杂骨状、粒状、蜂窝状等凹凸形状。水秀石由于石质不硬,容易进行雕琢加工,也容易用铁耙钉打入石面而固定山石,因此施工十分方便。其石质有一定吸水性,对植物生长也很有利,因此水秀石也是一种很好的假山材料。水秀石的出产地区与钟乳石相同。

图 5.14　水秀石

8）卵石

卵石又名石蛋,产于河床之中或海边,属于多种岩石类型,如花岗石、砂岩、流纹岩等。卵石的颜色很多,白、黄、红、绿、蓝各色都有。由于流水的冲击和相互摩擦作用,石的棱角磨去而变成卵圆形、长圆形或圆整的异形,见图 5.15。这类石头由于石形浑圆,不易进行石间组合,因此一般不用作假山石,而是用在园路边、草坪上、水池边作为石景或石凳石桌,也可以在棕树、蒲葵、芭蕉、海芋等植物的下面配合景石与植物小景。卵石主要产于山区河流的下游地区。卵石在岭南园林中运用比较广泛,如广州动物园的猴山、广州烈士陵园等。

9）云母片石

云母片石产于四川汶川县至茂县一带。属于变质岩的一种,主要由黑云母组成,是黏土

图 5.15　卵　石

图 5.16　云母片石

岩、粉砂岩或中酸性火山岩经变质作用而生成的,在地质学上叫黑云母板岩。云母片石青灰色或黑灰色,具云母光泽;质较重,结构较致密,但石材硬度低,容易锯截和雕琢加工。云母片石石面平整,可见黑云母鳞片状构造,如图 5.16 所示。石形为厚度均匀的长条形板状,略加斧凿即可成为锋芒挺秀、气宇轩昂的立峰峰石。

10) 其他石材

其他石材有木化石、松皮石、石珊瑚等。木化石古老朴质,常作特置或对置。松皮石是一种暗土红的石质中杂有石灰岩的交织细片,石灰岩部分经长期溶解或人工处理以后脱落成空洞,外观像松树皮突出斑驳一般。石珊瑚是钟乳石和石笋等受水淹没,水退后,其外表由于渗出水流常沉积较小的拳状堆积物,状如珊瑚。

5.2.1.2　天然石假山的设计

1) 天然石假山的宏观设计要点

假山工程是比置石、山石驳岸、山石花台复杂得多的园林山石工程。假山不但体量大,而且结够复杂,艺术性要求高,它的设计要求将科学性、技术性和艺术性高度结合在一起。我国古代园林掇山方面的文献总结出了假山设计的根本法则是"有真为假,作假成真"。"有真为假"说明,假山是以真山为范本,以真山的山石结构、力学规律来做假山,先有真,后做假,道出了假山设计的科学性。"作假成真"说明了对假山工程的技术要求和艺术要求,要达到"真"的艺术境界,必须采取一定的宏观艺术设计及复杂的施工技术措施。

假山设计的一峰、一脉、一沟、一石无不体现着对自然山水素材去粗取精的典型概括和夸张的艺术加工过程,使之更为精炼的主观思维活动,这种活动遵循了"虽由人作,宛自天开"的人造景观总则。但是,在具体假山设计时,又要"外师造化,内渗心源",从园林的整体或局部的大局出发,既要确定该园林是以山为主体还是以水为主体,或以其他景观为主体,从而明确假山在园林中的地位和作用,又要对每一山一水进行符合自然规律和美学原则的设计。这正是假山的宏观设计所要求的。总结起来假山的宏观设计必须遵循以下几点:

（1）从园林景观的全局考虑，因地制宜地统筹安排，进行合理的布局设计。假山在园林工程规划设计时，必须统筹安排，结合地形地势及整体景观要求进行设计。在什么地方堆叠假山，堆叠什么样的山，采用哪些山水地貌组合单元，都必须结合原有的地形地貌，因地制宜地把造园要求和客观条件的可能性结合起来。一般的地形有方、圆、长、不规则等。形状方圆的空间宜周围理山结合建筑；中部空阔之处开池，池中缀小而别致的山体；再将周围的山体和中间的小山用水等有机地联系在一起。地形长者，可在两头叠山，中间以山石作小溪的两岸，即以水相连；也可以山体为主，连绵起伏，主次分明，而山谷腹地清池湿沼，小溪贯穿其中。多边形之地，造山宜前后错落，增加景深。应注意的是，假山不能散乱堆之，需理清脉络，相互承接呼应。也可根据原来地势的高低，高处叠山，低处挖池，高台之处建筑亭台楼阁。根据水源的位置、大小堆叠相应高低、体量的假山，并使水流顺理成章地穿越山涧，汇集成湖池。北海"静心斋"就是很成功的假山景观。

（2）假山设计要和园林理水综合考虑，使山水完美结合，相得益彰。假山与真山的关系非常明确，即假山是以真山为范本并概括升华的。自然界中优秀的风景大多有山有水，山水相映成趣。例如。庐山峰峦叠嶂，挺拔秀丽，山腰云雾缭绕，烟霞漫漫，非常迷人，而最壮观的当属被李白称道的"飞流直下三千尺，疑是银河落九天"之庐山瀑布。山谷中飞泻的瀑布，山涧里欢快的溪流，为庐山的山峦提供了烟环雾绕、似梦似幻的迷蒙，给山增添了无穷的魅力。张家界的自然风景，奇特的喀斯特地貌，石奇、峰特，令人拍手叫绝，山地中大小溪流汇聚成奔腾清澈的金边溪，山环水绕，风光绮丽。漓江山水，更是山因水而秀，水因山而媚，山水相得益彰，这是从艺术的角度讲的。另一方面，凡山是分水岭，其两面排雨雪之水，必汇集成溪、河等，或山腰之地下水涌出，成为山间水之源泉 ，这是地理成因讲的。假山与真山同样道理，"水得地而流，地得水而柔"，"山无水不活，水无山不媚"是强调山水结合观点，人工理山也应有峰、有峦、有壑，有沟壑才得以理水。古代的山水画家总结出一套山水画的理论，如清代画家笪重光在《画鉴》中论述道"山脉之通按其水境，水道之达理其山形"，掇山时可以借鉴。在园林中堆叠假山时，其山水布局应因地制宜，或以山为主，以水衬山。如上海豫园，以黄石大假山为主，山涧曲折其中然后破山腹流入山下水池，山体厚重沉稳，山涧幽深绵长。苏州环秀山庄中，以起伏的山峦为主体，弯月形水池环抱山体两面，一条幽谷山涧贯穿山体流入池中。或以理水为主，以假山为骨架。苏州拙政园，池中造假山，山体被水池的支脉分割成主次分明又密切联系的两座岛山，为拙政园地形奠定了关键性的基础。这些都是掇山的成功实例。相反，如果片面强调堆叠假山，而忽略了水体、植物等因素，其结果必然是"枯山""童山"而缺乏自然活力。总之，在假山设计之前我们的头脑中就要有山水结合，兼顾其他园林要素的意识，只有这样才能设计出鲜活的假山景观。

（3）假山设计要尽量利用设计区或周围的真山，并做到巧于因借，混假于真。为了减少人工的痕迹，扩大假山的气魄，园林中常常于真山近处混入假山，或于真山远处，借远山的气势，增加景深，犹如假山向远处延伸与真山相接。在具体的假山设计时，应根据具体情况来决定。例如位于无锡惠山东麓的寄畅园，借九龙山、惠山与园内作为远景，在真山前面造假山，如同一脉相贯。又如颐和园后湖在万寿山之北隔长湖造假山，真假山夹水对峙，取假山与真山山麓相对应，极尽曲折收放之变化，令人莫知真假，特别是自东向西望时，更有西山为远景，效果更为逼真。也可以在真山之中作假山，可取真山之"势"，作其延伸的局部，如麓、峰、崖、沟、洞等。避暑山庄外八庙中的有些假山、颐和园的桃花沟和画中游等都用本山裸露的石材堆叠，把人工堆叠的山石和自然露崖相混布置，产生出"做假成真"的效果。

（4）山体设计必须主次分明，相互呼应。设计假山时，应主次分明，先确定主山，包括主山的形态、体量、位置等方面。各次要山、客体山必须与主山相呼应，包括怎样与主山衔接、取势及其形态、体量、位置，主要起衬托主山的作用。

（5）假山要遵循"三远"变化规律。所谓"三远"就是高远、深远、平远。

① 高远。高远是指视景仰角度大，由于视线的消失程度而产生的高大感，主要从以下三个方面着手设计，才能到达一定的效果。

（a）绝对高度。假山的主山、主峰或某个布局，如悬崖峭壁，要达到高耸的视觉效果，它自身必须比别的高度高。主山、主峰的体量和竖直高度只有到达一定的程度，才能从客观上给人以高的震撼。

（b）相对高度。要显示事物高度，必须有其他较低的来衬托。假山也是一样，主山周围的配山，特别是与之毗邻的配体山峰，其高度相差越大，就越显示主山的高。当然，在假山设计过程中，必须从大局着眼，不能违背自然规律。自然山体中，特别具有奇异山形外观的峰岭，高度相差基本上不很大，所以应当在一定的高度限度内，尽量能使主山、主峰显出高远的视觉效果。

（c）缩小视距。具有一定高度的物体，有近大远小、近高远低的透视规律。利用这一规律，可以调节视距，使视觉感受发生变化。使游览路线贴近观赏主体，通过限制主要观赏点的视距，使视距与山体高度比例控制在 $1:3$ 左右，这样就迫使游人仰视，在主观上到达了高远的效果。

另外，在设计较小的假山时，除以上几点外，利用石材的纵纹理，让石体的纵纹垂直竖立，往往会收到一定的效果。

② 深远。郭熙的《林泉高致》中说："自山前窥山后之深远。"假山的深远，就是假山的层次多、内容丰富。设计时，主要考虑以下几个方面：

（a）画面中的山体，特别是各山麓伸出和没入应由近而远分层排布。假山需像真山一样，有多个山头，而不是孤立的，不可能山与山之间互不粘连。每个山头必须有相应体量的山麓、山腰等来支持。但山峰与山峰之间是山沟、谷壑或悬崖，这些沟壑是山体排水的必然通道，日积月累的冲刷，形成曲折跌宕的溪流或小河流及随之产生的冲积腹地。顺理成章地，山脚的等高线，其弧度、半径大小、收放随山体有相应的变化，到达由近到远山麓交错出现，有近、中、远的变化，从而增加山景深度。

（b）山腰的设计应具虚实变化。山腰有各种造型方法，不仅仅为上小下大的山丘形状，也可有突出的悬崖、笔直的峭壁，还可以有形态自然的山麓。在主要视线上，山腰间山石有藏有露，而每每露出的山石，预示着它所在的山峦的存在。这样，就可以显示出假山的深厚和所在空间的深邃。山腰的植物可以平伸或斜出山谷，丰富中景或构成添景，增强假山的深远感。

（c）近、中、远景丰富多变，使假山给人深远的感受。在主要观赏路线上，要有两个或两个以上形式不同的山麓，有的缓坡而上，山花烂漫，草木丛生；有的陡峭笔直，山体挺拔；有的下收上悬，岌岌可危；有的如"象鼻山"，奇巧别致。山沟中不同形态的水纹，如溪流、池塘、湿地等构成形形色色的景观，不仅增加了景深，而且提高了假山的综合效果。

（d）适当组织游览路线也可收到"深远"的艺术效果。山路有时在山脚下，有时在山腰，有时在平冈上，有时上山顶，过桥跨溪越栈道，步移景异。山形面面观，山景步步移，达到"岩峦洞穴之莫穷，涧壑坡矶之俨是"的艺术境界。假山的深远，就是要显出其重重叠叠，景观丰富，使人感到此山深不可测,难穷其尽,回味无穷。

③ 平远。平远是人们从这个山头看到另一个山头的距离感受,距离大,谓之远;反之,谓之近。在有限的园林空间,要显示假山的平远也需要一定技巧,配山的设计与假山平远的观赏效果有很大的关系。

(a)假山各部分布局。一般使配山远离主山。距离远,并不意味将其与主山完全孤立起来。配山和次山一样,都必须与主山在地理上和意境上有一定的联系,它是主山山脉的延续,现在被江、河、滩、溪等隔开,即仍然在主山脉的走向上。配山的取势,一般与主次山一致,或相呼应。

(b)配山的体量应小。由于有近大远小的透视规律,在一定距离之外的山体,它的体积在一定范围内越小,看起来就越远。

(c)配山只取其势且要求纹理模糊。人们有这样的体验,远处的东西比较模糊,越远越看不清。所以,配山的山石要求浑厚,只有粗略的皮纹;山上栽植的植物,叶片要求小而紧凑,树冠上枝叶密集,只显出山上草木的大意即可,不可过分讲究石质及纹理及所栽植物的造型,这样方可突出山体之远。假山的平远,也可通过缩小主、次山峰的落脚体量来辅助实现。相同距离的峰顶,如果山脚不是粗缓的斜坡,而是陡峭壁立的山石,那么,两山头之间就显得空旷遥远。

在假山的设计中,"三远"变化非常重要,多数情况下需要突出其一,而兼顾其他。

(6)突出主体,相互衬托。对一个预定的园林空间,规划设计之前,首先立意。如同一篇文章想说明什么问题,即中心思想是怎样的,然后才能选择恰当的题材,采用适当的表达方法分层体现。确定园林主题,是以山体为主,还是以水景为主;是表现植物之美,还是体现建筑的各种风格等。有了主题,就有了主次,着力表现的主要方面。例如,以假山为主题的环秀山庄,就从各个方面表现山的深远、高峻和山地区域的广大(平远)。水或以深涧衬托山之幽深,或以水潭倒映山姿,旨在从侧面对山体起烘托作用。而有些园林,例如网师园,则以水景为主,假山和建筑用来规范水域,丰富水景内容,衬托水景。北海画舫斋中的"古柯庭",以古槐为主题,亭廊、假山石等均围绕它来布置。总之,假山设计必须依据该园林的主题,视其在总体布局的地位和作用来安排,不可喧宾夺主。

就假山的设计而言,也要突出主体,相互衬托。假山一般分为主山、次山、配山,其中主山的体量较大,高度较高,姿态或端庄,或挺秀,或奇异等,视设计意图有所侧重,突出特点。为表现主山的特征,次山往往与之达到对立统一。例如,欲表现主山高耸笔立,次山应明显低于主山,或呈平冈,但山的走势、纹、石质应统一。配山与次山又有不同,在与次山对立统一的同时,从另一个侧面反衬主山的特征,就好比主人、仆人和宠物小狗之间的关系。主山有时又有主峰、次峰与配峰之分,它们之间的关系亦同上述。

(7)远观山势,近看石质。在自然界中,同一座山脉的石头的种类和风化程度等方面是基本相同的,而这些石头的形状,受雨水或水土中酸性物质的侵蚀而产生孔、洞、沟、涡等,石头中所含的化学成分不同,其色彩、硬度、纹理也不同。这就是石头的质地。在近处,可以欣赏到石头的色彩——青、黄、白、灰白等,奇妙的孔、洞、沟、涡或刚直的线条,还可以感受有些山石的圆润或某些山石的稳定、厚重和刚直、壁立,听到叩击其发出的声音。而在远处,则可以观赏到山体的气势、山脉的走势及整个山水布局。

假山就是要给人真山的感受,而将其微缩到一定的范围内。远看山势、近观石质不仅用于假山石材的宏观布局，而且在作局部微观处理时也非常重要。为此，运用各种石材，扬长避短，因石制宜，可以与园路的向、背、远、近相配合，将石质细腻、形状奇特、纹理清晰、个体观赏价值较高的石材安排在近距离观赏的地方，而将皴纹模糊、容易体现山体大概印象的山石安置在远离园路的地方。

我国古代的山水画家游历了许多名山大川，总结出了山石纹理的多种皴法，这些画理可作叠山的借鉴，掇山、置石必须与绘画一样，讲究皴纹才能做出以假乱真的假山。画一座山，大多一般用一种皴法，也可用两种皴法。这就是说在堆叠假山时，不仅山脊、山坡排水形成的褶皱的做法大致相同，而且所用石材为同一类型，即其石质、皴纹基本相同。绘画的皴法分为面皴、线皴、点皴。面皴所适合的石种有黄石、青石等，适于表现坚实、陡峭、山石显露、草木稀少的山丘，看起来刚劲挺拔、瑰奇淋漓，富于阳刚之美。线皴包括披麻皴、折带皴、卷云皴、荷叶皴、解索皴等多种，适用的石材有砂积石、千层石、英石、水锈石等，表现草木葱葱的土质山峦或苍莽古老的石灰岩体，充满阴柔之美。点皴包括两点皴、芝麻皴等，用来表现石骨坚硬而表面被侵蚀的部分沉积土质的山丘，体现刚柔并济的山体外观。

(8) 用山石表情达意，到达情景交融。假山是表达人们思想感情的园林语言。在封建社会，统治者向往仙界，依照神话传说中的海中仙山，建造蓬莱、方丈和瀛洲，后来"一水三山"这一布局在很长时间内沿用。"三海四苑"是历经元、明、清三代修建成的大型园林，其骨架为北海、中海、南海三海相连及独立。北海中有琼华岛，即蓬莱岛；中海和南海中分别建方丈和瀛洲。西汉时，霍去病和卫青两位大将军屡次北征匈奴，建立了赫赫战功。武汉帝为示表彰和纪念，为他们修建了状如祁连山的土石山体陵墓，从漠北运回的山石及粗犷的马踏匈奴石雕，可以睹物思人，使人沸马嘶的战争场景历历在目。乾隆皇帝几下江南，有感江南秀美的青山绿水，仿惠山脚下的寄畅园而修建了具有江南园林风光的谐趣园。现在，我们掇山置石，也同样讲求内涵和外表之间的关系，运用形象、比拟和激发联想等手法，以恰当的造型反映主题思想，表达对大自然的赞美和营造奋发向上的时代精神。

2）天然石假山的设计技法

技法是为造景效果服务的，不同的园林叠山环境应选择不同的造型形式，采取最合适的方法。完成所要表现的对象，需要把科学性、技术性和艺术性统筹考虑。天然石假山的设计技法可归纳为以下四种方法：

(1) 构思法。成功的叠山造景与科学构思是分不开的，以形象思维、抽象思维指导实践，突出造景主题，才会使环境与造型和谐统一，形成格调高雅的艺术品。这样的叠山造景方法构思难度虽大，但方法效果好。在设计之前应查阅大量资料，借鉴前人成功的叠山造景设计，丰富人们的想象空间与创造能力。构思假山造型以前应对环境的诸多因素加以统筹考虑，如地形地貌、四季气候、植被、建筑等因素，并绘出能反映出实际效果、形、色、光、质的设计草图，以此来指导施工，这样的叠山造景必定是成功的。

(2) 移植法。这是叠山造景常用的一种方法，即把前人成功的叠山造型，取其优秀部分为我所用。这种方法较为省力，同时也能收到较好的效果。但采用此方法应与创造性设计相结合，否则将失去造景特点，犯造型雷同之病。

(3) 资料拼接法。此法是先选角度将石形拍摄成像，然后拼组成若干个小样，优选组合定稿。这种方法成功率高，设计费用低，设计周期短。此方法很像智力游戏"七巧板"，随意拼接组合变化出很多不同的叠山造型,又利于选石,节省施工时间,但在施工过程中有时效果与构思相悖。其原因是图片资料为两维平面,山体造型为三维空间,这要求运用此种设计方法时,留下一个想象空间,在施工过程中调整完成。

(4)模型法。在特殊的环境中与建筑物组合,或有特殊的设计要求时,常用立体法提供方案。这是一种重要的设计手段。因假山只是环境中的一部分,要服从整体关系,因而仅作为施工放线的参考。

5.2.1.3 天然石假山的施工

园林工程的施工区别于其他工程的最大特点就是技艺并重,施工的过程也是再创造的过程。假山的施工最典型地体现了这一特点。

假山的施工过程一般包括准备、放线、立基、拉底、中层、收顶、做脚等步骤。

1) 准备

(1)施工材料的准备。

① 山石备料。据假山设计意图,确定所选用的山石种类,最好到产地直接对山石进行初选,初选的标准可适当放宽。在运回山石过程中,易损坏的奇石应包扎防护。山石在现场不要堆起来,而应平摊在施工场地周围待选用。应根据设计图估算山石备料数量的多少。

② 辅助材料准备。堆叠假山所用的辅助材料主要是指在叠山过程中需要消耗的一些结构性材料,如水泥、石灰、砂石及少量颜料等。

(a)水泥。在假山工程中,水泥需要与砂石混合配成水泥砂浆和混凝土后再使用。

(b)石灰。在古代,假山的胶结材料就是以石灰浆为主,再加入糯米浆使其黏合性能更强。而现代的假山工艺已改用水泥作胶结材料。石灰则一般是以灰粉和素土一起,按3∶7的配合比配制成灰土,作为假山的基础材料。

(c)砂。砂是水泥砂浆的原料之一,分为山砂、河砂、海砂等,而以含泥少的河砂、海砂质量最好。在配制假山胶结材料时,应尽量用粗砂。粗砂配制的水泥砂浆与山石质地要接近一些,有利于削弱人工胶合痕迹。

(d)颜料。在一些颜色比较特殊的山石的胶合缝口处理中,或是在以人工方法用水泥材料塑造假山和石景的时候,往往要使用颜料来为水泥配色。需要准备什么颜料,应根据假山所采用山石的颜色而确定。常用的水泥配色颜料有炭黑、氧化铁红、柠檬铬黄、氧化铬绿和钴蓝。

另外,还要根据山石质地的软硬情况,准备适量的铁耙钉、银锭扣、铁吊架、铁扁担、大麻绳等消耗材料。

(2)施工工具。

① 绳索。绳索是绑扎石料后用以起吊搬运的工具之一。绳索的规格很多,起吊搬运假山用的绳索是用黄麻长纤维丝精制而成的,主要有直径 20mm 粗 8 股、25mm 粗 12 股、30mm 粗 16 股、40mm 粗 18 股黄麻绳。黄麻绳质较柔软,打结与解扣方便且使用次数也较长。以上绳索的负荷值为 200~1 500kg(单根)。

② 杠棒。杠棒是原始的搬抬运输工具,但因其简单、灵活、方便,在假山工程运用机械化施工程度不太高的现阶段仍有其使用价值。杠棒在南方取毛竹为材,直径为 6~8cm,取节密的新毛竹根部,节间长为 6~11cm 为宜。毛竹杠棒长度约为 1.8m。北方杠棒多用柔韧的黄

檀木,加工成扁形适合人肩扛抬。杠棒单根的负荷重量要求达到 200kg 左右为佳。较重的石料要求双道杠棒或 3～4 道杠棒由 6～8 人扛抬。

③ 撬棍。撬棍是指长为 1～1. m 不等的粗钢筋或六角空芯钢,在其两端各锻打成偏宽锲形,与棍身呈 45°～60°不等的撬头,以便将其深入待撬拨的石块底下,用于撬拨要移动的石块。

④ 破碎工具。破碎假山石料可用大、小榔头。一般多用 10.896kg（24 磅）、9.08kg（20 磅）到 8.192kg（18 磅）大小不等的大型榔头,用于锤击石块需要击开的部分。为了击碎小型石块或使石块靠紧,也需要小型榔头,其一头与普通榔头一样为平面,做敲击之用;另一头为尖啄嘴状,做修凿之用。

⑤ 运载工具。对石料的较远水平运输要靠半机械的人力车或机动车。这些运输工具的使用一般属于运输业务。

⑥ 垂直吊装工具。垂直吊装工具主要有吊车、吊称起重架、起重绞磨机、手动铁链葫芦。

⑦ 吊车。在大型假山工程中,为了增强假山的整体感,常常需要吊装一些巨石。在有条件的情况下,配备一台吊车是必要的。如果不能保证有一台吊车在施工现场随时待用,也应做好用车计划,在需要吊装巨石的时候临时性地租用吊车。

⑧ 吊称起重架。吊称起重架是由一根主杆和一根臂杆组合成的可作大幅度旋转的吊装设备（见图 5.17）。架设吊称起重架时,先要在离主山中心点适宜位置的地面挖一个深 30～50cm 的浅窝,然后将直径 150mm 以上的杉木杆直立在其中作为主杆。主杆的基脚用较大石块围住压紧,不使其移动;杆的上端用大麻绳或用 8 号铅丝拉向周围地面上的固定铁桩并拴牢绞紧。用铅丝时应每 2～4 根为一股,用 6～8 股铅丝均匀地分布在主杆周围。固定铁桩的直径应在 30mm 以上,长 50cm 左右,其下端为尖头,朝着主杆的外方斜着打入地面,只留出顶端供固定铅丝用。然后在主杆上部适当位置吊拴直径在 120mm 以上的臂杆,利用械杆作用吊起大石并安放到适当的位置上。

⑨ 起重绞磨机。在地上立一根杉木杆,杆顶用 4 根大绳拴牢,从 4 个方向拉紧,既拉住杉杆,又能随时调整松紧,以便吊起山石后能作水平方向移动,如图 5.18 所示。在杉木杆的上部还要拴上一个滑轮,再用一根大绳或钢丝绳穿过滑轮,绳的一端拴吊着山石,另一端再穿过固定在地面的第二滑轮,与绞磨机相连。转动绞磨,山石就被吊起来了。

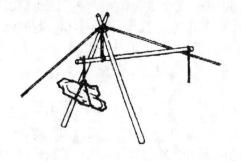

图 5.17　吊秤起重

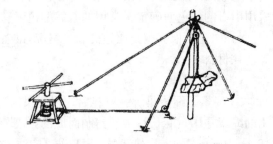

图 5.18　绞磨起重

⑩手动铁链葫芦（铁辘轳）。手动葫芦简单实用,是假山工程必备的一种起重设备（见图 5.19）。使用这种工具时,也要先搭设起重杆架。可用两根结实的杉木杆,将其上端紧紧拴在

一起,再将两木杆的柱脚分开,使杆架构成一个三脚架。然后在杆架上端拴两条大绳,从前后两个方向拉住并固定杆架,绳端可临时拴在地面的石头上。将手动的铁链葫芦挂在杆顶,就可用来起吊山石。起吊山石的时候,可以通过拉紧或松动大绳和移动三脚架的柱脚来移动和调整山石的平面位置,使山石准确地吊装到位。

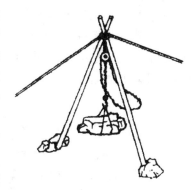

图 5.19　手动葫芦起重

⑪ 嵌填修饰用工具。假山施工中,嵌缝修饰需用一简单的手工工具,像泥雕艺术家用的塑刀一样,用宽 20mm、长 300mm、厚 5mm 的条形钢板制成,呈正反 S 形,俗称"柳叶抹"。为了修饰抹嵌好的灰缝使之与假山混同,除了在水泥砂浆中加色外,还要用毛刷沾水轻轻刷去砂浆的毛渍处。一般用油漆工常用的大、中、小 3 种型号的漆帚作为修饰灰缝表面的工具。蘸水刷光的工序要待所嵌的水泥缝初凝后开始,不能早于初凝之前(嵌缝约 45min 后),以免破坏灰缝。

(3) 施工人员配备。

① 假山施工工长。假山工程专业的主办施工员,有人也称之为假山相师,明、清两代曾被叫做"山匠""山石匠""张石山""李石山"等。在施工过程中,施工工长负有全面的施工指挥职责和施工管理职责,从选石到每一块山石的安放位置和姿态的确定,都要在现场直接指挥。

② 假山技工。这类人员应当掌握山石吊装技术、调整技术、砌筑技术和抹缝修饰技术,及时、准确地领会工长的指挥命令,并能够带领几名普通工进行相应的技术操作,操作质量达到工长的要求。

③ 普通工。应具有基本的劳动者素质,能正确领会施工工长和假山技工的指挥意图,按技术规范要求进行正确的操作。

2) 放线

按设计图纸确定的位置与形状在地面上放出假山的外形形状,一般基础施工比假山的外形要宽,特别是在假山有较大幅度的外挑时,一定要根据假山的重心位置来确定基础的大小,需要放宽的幅度会更大。

3) 立基

假山像建筑一样,必须有坚固耐久的基础,假山基础是指它的地下或水下部分,通过其把假山的重量和荷载传递给地基。在假山工程中,根据地基土质的性质、山体的结构、荷载大小等分别选用独立基础、条形基础、整体基础、圈式基础等不同形式的基础。基础不好,不仅会引起山体开裂破坏、倒塌,还会危及游客的生命安全。假山常用基础有以下几种:

(1) 灰土基础的施工。清除地面杂物后便可放线。一般根据设计图纸作方格网控制,或目测放线,并用白灰划出轮廓线。根据设计刨槽,一般深 50~60cm。灰土比例为 1:3 拌料,泼灰时注意控制水量。一般铺料厚度 30cm,夯实厚 20cm,基础打平后应距地面 20cm。通常当假山高 2m 以上时,做一步灰土,以后山高 1m,基础增加一步灰土,灰土基础牢固,经数百年亦不松动,如图 5.20 所示。

(2) 浆砌块石基础。浆砌块石基础的基槽宽度也和灰土基础一样,要比假山底面宽 50cm 左右。基槽地面夯实后,可用碎石、3:7 灰土或 1:3 水泥干砂铺在地面做一个垫层。垫层之上再做基础层。做基础用的块石应棱角分明、质地坚实、有大有小，一般用水泥砂浆砌筑。用水泥砂浆砌筑块石可采用浆砌与灌浆两种方法。浆砌就是用水泥砂浆挨个地拼砌；灌浆则是先将块石嵌紧铺装好，然后再用稀释的水泥砂浆倒在块石层上面，并促使其流动灌入块石的每条缝隙中，如图 5.21 所示。

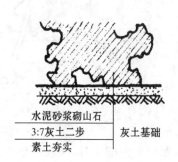

图 5.20　灰土基础

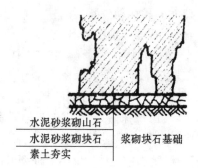

图 5.21　浆砌块石基础

（3）桩基。当上层土壤松软、下层土壤坚实时使用桩基。在我国古典园林中，桩基多用于临水假山或驳岸。桩基有两种类型：一种为支撑桩，当软土层不深，将桩直接打到坚土层上的桩；另一种是摩擦桩，当坚土层较深，靠桩与土间的摩擦力起支撑作用。做桩材的木质必须坚实、挺直，其弯曲度不得超过 10%，并只有一个弯。园林中常用桩材为杉、柏、松、橡、桑、榆等，其中以杉、柏最好。桩长由地下坚土深度决定，多为 1～2m。桩的排列方式有梅花桩（5 个/m²）、丁字桩和马牙桩，其单根承载重量为 15～30t，如图 5.22 所示。

（4）混凝土基础。近代假山多采用混凝土基础。当山体高大、土质不好或基础在水中时采用混凝土基础。混凝土基础强度高，施工快捷，其深度依叠石高度而定，一般 30～50cm。常用混凝土标号为 C15，水泥：沙：卵石按 1：2：4 配比。基宽一般各边宽出山体底面 30～50cm，对于山体特别高大的工程，还应做钢筋混凝土基础，如图 5.23 所示。

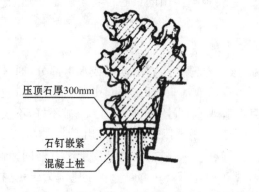

图 5.22　桩基础

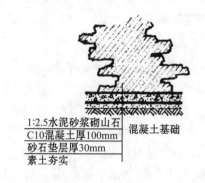

图 5.23　混凝土基础

假山无论采用哪种基础，其表面不宜露出地表，最好低于地面 20cm。这样不仅美观又易在山脚种植花草。在浇筑整体基础时，应留出种树的位置，以便树木生长，这就是俗称的要"留白"。如在水中叠山，其基础应与池底同时做，必要时做沉降缝，防止池底漏水。

4）拉底

拉底是在山脚线范围内砌筑第一层山石，即做出垫底的山石层。

（1）拉底的方式。假山拉底的方式有满拉底和周边拉底两种。

① 满拉底就是在山脚线的范围内用山石满铺一层。这种拉底方式适宜规模较小、山底面积也较小的假山，或在北方冬季有冻胀破坏的地方。

② 周边拉底是先用山石在假山山脚沿线砌成一圈垫底石，再用乱石碎砖或泥土将石圈内全部填起来，压实后即成为垫底的假山底层。这一方式适合基底面积较大的大型假山。

（2）山脚线的处理。拉底形成的山脚边线也有两种处理方式：一是露脚方式，二是埋脚方式。

① 露脚。即在地面上直接做起山底边线的垫脚石圈，使整个假山就像是放在地上似的。这种方式可以减少山石用量和用工量，但效果稍差一些。

② 埋脚。将山底周边垫底山石埋入土下约 20cm 深，可使整座假山仿佛是从地下长出来似的。在石边栽植花草后，假山与地面的结合就更加紧密、更加自然了。

（3）拉底的技术要求。在拉底施工中，首先要注意选择适合的山石来做山底，不得用风化过度的松散的山石。其次，拉底的山石底部一定要垫平垫稳，保证不能摇动，以便于向上砌筑山体。第三，拉底的石与石之间要紧连互咬，紧密地扣合在一起。第四，山石之间还是要不规则地断续相间，有断有连。第五，拉底的边缘部分要错落变化，使山脚线弯曲时有不同的半径，凹进时有不同的凹深和凹陷宽度，避免山脚的平直和浑圆形状。

5）中层

中层即底石以上、顶层以下的部分。由于这部分体量最大、用材广泛、单元组合和结构变化多端，因此可以说是假山造型的主要部分。丰富其变化与上、下层叠石乃至山体结顶的艺术效果关联密切，是决定假山整体造型的关键层段。

中层的拼叠施工过程都需要把这一块山石的形态、纹理与整个假山的造型要求和纹理脉络变化联系起来。如此反复循环下去，直到整体的山体完成为止。

6）收顶

收顶即处理假山最顶层的山石。山顶是显现山的气势和神韵的突出部位是整组假山的魂。观赏假山素有远看山顶、近看山脉的说法，山顶是决定叠山整体重心和造型的最主要部位。收顶用石体量宜大，以便能合凑收压而坚实稳固，同时要使用形态和轮廓均富有特征的山石。假山收顶的方式取决于假山的类型：峦顶多用于土山或土多石少的山；平顶适用于石多土少的山；峰顶常用于岩山。峦顶多采用圆丘状，或因山岭走势而有些伸展。

峰顶根据造型特征可分为三种形式：剑立式的挺拔高耸（见图 5.24）；流云式的形如奇云横空、玲珑秀丽（见图 5.25）；悬垂式的以奇制胜（见图 5.26）。

图 5.24 剑立式峰顶

图 5.25　流云式峰顶　　　　　　　　　　图 5.26　悬垂式峰顶

7）做脚

做脚又称补脚，即在掇山基本完成之后，在紧贴拉底石的部位布置山石，以弥补拉底石因结构承重而造成的造型不足问题。做脚虽然不承担山体的重压，却必须与主山的造型相适应，成为假山余脉的组成部分。做脚的方法有六种（见图 5.27）。

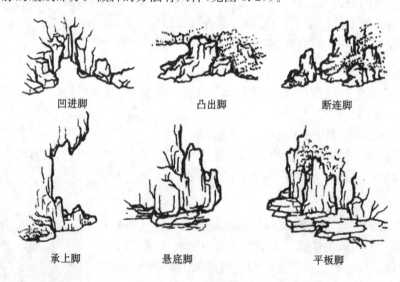

凹进脚　　　　　　　　凸出脚　　　　　　　　断连脚

承上脚　　　　　　　　悬底脚　　　　　　　　平板脚

图 5.27　做脚方法

（1）凹进脚。山脚向内凹进，随着凹进的深浅宽窄不同，脚坡做成直立、陡坡或缓冲坡。

（2）凸出脚。是向外凸出的山脚，其脚坡可做成直立状或坡度较大的陡坡状。

（3）断连脚。山脚向外凸出，凸出的端部与山脚本体部分似断似连。

（4）承上脚。山脚向外凸出，凸出部分对着其上方的山体悬垂部分，起着均衡上下重力和承托山顶下垂之势的作用。

（5）悬底脚。局部地方的山脚底部做成低矮的悬空状，与其他非悬底山脚构成虚实对比，可增强山脚的变化。这种山脚最适合用在水边。

（6）平板脚。片状、板状山石连续地平放山脚，做成如同山边小路一般的造型，突出了假山上下的横竖对比，使景观更为生动。

5.2.2 人造石假山的设计与施工

5.2.2.1 人造石假山的材料

1）混凝土

由胶凝材料（如水泥）、水和骨料等按适当比例配制，经混合搅拌，硬化成型的一种人工石材。

2）GRC

GRC 是 Glass Fiber Reinforced Cement 的缩写，指的是玻璃纤维增强水泥混合材料。GRC 的组成材料为水泥、沙、纤维和水，另外还添加聚合物、外加剂等用于改善后期性能的材料。可以选择性地添加一些火山灰质活性材料，有利于提升 GRC 制品的综合性能，例如强度、抗渗、耐久性等。

3）FRP

FRP 是 Fiberglass-Reinforced Plastics 的缩写，指的是玻璃纤维强化塑料。FRP 具有高强高效、施工便捷、耐久性及耐腐蚀性好、适用面广、自重轻、不增加结构尺寸等优点。

5.2.2.2 人造石假山的设计

1）人造石假山的特点

（1）可以塑造较理想的艺术形象雄伟、磅礴富有力感的山石景，特别是能塑造难以采运和堆叠的巨型奇石。这种艺术造型较能与现代建筑相协调。此外还可通过仿造，表现黄蜡石、英石、太湖石等不同石材所具有的风格。

（2）可以在非产石地区布置山石景，利用价格较低的材料，如砖、砂、水泥等。

（3）施工灵活方便，不受地形、地物限制，在重量很大的巨型山石不宜进入的地方，如室内花园、屋顶花园等，仍可塑造出壳体结构的、自重较轻的巨型山石。

（4）可以预留位置栽培植物，进行绿化。

2）人造石假山设计与方法

人造石假山的设计要综合考虑假山的整体布局以及与环境的关系。人造石假山仍是以自然山水为蓝本，因而理山的原理同天然假山。但人造石假山与自然相比，有干枯、缺少生机的缺点，设计时要多考虑绿化与泉水的配合，以补其不足。

人造石假山是用人工材料塑成的，毕竟难以表现石的本身质地，所以宜远观不适近赏。人造石假山如同雕塑一样，首先要按设计方案塑好模型，使设计立意变为实物形象。人造石假山模型常用 1∶10～1∶50 的比例。人造石假山模型一般要做两套，一套放在现场工作棚，一套按模型坐标分解成若干小块，作为施工临摹依据，并利用模型的水平、竖向坐标划出模板包络图和悬体部位标明预留钢筋的位置和数量。

5.2.2.3　人造石假山的施工

1）人造石假山施工的工艺流程

人造石假山的工艺流程为砖或钢骨架成形→放样开线挖土方浇混凝土垫层→打底→造型面层及上色修饰，如图 5.28 所示。

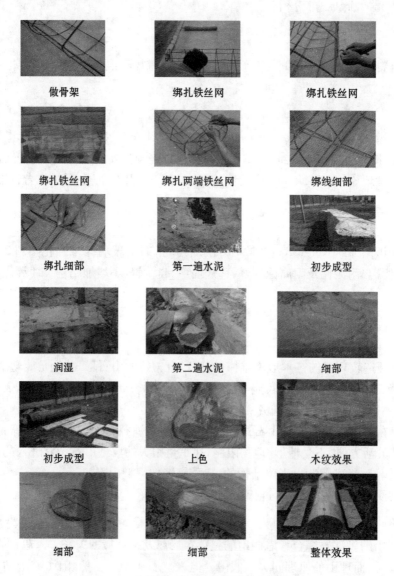

做骨架	绑扎铁丝网	绑扎铁丝网
绑扎铁丝网	绑扎两端铁丝网	绑线细部
绑扎细部	第一遍水泥	初步成型
润湿	第二遍水泥	细部
初步成型	上色	木纹效果
细部	细部	整体效果

图 5.28　基架、塑型、塑面、设色施工工艺流程

大型置石及假山还需做钢筋混凝土基础并搭设脚手架。

2）人造石假山施工的技术要点

（1）基架设置。人造石假山的骨架结构有砖结构式、钢架结构、混凝土或三者结合；也有利用建筑垃圾、毛石作为骨架结构。砖结构简便节省，方便修整轮廓，对于山形变化较大的部位，可结合钢架、钢筋砼悬挑。山体有飞瀑、流泉和预留的绿化洞穴位置的，要对骨架结构作好防水处理。

（2）泥底塑型。用水泥、黄泥、河沙配成可塑性较强的砂浆在已砌好的骨架上塑型，反复加工，使造型纹理、塑体和表面刻画基本上接近模型。水泥砂浆中可加入纤维性的附加料以增加表面抗拉的力量，减少裂缝。常以 M7.5 水泥砂浆作初步塑型，形成大的峰峦起伏的轮廓和石纹、断层、洞穴、一线天等自然造型。若为钢骨架，则应抹白水泥麻刀灰两遍，再堆抹豆石混凝土，然后于其上进行山石皴纹造型。

（3）塑面。在塑体表面进一步细致地刻画石的质感、色泽、纹理和表层特征。质感和色泽根据设计要求，用石粉、色粉按适当比例配白水泥或变成通过水泥调成砂浆，按粗糙、平滑、拉毛等塑面手法处理。纹理的塑造，一般来说，直纹为主、横纹为辅的山石，较能表现峻峭、挺拔的姿势；横纹为主、直纹为辅的山石，能表现潇洒、豪放的意象；综合纹样的山石则较能表现深厚、壮丽的风貌。常用 M15 水泥砂浆罩面塑造山石的自然皴纹。

（4）设色。在塑面水分未干透时进行设色，基本色调用颜料粉和水泥加水拌匀，逐层洒染。在石缝孔洞或阴角部位略洒稍深的色调，待塑面九成干时，在凹陷处洒上少许绿、黑或白色等大小、疏密不同的斑点，以增强立体感和自然感。

5.3 假山工程施工工艺

5.3.1 山体的堆叠手法

无论是堆山还是叠石，要取得完美的造型并保证其坚固耐久，就必须有合理的结构。在传统的施工中，依靠对石料本身重力而构成的假山主体结构，总结出十字诀（见图 5.29）。

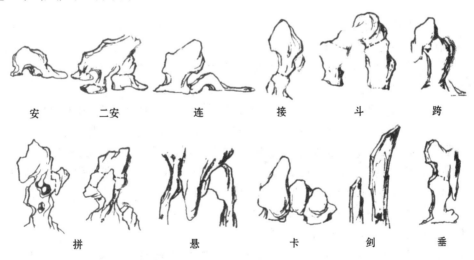

图 5.29 山体的堆叠手法

安：一切对山石之摆放叠置均称"安"。

连：左右水平的搭接相继者为"连"。

接：上下联合全其石体美者称"接"。

斗：置石成拱状腾空而立者称"斗"。

跨：为增加石美而旁侧挂石者称"跨"。

拼：石块体面残缺而数块拼合者称"拼"。

悬：当空下垂者称"悬"。

卡：按石多方支撑而稳其左右者称"卡"。

剑：以竖向特征取胜之安石均称"剑"。

垂：旁侧下垂之安石称"垂"。

5.3.2　山体的辅助结构施工

叠山施工中，无论采用哪一种结构形式，都要解决山石与山石之间的固定与衔接问题，其技术在任何结构的假山中都是通用的。

山体的辅助结构施工大致有以下几种（见图 5.30）：

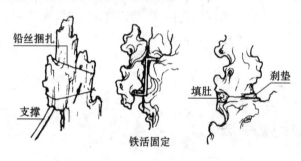

图 5.30　山体辅助结构施工

1）"刹"

常称"打刹""刹一块"等，意为在石下放一石，以托垫石底，保持其平稳。用于叠石的石块均力求大面或坦面朝上，而底面必然残缺不全、凹凸不平，为求其平衡稳固，就必须利用不同种类的小型石块填补于石下，对此称为打刹，而小石本身称为"刹"。为了弥补叠石底面的缺陷，刹石技术是关键环节。

（1）材料。用于刹石的材料主要有青刹和黄刹。青刹一般有青石类的块刹与片刹之分。块状的无显著内外厚薄之分，片状的有明显的厚薄之分，一般常用于一些缝中。一般湖石类的刹称为黄刹，常无平滑断面或节理石，多呈圆团状或块状，适用于太湖石的叠石中。

（2）操作方式。打刹的有单刹、重刹、浮刹三种操作方式。一块刹石称为单刹。因单块最为稳固，不论底面大小，刹石力求单块解决问题，严防碎小。用单刹力所不及者，可重叠使用，重一、重二、重三均可，但必须卡紧无脱落的危险。凡不起主要作用而填入底口的刹，一方面是美化石体，更为便于抹灰，这种刹石为浮刹。

（3）操作要点。尽量因口选刹，避免就刹选口（"口"是指底石面准备填刹的地方）。叠石底口朝前者为前口，朝后者为后口，刹石应前后左右照顾周全，需在四面找出吃力点，以便控制全局。打刹必须在确定山石的位置以后再进行，所以应先用托棍将石体顶稳，不得滑脱。向石底放刹，必须左右横摆，不得上下手拿，以防压伤人。安放刹石和叠石相同，均力求大面朝上。常将刹薄面朝内插入，随即以平锤式撬棍向内稍加锤打，以求抵达最大吃力点，俗称"随口锤"或"随紧"。若几个人围绕石同时操作，则每面刹石向内锤打，用力不得过猛，稳固即可停止;否则常因用力过大而使其他刹石失去作用,或砸碎刹石。若叠石处于前悬状态,必须使用刹块,这时必须先打前口再打后口;否则,会因次序颠倒而造成叠石塌落现象。施工人员应一手扶石,一手打刹,随时察觉其动态与稳固情况。刹石外表可凹凸多变,以增加石表之"魂",在两个巨石叠落时相接,刹的表面应当缓其接口变化,使上下叠石相接自如,不致生硬。

2）支撑

山石吊装到山体一定位点上,调整位置、姿态后,就要将其固定在一定的状态上,这时就要先进行支撑,使山石临时固定下来。支撑材料应以木棒为主,以木棒的上端顶着山石的某一凹处,木棒的下端斜落在地面,并用一块石头将棒脚压住。

3）捆扎

为了将调整好位置和姿态的山石固定下来,还可采用捆扎的方法。捆扎方法比支撑方法简便,而且对后续施工基本没有阻碍。这种方法最适宜体量较小山石的固定,对体量特大的山石还应该以支撑方法。

4）铁活固定

对质地比较松软的山石,可以用铁耙钉打入两相连接的山石上,将两块山石紧紧地抓在一起,每一处连接部位都应打入 2~3 个铁耙钉。连接质地坚硬的山石,要先在地面用银锭扣连接好后,再作为一整块山石用在山体上。在山崖边安置坚硬山石时,使用铁吊架,也能达到固定山石的目的,如图 5.31 所示。

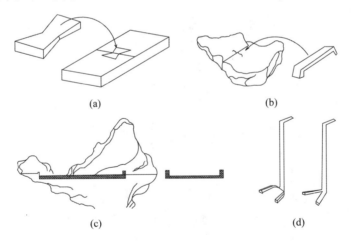

图 5.31 铁活固定工具

(a) 银锭扣 (b) 铁耙钉 (c) 铁扁担 (d) 吊架

5）填肚

山石接口部位有时会有凹缺,使石块的连接面积缩小,也使两块山石之间连接处呈成断裂状,没有整体感。这时就需要"填肚"。所谓填肚,就是用水泥砂浆把山石接口处的缺口填补起来,一直要填得与石面平齐。

6）勾缝与胶结

目前，广泛使用水泥砂浆来勾缝与胶结。勾缝用"柳叶抹"，有勾明缝和暗缝两种做法。一般是水平向的缝都勾明缝，在需要时将竖缝勾成暗缝，即在结构上成为一体，而外观上有自然山石缝隙。勾明缝不要过宽，最好不超过 2cm。如缝过宽，可用同形之石块填缝后再勾浆。

5.4 假山的施工图画法

5.4.1 内容与用途

为了清楚地表现假山设计，便于指导施工，通常要制作假山施工图。假山施工图是指导假山施工的技术性文件。通常一幅完整的假山施工图包括平面图、剖面图、立面图或透视图、设计说明几个部分。图 5.32 为天然石假山施工图，其中包括假山平面图、假山立面图、假山基础平面图、假山剖面图、假山绿化平面图及设计说明。

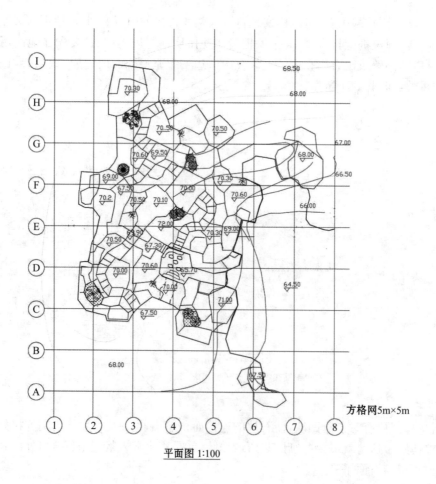

平面图 1:100

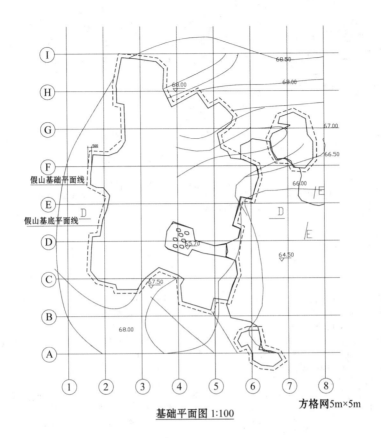

基础平面图 1:100

方格网5m×5m

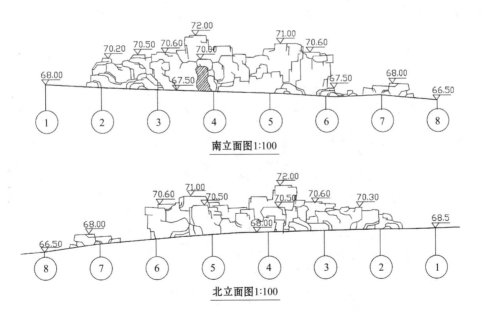

南立面图1:100

北立面图1:100

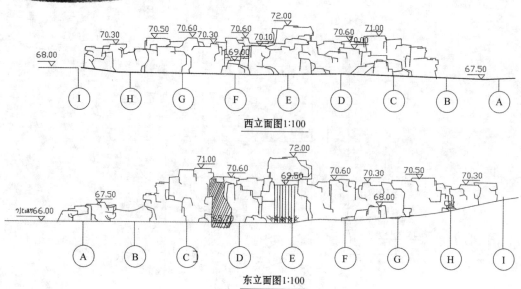

西立面图1:100

东立面图1:100

假山设计说明

1. 假山石采用黄石,以黄石坚硬、雄浑、沉实、棱角分明来体现骆宾王刚正不阿的性格。

2. 假山基础采用 M10 浆砌块石,石料强度≥Mu20,尺寸不小于 0.4m,基础宽出假山基石 0.5m。

3. 假山基石从地面以下 0.3m 开始砌筑。

4. 假山山体部分采用黄石,1:2 水泥砂浆砌筑,并适当留出凹穴、孔洞,以减轻假山重量和便于假山绿化。

5. 假山采用 1:1 水泥砂浆加适量铁黄粉勾平缝,形成假山的自然纹理。

6. 零星山石布置做法同假山,基础埋深 0.5m。

7. 瀑布用水采用潜水泵从水池中取水,水泵型号 QX100-7-3,接管直径 Φ100,扬程 7m,流量 80~120t/h,功率 3KW。

8. 水池补充水源采用水池边打井取水,井深 10m,水井开挖直径 2m,井壁采用直径 1.5m 加筋水泥管砌筑,井底、井壁外围回填粗砂(粒径 10~15)。补充潜水泵型号 QX65-10-3,接管直径 Φ65,扬程 10m,流量 52~78t/h,功率 3KW。

9. 假山占地 461m²,石材 7468t(其中普通石材、黄石各一半)。池边、路边零星置黄石 100t,北大门庭院花台湖石 30t,壁山英石 5t。

10. 假山、水池基础应挖至原状土,基底标高现为暂定,视现场开挖情况调整。

11. 水池底 20 厚 1:2 防水水泥砂浆粉刷。溪流沟底 30 厚 1:2 水泥砂浆铺 Φ30~40 卵石。

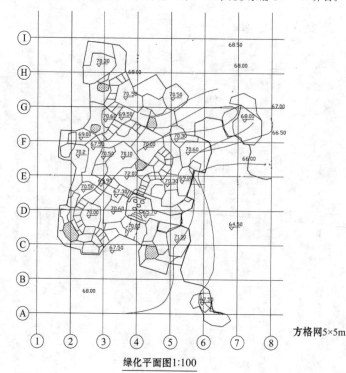

方格网5×5m

绿化平面图1:100

苗木表

序号	图例	名称	规格(cm)	数量(棵)	备注
01		三角枫	H250～280 d6～7	1	树下植龟甲冬青30株 H21～30 P21～30
02		榉树	∅8～9	1	树下植结香2株 H80～100 P60～70
03		女贞	∅6～7 H300	1	树下植红花檵木30株 H35～40 P35～40
04		红枫	d5.1～6.0 H160	2	树下植茶梅30株 H25～30 P25～30
05		黑松	∅6～7	4	树下植杜鹃50株 H35～40 P35～40
06		常春藤	L110～150	100	零星种植
07		凌霄	d2.1～2.5	4	
08		络石藤	L110～150	100	零星种植
09					
10					
11					
12					
13					

注:∅—胸径;H—高度;d—地径;P—冠径;L—长度。

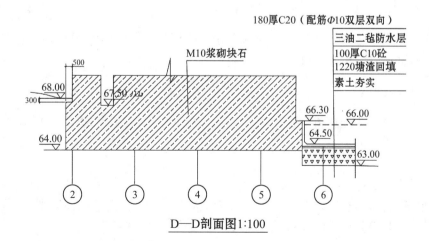

D—D剖面图1:100

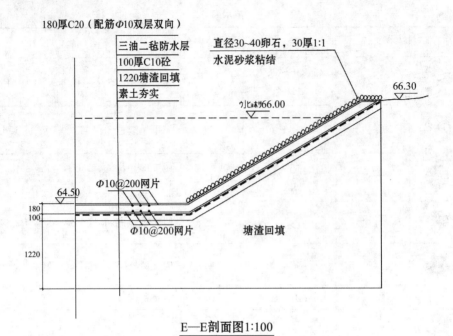

E—E剖面图1:100

图 5.32　天然假山施工图

5.4.2　绘制要求

5.4.2.1　平面图

假山施工平面图一般有以下内容：假山的平面位置、尺寸；山峰、制高点、山谷、山洞的平面位置、尺寸及各处高程；假山附近地形和建筑物、地下管线及其与山石的距离；植物及其他设施的位置、尺寸；图纸的比例尺一般为 1：20～1：50。

5.4.2.2　剖面图

假山施工剖面图一般有以下内容：假山各山峰的控制高程；假山的基础结构；管线位置、管径；植物种植池的做法、尺寸、位置。

5.4.2.3　立面图或透视图

假山施工立面图或透视图一般有以下内容：假山的层次、配置形式；假山的大小及形状；假山与植物及其他设备的关系。

5.4.2.4　设计说明

假山施工设计说明包括以下几点：山石形状、大小、纹理、色泽的选择原则；山石纹理处理方法；推石手法；接缝处理方法；山石量控制。

思考题

1. 假山的基础有哪些类型？各类型基础对材料的选用有什么要求？
2. 天然假山常用的石材有哪些？
3. 人造石假山的材料有哪些？
4. 绘制一套 1∶50 或 1∶100 的假山施工图,并制作一座 1∶50 或 1∶100 的假山模型。

6　园林小品工程

【学习重点】

　　通过学习园林小品的理论知识,明确园林小品的基本知识,并更好地运用到工程实践中;通过学习园林小品常见形式及施工图的绘制,掌握园林小品的设计要点、装饰设计及结构画法。

6.1　园林小品工程概述

6.1.1　园林小品的定义、类型

6.1.1.1　园林小品的定义

　　园林小品是园林中供休息、装饰、照明、展示及为园林管理和方便游人之用的小型建筑设施,一般没有内部空间,体量小巧,造型别致。园林小品既能美化环境,丰富园趣,为游人提供休息和公共活动的方便,又能使游人从中获得美的感受和良好的教益。

6.1.1.2　园林小品的分类

　　1) 供休息的小品

　　供休息的小品包括各种造型的靠背园椅、凳、桌和遮阳的伞、罩等。如常结合环境,用自然块石或用混凝土做成仿石、仿树墩的凳、桌,或利用花坛、花台边缘的矮墙和地下通气孔道来做椅、凳等,或围绕大树基部设椅凳,既可休息,又能纳荫。

　　2) 装饰性小品

　　装饰性小品有各种固定的或可移动的花钵、饰瓶,装饰性的日晷、香炉、水缸,各种景墙(如九龙壁)、景窗等,在园林中起点缀作用。

　　3) 结合照明的小品

　　结合照明的小品有园灯的基座、灯柱、灯头、灯具。

　　4) 展示性小品

　　展示性小品有各种布告板、导游图板、指路标牌以及动物、植物和文物古建筑的说明牌、阅

报栏、图片画廊等,对游人有宣传、教育的作用。

5) 服务性小品

服务性小品有为游人服务的饮水泉、洗手池、公用电话亭、钟塔等,保护园林设施的栏杆、格子垣、花坛绿地的边缘装饰等,为保持环境卫生的废物箱等。

6.1.1.3　园林小品的功能

1) 造景功能(美化功能)

园林景观小品具有较强的造型艺术性和观赏价值,所以能在环境景观中发挥重要的艺术造景功能。在整体环境中,园林小品虽然体量不大,却往往起着画龙点睛的作用。

2) 使用功能(实用功能)

许多小品具有使用功能,可以直接满足人们的需要。如亭、廊、榭、椅凳等小品,可供人们休息、纳凉和赏景;园灯可以提供夜间照明;儿童游乐设施小品可为儿童提供游戏、娱乐所使用。

3) 信息传达功能(标志区域特点)

一些园林小品还具有文化宣传教育的作用,如宣传廊、宣传牌可以向人们介绍各种文化知识以及进行法律法规教育等。道路标志牌可以给人提供有关城市及交通方位上的信息。优秀的小品具有特定区域的特征,是该地人文历史、民风民情以及发展轨迹的反映。通过景观中的设施与小品可以提高区域的识别性。

4) 安全防护功能

一些园林小品具有安全防护功能,保证人们游览、休息或活动时的人身安全和管理秩序,并强调和划分不同空间功能,如各种安全护栏、围墙、挡土墙等。

5) 提高整体环境品质功能

通过园林小品来表现景观主题,可以引起人们对环境和生态以及各种社会问题的关注,产生一定的社会文化意义,改良景观的生态环境,提高环境艺术品位和思想境界,提升整体环境品质。

6.1.1.4　景观小品的设计原则

1) 满足人们的行为需求

人是环境的主体,园林小品的服务对象是人,所以人的行为、习惯、性格、爱好等各种状态是园林小品设计的重要参考依据。尤其是公共设施的艺术设计,要以人为本,满足各种人群的需求,尤其是残障人士的需求,体现人文关怀。园林小品设计时还要考虑人的尺度,如座椅的高度、花坛的高度等。只有对这些因素有充分的了解,才能设计出真正符合人类需要的园林小品。

2) 满足人们的心理需求

园林小品的设计要考虑人类心理需求的空间,如私密性、舒适性等。比如座椅的布置方式会对人的行为产生什么样的影响,供几个人坐较为合适等。这些问题涉及对人们心理的考虑和适应。

3) 满足人们的审美要求

园林小品的设计首先应具有较高的视觉美感,必须符合美学原理和人们的审美需求。对其整体形态和局部形态、比例和造型、材料和色彩的美感进行合理的设计,从而形成内容健康、形式完美的园林景观小品。

4）满足人们的文化认同感

一个成功的园林小品不仅具有艺术性，而且还应有深厚的文化内涵。通过园林小品可以反映它所处的时代精神面貌，体现特定的城市、特定历史时期的文化传统积淀。所以园林小品的设计要尽量满足文化的认同，使园林景观小品真正成为反映历史文化的媒体。园林小品设计与周围的环境和人的关系是多方面的。通俗一点说，如果把环境和人比喻为汤，那园林小品就是汤中之盐。所以园林小品的设计是功能、技术与艺术相结合的产物，要符合适用、坚固、经济、美观的要求。

此外，园林小品采用的材料，应该做到环保，尽可能采用钢结构、木结构等建筑形式，同时采用利于维修、可以组装折卸等设计细节。

6.1.1.5　园林小品的创作要求

园林小品的创作要满足以下几点要求：

1）立其意趣

根据自然景观和人文风情，构思景点中的小品。

2）合其体宜

选择合理的位置和布局，做到巧而得体，精而合宜。

3）取其特色

充分反映建筑小品的特色，把它巧妙地融在园林造型之中。

4）顺其自然

不破坏原有风貌，做到得景随形。

5）求其因借

通过对自然景物形象的取舍，使造型简练的小品获得景象丰满充实的效应。

6）饰其空间

充分利用建筑小品的灵活性、多样性以丰富园林空间。

7）巧其点缀

把需要突出表现的景物强化出来，把影响景物的角落巧妙地转化成为游赏的对象。

8）寻其对比

把两种明显差异的素材巧妙地结合起来，相互烘托，凸显双方的特点。

6.1.2　常见的园林小品

园林小品包括园椅、园凳、园桌、园灯、栏杆、景墙、景窗、园门、花架、景亭等。

6.1.2.1　园椅、园凳、园桌

园椅、园凳的首要功能是供游人就座休息，欣赏周围景物。在景色秀丽的湖滨、在山顶平冈、在花间林下、广场四周、园路两侧设置园椅、园凳，供游人欣赏湖光水色，品赏奇花异卉，尤

其在街头绿地、小型园地,人们更需要长时间就座休息,园椅成为不可缺少的设施。但在园林中,园椅不仅作为休息、赏景的设施,而又作为园林装饰小品,以其优美精巧的造型点缀园林环境,成为园林景物之一。在园林中恰当地设置园椅,将会加深园林意境的表现。如果在一片天然的树林中设置一组蘑菇形的休息园凳,宛若林间树下长出的蘑菇,就可把树林下的环境衬托得野趣盎然。如在苍松翠柏之下,设以天然山石的桌椅,会使环境更为幽静古朴。在园林广场一侧、花坛四周,设数把条形长椅,众人相聚,欢乐气氛油然而生。而草坪边、园路旁、竹丛下适当地布置园椅,也可给人以亲切之感并使大自然富有生机。而园椅、园桌、园凳的设置应选择在人们需要就座休息、环境优美、有景可赏之处,也可以结合各种活动的需要设置。有大量人流活动的园林地段,就应设置休息园椅,如各种活动场所周围、出入口、小广场周围等处。

6.1.2.2 园灯

园灯既有照明又有点缀装饰园林、美化园林环境的功能。所以,园灯要保证晚间游览活动的照明需要,又要注意其造型美观、装饰得体。园灯的造型和布局要与所处的环境协调统一。绚丽明亮的灯光可使园林环境更为热烈、生动、欣欣向荣、富有生气;柔和、轻松的灯光使园林环境更加宁静、舒适、亲切宜人。因此,灯光会衬托各种园林气氛,使园林意境更富有诗意。在广阔的广场、水面以及在人流集中的活动场所,园灯要有足够的亮度,造型力求简洁大方,灯杆的高度可根据所处空间的大小而定,一般为 5~10m。园路两旁的园灯要照度均匀,避免树木遮挡;为防止刺目眩光,常用乳白灯罩,灯杆高度一般为 4~6m。另外园灯材料的质感也能对人们的心理感受产生一定的作用,并能直接影响园灯的艺术效果。园灯的设计还要注意防水、防锈蚀、防爆和便于维修等各种问题。

6.1.2.3 栏杆

栏杆的主要功能是防护。园林中的栏杆除起防护作用外,还可用于分隔不同活动内容的空间,划分活动范围以及组织人流。栏杆以其简洁、明快的造型点缀装饰园林环境,丰富园林景致。园林栏杆的设置与其功能有关。一般而言,主要功能是维护的栏杆常设在地形变化之处、交通危险的地段、人流集散的分界,如岸边、桥梁、码头、道路等周边;而主要作为分隔空间的栏杆常设在活动分区的周围、绿地周围等。在花坛、草地、树池的周围,常设以装饰性很强的花边栏杆以点缀环境。

栏杆的造型力求与园林环境统一、协调,以优美造型来衬托环境,加强气氛,加强景致的表现力。栏杆的高度要因地制宜,必须考虑功能的要求。作为围护栏杆,一般高度为 0.9~1.2m;分隔空间用的栏杆高度为 0.6~0.8m;草坪、花坛、树池周围常设置镶边栏杆,高度为0.2~0.4m。制作栏杆常用的材料有石料、钢筋混凝土、铁、砖、木料等。

6.1.2.4 园墙、园窗

园墙是园林中常见的小品,其形式不拘一格,功能因需而设,材料丰富多样。除了人们常见的园林中作障景、漏景以及背景的景墙外,近年来,很多城市更是把景墙作为城市文化建设、改善市容市貌的重要方式。因而"文化墙"这一概念更是把景墙在城市文化建设中的特殊作用做了概念性总结。

园林中的墙有分隔空间、组织导游、衬托景物、装饰美化或遮蔽视线的作用,是园林空间构图的一个重要因素。精巧的园墙还可装饰园景。

中国传统园林中的景墙，按材料和造型的不同可分为版筑墙、乱石墙、磨砖墙、白粉墙等。分隔院落空间多用白粉墙，墙头配以青瓦，用白粉墙衬托山石、花木，犹如在白纸上绘制山水花卉，意境尤佳。园墙与假山之间可即可离，各有其妙。园墙与水面之间宜有道路、石峰、花木点缀，景物映于墙面和水中，可增加意趣。产竹地区常就地取材，用竹编园墙，既经济又富有地方色彩，但不够坚固耐久，不宜作永久性园墙。

园林中的墙还可与山石、竹丛、灯具、雕塑、花池、花坛、花架等组合成景。园墙的位置选择除考虑其功能之外，还应考虑造景的要求。《园冶》中说："凡园之围墙……如内，花端、水次，夹径、环山之垣……从雅遵时，令人欣赏，园林之佳境也。"

园墙的设置多与地形结合，平坦的地形多建成平墙，坡地或山地则就势建成阶梯形，为了避免单调，有的建成波浪形的云墙。划分内外范围的园墙，内侧常用土山、花台、山石、树丛、游廊等把墙隐蔽起来，使有限空间产生无限景观的效果。

国外常用木质的或金属的通透栅栏作园墙，园内景色能透出园外。英国自然风景园常用干沟式的"隐垣"作为边界，远处看不见园墙，园景与周围的田野连成一片。园内空间分隔常用高2米以上的高绿篱。

新建公园绿地的园墙，在传统作法的基础上广泛使用新材料、新技术。现园墙多采用较低矮和较通透的形式，普遍应用预制混凝土和金属的花格、栏栅。混凝土花格可以整体预制或用预制块拼砌，经久耐用；金属花格栏栅轻巧精致，遮挡最小，施工方便，小型公园应用最多。

墙上的漏窗又名透花窗，可用以分隔景区，使空间似隔非隔、景物若隐若现，富有层次。通过漏窗看到的各种对景使人目不暇接而又不致一览无遗，能收到虚中有实、实中有虚、隔而不断的艺术效果。漏窗本身的图案在不同的光线照射下可产生各种富有变化的阴影，使平直呆板的墙面显得活泼生动。

漏窗的窗框有方形、长方形、圆形、六角形、八角形、扇形以及其他不规则的形状。漏窗的花纹图案灵活多样，从构图上看，有几何形体的与自然形体的两种。几何形体的图案有万字、菱花、橄榄、冰纹、鱼鳞、秋叶、海棠、葵花、如意、波纹等。几何形体图案的景窗多用砖、木、瓦片（筒瓦、板瓦）制作。自然形体图案有以花卉为题材的，如松柏、牡丹、梅、竹、兰、芭蕉、荷花等；也有以鸟兽为题材的，如鹤、鹿、凤凰、孔雀、蝙蝠等。自然形体图案的景窗的制作方法是，先用铁片、铁条做成骨架，然后以灰浆及麻丝逐层裹塑，成形之后再涂上色彩、油漆即成。此外，各种造型的琉璃花格漏窗、钢筋混凝土或水磨石预制的花格漏窗、扁铁花饰的漏花窗、木制的或钢筋混凝土及水磨石制作的博古架式的花窗，在各种公园、庭园中应用也十分广泛。

园林的墙上还常有不装窗扇的窗孔，称空窗。空窗除能采光外，还常作为取景框，使游人在游览过程中不断地获得新的画面。空窗后常置石峰、竹丛、芭蕉之类，形成一幅幅小品。空窗还能使空间相互渗透，可有增加景深、扩大空间的效果。空窗也有方形、长方形、六角形、圆形、扇形、葫芦形、秋叶形、瓶形等各种形式，高度多以人的视点高度为标准，以便于眺望。

在江南古典园林中，空窗的边框常用青灰色方砖镶砌，周围刨出挺秀的线脚，经打磨光滑之后与白粉墙成朴素明净的色调对比。现代公园中，则常用斩假石、水刷石等材料制作空窗边框。

6.1.2.5　园门

园林大门是各类园林中突出、醒目的面貌。园林的大门有较复杂的功能，在设计时需要考虑出入口人流、集散交通等因素,处理好车辆等交通工具的停放。园门组织园林出入口的空间及景致,在空间上起着从城市到园林的过渡、引导、预示、对比等作用。园门是游人游赏园林的第一个景物,会给人们留下深刻印象,其优美的造型也是美化街景的重要因素。园门的位置先考虑公园总体规划,按各景区的布局、游览路线及景点的要求来确定。园门的位置要根据城市的规划要求,与城市道路取得良好关系,要有方便交通以及主要人流量的来往方向。园门的设计要与所处园林环境协调统一,切忌脱离周围环境,追求流行式样,也不可有过于繁琐的装饰和过多过杂的色彩。园门的格调应与游园活泼、轻快开朗、亲切的风格相一致,并应使园门的空间体量、形体组合、立面处理、材料物质以及色彩渲染等方面与园内其他建筑物相协调,形成一个整体。在园门的设计中,可适当运用联想、象征手法,表现园门的性格特征,以创造气氛,同时要充分利用门内小广场上的雕塑、水池、喷泉、山石、花坛、树木、浮雕等与组成对景。园门的绿化配置应予足够的重视,绿化配置既能使园门显得轻快、活泼、富有生机,又是空间构图的组成部分。应认真选择植物的姿态、种植的位置以及色彩对比,利用绿化植物的各种形式,让四季变化的花草树木为园门增色。

6.1.2.6　景观花架

1）花架的基本构造及分类

(1) 花架的基本构造。花架大体由柱子和格子条构成。柱子的材料可分为木柱、铁柱、砖柱、石柱、水泥柱等。柱子一般用混凝土做基础,柱顶端架着格子条,其材料一般为木条(也可用竹竿、铁条)。格子条主要有横梁、椽、横木组成。

(2) 花架的分类。花架常用的分类方式有三种:一是按结构形式分,二是按平面形式分,三是按施工材料分。

① 按结构形式分。花架按结构形式分有单柱花架,即在花架的中央布置柱,在柱的周围或两柱间设置休息椅凳,供游人休息、聊天、赏景。双柱花架,又称两面柱花架,即在花架的两边用柱来支撑,并且布置休息椅凳,游人可在花架内漫步游览,也可坐在其间休息。

② 按平面形式分。花架按平面形式分有直线形、曲线形、三边形、四边形、五边形、六边形、八边形、圆形、扇形以及它们的变形图案。

③ 按施工材料分。花架按施工材料分有木制花架、竹制花架、仿竹仿木花架、混凝土花架、砖石花架、钢质花架等。木制、竹制与仿木花架整体比较轻,适于屋顶花园,也可用于营造自然灵活、生活气息浓的园林小景。钢质花架富有时代感,且空间感强,适于与现代建筑搭配,在某些水景观景平台上采用效果也很好。混凝土花架寿命长,且色彩、样式丰富,可用于多种环境中。

2）花架的施工

(1) 施工方法。竹木花架、钢花架可在放线并夯实柱基后,直接将竹、木、钢管等正确安放在定位点上,并用水泥砂浆浇筑。水泥砂浆凝固达到一定强度后,进行格子条施工,修整清理后,最后进行装修刷色。混凝土花架现浇装配均可。

花架格子条断面的选择、间距大小、两端外挑长度、内跨径等要根据设计规格进行施工。花架上部格子条断面常在 $50mm \times (120 \sim 160)mm$ 之间,间距为 $500mm$,两端外挑 $700 \sim 750mm$,内跨径多数为 $2700mm$、$3000mm$ 或 $3300mm$。为减少构件的尺寸及节约粉刷,可用高强度等级混凝土浇捣,一次成型后刷色即可。修整清理后,最后按要求进行装修。混凝土花架悬臂挑梁有起拱和上翘要求。一般起翘高度为 60～150mm,视悬臂长度而定。搁置在纵梁上的支点可采用 1～2 个。

砖石花架在夯实地基后以砖块、石板、块石砌筑,花架纵横梁用混凝土斩假石或条石制成。

(2) 施工要点。柱子地基要坚固,定点、柱子间距及高度要准确。花架要格调清新,注意与周围建筑及植物在风格上统一。不论现浇和预制混凝土及钢筋混凝土构件,在浇筑混凝土前,都必须按照设计图纸规定的构件形状、尺寸等施工。涂刷带颜色的涂料时,配料要合适,保证整个花架都用同一批涂料,并一次用完,确保颜色一致。混凝土花架装修格子条可用 104 涂料或丙烯酸酯涂料,刷白两边;纵梁用水泥本色,斩假石、水刷石(汰石子)饰面均可;柱用斩假石或水刷石饰面。刷色要防止漏刷、流坠、刷纹明显等现象发生。模板安装前,先检查模板的质量,不符合质量标准的不得投入使用。花架安装时要注意安全,严格按操作规程、标准进行施工。对于采用混凝土基础或现浇混凝土做的花架或花架式长廊,如施工环境多风、地基不良或这些花架要种瓜果类植物,因其承重较大,容易破坏基础,因此施工时多用"地龙",以提高抗风抗压力。"地龙"是基础施工时加固基础的方法。施工时,柱基坑不是单个挖方,而是所有柱基均挖方,成一坑沟,深度一般为 60cm,宽 60～100cm。打夯后,在沟底铺一层素混凝土,厚 15cm,稍干后配钢筋(需连续配筋),然后按柱所在位置焊接柱配钢筋。在沟内填入大块石,用素混凝土填充空隙,最后在其上现浇一层混凝土。保养 4～5 天后可进行下道工序。

6.1.2.7　景亭

1) 景亭的基本构造

景亭一般由亭顶、亭柱(亭身)、台基(亭基)三部分组成。景亭的体量宁小勿大,形制也应较细巧,以竹、木、石、砖瓦等地方性传统材料修建。如今景亭更多的是用钢筋混凝土或兼以轻钢、铝合金、玻璃钢、镜面玻璃、充气塑料等新材料修建而成。

(1) 亭顶。亭的顶部梁架可用木材制成,也可用钢筋混凝土或金属铁架等。亭顶一般分为平顶和尖顶两类,形状有方形、圆形、多角形、仿生形、十字形和不规则形等。顶盖的材料则可用瓦片、稻草、茅草、树皮、木板、树叶、竹片、柏油纸、石棉瓦、塑胶片、铝片、铁皮等。

(2) 亭柱(亭身)。亭柱的构造因材料而异。制作亭柱的材料有钢筋混凝土、石料、砖、树干、木材、竹签等。亭一般无墙壁,故亭柱在承重及美观要求上都极为重要。亭身大多开敞通透,置亭身其间有良好的视野,偏于眺望、观赏。柱间下部常设半墙、坐凳或鹅颈椅,供游人坐憩。柱的形式有方柱(海棠柱、长方柱、下方柱等)、圆柱、多角柱、梅花柱、瓜楞柱、多段合柱、包镶柱、拼贴棱柱、花篮悬柱等。柱的颜色各有不同,可在其表面绘上或雕成各种花纹以增加美观性。

(3) 台基(亭基)。台基(亭基)多以混凝土为材料,若地上部分的负荷较重,则需加钢筋、地梁;若地上部分负荷较轻,如用竹柱、木柱盖以稻草的亭,则仅在亭柱部分掘穴以混凝土作基础即可。

2) 景亭的施工

(1) 普通亭的施工。

① 施工准备工作。根据施工方案配备好技术人员、机械及工具,按计划购进材料。认真分析施工图,对施工现场进行详细踏勘,做好施工准备。

② 施工放线。在施工现场引进高程标准点后,用方格网划出建筑基面界线,然后按照基面界线外边各加 1～2m 放出施工土方开挖线。放线时注意区别桩的标志,如角桩、台阶起点

桩、柱桩等。

③ 亭顶的施工方法。北方的官式建筑的翼角,从宋到清都是不高翘的。一般是仔角梁贴伏在老角梁背上,前段稍稍昂起,翼角的出椽也是斜出并逐渐向角梁出抬高,以构成平面上及立面上的曲势,它和屋面曲线一起形成了中国建筑所特有的造型美。

江南的屋角反翘式样通常分为嫩戗发戗与水戗发戗两种。嫩戗发戗的构造比较复杂,老戗的下端伸出檐柱之外,在它的尺头上向外斜向镶合嫩戗,用菱角木、箴木、扁檐木等把嫩戗与老戗固牢,这样就使屋檐两端升起较大,形成展翅欲飞的态势。水戗发戗没有嫩戗,木构体本身不起翘,仅戗脊端部利用铁件及泥灰形成翘角,屋檐也基本上是平直的,因此构造上比较简便。屋面构造一般把桁、椽搭接于梁架之上,再在上面铺瓦做脊。

北方宫廷园林中的景亭一般采用色彩艳丽、锃光闪亮的琉璃瓦件,配以红色的柱身,以蓝、绿等冷色为基调的檐下彩画,及洁白的汉白玉石柱、基座,显得庄重而富丽堂皇。南方景亭的屋面一般铺小青瓦,梁枋、柱等木结构刷深褐色油漆,在白墙青竹的陪衬下,看上去宛若水墨勾勒一般,显得清素雅洁,另有一番情趣。

(2)混凝土亭的施工。仿传统亭可分预制和现浇两种,构件截面尺寸全仿木结构。亭顶梁架构手法多用仿抹角梁法、井字叉梁法和框圈法。仿竹和仿树皮亭采用竹仿和仿树皮装修,工序简单,具有自然情趣,可不使用木模板。这种景亭造价低,工期短。

① 施工工艺。在砌好的地面台座上,将成型钢筋放置就位,焊牢成网片,进行空间吊装就位,并与周围从柱头及屋面板上皮甩出的钢筋焊牢,再铺满钢板网一层,并与下面钢筋焊牢。在钢板网上、下同时抹一遍水泥麻刀灰,再堆抹 C20 细石混凝土(坍落度为 0～2mm),并压实抹平,同时抹 1：2.5 水泥砂浆找平层,并将各个方向的坡度找顺、找直、找平。分两次各抹 1mm 厚水泥砂浆,压光。

② 装修。将仿竹亭顶屋面坡分为若干竹垅,截面仿竹搭接成宽 100mm、高 60～80mm、间隔 100mm 的连续曲波形。自宝顶往檐口处,用 1：2.5 水泥砂浆堆抹成竹垅,表面抹 2mm 厚彩色水泥浆,压光出亮,再分竹节、抹竹芽,将亭顶脊梁做成仿竹签或仿拼装竹片。做竹节时,加入盘绕的石棉纱绳会更逼真。

仿树皮亭,顺亭顶屋面坡分 3～4 段,弹线。自宝顶向檐口处按顺序压抹仿树皮色水泥浆,并用工具使仿树皮纹路翘曲自然、接槎通顺。角梁戗背可仿树皮,不必太直,略有弯曲。再做好节疤,画上年轮。做假树桩时可另加适量棕麻,用铁皮拉出树皮纹。

③ 色浆配合比。色浆配合比如表 6.1 所示。

表 6.1　色浆配合比表

仿色	材　料　名　称							
	白水泥	普通水泥	氧化铁黄	氧化铁红	氧化铬绿	群青	108 胶	黑墨汁
黄竹	100	—	5	0.5	—	—	适量	适量
绿竹	100	—	1	—	3(6)	—	适量	适量
紫竹	100	10	—	3	—	3	适量	适量
通用树皮色	80	20	2.5	—	—	—	适量	适量
松树皮	100	—	—	3	少量	—	适量	适量
树桩树皮	—	—	100	3	—	—	适量	适量

④ 色彩调配，如图 6.1 所示。

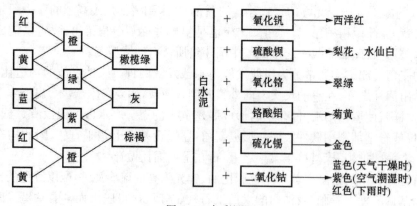

图 6.1　色彩调配

6.2　常见园林小品施工图

6.2.1　花架

通常一套完整的花架施工图包括顶平面图、平面图、立面图、剖面图几个部分。

花架顶平面图一般有以下内容：俯视形体、尺寸标注、图纸比例，如图 6.2 所示。

花架平面图一般有以下内容：从 1.2m 处俯视形体、尺寸标注、标高标注、图纸比例，如图 6.3 所示。

花架立面图一般有以下内容：主视形体或左视形体、尺寸标注、材质标注、图纸比例，如图 6.4 所示。

花架剖面图一般有以下内容：形体大样图、尺寸标注、材质标注、图纸比例，如图 6.5 所示。

6.2.2　花坛

通常一套完整的花坛施工图包括平面图、立面图、剖面图几个部分。

花坛平面图一般有以下内容：形体、尺寸标注、坛壁顶材质，如图 6.6 所示。

花坛立面图一般有以下内容：形体、尺寸标注、坛壁顶和边材质，如图 6.7 所示。

花坛剖面图一般有以下内容：形体、尺寸标注、层次结构所用材质，如图 6.8 所示。

6.2.3　景墙

通常一套完整的景墙施工图包括平面图、立面图、剖面图、大样图几个部分。

景墙平面图一般有以下内容：形体、尺寸标注、图纸比例，如图 6.9 所示。

景墙立面图一般有以下内容：形体、尺寸标注、材质标注、图纸比例，如图 6.10 所示。

景墙剖面图一般有以下内容：形体、尺寸标注、材质标注、图纸比例，如图 6.11 所示。

景墙大样图一般有以下内容：形体大样图、尺寸标注、材质标注、图纸比例，如图 6.12 所示。

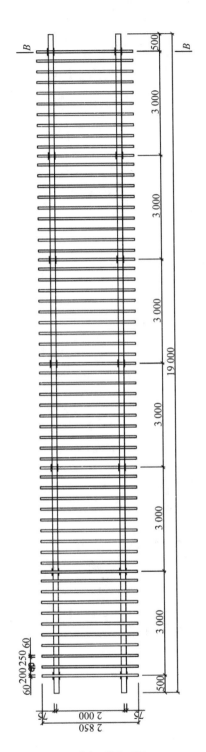

图 6.2 花架顶平面图 1：100

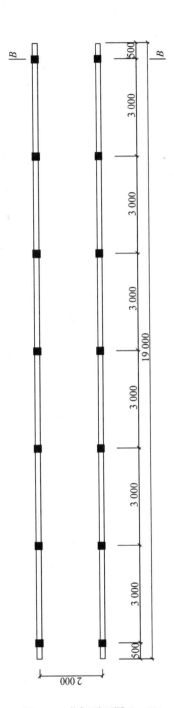

图 6.3 花架平面图 1：100

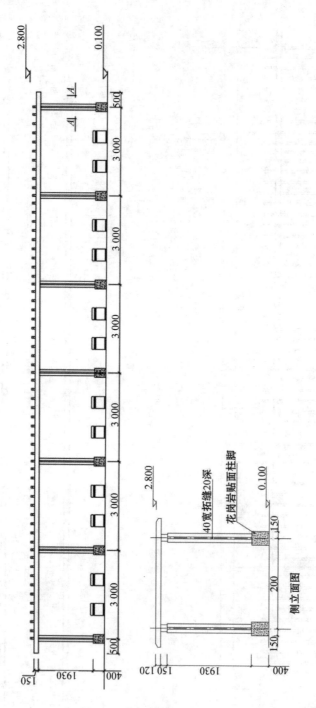

图 6.4　花架立面图 1∶100

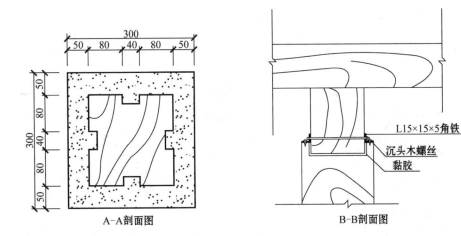

图 6.5 花架剖面图 1∶50

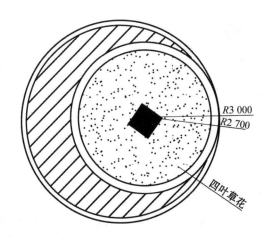

图 6.6 花坛平面图 1∶50

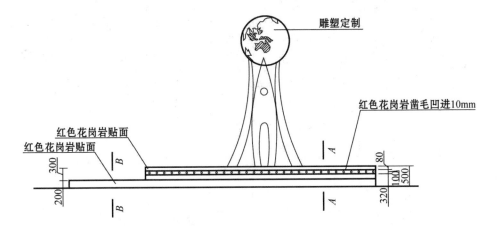

图 6.7 花坛立面图 1∶50

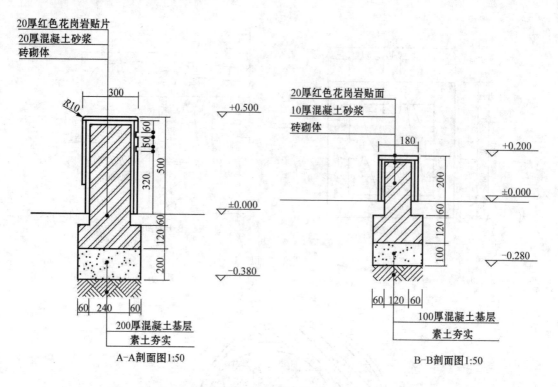

图 6.8　花坛剖面图

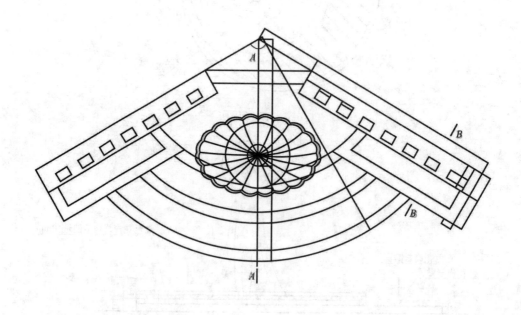

图 6.9　景墙平面图 1∶50

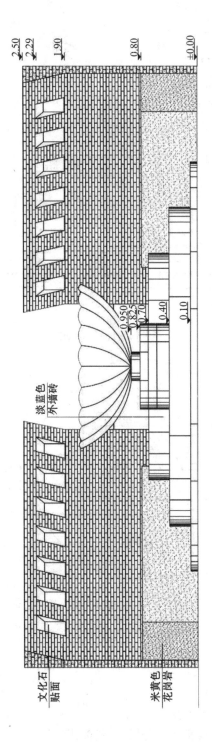

图 6.10　景墙立面图 1∶50

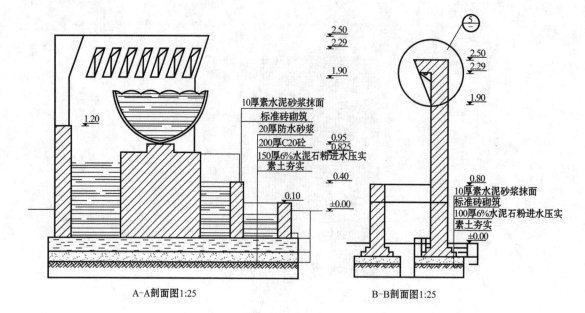

10厚素水泥砂浆抹面
标准砖砌筑
20厚防水砂浆
200厚C20砼
150厚6%水泥石粉进水压实
素土夯实

10厚素水泥砂浆抹面
标准砖砌筑
100厚6%水泥石粉进水压实
素土夯实

A-A剖面图1:25   B-B剖面图1:25

图 6.11　景墙剖面图

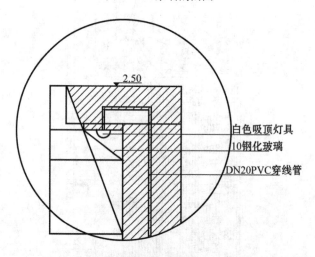

白色吸顶灯具
10钢化玻璃
DN20PVC穿线管

图 6.12　景墙大样图 1∶10

思考题

1. 园林小品有哪些分类?
2. 简述园林景观小品的功能。
3. 简述园林建筑小品的创作要求。
4. 参观优秀园林小品工程实例,掌握景观花架的设计要点、装饰设计及结构画法。

7 园林植物种植设计与工程

【学习重点】

　　种植设计与工程是园林工程中的特色工程,是具有生命的城市设施,是园林绿化的主要内容与形式。掌握种植工程的建设程序,即园林绿化的规划设计(方案设计)→种植设计(施工图设计)→种植工程(栽植技术、工程期养护管理)→竣工验收、移交验收→日常养护管理;熟练掌握种植工程的技术规范(种植要求、养护要求、质量要求、验收要求等),并能进行种植设计与施工。

　　园林植物种植设计与工程施工是一门实践性较强的应用技术,是以研究园林植物在城市建设中的配置原理和施工方法为主的一门应用学科。它以植物栽培学为基础,涉及面广泛,不仅与植物学、植物保护学、造园学、气象学、土壤肥料学等有关,又与生态学、环境保护学等科学有密切联系,并且以美学贯穿其中,因此,是一门综合性的学科。从园林植物种植设计在园林工程中地位来看,它与前期的植物景观设计和延续之后的种植工程紧密联系,并三者共同构成植物造景工程的完整过程。

7.1 园林植物种植设计概述

7.1.1 园林植物种植设计的定义

　　园林植物种植设计就是运用自然界中的乔木、灌木、藤木、竹类及草本、地被植物等素材,在不同的环境条件下与其他园林要素有机组合,通过艺术手法,充分发挥植物的形体、线条、色彩等自然美(也包括把植物整形修剪成一定形体)来创作植物景观,并根据植物生态特性和栽培技术条件,确保完成栽植任务,使之成为一幅既符合生物学特性又具有美学价值的生动画面的设计过程。园林植物种植设计也称为园林植物造景设计、园林植物配置设计等,根据功能要求不同,在具体的设计过程中有所侧重。

7.1.2 园林植物种植设计的特点

　　(1) 植物种植设计是在园林植物景观规划设计方案的基础上,对确定的要求作出规定性的安排和具体的技术指导，是一项终极性设计。它决定诸如植物造景的方式、种类、规格大小、数量、造价、植物与各基础设施的位置、与相邻环境的协调等。

（2）植物景观是园林景观的重要组成部分，因此植物种植成为园林绿化的基本工程。为了保证植物成活和生长，达到设计效果，植物种植设计必须兼顾近期实际效果和远期生态作用的发挥，综合考虑施工难易、生命周期与养护管理成本。

（3）园林植物种植设计应借鉴现代园林的先进理念，将艺术表现与工程技艺相结合、自然与人工相结合、功能满足与生态效益相结合，实现人与自然的和谐与进步。

7.1.3　园林植物种植设计的基本理论

7.1.3.1　生态园林的基本理论

人类在追求物质文明，导致城市化迅猛发展，同时引起城市环境恶化、污染严重等问题。城市气温偏高，湿度偏小，雨雾偏多，因而常被称为热岛、干岛、雨岛和雾岛；大气污染、水污染、土壤污染和噪声污染并称为城市"四害"。此外，城市化过程，亦是人类远离自然的过程，这就产生了人类获得物质文明的同时，伴随着环境质量、生活质量下降的问题。基于对这一问题的思考，人类开始认识到自身的局限性。认识到人与自然、人与城市应当是一种共存关系，一种持续协调发展的关系，从而开始以生态学思想来指导城市规划、建设和发展，由此也促使园林观念的革新。传统园林观强调园林的美学价值，重视人工建筑。当代园林观以植物为主体，发挥园林的多重功能，不仅重视园林的游息、景观功能，更重视园林植物改善环境的生态功能，即走生态园林的道路。

7.1.3.2　植物与环境因子关系的基本理论

从环境中分析出来的因素，称为环境因子。环境因子不一定对植物都有作用。例如占大气体积近 80% 的氮气，对非共生性高等植物就没有直接作用。在环境因子中，对植物有作用的因子，叫做生态因子。生态因子是对具体植物种类而言的。植物种类不相同，对它们发生作用的生态因子可能不相同。在自然界中，生态因子不是孤立地对植物发生作用，而是综合在一起影响着植物的生长发育。生态因子的综合称为生态环境，简称生境，林学上又称为立地条件或立地。生境与植物种之间有着极强的对应关系，一定的植物种要求一定的生境；反之，有什么样的生境就决定生长什么样的植物种。

1）生态因子的综合作用

一个生态因子对植物无论有多么重要的意义，它的作用也只能在与其他因子的配合下才能表现出来。例如，水分是一个很重要的生态因子，但只有适宜的水分条件，而没有光照、温度、矿物质营养等生态因子的适宜配合，植物不能正常生长发育。可见，对植物的影响是生境中各因子综合作用的结果，绝不是个别因子单独地起作用。

2）生态因子中的主导因子

组成环境的所有生态因子都是植物生长发育所必需的，但在一定条件下，其中必有一个因子起决定性作用，该因子即为主导因子。主导因子有两方面的含义：第一，从因子本身来说，主导因子的改变会引起其他生态因子的改变；第二，对植物而言，主导因子的存在与否或数量上的变化,会使植物的生长发育发生明显变化。第二种含义上的主导因子又称为限制因子。例如,光周期现象中的日照长度,低温对南方喜温植物的危害作用等。

3) 生态因子的不可代替性和可调剂性

植物在生长发育过程中所需要的光、热、水分、空气、矿物质养分等因子,对植物的作用虽不是等价的,但都是同等重要而不可缺少的。如果缺少其中一种,便能引起植物的正常生活失调,生长受到阻碍,甚至死亡,而且任何一个因子都不能代替另一个因子,这就是生态因子的不可代替性。另一方面,在一定条件下,某一因子在量上的不足,可以由其他因子的增加或加强而得到调剂,并仍然能获得相似的生态效应。

4) 生态因子作用的阶段性

每一个生态因子对植物各个不同发育阶段所起的生态作用是不相同的,或者说,植物对生态因子的需要是有阶段性的。一方面,自然界没有恒定不变的生态因子;另一方面,植物赖以生存的是变化着的生态因子,不仅不同年龄阶段或发育阶段的需要不同,不同器官或部位对同一生态因子的反应亦不一样。例如,植物生长发育中极为重要的光因子,对大多数植物来说,在种子萌发阶段并不重要。植物发芽所需温度一般比正常营养生长所需温度要低,营养生长所需温度又常较开花结实时低。

7.1.3.3　景观美学的原理

1) 景观美学公式

景观美学体验可以用简单的公式表达,从景观美学体验公式的函数关系的角度,指导和剖析园林植物种植设计。

$$景观美学体验 = f[(EC,观赏环境涵构)\cdot(VRA,视觉资源美学属性)\cdot$$
$$(OC,观赏者特征)]$$

其中:EC——观赏环境涵构 $= f$(观赏的位置、观赏的视角、观赏的交通工具、观赏的序列、可及性);

VRA——视觉资源美学属性 $= f$(复杂性、生动性、独特性、自然完整性、统一性);

OC——观赏者特征 $= f$(性别、年龄、生理状态、教育程度、职业等)。

2) 植物在景观中的作用

植物在景观中的作用主要反映在两个方面:一是对空间、场地整体势态及风格的影响;二是通过对植物"人工化"或"人格化"的处理,渲染空间、场地的精神,反映场地的文化,满足人们的心理及精神诉求。

7.1.4　园林植物种植设计的一般原则

7.1.4.1　园林植物选择要坚持适地选择原则

园林植物选择要坚持适地选择原则就是要体现植物的选择具有地域特色,能够反映植物地域的多样性并与城市风格相协调。

7.1.4.2　植物形成的空间要有多样性

生物多样性具体包含生态系统的多样性、物种多样性和遗传多样性。生态系统包含陆生生态系统、水生生态系统、森林生态系统、城市生态系统等。物种多样性则包括动物、植物、微生物等。遗传多样性（基因多样性）则主要是指同一物种内遗传的变异。植物形成的空间要能够体现自然界生态环境的多样，反映人与自然的和谐。

7.1.4.3　植物配置必须主次分明、疏落有致，植物空间的立体轮廓线要有韵律

主次分明体现在基调树种、骨干树种、补充树种要有合理的搭配，形成鲜明的植物冠线，达到背景线、主景线、地景线的巧妙组合。一般说来，最前面应是孤立树，中间是树丛，最后是树林，三者间用花卉草坪衔接，使之层次鲜明和最富于变化，突出景物的立体感。开阔的空间应有封闭的局部，封闭的空间要开辟透视线，以形成虚实对比，体现自然的意境。一般有景可借的地方，树要栽得稀疏些或者选栽低矮的灌木花卉，以保持透视；视野零乱的地方，要组织较密的树丛遮蔽，以达到"嘉则收之，俗则屏之"的目的。例如，在杭州花港观鱼合欢草地上，疏植了五株合欢，接以非洲凌霄花丛，后有灌木与密林相接，层次分明，色彩和谐悦目。

7.1.4.4　植物配置要与其他构景元素协调，做到自然错落有致，相互映衬

与建筑物构景时，所选用的树种既要有一定的姿态、色彩、芳香兼备等观赏性能，又要有一定的遮阴效果。建筑物旁的植物配置，大体分两类：一是建筑于大片丛林之中，二是以少数乔木衬托建筑。不论哪一类配置，都要根据建筑物的体形、结构来全面考虑。一般体形较大、立面庄严、视野开阔的建筑物附近，选主干高大粗壮、树冠伸展的树种。在结构较小、玲珑、精美的建筑物四周可以选种一些叶小枝纤、树冠较密的树种。四周可以眺望的建筑，考虑视线的需要，宜种一些低矮的灌木木、花卉，以显得不那么单调。

池岸、水边的树木形态和配置必须与水景和谐。水池大小不同，植物的配置要求也不一样。池岸大树的配植距离宜疏，灌木丛也不宜过密，以免妨碍眺望的视线，所选树种以枝叶扶疏、枝干不向上开展而又柔和的垂柳、垂杨、合欢、迎春、海棠、云南黄馨、月季为佳。池岸曲折的要种在弯曲处，平直的应退入岸线以内栽植。池中短堤、小岛一般不宜栽植高树，而桥旁、水边的亭榭附近不宜种荷花、睡莲等，以免破坏倒影。在辽阔的水面或水浪澎湃的江湖泊岸，则应选雄伟挺拔的香樟、沙朴、枫香、雪松、黄连木、银杏等树种，种植范围不宜过宽，树种的组合力求简洁。

园中假山的花木配置更要严格选择，植物配置要模仿自然并与假山的大小相称。以土为主的假山，乔灌木可以错落配置，品种可以多一些，构成浓荫蔽日、短枝拂衣、宛如自然的山林情趣。以石为主的假山，为了欣赏露石和树木的姿态美，花木配置宜疏。山坡、岩际一般比较宽阔，植物配置可以时断时续。

7.1.4.5　植物配置要体现四季季相变化

除形态外，植物的色彩在园林中的效果最为显著，因此植物配置既要四季常青，又要四季变化，花开不断。为了体现这一特色，如用白玉兰、碧桃、樱花、海棠等突出春季特色，用广玉兰、紫薇、石榴、月季、桂花、夹竹桃等体现夏秋特点，用枫香、槐树、无患子等体现深秋景色，用黄瑞香、蜡梅、茶花、梅花、天竺葵等点缀冬景，色彩效果十分鲜明，体现了春、夏、秋、冬四季景色。常绿树叶色常绿而深沉，落叶树则叶色丰富而冬枯，两者适当搭配，可以使色彩富有变化，冬季也无萧瑟之感。实践证明，一种植物空间的配置，应只有两季以上的鲜明色彩效果为

最好。

7.1.4.6 种植的形式、密度和搭配应体现景观要求,兼顾近远期效果

园林植物配植有规则式、自然式和混合式三种基本形式,应根据用地的环境、其在总体布置中的作用和地位来决定用哪一种形式。例如,一般在大门、主要道路、广场及大型建筑附近多采用规则式种植;在自然山水草坪以及不对称的小型建筑物附近用自然式种植,以便使绿化种植与周围环境之间达到统一、协调的效果。

树种搭配方面也有两种基本类型:单纯林和混交林。单纯林由一个树种组成,能适应某种特殊的生态条件或景观上的需要,其特点是气魄大、雄伟壮观,可以渲染特殊的气氛,缺点是构图单调,季相变化少,容易蔓延病虫害。混交林的优缺点与此相反,因此在运用时要考虑立地的自然条件和构图要求,尽可能发挥各种搭配类型的优点,并采用相应的措施,弥补其不足之处。植物的搭配还要根据不同的目的和具体条件确定树木花草之间的比例、落叶树和常绿树的比例、乔灌木的比例等,同时考虑季相变化。在种植类型上,要把大片处理和精点细致的配置结合起来,既要有重点,又要富于变化。

树木种植的密度合适与否直接影响绿化功能。要尽快地发挥绿化的效果,如果从远期考虑,应根据成年树木、树冠大小来决定种植距离;如以近期达到绿化效果为主,可稍密些。同时也要生长期远近相结合,可用调整、间伐林木办法,或者采用生长快慢不一样的树种相结合的方法。一定要避免片面追求密植,以致树种得不到足够的营养和生长空间,瘦弱不堪,加之日照通风条件不好,病虫害滋生,或者管理跟不上. 只密植不疏伐,结果达不到预期效果。

7.1.4.7 考虑苗源及施工养护管理条件

要使设计在数量上和规格上能得到满足,必须考虑苗木的来源问题。一般苗木来源于本市及周边的苗圃,因此设计前首先要了解苗圃及苗木的规格情况,以便作为设计的依据。不能满足的情况下,需要重点的绿化地方,也可以少量运用野生苗源和外来苗源。

在进行种植设计时,还必须考虑到施工管理的方便。否则就会耗费庞大的人力物力,且达不到预期效果。如选择规格过大、种植要求过于精细或病虫害较多的树种. 就要考虑施工管理的技术水平是否达到,否则就会给施工管理带来很多困难。例如,当地危害量严重的树种一般不宜采用,考虑树种搭配时应尽可能把病虫害互为寄生的树种隔开。在道路、运动场附近等,经常需要清扫的地段. 宜选择落花、落叶、落果时间集中的树种,以便减少清扫的工作量。

7.1.5 园林植物种植设计的技术规范

7.1.5.1 园林植物景观设计规范

园林植物景观规划设计主要的依据和参照有强制性国家标准、国家标准、国家行业标准及地方性标准、地方性行业标准。

1) 强制性国家标准

强制性国家标准有《风景名胜区规划规范》(GB 50298-1999)、《城市居住区规划设计规范》(GBJ137-90)等。

2）国家标准及国家行业标准

国家标准及国家行业标准有《森林公园总体设计规范》（LY/T5132-95）、《城市用地分类与规划建设用地标准》（GBJ137-90）、《城市绿地分类标准》（CJJ/T85-2002）、《公园设计规范》（CJJ48-92）、《城市道路绿化规划与设计规范》（CJJ75-97）、《城市园林绿化评价标准》（GB/T50563-2010）、《国家湿地公园建设规范》（LY/T 1755-2008）、《公路环境保护设计规范》（JTJ/T006-98）、《生态环境状况评价技术规范》（HJ/T192-2006）、《风景园林图例图示标准》（CJJ67-95）等。

7.1.5.2　园林植物种植设计与施工技术规范

国家标准及国家行业标准主要有：《城市绿化工程施工及验收规范》（CJJ/T82-99）、《环境景观绿化种植设计》（03J012-2）、《城市园林苗圃育苗技术规程》（CJ/T23-1999）、《城市绿化和园林绿地用植物材料木本苗》（CJ/T34-1991）、《城市绿化和园林绿地用植物材料球根花卉球》（CJ/T135-2001）、《主要造林树种苗木质量分级》（GB6000-1999）、《种植屋面工程技术规程》（JGJ155-2007）等。

7.2　园林植物种植设计内容

7.2.1　园林植物的筛选

7.2.1.1　依据植物的生态习性

1）园林植物的生长习性分类

（1）阳性植物。在阳光比较充足的环境条件下才能正常生长的树种，称为阳性树种或阳性植物，又称喜光树种或喜光植物。最常见的树种有银杏、雪松、白皮松、华山松、黑松、赤松、垂枝松、桧柏、龙柏、铅笔柏、翠柏、广玉兰、桉树、黄连木、鹅掌楸、北美鹅掌楸、白玉兰、悬铃木、杜仲、朴树、白杨、榔榆、榉树、构树、桑树、枫杨、柞木、青桐、光皮树、楝木、毛白杨、加拿大白杨、银白杨、柏树、旱柳、垂柳、木瓜、月季、枫树、合欢、皂荚、刺槐、黄檀、紫薇、喜树、槐树、丝棉木、重阳木、乌桕、盐肤木、无患子、枫香、臭椿、楝树、香椿、海州常山、醉鱼草、白蜡、泡桐、楸树、接骨木、海仙花、柿、油核桃、枇杷、梨、苹果、杏、梅、桃、枣、葡萄、橘、牡丹、米兰、火炬漆等；阳性草花有鸢尾花、飞燕草、牵牛花、矮牵牛、一串红、向日葵、金鱼草、金盏菊、三色堇、茑萝、凤仙、长春花、桂竹香、含羞草、石竹、虞美人、半支莲、天人菊、霍吞蓟、翠菊、香石竹、水仙、荷花、睡莲、唐菖蒲、白头翁、芍药、大理花等；阳性草坪植物有假俭草、结缕草、细叶结缕草等。

（2）阴性植物。能在庇荫环境条件下正常生长的树木、花草称阴性植物成阴性树种，也称耐阴树种或耐阴草坪地被植物。最常见的耐阴树种有罗汉松、榧树、花柏、黄金柏、竹柏、紫杉、红豆杉、山茶、厚皮香、杨梅、栀子花、六月雪、南天竹、海桐、珊瑚树、大叶黄杨、瓜子黄杨、雀舌黄杨、桃叶珊瑚、八角金盘、枸骨、棕榈、蚊母、丝兰、迎春、黄馨、细叶十大功劳、阔叶十大功劳、常春藤等；常见的耐阴花卉有文竹、吊兰、玉簪、八仙花等；常见的耐阴草坪及地被植物有普通早熟禾、林地早熟禾、多花黑麦革、青叶苔草、白车轴草、红车轴革、大羊胡子草、石菖蒲、麦冬、沿阶草、铃兰、诸葛菜等。

（3）中性植物。对阳光要求介于阳性与阴性两者之间的植物称为中性植物。最常见的中性树木有苏铁、五针松、侧拍、柏木、云杉、刺杉、柳杉、香樟、月桂、女贞、小蜡、桂花、小叶女贞、胡桃、麻栎、黄檗、杜娟、竹类、小檗、溲疏、绣球、日本女贞、榆叶梅、金丝梅、白鹃梅、紫荆、紫藤、龙爪槐、珍珠梅、丁香、石榴、含笑、怪柳、红叶李、刺桐、山麻杆、棣棠、木槿、夹竹桃、四照花、金钟花、七叶树、石楠、麻叶绣球、木瓜海棠、贴梗海朵、垂丝海棠、西府海棠、卫矛、樱花、碧桃、锦鸡儿、郁李、竹叶椒、花椒、青冈栎、结香、胡枝子、猕猴桃、木香、云实、凌霄、金银花、胡颓子、牡荆、无花果、文冠果、青枫等；中性花卉、草坪及地被植物有射干、慈兰、虎耳草、紫羊茅、两耳草、旱地早熟禾、连钱草、万年青等。

（4）耐水湿植物。耐水湿植物要求土壤水分充足，有的即使根部伸延水中也不影响其生长，如水杉、池杉、墨西哥落羽松、枫杨、垂柳、水曲柳、龙爪柳等树种；草坪地被植物有两耳草、纯叶草、长花马唐、早熟禾、剪股颖、细叶苔革、虎耳草、香菖蒲等。

（5）耐干旱植物。耐干旱植物能耐干旱，在土壤干燥的条件下能正常生长，如黑松、苏铁、侧柏、落叶松、白皮松、青桐、构树、刺槐、杜鹃、紫薇、夹竹桃、泡桐、油橄榄、栀子花等树木；耐干燥的草坪地被植物有硬羊茅、细叶早熟禾、细叶剪股颖、石菖蒲等。

（6）耐贫瘠地植物。耐贫瘠地植物对土壤养分要求不严，在瘠薄的土壤中能正常生长。如棕榈、黑松、侧柏、白榆、女贞、小蜡、海州常山、枸骨、水杉、桑树、柳树、枫香、黄连木、臭椿、紫穗槐、刺槐等树木；耐瘠薄的草坪地被植物有细叶剪股颖、硬羊茅等。

（7）耐盐碱植物。耐盐碱植物能生长在含盐碱的土壤中有侧柏、棕榈、胡颓子、白杨、合欢、苦楝、乌桕、泡桐、紫薇、柽柳、白蜡、刺槐、丝兰、油橄榄、柳树、加拿大杨、小叶杨、皂荚、臭椿、黄连木、榉树、杜仲、银杏、香椿、枣、桃、梨、杏、桑树等树木；草坪地被植物有钝时草、两耳草。

（8）抗性植物：凡具有保护环境，能抵抗污染和自然灾害的植物部属于抗性植物。园林植物对有害气体的抗性各不相同，有的能抗多种有害气体，尤其是"三废"污染比较严重的城市和工矿区，在绿地的配置中必须注意合理选样各种抗性较强的植物。

2）按植物的花色、花期分类

春季开花植物、夏季开花植物、秋季观花植物、冬季观花植物（见表7.1、表7.2、表7.3、表7.4）。

表 7.1 春季开花植物表

类型	开花植物名称	花色变化特点	花期
木 本 类	二乔玉兰	内白外紫，或外鲜红内淡红，外白内紫条纹	3月
	白玉兰	白	3月
	木兰	外紫内白	3月
	贴梗海棠	朱红，变种有白、玫红	3～4月
	日本海棠	砖红	3～4月
	杏花	白至粉红，萼绛红	3～4月
	桃花	多粉色，变种深红、绯红、纯白或红白淡色，间有复色	3～4月
	日本樱花	白至淡红	3～4月
	李花	白色	3～4月

（续表）

类型	开花植物名称	花色变化特点	花期
木本类	榆叶梅	粉红	3～4 月
	紫荆	紫红	3～4 月
	瑞香	纯白	3～4 月
	结香	黄	3～4 月
	金钟	深黄	3～5 月
	鸳鸯茉莉	紫蓝色后变淡紫色或白色	4～6 月
	白兰花	白	4～9 月
	含笑	蛋黄，边缘带紫晕	4～5 月
	刺桐	橙红、紫红	4～5 月
	海仙花	初开淡玫红或黄白，后变深红	4～6 月
	木瓜	粉红	4～5 月
	棣棠	金黄	4～5 月
	垂丝海棠	红	4～5 月
	海棠	粉红	4～5 月
	西府海棠	粉红	4～5 月
	白鹃梅	白	4～5 月
	红叶李	水红	4 月
	郁李	粉红近白	4～5 月
	麦李	粉红或白色	4 月
	樱花	白或淡红	4～5 月
	日本晚樱	粉红	4 月
	麻叶绣球	白	4～6 月
	玫瑰	紫红、白	4～6 月
	紫藤	淡紫、白	4～6 月
	枸骨	花黄绿	4～5 月
	云南黄馨	黄色	4～5 月
	丁香	蓝紫、白、淡紫	4 月
	牡丹	红、紫、白、黄、粉绿各色	4～5 月
	石岩杜鹃	各色深浅不同的红与紫，白色	4～5 月
	映山红	淡红、深红、玫红	4～6 月
	云锦杜鹃	紫红、玫瑰	4 月
	马银花	浅紫、粉红、近白	5～6 月
	珠兰	黄	5～6 月

类型	开花植物名称	花色变化特点	花期
木本类	米仔兰	黄	5～11月
	南天竺	花白色（以观果为主）	5～7月
	木槿	紫、白、红、淡紫	5～10月
	金银花	白、黄、另有红花变种	5～7月
	斗球	白	5～6月
	蝴蝶花	白	5～6月
	荚蒾	白	5～6月
	锦带花	鲜紫玫瑰红	5～6月
	溲疏	白有粉红晕	5～7月
	火棘	花白（果枯红）	5～6月
	木香	白或黄	5～7月
	香水月季	白、粉红或黄带	5～9月
	月季	园艺种有红、黄、白紫、粉、橙、绿及双色	5～11月
	光叶绣线菊	淡红至深红	5月
	狭叶绣线菊	粉红	5月
	石榴	有白、黄、红、猩红、橙红及带黄、白条纹变种	5～8月
草本类	矮牵牛	白、红、粉、蓝、深紫等	4～10月
	智利喇叭花	黄、红近紫	4～6月
	蛾蝶花	雪青、紫、白、粉、深红、杏黄	4～6月
	锦花沟酸浆	花冠黄，带红、紫、褐斑点	4～6月
	龙面花	白、黄及玫紫	4～6月
	山梗菜	白、玫红、深红、蓝紫等	4～6月
	蓝目菊	白、淡紫、蓝紫、乳黄、橙红等	4～6月
	矢车菊	浅蓝、深蓝、雪青、淡红、玫红等	4～5月
	三色菊	蓝、白、雪青、深红、淡红、褐黄	4～6月
	异果菊	橙黄、深紫，变种杏花、乳白	4～6月
	芍药	白、黄、粉、红、紫	4～5月
	白头翁	蓝紫、暗紫红，变种黄色	4～5月
	花毛茛	白、黄、橙、红、紫	4～5月
	石菖蒲	黄绿	4～5月
	铃兰	乳白	4～5月
	地中海蓝钟花	蓝、紫	4～5月

（续表）

类型	开花植物名称	花色变化特点	花期
草本类	大花天竺葵	白、淡红、紫、淡紫并有斑点	4～5月
	盾叶天竺葵	淡粉红、深粉	4～5月
	扶郎花	红、粉、淡黄、橘黄	4～5月 9～10月
	葱兰	淡黄，唇瓣绿白，具红紫斑	4～5月
	喇叭水仙	黄	4月
	明星水仙	黄	4月
	口红水仙	白、黄绿带红色	4月
	丁香水仙	黄、橘黄	4月
	令箭荷花	黄、粉红至红紫各色	4～5月
	飞燕草	淡紫、蓝紫	5～6月
	黑种草	浅蓝色	5～6月
	花菱草	亮黄、基部橙黄	5～6月
	虞美人	白经红至紫，并有斑纹品种	5～6月
	矮雪轮	粉红、淡白、雪青、玫红	5月
	花葵	红、玫红	5～6月
	马络葵	深红，微带紫	5～6月
	锦葵	紫红	
	轮锋菊	白、淡红、玫红、蓝紫、黑紫等色	5～6月 8～10月
	香屈曲花	白	5～6月
	香豌豆	紫、淡紫红	5～6月
	山字草	紫红、玫红	5～6月
	古代稀	紫红、淡紫红，变种有白、雪青等色	5～6月
	大花亚麻	玫红	5～6月
	蓝亚麻	浅蓝	5～6月
	三色介代花	玫红、淡紫、白	5～6月
	福禄考	玫红、白、鹅黄、紫	5～6月
	金鱼草	白、黄、红、紫、间色	5～6月
	毛地黄	紫红，变种有白、黄、红	5～6月
	柳穿鱼	雪青、玫红、洋红、青紫等色	5～6月
	毛蕊花	黄、紫、玫红、少有白色	5～6月

（续表）

类型	开花植物名称	花色变化特点	花期
草 本 类	风铃草	白、淡红、蓝紫	5～6月
	耧斗菜	蓝、紫、白	5～6月
	翠雀	蓝色、变种有白及深蓝	5～6月
	荷包牡丹	鲜红	5～6月
	落新妇	红、紫	5～6月
	多叶羽扇豆	白、红、青	5～6月
	钟柳	白、淡紫、玫红等色	5～6月
	除虫菊	白	5～6月
	朱顶红	红带白色条纹	5～6月
	鸢尾类	蓝、紫、白、黄、淡红等色	6月
	香石竹	红、黄、粉、白、紫洒金各色	5～10月

表7.2　夏季观花植物表

类型	开花植物名称	花色变化特点	花期
木 本 类	叶子花	苞片鲜红、紫红，变种有砖红、橙黄、紫等色	6～12月
	虎刺	花绿色，总苞片鲜红	6～7月
	扶桑	鲜红，变种有玫瑰红、红、粉、橙黄等	6～10月
	广玉兰	白	6～7月
	天女花	白	6月
	黄兰花	橙黄	6～7月
	金丝桃	鲜黄	6～9月
	八仙花	绿白至粉红、蓝紫	6～7月
	十姐妹	淡红、朱红、粉、白	5月
	合欢	粉红	6～7月
	夹竹桃	粉红、深红、白	6～10月
	美国凌霄	橘黄	6～7月
	栀子花	白	6～8月
	凤尾兰	乳白	6～7月
	丝兰	白	6～7月
	西洋山梅花	乳白	6月
	紫薇	红、紫、白、雪青	7～9月
	醉鱼草	色紫蓝	7～8月

（续表）

类型	开花植物名称	花色变化特点	花期
木本类	凌霄	鲜红、橘红	7～8月
	硬骨凌霄	橙红	7～10月
	吊钟海棠	蓝紫、变种有红、猩红、深紫等色	7～10月
	蓝雪花	淡蓝色	7～8月
草本类	半支莲	白、黄、红、紫	6～8月
	蜀葵	粉红	6月
	凤仙花	白、粉、玫红、大红、雪青	6～8月
	牵牛花	白、浅红、紫、浅蓝、红褐	6～10月
	蛇目菊	黄、褐红、暗紫	6～8月
	黑心菊	花黄色，有棕色环带	6月
	万寿菊	黄、淡黄、金黄、橙黄、橙红	6～10月
	剪夏罗	红至砖红，变种白至深红	6～7月
	芙蓉葵	白、紫、粉	6～8月
	沙参	蓝	6～7月
	桔梗	蓝紫，变种白、深紫	6～8月
	千叶蓍	花白色，变种红、淡红	6～7月
	珠蓍	白	6～7月
	香叶蓍	黄	6～7月
	松果菊	紫、橙黄	6～7月
	一枝黄花	黄	6～7月
	百合类	白、橙红、褐红	6～8月
	玉簪	白	6～7月
	紫萼	淡黄	6～7月
	萱草	橘红至橘黄等	6～7月
	万年青	花淡绿白色	6～7月
	文殊兰	白	6～9月
	韭莲	玫红、粉红	6～9月
	美人蕉	粉红、大红、橘红、黄、乳白、紫红	6～10月
	观赏辣椒	花白色，果绿、白、紫、橙、红等	6～7月
	睡莲	白、黄、粉红	6～9月
	荷花	白、粉红	6～8月
	网球花	血红，另有白色种	6～7月

类型	开花植物名称	花色变化特点	花期
草本类	朱蕉	花淡红至紫,叶缘带紫红	6～7月
	龙舌兰	花黄绿(主要观叶)	6～7月
	球根秋海棠	白、淡红、红、黄、紫	6～9月
	吊兰	花近白(观叶有阔叶金心、银边)	6月,温室冬季
	醉蝶花	白色至淡紫	7～10月
	蓟罂粟	淡黄或橙色	7～9月
	黄蜀葵	淡黄紫心	7～10月
	夜落金钱	大红	7～10月
	含羞草	淡红	7～10月
	待霄花	黄色后转带红	7～9月
	月光花	白	7～10月
	长春花	深玫红、白	7～10月
	罗勒	淡紫、白、淡黄	7～10月
	冬珊瑚	花白色	7～10月
	蓝猪耳	淡紫	7～10月
	藿香蓟	青蓝色、变种白	7～10月
	翠菊	白、淡红、深红、雪青、蓝紫	7～10月 秋播5～6月
	一点缨	深红	7～10月
	天人菊	紫、金黄、红	7～10月
	向日葵	金黄	7～9月
	桂圆菊	黄褐带缘绿渐变褐	7～10月
	百日草	紫、黄、橙、蓝、黑等色	7～10月
	槭葵	深红	
	荷兰菊	暗紫或白	7～10月
	紫菀	蓝或紫	7～9月
	大丽花	白、黄、橙、粉、红紫等色	7～11月
	琉璜菊	黄、淡黄、金黄	7～10月
	百支莲	蓝、白、紫	7～8月
	石蒜	鲜红、粉红、黄	7～9月
	晚香玉	白	7～11月
	葱兰	白带紫红晕	7～11月

（续表）

类型	开花植物名称	花色变化特点	花期
草本类	射干	橙、橘黄	7～9月
	银边翠	白	7～10月
	彩叶草	蓝、淡紫，叶面带有红、黄、紫斑点或镶边	7～10月
	非洲紫罗兰	深蓝紫	7～12月
	昙花	瓣白、萼红	7～9月
	垂盆草	黄	7～8月
	建兰	黄绿至淡黄褐，有暗紫条纹	7～9月
	唐菖蒲	黄、红、紫、白、蓝、乳白、深红	7～8月
	紫茉莉	红、紫、黄、白	8～11月
	雁来红	花灰白，顶部红叶（秋观叶）	8～10月
	鸡冠花	橘黄、白、红、紫	8～10月
	千日红	紫红，变种白	8～10月
	茑萝	大红	8～10月
	一串红	大红，变种白、紫	8～10月
	红花烟草	深玫、深红	8～10月
	麦秆菊	淡红、黄，变种白、暗红	8～10月
	乌头	白、堇、蓝、紫	8～10月
	打破碗花	红、紫	8～10月
	宝塔花	白、紫蓝	8～10月
	千屈菜	暗紫、紫红	8～10月
	凤眼莲	丁香紫、蓝紫	8～11月
	麦冬	淡紫、近白（观叶地被）	8～9月
	沿阶草	白、淡紫（观叶地被）	8～9月
	吉祥草	紫红（观叶地被）	8～9月

表 7.3　秋季观花植物表

类型	开花植物名称	花色变化特点	花期
木本类	木芙蓉	白、淡粉红、紫红	9～10月
	九里香	白	9～10月
	红花油茶	红	10～12月
	茶梅	红、白	11月～翌年1月

类型	开花植物名称	花色变化特点	花期
草本类	美国紫苑	深紫,有粉红变种	9~10月
	石蒜	鲜红	9月
	泽兰	白带紫	9~11月
	波斯菊	白、粉红、红、紫	9~11月
	仙客来	红、绯红、玫红、紫红、大红	10月~翌年5月
	红花酢浆草	深玫瑰色,变种有白,紫色	10月~翌年3月
	天竺葵	红、桃红、玫红、肉红、白	10月~翌年6月
	八角金盘	花白	10月
	菊花	白、粉、雪青、玫红、紫红、墨红、各种黄及淡绿、红面粉背、红面黄背等多色,另有夏开花品种	10~12月
	狗尾红	鲜红、紫红	11月~翌年1月

表7.4 冬季观花植物表

类型	开花植物名称	花色变化特点	花期
木本类	蜡梅	蜡黄或外淡黄,内具红、紫条纹边缘	12月~翌年3月
	银柳	冬芽银白色	12月~翌年2月
	云南山茶	白、粉、桃红至深紫、红白相间	12月~翌年4月
	一品红	花黄色,苞叶淡绿色,变种乳白、淡红	12月~翌年2月
	山茶	红、玫瑰红、淡红、白、紫	1~3月
	迎春	黄色	2~3月
	梅花	白色到水红,变种有纯白、肉红、桃红、粉紫及红白二色具条纹、斑点等	2~4月

（续表）

类型	开花植物名称	花色变化特点	花期
草本类	瓜叶菊	墨红、红、玫瑰红、淡红、白、紫、蓝和复色	12月～翌年4月（2～4月盛开）
	寒兰	黄、白、青、红、紫	12月
	四季报春	玫红、深红、白	1～5月
	水仙	白色（重瓣种"玉玲珑"副黄色）	1～2月
	兜兰	橙黄带紫褐斑点、条纹及晕	1～3月
	墨兰	白色具紫褐条纹	1～2月
	诸葛菜	紫	2～5月
	报春	淡紫、粉红	2～3月
	藏报春	粉红、深红、淡青、白	2～4月
	旱金莲	红、黄、橙、紫、乳白或杂色	2～5月
	蒲包花	黄、乳白、淡黄、橙红有深色斑点	2～5月
	蓬蒿菊	白	2～4月
	马蹄莲	白色，变种有红、黄	2～4月
	垂丝水塔花	苞片红色，花瓣黄绿具蓝边	2～5月
	春兰	黄绿、近白，有紫色种	2～3月
	台兰	外轮花瓣赤褐色，内轮边缘黄色	2～3月

7.2.1.2　依据植物的形态特征分类

1）按园林植物的高度分类

（1）乔木类。乔木是城市园林绿地的骨架，在各类绿地之中起重要的主导作用。乔木均具有明显的主干，离地一定高度开始分技、分叉，有较大的树冠，树型高大。在设计时，应首先确立大中型乔木的位置，这是因为它们的配置将会对设计的整体结构和外观产生最大的影响。一旦较大乔木被定植以后，小乔木和灌木才能得以安排，以完善和增强乔木形成的结构和空间特性。较矮小的植物就是在较大植物所构成的总体结构中，展现出更具人格化的细腻装饰作用。大中型乔木在环境中的另一个建造功能，便是在顶平面和垂直面上封闭空间。这样的室外空间感将随树冠的实际高度而产生不同程度的变化。如果树冠离地面3～4.5m高，空间就会显示出足够的人情味，若离地面12～15m，则空间就会显得高大，有时在成熟林中便能体会到这种感觉。大中型乔木在分隔那些最初由楼房建筑和地形所围成的、开阔的城市和乡村空间方面，也极为有用。大中型乔木应种植在空间或楼房建筑的西南、西面或西北面。此外，树冠群集的高度和宽度是限制空间边缘和范围的关键因素。

乔木类植物按高度可分为四级（见表7.5、图7.1）。

表 7.5　乔木类植物按高度分类

乔 木 等 级	树 高/m	树 冠/m
一	＞30	10～15
二	10～20	5～8
三	5～10	3～5
四	2～5	1～3

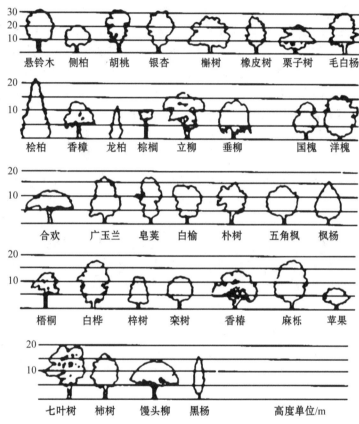

图 7.1　园林植物乔木类体量示意图

乔木类根据其形态特征和树叶的脱落情况，又可分为下列四类：

① 常绿针叶乔木类：如雪松、油松、白皮松、马尾松、云杉、圆柏、榧树等。

② 落叶针叶乔木类：如水杉、落叶松、金钱松等。

③ 常绿阔叶乔本类：如柏木类、青冈栎、石栎、木荷等。

④ 落叶阔叶乔木类：如银杏、悬铃木、构树、柿树、枫杨、枫香、苹果、梨、樱花、杨树、柳树等。

（2）灌木。灌木常用作树丛的下木，或作为基础植物和应用于绿篱。灌木具有明显的主干，分枝低矮，枝杈丛生，体型矮小。按其树高和蓬径，灌木可分为三个等级：大灌木一般在 2m 以上；中灌木一般在 1～2m；小灌木一般在 1m 以下（见图 7.2）。

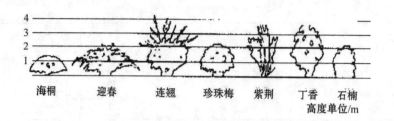

图 7.2　园林植物灌木类体量示意图

大灌木在景观中,能在垂直面上构成空间闭合,所围合的空间,其四面封闭,顶部开敞。由于这种空间具有极强的向上的趋向性,因而给人明亮、欢快感。大灌木还能构成极强烈的长廊型空间,将人们的视线直接引向终端。大灌木也可以作视线屏障和私密控制之用。如果大灌木属于落叶树种,那么空间的性质就会随季节而变化,而常绿灌木能使空间保持始终如一。

中灌木这一类植物包括高度在 1～2m 的植物,它们具有各种形态、色彩或质地。这些植物的叶丛通常贴地或仅微微高于地面。中灌木的设计功能与矮小灌木基本相同,只是合围空间范围稍大点。此外,中灌木还能在构图中起到高灌木或小乔木与矮小灌木之间的视线过渡作用。

小灌木指高度 0.3～1m 之间的灌木,矮灌木能在不遮挡视线情况下限制或分隔空间。由于矮灌木没有明显的高度,因此它们不是以实体来封闭空间,而是以暗示的方式来控制空间。为构成一个四面开敞的空间,可在垂直面上使用矮灌木。如种植在人行道或小路两旁的矮灌木,具有不影响行人的视线又能将行人限制在人行道上的作用。矮灌木的另一功能是在设计中充当附属因素。它们能与较高的物体形成对比,或降低一级设计的尺度,使其更小巧、更亲密。由于矮灌木尺度矮小,故应大面积地使用,才能获得较佳的观赏效果。

灌木类常根据其形态特征可分为下列三类:

① 针叶常绿灌木类,如千头柏、翠柏等。

② 阔叶常绿灌木类,如黄杨、海桐、山茶、夹竹桃、栀子花、金丝桃、常绿杜鹃花等。

③ 阔叶落叶灌木类,如月季、玫瑰、蜡梅、丁香、海棠、木芙蓉、石榴、八仙花、六月雪、榆叶梅、金钟花、黄馨、迎春等。

(3) 地被植物。地被植物是指具有一定观赏价值,大面积栽种于裸露平地、坡地、阴湿林下和林间隙地等各种环境,覆盖地面的多年生草本和低矮丛生、枝叶密集的偃伏性或半蔓性、扩展性强、高度在 30～50cm 或稍高的灌木以及藤本植物。地被植物各有不同特征,有的开花,有的不开花,有木本也有草本。

地被植物因具有独特的色彩或质地而能具有观赏价值。当地被植物与具有对比色彩或对比质地的材料配置在一起时,会引人入胜。地被植物另一设计功能,是从视觉上将其他孤立因素或多组因素联系成一个统一的整体。地被植物的实用功能还在于为那些不宜种植草皮或其他植物的地方提供下层植被。此外,一旦地被植物成熟后,它的养护工作少于同等面积的草坪。与人工草坪相比较,在较长时间内,大面积地被植物层能节约养护所需的资金和时间精力。地被植物还能稳定土壤,防止陡坡的土壤被冲刷。在斜坡上种植草皮,剪草养护是极其困难而危险的,因此,在这些地方,就应该用地被植物来代替。

常见的地被类型如下:

① 草本地被植物类。草本地被植物在实际应用中最广泛,其中又以多年生宿根、球根类草本最受人们欢迎,如鸢尾、石竹等。有些一二年生草本地被,如二月兰,具有自播能力,一次播种,连年萌生,持续不衰。

② 藤本地被植物类。此类植物一般多作垂直绿化应用。在实际应用中,其中有不少木质藤本或草质藤本,植物常用于地表绿化,如铁线莲、常春藤等。这些植物多数具有耐阴的特性。

③ 蕨类地被植物类。蕨类植物如肾蕨、凤尾蕨等,大多数喜阴湿环境,是优良的耐阴地被材料。

④ 矮竹地被植物类。在千姿百态的竹类资源中,茎干比较低矮、养护管理粗放的矮竹种类较多,其中少数品种类型已开始作地被植物应用于绿地假山园、岩石园中,如菲白竹、凤尾竹等。

⑤ 矮灌木地被植物类。在低矮灌木中,一些枝叶特别茂密、丛生性强的植物品种,如金叶女贞、杜鹃等,均为优良的地被材料。

(4) 草地与草坪。草地通常是指自然形成的,草坪通常是指人工培养种植形成的。草坪主要的材料指禾本科、莎草科的植物。草地与草坪主要功能有防尘吸尘,保持水土,美化环境,调节气温(夏季的草坪能降低气温 3～5.5℃,冬季的草坪能增高气温 6～6.52℃)。绿色的草坪还能缓和阳光的辐射,对人的眼睛有很大的好处。大面积的草坪,还可供人们在其中开展活动。

草坪可按不同的功能要求进行分类与建植:

① 依草坪的面积、形状分。根据草坪在绿地中的面积、形状、管理条件等不同,一般分为自然式草坪和规则式草坪两种。自然式草坪在绿地中没有固定的形状,面积较大,管理粗放。这类草坪允许人进入内部活动,草地内可以配植花卉,或孤植、丛植、群植树木,其四周边缘可栽植树木,形成绿地中的"空间",能给人以开朗的感觉。自然式草坪一般随地形起伏,易于和周围环境协调,形成独特的景色。规则式草坪在园林绿地中一般有规则的几何形图案,作为景物和建筑物的开阔前景,或作为道路、花坛、丛林、水体的装饰和填充。规则式草坪配置面积不宜过大,用地要平坦,没有自然起伏,管理比较精细,一般多种植细叶草种。

② 依草坪植物的组合分。根据草坪植物组合的不同,草坪又可分为三种。单纯草坪:由一种单坪植物种植组成,如细叶结缕草、草地早熟禾、假俭草、野牛草、葡茎剪股颖等,一般用于小面积的草坪栽植,如喷泉雕塑、花坛周围或道路边缘等处。混合草坪:由多种类型的草坪植物混合播种组合而成,常用的组合有细叶草种中的紫羊茅、剪股颖混合宽叶草种中的黑麦草、混合草地早熟禾。缀花草坪:由禾本科草坪植物与少量开花鲜艳,但不太高的低矮草花植物组合而成。如在草地上疏落地点种秋水仙、鸢尾、石蒜、葱兰、韭兰等球根类草花。缀花草坪一般多用于自然式草坪。

2) 植物的体型特征分类

以树木(乔木和灌木)为例(见图 7.3)。

(1) 乔木的树形:

① 塔形,主枝平展,与主干约成 90°或大于 90°。基部主枝最粗最长,向上逐渐短细,如雪松、冷杉、落羽杉、南洋杉等。

② 圆锥形,主枝向上斜伸,与主干约成 45°～60°夹角。树冠四周丰满,呈圆锥体,如桧柏、毛白杨、七叶树、水杉等。

槟榔　　蒲葵　　雪松　　黄葛树　　天竺桂　　香樟

重阳木　　小叶榕　　桂花　　羊蹄甲　　海棠　　垂直槐

山茶　　红叶李　　摇钱树槐　　紫薇　　丝兰　　多年生宿根花卉（一串红）

罗汉松　　整形（垂榕、毛叶丁香）　　迎春　　毛叶丁香球　　整形植物花卉装饰　　广场花坛

图 7.3　乔木和灌木体型特征示意

③ 倒卵圆形,中央领导干较短,至上部也不突出。主枝向上斜伸.与干约呈 $45°\sim60°$ 夹角。树冠丰满,呈倒卵形,如槲树、深山含笑、樟树、广玉兰、悬铃木等。

④ 圆柱形,中央领导干较长,至上部有分枝,主枝较贴近主干,如黑杨、加杨等。

⑤ 圆头形,如元宝枫、国槐、栾树、馒头柳等

⑥ 风致形,主枝横斜伸展,具独特风姿,如老年期的油松、枫树、梅树等。

⑦ 平顶伞形,如合欢、千头赤松等。

⑧ 垂枝形,主枝趾曲,小枝下垂者,如垂柳、龙爪槐、龙爪榆、照水梅类等。

(2) 灌木的树形。

① 团球形,如黄刺玫、玫瑰、小叶黄杨等。

② 卵形,如西府海棠、木槿等。

③ 垂枝形,如连翘、金钟花、垂枝碧桃、太平花等。

④ 匍匐形,如铺地柏、迎春、地锦(爬墙虎)等。

⑤ 攀接型,如凌霄、紫藤、金银花、葡萄、猕猴桃等。

(3) 树木的人工造型。除上述各种天然生长的树形以外,对枝叶密集和小定芽萌发力强的树种,可采用修剪整形技术,将树冠修整成人们所需的若干形态,称为人工造型。如高大的悬铃木种植在道路、广场边缘时,可修剪成杯状;枝叶密集的小叶黄杨、女贞、桧柏等,可修剪

成球形、立方形、梯形;种成绿篱的树种可修剪成圆弧形、立方形等。

7.2.1.3　植物的枝干(茎)、叶、根、果

1) 枝干

树木主干、枝条的形状、树皮的结构也是千姿百态,各具特色的。有的主干直立,有的弯曲;有的树枝挺拔,有的细软、倒技;有的树皮纹理粗糙、斑驳脱落,有的则纹理细腻、紧密贴体;有的树皮呈黑褐色,有的树皮呈现粉绿或灰白色。在植物配置中,利用枝干的特点,可创造出许多不同的优美景观,见表7.6。

表7.6　树干具有特色的树木

树　种	特　色
毛白杨	干笔直,枝挺拔,树皮灰绿色,横裂皮孔形似大眼,树姿雄伟有气势
垂柳	干弯曲,枝下垂,迎风时有婀娜多姿、飘逸潇洒之态
白桦	干多斜生,枝细软,树皮光滑呈白色,具环纹图案
梧桐	干直立或斜生,树皮光滑呈绿色
玉兰	干直立,枝挺拔有力,树皮银灰色
山桃	干多斜生,树皮光滑呈紫红色,有环纹图案
杏树	干皮粗糙,黑褐色,树姿古朴优雅
油松	干直立,枝挺拔苍劲,树皮粗糙,呈鳞块状剥落,暗古铜色;古松枝干横斜,极有风致
龙柏	干直立,枝密呈螺旋状上升之势,如蟠龙绕柱
圆柏	干笔直,枝密,树姿丰满,树皮粗糙,竖向纹理,古柏纹理扭曲有如蛟龙
白皮松	干直立,树皮光滑,外皮斑块状剥落后露出黄绿色内皮,呈斑驳陆离状
木瓜	干直立,树皮光滑,斑块状剥落呈斑驳陆离状
榔榆	干直立,树皮光滑,斑块状剥落呈斑驳陆离状
光皮毛	干直立,树皮光滑,斑块状剥落呈斑驳陆离状
君迁子	干直立,树皮黑褐色,粗糙呈小方块图案,排列致密
迎春	干丛生,枝细长,有棱角,拱形,皮绿色
连翘	干丛生,枝长,拱形,皮黄色
黄山紫荆	干丛生,具"之"字形游走枝
粉单竹	竿丛生,直立,高大,密枝白粉
花毛竹	竿单生,直立,高大,金黄色具绿色条纹
龟甲竹	茎基数节骤缩膨大,形状奇特
紫竹	竿紫黑色
斑竹	竿青翠,具褐色斑点,因娥皇女英的传说,而有"湘妃竹"之别名
油苦竹	节间修长停匀,秆青翠
山麻杆	枝干及新叶均为紫红色、鲜艳夺目
大王椰子	树干通直高大,基部膨大
红瑞木	茎紫红色

2）叶

树木叶片的大小、形状、颜色、质地和着生在枝上的疏密度等，组成整个树冠的外形，显示出不同的景观，给人以不同的感受，这类树木也常称为叶木类观赏植物。

（1）叶形。叶片大者如响叶杨、梓树、泡桐、梧桐、悬铃木、马褂木等，外观粗犷有力，遇风雨则发生特殊音响，与松树的枝叶为风吹动所发出的"松涛"一样富有情趣。叶片小者如合欢、榔榆、柳等，外观纤巧柔和，又可与外观粗犷的叶片配置形成对比变化。此外，苏铁科、棕榈科、芭蕉科、天南星科植物叶片的特殊风格以及柚木、印度榕等植物的巨型叶片都具有很高的观赏价值。

叶形奇特的树木有银杏的扇形叶，鸡爪槭的5～7裂叶、黄栌的团扇形叶、七叶树的放射形掌状复叶、檰树的葫芦形叶、琴叶榕的琴肚形叶，以及集生枝顶的凹叶厚朴的芭蕉扇形叶等。

（2）叶色。树木的叶色极其丰富多彩，利用叶色的变化配置植物，是在园林中取得季节美的重要手法。叶色变化明显而诱人的莫过于秋色。10月是秋色着力渲染各种树叶的时期。秋叶为黄色的有银杏、金钱松、加杨、柳树类、白蜡、板栗、梧桐、桦树、七叶树、马褂木等；褐黄色叶的有大果榆；橙黄色叶色的有山胡椒、黑杨、栾树；红叶的有元宝枫、鸡爪槭、枫香、黄栌、柿、乌桕、野漆树、火炬树、山檀、槲树、小檗、爬蔓卫矛、落羽杉等。

3）根

一些古老的树木因地质的变迁，或洪水的冲击，或由于根的增粗生长而裸露地面，或盘绕于岩石，给人以苍劲稳健的感觉。如高山上的松树常因根穿于岩缝之间而组合成为佳景，盆景中的老树盘根错节，正是园艺师模仿植物的天姿而创造的大自然缩影。榕树以下垂的气生根形成独木成林景观，常春藤、薜荔、络石以攀缘气生根成为庭园的美化材料。

4）果

许多树种具有美观的果实或种子。除栽培果树以外，最常用于园林布置的有银杏、木瓜、柿，它们具有黄色或橙黄色果实；橘红色果实的有山楂、海棠、卫矛、金银木、枸骨、枸杞、石楠、火棘等；橘蓝色或紫色果实的有葡萄、海州常山、紫珠、小檗等。这些植物常称为果木类观赏植物。

7.2.2　各类场地的栽植条件

分析各类场地的栽植条件，首先应充分体现整个场地园林规划设计的意图，与建筑、山石、水体、园路等景观进行搭配时更应考虑与其协调性；其次，要满足园林植物的生态要求：一是要适地适树，即根据园林绿地的生态环境条件，选择与之相适应的植物种类，使植物本身的生态习性与栽植地点的环境条件基本一致，做到因地制宜、适地适树，如场地的日照分析与植物的选择（见图7.4）。二是要合理结构，包括水平方向上合理的种植密度（即种植点的配置）和垂直方向上适宜的混交类型（即结构的成层性）。平面上种植点的配置，一般应根据成年树木的冠幅来确定种植点的株行距，但要注意近期效果和长期效果相结合。竖向上应考虑植物的生物学特性，注意将喜光与耐阴、深根系与浅根系（见图7.5）、速生与慢生、乔木与灌木等不同类型的植物相互搭配，在满足植物生态条件下创造稳定的复层绿化效果。第三，应利于植物养护管理的节约和便利。最后，应满足各类场地中植物景观规划设计规范的要求。

图 7.4　场地的日照分析

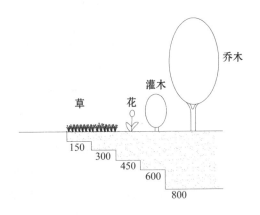

图 7.5　园林植物所需表土的最小厚度/mm

7.2.3　园林乔灌木种植设计的基本形式

园林乔灌木是植物配置中的重要组成部分,在整体的结构中起着骨架作用,所占比重较大,并且乔灌木在树形、花色、枝干、果实等方面的观赏特性可以带给人不同的美感和意境,另外由于乔灌木的高度、体积以及生命的长久性。突出的形体特征,对园林景观效果会产生长久而明显的作用,并能发挥植物种植的各方面功能。所以乔灌木的种植设计是园林景观设计中最基础的环节。

7.2.3.1　园林乔灌木的平面种植形式

园林乔灌木的平面种植形式主要有规则式和自然式两大类,前者整齐、统一,具有一定的种植株行距,而且按固定的方式排列;后者自然、灵活、错落有致,没有一定的株行距和固定的排列方式。

1）规则式

规则式对称植树的特点是采用同一规格的树木，按照主题景物的中轴线作对称或拟对称配置。两树的连线与轴线垂直，并被轴线所等分，多用于规则式园林绿地。

（1）中心植树式。中心植树式是指在广场、花坛等中心地点可种植树形整齐、轮廓严正、生长缓慢、四季常青的园林树木，如在北方可用松柏、云杉等；在南方可用雪松、整形大叶黄杨、苏铁等。

（2）对称植树式。对称植树式一般是指两株树或两丛树，按照一定的轴线关系，左右相互对称或均衡的种植方式。对称植树主要用于公园、建筑、道路、配景或夹景，很少作为主景，在规则式或自然式的园林绿化设计中都有广泛的运用。

（3）自然式对称植树。自然式对称植树是两株树（树丛）相互位置不对称，以主体景物的中轴线为支点取得均衡，以表现树木自然形态的变化。最简单的自然式对植是两株大小、姿态不同的一种树，布置在轴线的两旁，规格大的距轴线近些，规格小的距轴线远些，两者与轴线斜交，树的姿态向轴线集中。自然式对植也可以采用株数不同，树种不同的配置，如左侧是一株（一丛大油松），右侧为相似而不相同的树种如红松、桧柏，有变化又有呼应，形成的景观，比较生动活泼。

（4）行列栽植。行列栽植指乔灌木按一定的株距成行成排的种植，或在行内株距可有变化。行列栽植形成的景观比较整齐、单纯、气势统一，它是规则式园林绿地中，如道路、广场、工矿区居民区、办公大楼绿化中行列栽植应用最多的基本栽植方式。在自然式绿地中，也可在局部区域进行行列栽植布置。

① 行列栽植有以下两种基本形式：等行等距。从平面图上看，一行之间栽植为"吕"字形，两行之间栽植为"品"字形，多用于规则式的园林绿地中。等行不等距。从平面图上看行内栽植有疏密变化，而行距之间的栽植为不等边的三角形或四角形，可用于规则式或自然式园林局部，如路边、广场边、水边、建筑边等。因行距、株距都有变化，故也常用于规则式栽植到自然式栽植的过渡。

② 对树种的要求和株行距的确定：选为行列栽植的树种，最好在树冠体形上比较整齐，如圆形、卵圆形、倒卵形、椭圆形、塔形、圆柱形等。不选枝叶稀疏、树冠不整齐的树种。行列栽植的株行距取决于树种的特点、苗木规格、园林特点及主要用途。一般乔木冠幅为3～8m，甚至更大，灌木冠幅为1.5～5m。如果采取密植，可成为绿篱和树篱。

（5）正方形栽植。正方形栽植是按方格网在交叉点种植，树木株行距相等。其优点是透光通风良好，便于管理和机械操作；缺点是幼小树苗，易受干旱、霜冻、日灼和风害，又易造成树冠密接，一般在规则的大片绿地中应用。

（6）三角形栽植。三角形栽植是株行距按等边或等腰三角形排列，每株树冠前后错开，故可在相同面积内比正方形栽植多的株数，经济利用土地面积，一般在多行密植的街道树和大片绿地中应用。但三角形栽植通风透光较差，机械化操作不及正方形便利。

（7）长方形栽植。长方形栽植是正方形栽植的一种变形，其特点为行距大于株距。此种植方式在我国南北果园中应用，有悠久的历史。这种栽植方式有彼此簇拥的作用，为树苗生长创造了良好的环境条件，而且可在相同面积内栽植较多的株数。实施合理密植，因而长方形栽植兼有正方形和三角形两种栽植方式的优点,而避免了其缺点,这是一种较好的栽植方式。我国果农经过长期生产实践,得到这样的结论:"不怕行里密,只怕密了行。"这是很有科学根据的经验之谈,在园林树木的规则式种植可供参考。

(8) 环植。环植是指按一定株距把树木栽为圆环的一种方式,有时是一个圆环甚至半个圆环,有时则有多重圆环。环植在一般圆形广场栽植应用。

2) 自然式

(1) 孤植树。孤植树又称孤树,是用单株栽植的种植类型,有时在特定条件下,亦可多株紧密栽植形成单株栽植的效果。孤植树在规则式或自然式园林中均有应用并各有特色。孤植树的主要功能是遮阴和作为局部空旷地的主景。

① 选为孤植树的条件。具备特殊观赏价值的树木或植株的树种生长健壮、寿命长、病虫害少,反映自然界树木的个体美,给人以健康向上和欣欣向荣的感受。形体要巨大、枝叶茂密,树冠开阔舒展,姿态入画而分蘖少。例如,银杏、槐树、白皮松、松树、桂花、柿树、鸡爪槭等,具有较大的树干,树冠高达几十米,冠幅展开可达 30 多米。

② 孤植树的种植特点。孤植树在园林中的用量虽然不多,却有相当重要的作用。如果应用得当,如画龙点睛,往往成为吸引人的风景画面。孤植树种植地点要求比较开阔,不仅要保证树冠有足够的生长空间,而且要有比较合适的观赏距离和观赏点,约为树面的 3 倍左右,以便有足够的活动场地和适宜的欣赏位置,最好能配合如天空、水面、草地树林等色彩单纯,又有一定对比变化的背景加以衬托,以突出孤植树在形体姿态等方面的特色,丰富风景与天际线变化。因此,在自然式园林绿地中的岛屿,突出的水面的半岛和岸边、桥头、园路尽头和转弯处、登山道口、山坡突出部位、山洞口、山顶、园林建筑附近、面积不大的小庭园、休息广场上、草坪上、树林前、林中空地都可以考虑在适宜的位置设计种植孤植树。

设计孤植树应尽可能利用原有大树,在无大树可供利用的情况下可考虑移植大树和大苗。但移植大树造价较高,故应慎重从事。

(2) 丛植与群植。

① 丛植与群植的特点。丛植是指将 2~10 株或 20 株同种或不同种的树种较紧密地种植在一起,其树冠线彼此密接而形成一个整体轮廓线。丛植有较强的整体感,少量株数的丛植也具有孤植的艺术效果。丛植的目的主要在于发挥集体的作用,它对环境有较强的抗逆性,在艺术上强调整体美。将不同种类的树配成一个景观单元的配置方式称为群植。群植也可用几个丛植组成。群植能充分发挥树木的整体美,既能表现出不同种类的个性特征,又能使这些个性特征很好地协调组合在一起,从而形成整体美,是在景观上具有丰富表现力的一种配植方式。一个好的丛植或群植,要求设计者要从每种树木的观赏特性、生态习性、种间关系、与周围环境的关系、栽培养护管理等多方面综合考虑。丛植或群植乔木是现代大、中型园林绿地运用最多的形式,它起到了构图成景的作用,在形式上以鲜明活泼取胜,也可以以大片调和浑厚取胜。

② 树丛的平面设计。树丛设计必须在体现园林绿化意图的基础上,根据当地的自然条件、种苗来源、施工养护条件和周围环境相配合来选择合适的树种。如采用的树苗较小,就需考虑远近期过渡的问题。

③ 树丛的树种选择。由一个树种组成的树丛称为单纯树丛,由两种以上树种组成的称为混交树丛。在一组混交树丛中,树种不宜过多,而且不同树种间既要有差异又不能过分悬殊,

以便使组合的混交树丛能形成多样统一的整体,其他的树种成为从属部分,突出主体又互相联系和呼应。

④ 树丛的组合比例。树丛应有合适的组合比例。大小组合有致是树丛在布局上达到均衡的措施之一。组合比例完全相等或差别很小,会产生对称或机械呆板的不良效果,使两组在布局上失去联系;组合比例相差过大则形成一边偏重,另一边过轻的不均衡效果,破坏了统一的联系。一般常见组合比例,见表7.7:

表 7.7　树丛组合比例

树丛株数	组合比例	树丛株数	组合比例
三株	2:1	六株	4:2 或 3:3
四株	3:1	七株	5:2 或 4:3
五株	4:1 或 3:2	八株	6:2 或 5:3

(a) 两株的配合。两株的树丛最好采用同一数种,但在姿态、动势及大小上又有显著差异,使树丛既协调又生动活泼。两株树丛的栽植距离必须靠近,才能成为一个整体。

不同品种的树木,如果在外形上十分相似,也可以配置在一起。例如女贞和桂花配置在一起就很协调。如两者差异太大则不能配置在一起,例如龙爪柳和馒头柳,因外形相差太大,配在一起就会显得不协调。

(b) 三株树丛的配合。作为庇荫为主的三株树丛,最好以同一个乔木树种或极相似的两个树种来配合而无需配置灌木。相差悬殊的两个树种不要配在一起。作为风景观赏为主的三株树丛,除了可用同一树种外,还可用两个外形很相似的不同树种,如要形成稳定风景效果的树丛,最好选同为常绿的树种;如要形成半稳定的风景效果的树丛,则可在体形上选择能互相协调的常绿与落叶的混合树丛;而配置成季相变化明显的树丛时,宜选用同为落叶树的树种。如果从构图要求考虑,树丛的下部和树干部分需要加以装饰,使树丛变得紧密整齐,并且能很好地和草皮过渡,可采用乔灌木混合的树丛配合形式。

三株树丛配置时,树木的大小、姿态都要有对比和差异。栽植的距离要不相等或为不等边三角形,其中的两株,即最大一株和最小一株要靠近些,三株在动势上能相呼应,才不致产生分割。如三株树丛是两种不同树种时,其中最大和最小的一株最好同为一树种,中间的树种为另一树种,但外形上和其他两树种不要相差太大,以保证既能互相对比又不失均衡和协调。

(c) 四株树丛的配合。可用一个树种或两种不同树种。如用两种以上的树种,应选外形极相似的不同种或同种不同规格的树种,但在体形、姿态、大小、距离、高矮上要有差异。

四株树丛的基本平面可分为不等边的四边形和不等边的三角形两种。植物种植的栽植点标高最好也有变化。从立面上看,最大的一株必须在三株组成的一组中,在构图上才显得完整统一。两个树种配合,一种为三株,另一种为单株,如图7.6所示。

(d) 五株树丛的配合。五株树丛一般有两种组合方式。第一种组合方式:五株同为一个树种,但在体形、姿态、动势大小、栽植距离都要有不同。五株树丛的分组方式为3:2或4:1。如3:2主体必须在三株一组中,这两个小组必须各有动势才能取得均衡;若为4:1其中单株一组的树木最好选用规格为第二等级大小的树木。两组的距离不能太远,动势上要有呼应和联系。见图7.7。

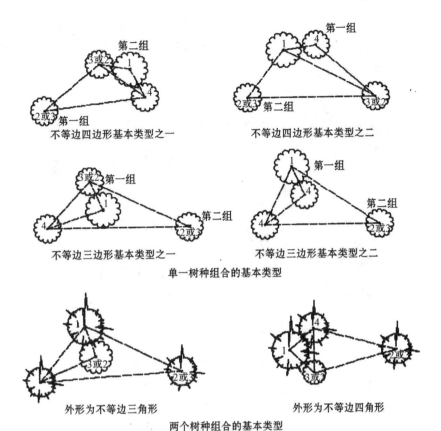

图 7.6　四株树丛配合的种植方式

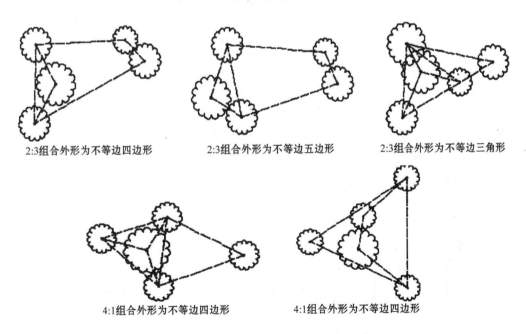

图 7.7　五株为同一树种的树丛配合种植方式

第二种组合方式由两个树种组成。如果有两个以上的树种，树形的差异不宜太悬殊，株数最好一个树种为三株，另一个树种为两株，配合起来容易达到均衡的效果。五株由两个树种组合的方式如图 7.8 所示。

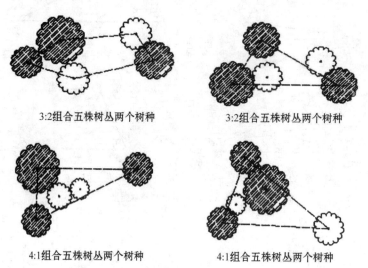

3:2组合五株树丛两个树种　　　　　　3:2组合五株树丛两个树种

4:1组合五株树丛两个树种　　　　　　4:1组合五株树丛两个树种

图 7.8　五株为两种树种的树丛配合种植方式

（e）六株树丛配置。六株树丛配置可以分为 2∶4 两个单元，如果是乔灌木配合则可以分为 3∶3 两个单元；但如果同为乔木或灌木，则不宜采用 3∶3 的分组方式。2∶4 分组时，其中的四株又可分成 3∶1 两个单元。六株树丛用的树种最好不超过三种以上，如图 7.9 所示。

图 7.9　六株树丛的配合种植方式

（f）七株树配置。七株树丛的理想分配为 5∶2 或 4∶3，树种不超过 3 种以上。八株树丛的理想分配为 5∶3 或 6∶2，树种不超过 4 种。九株树丛的理想分配为 3∶6 或 5∶4，树种最多不超过 4 种。15 株以下的树丛，树种最好不要超过 5 种。

7.2.3.2　园林乔灌木的竖向种植形式

1）根据乔灌木形态特征进行竖向种植

依据园林乔灌木的有关形态特征进行种植竖向设计，详见 7.2.1。

2）结合种植（栽植）密度进行种植竖向种植

（1）乔木类：功能性场地一般 3～10m 间距，例如行道树间距一般 6～8m；混交林一般 1 株/3～4m²。其他按设计规范执行。

（2）灌木类（含绿篱）：一般由冠径决定，冠径为 30cm 的，栽植密度为 10～12 株/m²；冠径为 40cm，栽植密度为 8～10 株/m²，冠径为 50cm，栽植密度为 5 株/m²。

3）结合功能、地形及其他要素进行竖向种植

满足功能、结合地形并与园林景观的其他要素相结合，形成植物景观竖向设计的轮廓线，构成植物景观层次分明的主景线、背景线、地景线等。如道路两侧的绿化带的竖向设计（见图 7.10）。

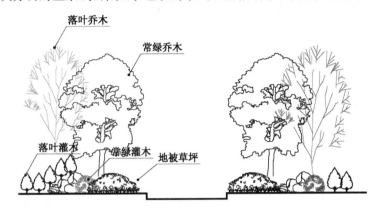

图 7.10 道路两侧的绿化带的竖向设计

7.2.4 园林种植设计施工图

园林种植设计施工图是绿化施工的依据、种植工程预算的基础，它能使园林种植工程有计划、有秩序地进行。

7.2.4.1 园林种植设计的分类

1）按植物的竖向关系设计

可分为乔木类、灌木类、地被类（含蕨类、苔藓类、花卉类）、草坪类、特殊型（绿雕、垂直绿化）等。

2）按植物的生境关系设计

可分为陆生植物种植设计、水生植物设计（湿地植物设计）等。

3）按植物应用不同功能场地设计分类

可分为居住区植物种植设计、工厂厂区绿化设计、校园绿化设计、城市道路绿化、广场绿化、公园绿化等。

4）按植物应用不同空间环境设计分类

可分为室内绿化、建筑环境空间绿化（屋顶绿化）等。

7.2.4.2 园林种植设计施工图纸特点

除按照一般施工图纸的规范外，还有以下要求：

（1）对于总体设计，一般图纸比例较大的图纸，内容复杂，树种繁多，可用分层（乔木层、灌木层、地被草坪层）标注或编号标注表示；对于局部设计，一般比例较小，图案简单，可直接在图例上标注名称。

（2）种植平面图上符号的大小一般根据成龄树冠的冠径投影按比例制图，在种植设计图上，乔木一般用单株的符号表示，灌木与竹林用树丛的符号表示。为了表达清楚，看图方便，一种符号只表示一种植物。乔木、灌木、竹类、绿篱、地被草坪等符号应按通用图例表示，这样便于理解。

（3）种植竖向图或种植剖面图，应反映植物种植之间的相互竖向关系、与环境的关系，及地上与地下的关系。

（4）园林种植设计施工图完成后，应有"植物配置表"与图纸部分相匹配。

（5）应在图纸中详细说明园林种植设计施工过程中的技术要求。

7.3　园林植物种植工程

7.3.1　园林植物种植工程施工前的准备

除常规的工程施工前的准备工作外，园林植物种植工程施工前，应重点结合园林种植工程的特点，进行以下准备：

（1）场地的现状满足园林种植工程开工的要求。园林种植工程开工应在园林建设的主体建筑工程完工的基础上进行建设或园林工程中的土方工程、地下管线工程、硬景工程等完成的基础上开工建设。

（2）核对施工图纸，主要核对图纸的准确性、科学性和可实施性，检查场地中是否存在与种植工程有关的变更问题：

① 电线电压在380V以下，树枝至电线的水平距离及垂直距离均不小于1.0m。电线电压3 300V～10 000V，树枝至电线的水平距离及垂直距离不小于3m。

② 树木与地下管线的间距应符合有关规范的要求。

③ 树木与建筑物、构筑物的平面距离应符合有关规范的要求。

④ 道路交叉口及道路转弯处种植树木应满足车辆的安全视距。城市立交绿地、护坡、高架道路下绿化种植要考虑满足交通、城市景观和特殊条件种植的各项规定。排灌系统需同步施工，满足养护工程需要。

（3）搞好园林种植工程施工组织文件的编写，重点研究施工工序的安排，施工工艺的确定，苗木的采购、种植、养护等关键问题。

（4）园林植物种植施工是一门艺术，园林设计人员提出的指令性图纸，不可能是非常详细的，特别是用于艺术性方面的，如树木的姿态造型和搭配，植物的配置与组合等许多问题，常常会有不少的变化，这就需要施工人员必须具有一定的艺术理论基础，机动灵活的体现和发挥设计者的作用。

7.3.2　乔灌木种植工程的施工过程

7.3.2.1　栽植地的整地和放样

1）核对栽植地的土质

栽植地的土质应基本与取苗地一致。种植和播种前应根据土层有效厚度、土壤质地、酸碱度和含盐量,采取相应的加土、施肥和改换土壤等措施。如发现栽植地土质太差,含有建筑垃圾的土壤、盐碱土、重黏土、粉砂土及含有有害园林植物生长成分的土壤,应根据设计规定用种植土进行局部或全部更换,以保植株成活。

2)栽树前的整地工作

应注意把好土、表土铺在植株根系的主要分布层。种植乔、灌木的表土层至少在50cm以上。如发现栽植地的表土层不适合,必须在开挖栽植穴前,把更换的好土和肥料运到栽植地。

3)绿化定点放线工作

一般应在栽植施工前完成定点放线工作。定点定放线工作一般均应由专业技术员或熟练技工操作,才能确保施工顺利进行。由于栽植精确度要求不同,所采取的定点放线的方法也不同。

(1)绳尺徒手定点放线法。在种植精确度要求不高或栽植面积不大的,且又不利于使用仪器放样的栽植工地,一般多采用绳尺徒手定点放线方法。应先选取图纸上或现场上有保留下来的固定性建筑或植物(如大树)等作依据,对比现场位置进行放线。这种方法容易产生较大的误差,因此只能在要求不高的绿地施工采用。在定点时,对片状灌木成丛林,没有特殊要求,可放出林缘线,再利用皮尺或测绳以地面上原有的固定物为依据,按图纸上的比例量出距离,定出单株或树丛的位置,即用白灰线或标桩加以标明。见图7.11。

图 7.11　绳尺徒手定点放线　　　　　　图 7.12　方格网放线

(2)方格网放线法。在面积较大的绿化工地上,可以在图纸上以一定的边长画出方格网(如5m、10m、20m等长度),采用经纬仪器把方格网按比例测设到施工现场地形中,再在每个方格内按照图纸上的相对位置,进行绳尺徒手法定点,如图7.12所示。

(3)标杆放线法。在测定比较规则的栽植点时,要求整体绿化造型,如带状、成排、成行、成块的规则式乔、灌木的定点,可以采用标杆和皮尺(或则绳)来进行测设。标杆的作用是控制位置、高度的统一。

7.3.2.2　挖穴

选苗和定点放线完成后,一面把定点的植物名称、数量、规格的"绿化工程施工提苗单",交给运苗部门准备提苗;另一方面在施工现场组织人力开始挖穴。

1）挖穴的时间

在施工任务紧迫的工地上，可以随挖随栽。但有条件的工地应在运取苗木前1～2天将树穴挖好，这样就可以全力投入栽树工作。但要注意气候的变化，在比较干燥的季节，应避免过早暴露土壤而大量消耗水分；在雨季施工，应注意防止树坑积水。

2）挖穴的要求

（1）挖穴的大小。栽植坑的大小应随苗木规格的大小而定。一般应略大于苗木的土球或根群的直径，对坑穴内杂物多或土块硬结的土壤应略放大，以利更换新土。栽植品种适应性强的树坑，坑穴可以略小；适应性差的树种，树坑应放大。对于直径超过10cm以上的大规格苗木，均应加大树坑。在施工中，运来的苗木常常规格不一，如发现苗木土球规格过大，不允许将苗木的土球修小，而应将树坑放大，以保证树木成活。

（2）挖穴的形状。坑的形状，从正投影来看，一般为圆形。为开挖方便起见，也有用多边形的；对特殊的方形土球大树，可采用方形坑。不管哪一种坑形，都要避免出现上大下小的"锅底坑（见图7.13)"。在这种不合格的锅底坑植树，很容易造成新栽树木的死亡。

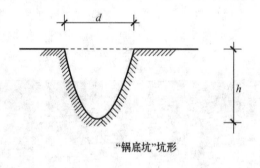

"锅底坑"坑形

图7.13   不正确的树穴形状

（3）挖穴的方法。树坑的开挖方法有以下两种：

① 人力挖坑。面积不大或土质较好的栽植地区，宜采用人力挖坑。人力挖坑一般分破土、取土、修筑坑边三个步骤。破土多使用镐掘松坑土，取土、修一般采用平板铲或园锹。人工挖树坑应注意以下几点：挖出的表土、心土应分别堆放，因表土含有机质和养分，有利于树木生长；在一个施工地区内，表土、心土堆放的位置应固定一个方向；人工挖坑操作时，人与人之间，应保持一定的间距，避免发生事故；挖出的坏土和皮土应及时运走。绿篱、花带或花径可用开沟槽法。

挖坑时，如发现有地下管道、电缆等地下设施，应停止操作，并及时向有关人员报告；在斜坡处挖坑，应先做成一个平台，平台应以坑径最低处为标准，然后在平台上挖坑。

② 机械挖坑。在挖坑工作量较大或取土量较多，以及行道树坑穴换土量大的情况下，为了加快施工进度，减轻劳动强度，可使用机械挖坑。挖坑机每台班可挖800～1200个树穴，而且挖坑整地的质量较好。目前国内的挖坑机按类型可分为悬挂式和手提式两种。

7.3.2.3   掘苗

1）掘苗移植的时间

掘苗时间因地区和树种不同而不同，一般多在秋冬休眠以后或者在春季萌动前进行，另外在各地区的雨季也可进行。我国各地移树的季节,如表7.8所示。

表7.8 乔灌木掘苗移植时间表

地区	树种类型	掘苗和种植时间	备 注
华北地区	落叶种类	3月下旬～4月下旬 10月下旬～11月上旬	以秋季为佳
	针叶树类	3月上旬～4月上旬 7月上旬～8月	雨季较佳
长江中下游地区	落叶树类	10月初～12月中旬 2月下旬～3月下旬	以秋冬季移植较好
	常绿阔叶类	2月下旬～3月中旬 6月上旬～7月上旬 10月下旬～12月上旬	以6、7月梅雨季节移栽较好
	常绿针叶类	2月中旬～3月下旬 10月中旬～12月中旬	
华南地区	各类树木	除夏季以外均可移栽	
东北、西北地区	各类树木	多在夏季移栽	

2）掘苗的质量标准

为保证树木成活,要选生长健壮、根系发达的无病虫害苗木掘取。如已有"号苗"标志,应严格根据已经选定的掘苗。

3）掘苗的根系规格

一般掘取露根(即棵根)苗和带土球的苗木,其根系的大小应根据掘苗现场的株行距和树苗的干径、高度而定。一般情况下,乔木的根系大小可按胸径(高1.2m处)为依据。我国各地气候不同,苗木土球的大小自北向南逐渐缩小,如表7.9所示。

表7.9 掘苗根系大小表

地区	土球是胸径的倍数	地区	土球是胸径的倍数
华北	落叶树为8～10倍 常绿树为7～10倍	东北	12～16倍
华东 华中	7～8倍	西北	12～16倍
华南	6～7倍		

4）掘苗的操作方法

掘苗处土壤过于干燥,应在掘苗前3天浇水1次,待水渗下后,表土半干燥时再掘苗,有利于土球形成。开挖前应清理掘苗处的现场乱草杂树苗、砖石堆物。地表倾斜或表土较厚时,应先铲平并除去过多浮土，直到稍见表根为止，这种做法能减轻土球的重量。

为了能够取得比较完整的土球，应先在土球外开挖侧沟，侧沟宽度一般比土球大 30～50cm，这个标准有利于土球包装。同时，为了开沟操作，可在挖前稍加扎紧树冠。对于较大的苗木，为了不因一次断根而死亡，可有计划地在两年内进行切根处理，详见 7.3.8.2。

对一般乔灌木，均应随掘随栽，具体操作如下：

先以树干为中心，画个圆，标明根系及土球大小。一般应先留出比预定土球稍大的土球，以防操作时将预定的土球损坏。下挖时，分别处理侧根，对小于 0.5cm 的小根、细根可用平板铲快速向下斩断。动作必须快而准，一次斩断为宜。对 0.5cm 以上的大根、粗根，必须用剪刀剪断；对主根可用快镐或手锯解决。同时，应随时根据根群的分布情况和土质情况来确定方法，如偏根的出现、遇沙砾层等。侧沟的开挖是为了省工和便于操作及苗木土球搬运出土坑，必要时，可以将一侧沟边挖成斜坡。下挖时，万一有散球危险，可在挖球进行一半时先围腰包扎。

挖露根苗，平板铁铲要锋利，根系切口要平滑，不得将根拉断、劈裂。挖够深度后，再向内掏底，并将根铲断，放倒树苗后，才能打去根部土块。露根苗掘好后，应立即装车运走；如不能运走，在原坑埋土假植，并将根埋严。如假植时间过长，应设法适量浇水，保持土壤和苗木根部的湿度。

7.3.2.4　土球包装方法

土球包装又称打包，根据土球的形状、包装材料、包装方法一般有以下几种：

1）扎草法

一般带土球的小苗可用扎草法进行包装。扎草法很简单，即先将稻草束的一端扎紧，然后把稻草秆辐射状散开，将苗木的小土球正置其中心，再将分散的稻秆从土球的四周外侧向上扶起，包围在土球外，并稻秆紧紧扎在苗木的根基处。此法包扎方便而迅速，在我国江南一带的苗圃采用较多。

2）蒲包法

在运输较远而苗圃的土质又比较松散的情况，常采用蒲草编制的草包进行包扎。小土球常用一只蒲包来包扎；稍大一些的土球则需用两个蒲包，上下对扎，然后用草绳扎紧。

3）草绳法

对土质较好的土球常采用草绳法包装。此法大小苗木均可使用。草绳法一般要先打腰箍，即先在土球中部进行水平方向的围扎，以防土球外散。腰箍的宽度要看土球的大小和土质状况而定，一般要围 4～5 圈以上，如图 7.14 所示。扎结腰箍应把从绳打入土球表面土层中（用砖石、木块，一边拉紧草绳，一边敲打草绳），使草绳紧缩牢固不松。草绳腰箍打完后，就可以扎竖向草绳，如图 7.15 所示。由于扎结形状的不同，可区分为五角形、井字形和橘子包形三种（见图7.16）。一般在土质较好、运输路程较近、土球较小时，可采用前两种形式。在扎竖向草绳时，每围扎一圈，均应用敲打方法使草绳围圈紧紧的砸入土球表面的土层之中。竖向草绳的围圈多少，也要依泥球的大小和土质好坏而定，一般土球小一些的，围扎 4～6 圈即可；大土球则需增加竖向单绳围圈的圈次。最后，如果怕草绳松掉，可再增加一层外腰箍。

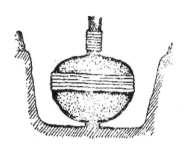

图 7.14　土球打腰箍法示意

图 7.15　土球草绳包法

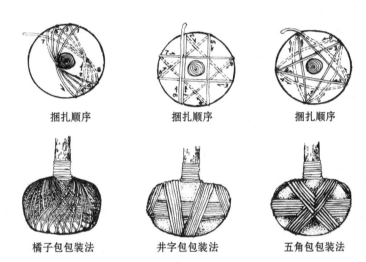

捆扎顺序　　　　捆扎顺序　　　　捆扎顺序

橘子包包装法　　井字包包装法　　五角包包装法

图 7.16　三种土球草绳包法

4）装筐法

根据苗根的大小,预制大孔度土筐。苗木掘起后,将土球放入其中,并用松土把四周空隙填实。装筐法不仅可以移栽,而且还可以就地假植,并有利于进行养护。这种包装法还可用来进行生长季移栽。

5）填模法

对于一般小的裸根苗,或移植时土球散落,要想在现场重新包装,可采用填模法。此法即按照要包装的土球形状大小,在地上挖一坑作为模子,然后用蒲包填底,还可以在蒲包的底下,先放入十字形草绳,草绳的两端留在坑外,苗木放入坑模内,立即填土夯实,然后扎紧口把苗木提起。这种做法,同样有假植的作用。

6）裸根苗木的包装

凡是能以露根移栽的苗木,均不需要花人工进行包装,但为运输或防止损伤根群,也可以进行包装。裸根苗带根较多,可以把能弯曲的细根向同一方向靠拢,然后用草包或麻袋包扎,在其中还可以填入湿的苔藓等以防苗木根群干燥。

7.3.2.5　起苗

一般小苗包装好，即可提出运走。大苗提取常采用以下几种办法。

1）填土起苗法

先将土球歪倒一侧，在另一侧填土，然后把土球歪向填土一侧，在原来空出的一侧填土，如此反复多次，直到土球升出地面为止。

2）斜坡起苗法

在土坑的一边开出斜坡，坡度1：2或1：3，然后放倒土球，用人力将土球滚出土坑。如土质松软，可在斜坡上铺以圆木作轨道，将土球拉出。

3）人力起重机起苗法

通常用3根支架扎成三脚架置于土坑边。架顶系有链条式人力起重机（俗称葫芦）。将土球用绳索挂在三脚架上的起重机挂钩上，拉动起重机链条将土球升起，并用运输工具拉走。

4）大型机械起苗法

一般用于大树移栽，详见7.3.8。

7.3.2.6　苗木运输

（1）树木应进行修剪，在树木挖掘前或后运输前进行修剪。修剪强度要根据树木的生物学特征，结合不同的种植季节，以不损坏树木原有姿态为前提。在秋季挖掘落叶树木时，需摘掉尚未脱落的树叶，保护好幼芽。

（2）苗木运输量应根据种植量确定，运输时不超高，不超宽。长途运输要做好遮盖保温、防冻、防晒、防雨、防风和防盗等工作。保持车速平稳，符合交通规定。苗木运到现场后应及时栽植。

（3）苗木在装卸车时应轻吊轻放，不得损伤苗木和造成散球。树冠展开的树木应用绳索绑扎收拢树冠。雪松、龙柏等树木用小竹竿绑扎保护主梢。

（4）起吊带土球（台）小型苗木时应用绳网兜住土球吊起，不得用绳索缚捆根颈起吊。重量超过1t的大型土台应在土台外部套钢丝缆起吊。

（5）土球苗木装车时，应按车辆行驶方向，将土球向前、树冠向后码放整齐。树身和后车板接触处用软性衬垫保护和固定。

（6）裸根乔木长途运输时，应覆盖并保持根系湿润。装车时应顺序码放整齐；装车后应将树干捆牢，并加垫层防止磨损树干。

（7）花灌木运输时可直立装车。

（8）装运竹类时，不得损伤竹竿与竹鞭之间的着生点和鞭芽。

（9）裸根苗木自起苗开始暴露时间不宜超过8h，必须当天种植。当天不能种植的苗木应进行假植。

（10）带土球小型花灌木运至施工现场后，应紧密排码整齐。当日不能种植时，应喷水保持土球湿润。

7.3.2.7　苗木的种植

1）苗木种植前的修剪

为了减少蒸腾、保持树势平衡、保证树木成活，苗木应进行适宜修剪。修剪时剪口必须平滑。修剪要符合自然树型和设计要求。

（1）种植前应对苗木根系、树冠进行修剪，剪除劈裂、病虫、过长根系。运输过程中损伤的树冠进行修剪。修剪强度应根据苗木生物学特性，以既保持地上地下平衡，又不损害树木特有的自然姿态为准。大于 2cm 的剪口要作防腐处理。

（2）用于行道树的乔木，定干高度宜大于 3m，第一分枝点以下侧枝全部剪去，分枝点以上枝条酌情疏剪或短截。

（3）高大落叶乔木应保持原有树形，适当疏枝。主干明显的杨树、雪松、水杉等，必须保持中央主干的正直生长，对保留的主侧枝应在健壮芽上短截，剪去 1/5～1/3 枝条。

（4）常绿针叶树不宜修剪，只剪除病虫枝、死枝、长衰弱枝、过密的轮生枝和下垂枝。

（5）常绿阔叶树保持基本树冠形，收缩树冠，疏剪树冠总量 1/5～1/3，保留主骨架，截去外围枝条，疏去冠内膛枝，多留强壮萌生枝，摘除大部分树叶。

（6）花灌木修剪应保持其自然树形，修剪老枝为主，短截为铺。短截时树冠要保持外低内高，疏枝应保持外密内疏，剪去枯、老、病、虫枝，断枝、断根，剪口要平滑。上年花芽分化的花灌木不宜修剪，当年形成花芽的新枝应顺其树势适当强剪，促生新枝，更新老枝。

2）苗木定植及定植养护

（1）将苗木按设计图纸或定点木桩散放在定检坑（穴）旁边，称散苗。散苗时应注意：必须保证位置准确，按图散苗，避免散错；土球苗木可置于坑边，裸根苗应根朝下置于坑内，护苗木植株与根系不受操作损伤；土球的常绿苗木更要轻拿轻放；少苗木暴露时间；作为行道树、绿篱的苗木应于栽植前量好高度，按高度分级排列，以保证邻近苗木规格基本一致。

（2）栽植时首先注意苗木与现场特点是否符合，其次确定其树冠的朝向应植物有它的自然生长朝阳面与朝阴面，某些小树不明显，而较大苗木必须按其原来阴阳面栽植。

（3）栽苗深浅对苗木率影响很大，树木入坑时要深浅适当，土痕应略平或稍高于坑口，防栽后可能出现陷落下沉，导致树干基部积水腐烂。坑填土必须使用较肥沃的表土，先填入靠近根群部分，每填 20～30cm，应踏实一次，防止根群下部或泥球底部中空，同时防止碰损土球。如遇土球泥土松散，可先垫土 1/3～1/2，再去掉草绳或蒲包等包装物，然后再填入余土。

（4）栽植裸根树木，应使根系舒展，防止出现窝根，表土填入一半时，将树干轻提几下，既能使土与根系密接，又能使根系伸直。

（5）坑土填平后，另用培土法筑起凸起的围堰，以利浇水。

（6）栽植较大的落叶乔木或常绿树木时，应设立支柱或设置保护栅保护。支柱种类很多，材料有绳子、铅丝、竹竿、木柱、水泥柱等（见图 7.17）。保护栅的形式有拉丝、直立、斜撑、扁担桩、十字桩等多种。保护栅一般应设在下风口，才能充分发挥保护作用。

（7）树木定植后必须连续浇灌 3 次水，以后视情况而定。第一次水应于定植后 24h 之内，水量不宜过大，渗入填土 30cm 上下即可，主要目的是通过灌水使土壤缝隙填实，保证树根与土壤紧密结合。

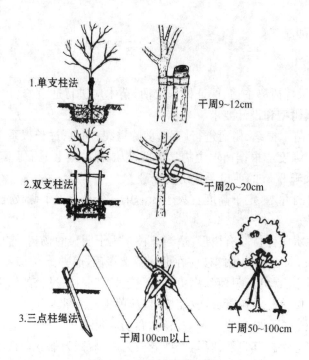

图 7.17　树木支架示意图

在第一次灌水后,应检查一次,发现树身倒歪应及时扶正,及时修整树堰被冲刷损坏之处。然后再浇第二次水。水量仍以压土填缝为主要目的。第二次水距第一次浇水时间 3～5 天,浇水后仍应扶直整堰。第三次浇水距第二次浇水 7～10 天,此次要浇透灌足,即水分渗透到全坑土壤和坑周围土壤内,水浸透后应及时扶直苗木。

（8）其他养护管理。围护:树木定植后一定要加强管理,避免人为损坏。复剪:定植树木一般都应加以修剪,定植后还要对受伤枝条和栽前修剪不够理想的枝条进行复剪。清理施工现场:植树工程竣工后(一般指定植浇水 3 次水后),应将施工现场彻底干净。

7.3.3　草坪种植工程的施工过程

草坪是城市绿化建设中不可缺少的一个组成部分。城市草坪达到优良化,是一件非常艰巨的工作。在园林工程中,常见的草种有暖季型草种:结缕草(日本结缕草(细叶结缕草(天鹅绒草)、沟叶结缕草(马尼拉草)、狗牙根草(爬根草)、杂交狗牙根草(天堂草)等;冷季型草种:早熟禾、黑麦草、高羊茅、剪股颖(高尔夫球场)。

7.3.3.1　种植前的土壤准备

1）整地与施肥

草坪植物的根系一般分布在表土层 20～30cm 的范围。深厚肥沃的土壤对草坪的生长发育大有好处。深翻土壤还能消除杂草。所以,铺草前应重视深耕细耙,为草坪植物生长创造良好的条件。整地和施肥最好在头一年冬季进行,土壤经过冬季风化,会更有利于草坪植物的生长。

土壤中的砖石杂物会妨碍草坪的管理,应把它清除出来,至少保证 1cm 厚的表土层没有砖石杂物。对污染严重以及含有石灰质的土壤,则应将表层 30 cm 厚的土全部更换为沙质壤土。

为提高土壤肥力,在整地时可结合深翻增肥 1 次基肥。基肥以腐熟的堆肥及其他有机肥为佳,施用量为每 667m² 2 500～3 000kg,或施用氮、磷、钾复合胶粒肥料 100kg 左右。不论施用哪种肥料,应粉碎后与土壤充分混合拉平。马粪因含有大量杂草种子,应避免施用。

为防治地下害虫,可在施肥同时在土壤中每 667m² 施入 25%可湿性地亚农粉剂或 50%西维因可湿性粉剂。农药要撒施均匀,以免造成药害。

在栽植草坪之前,有条件的地方应浇 1 次透水,这样可以使虚实不同的地方显示出高低,有利于最后平整土地。

2) 地形与排水

新建草坪的中心必须略高于四周边缘,以保证草坪不积水。应根据设计图纸标高(即地形排水坡度)进行土地平整,如图纸上未注明地形标高,应按照常用的 0.3%～0.5%的坡度排水要求进行地形整理。

运动场草坪的排水要求略高于一般草坪,除按地表排水 0.5%～0.7%的坡度进行平整外,还必须增加地下排水设施。目前我国各地常用的地下排水设施有以下两种:

(1) 盲沟排水设施。草坪整地前,每隔 15m 挖一条盲沟,沟深及沟宽各 1m 左右,沟内自下而上分层填入透水物。即先填小卵石,厚 25cm,再上垫入粗砂 20～30cm、细沙 15cm,细沙上面用一般沙质壤土填。盲沟的两端与排水管接通,引导草坪上的雨水通过盲沟进入排水管排出。

(2) 埋设地下暗渠。铺草坪以前,先在地表以下每隔 10～15m,用砖块修筑一条地下暗渠,深度在 1m 以下。地沟挖好后,最下层平铺一排砖,两边各砌铺两排砖,砖上横盖一排砖,即形成一条地下暗渠。暗渠上覆盖 20cm 厚的卵石,卵石上再填 20cm 厚的豆石,豆石上铺 20cm 厚的粗沙,粗沙上面再用一般土壤填平。

7.3.3.2　铺设草坪的方法

铺种草坪的方法很多,常用的有播种法、栽种法、草块铺设法、植生带法、喷浆法等。

1) 播种法

(1) 选种。播种用的草种必须选取优良正确的草籽。选种时一要重视纯度,二要测定它的发芽率。纯度要求无杂质,发芽率低于规定的,则应按比例增加播种量。储存不当,或储存过久,都会降低单种的正常发芽率。从市场购入的外来草籽必须严格检查,分别测定混合草籽中的粗草与细草、冷地型草与暖地型草,以免造成不必要的损失。

(2) 播种量。草坪种子细小,一般每千克有 60 万～1 000 万粒,其中大粒种子如黑麦草,每千克种子约有 66 万粒;中粒种子如结缕草,每千克种子有 120 万～200 万粒。小粒种子如小糠草,每千克种子约有 1 000 万粒。主要草种的播种量见表 7.10。

表 7.10　主要草种的播种量

类型	草种名称	每平方米用量 g/m²	每 667m² 用量/kg
暖季型草	结缕草	5～7	3～4
	假俭草	5～7	3～4
	狗牙根	4～6	2.5～3.5
冷季型草	紫羊茅	4～6	2.5～3.5
	剪股颖	1.5～2.5	1～1.5
	黑麦草	6～8	4～5

（3）草坪草的混合播种。草坪草的混合栽培又称"草坪的组合"。人们常把几种不同类型的草坪草组合起来，实行混合栽培。如冬绿草（即冷地型草）和夏绿草（即暖地型草）的组合，部位草坪既抗寒又能在高温季节中良好生长，从而使草坪四季不枯，全年常绿；又如宽叶草（即粗草）、窄叶草（即细草）的组合，能提高草坪的外观美感；先锋草（如黑麦草）和持久性草的组合，能提高草坪的使用效果。近年来，从国外购入的商业种子一般都是 3～6 种不同类型种子的混合包装，我国也开始进行这方面的研究和摸索。各地在铺建草坪时，应选择适合本地区的配种，实行混合试栽，取得经验后再扩大推广。

（4）种子处理。

① 冷水浸种法。冷水浸种前，先用手揉搓种子，也可用筛子或砂纸揉搓，除去种皮外的蜡质后，放入水中冲洗，然后将湿种子放入蒲包内，或摊开置于阴凉处，待种子开始萌动即可播种。

② 温汤处理法。一般将种子放入 40℃～50℃ 的温水中，随即用木棍搅拌，待水凉后，再用清水冲洗多次，捞出后晾干水分，即可播种。

③ 化学药物处理法。对发芽率偏低的瓦巴斯草地早熟禾种子，一般常采用 0.2% 的硝酸钾溶液浸泡 1h，捞出用水冲洗多次，摊开晾干后播种；或用 −10℃ 的低温与 20℃～35℃ 变温处理 3 次，则能使发芽率达到 50% 左右。对发芽困难的结缕草，也可用 0.5% 的氢氧化钠溶液浸泡 24h，捞出后用清水冲洗多次，晾干后播种。

（5）播种方法。一放采用撒播或条播。撒播法出苗均匀整齐，易于迅速形成绿色草坪。种子撒播前 1 天，如能在整齐的土地上灌 1 次透水，能加快种子出苗。因为草籽细小，为了使播种均匀，最好的办法是在草种中掺入 2～3 倍的细沙或细土。

种子撒播时，先用细齿耙松表土，再将种子均匀地撒在拉松的表土上，并再用细齿反复耙捡表土，然后用 200～300kg 的碾子滚压，使拉入土层中的种子紧密与土壤结合。如播种面积不大，使用碾子不方便，可改用脚并排踩压，效果和碾子相同。

大面积撒播可分 2 次进行，即将草籽分成 2 份，第一份直接竖向撒播，另一份横向撒播。采用重复撒播，可以避免一次撒播不均匀现象。或把大面积地块划分为若干条状小块，分区进行撒播。

最好结合撒播，在种子中混入一些速效化肥，每 1m² 土地可施入氮素肥 10g、过磷酸钙 7.5g。撒播后，如天不下雨，应及时喷水 1 次。水滴要细密，以不冲失种子为好。

各种种子的出苗时间不相同：黑麦草春秋季约 4～5 天出苗，夏季只需 3 天就出苗；小糠草、匍匐剪股颖一般情况下 10~12 天即出苗;草地早熟禾一般需要 12~14 天才能出苗;假俭草、结缕草还要慢一些。

2) 草鞭栽种法

草鞭栽种法又称草坪无性繁殖法,即利用草根或嫩匍匐茎进行扦插、分株或小块草皮等铺设的方法。此法操作简便,一般在草坪植物生长旺盛期进行,即冷地型草在 15℃~24℃,暖地型草在 26℃~32℃ 的条件下进行。

(1) 选择草源。草源地一般是事前建立的草圃,以保证草源充足供应。在无草圃的情况下,也可选择杂草少、生长健壮的嫩草地做草源。

(2) 掘取母草根。掘取前剪短草叶。掘取时,最好多带一些泥土,掘后及时装车运走。草根堆放要薄,并放在阴凉处,防止草堆内部发热。细叶结缕草、匍匐剪股颖、野牛草具有匍茎,泥块不易散失,也可以带泥块搬运;如不带泥块,则应去掉泥土,并挑净杂草,装入湿蒲包或湿麻袋中及时运走。如不能立即栽植,也必须铺散存放于阴凉处,并随时喷水养护。北方的羊胡子草因系丛生,无匍匐茎,在掘取时应尽量保持根系完整丰满,故不可掘得太浅造成伤根。

(3) 栽草。匍匐性草类的茎有分节生根的特点,故根茎均可栽种,很容易形成草坪。常用方法有:

① 点栽法。点栽比较均匀,形成草坪迅速,但比较费工。栽草时,每 2 人为 1 个作业组,1 人负责分草根并将其中杂草除掉,1 人负责栽草。一般采用种花铲挖穴,深度和直径均为 6~7cm,栽草株距加 5~20cm,按梅花形(三角形)将草根栽入穴内,用细土埋平,并用花铲拍紧,或用手压实,并随手搂平地面,最后再碾压 1 次。然后浇(喷)水,江南多用喷头细喷,北方习惯采用畦灌方法。不论采用哪种方法,均需经常保持新移植的草地潮湿。高温草根生长较快,60~80 天即可形成新草坪。

无匍茎的羊胡子草栽种方法是先将结块草根撕开,剪掉草叶,挑除杂草,将草根均匀地撒在整好的地面上,铺撒密度以草根互相搭接、基本盖满地面为宜。上覆细土将草根埋严,并用 200kg 重的碾子碾压一次。然后及时喷水,水点要细,防止水冲散泥土露出草根。一般经常喷水,2~3 周就可以恢复生长了。羊胡子草也可以用穴栽草根。

② 条栽法。条栽比点栽省工,而且用草量也少,施工的速度快,但草坪形成比点栽慢。先挖沟,沟深 5~6cm,沟距 20~25cm,枯草鞭一小块或 2~3 根一束,前后搭接埋入沟内,填土盖严,碾压,浇水(灌水)。此后,要及时清除杂草。此法一般需要 1~2 年,才能形成草坪。

3) 草块铺设法

将草源地生长的优良草块,切成 30cm² × 30cm² 的方形草坪泥块,或切成长条状草块,送往施工现场,铺成草坪。但块与块中间需保持 2cm 的空隙,填入细土,然后浇水。第二天草块略干,但仍有一定湿度,此时必须用石碾镇压。根据草块的平整情况,以后接连多次浇水,每次浇水后都要碾压。采用多次浇水多次压平的方法,新铺草坪才能逐渐达到平整。

4) 草坪植生带法

这是近年来发展的一种工厂化种草法。它能在工厂里采用自动化设备连续成批生产,产品又可成卷入库储存,所以被称为"草坪工厂化生产"。目前,此法已先后在上海、青岛、兰州等地投产。

草坪植生带的生产工艺并不复杂,通过简单的滚动设备,把筛选好的优良草种,按比例均匀地撒在两层纸或双层绒布的中间，并通过普通黏着剂把种子固定在两层纸或两层绒布的中间，经过液压即成"草坪植生带"。一般每卷 100m（长 100m，宽 1m），重量仅 7kg 左右。运输时，1 辆 2 吨运输车，一次可以装运 16 000m² 的草坪植生带成品。

成卷的草坪植生带不仅运输方便，而且施工简便。将其推开平铺在整平的土地上，上面覆盖 1cm 的薄土层，经过碾压，使植生带紧密与泥土结合，再喷水多次，草坪种子即能迅速生根出苗。如铺设时整地不平，部分植生带悬空，虽种子生根，也难扎根于泥土之中。铺种草坪植生带的技术关键是整地是否平整（见图 7.18）。

图 7.18　草坪植生带

5）草坪喷播法（强制绿化法）

喷播法是利用装有喷嘴的空气压缩喷浆机，通过强大的压力，将混有草籽、肥料的黏性泥浆直接喷射到地面或陡坡上。由于这种特制的泥浆保湿性能好，因此喷洒后，混入泥浆中的种子在合适的湿度和温度下容易萌芽，出苗整齐，能在短期内迅速形成新的绿色草坪或草坡。一般 3～5 天发芽，30～45 天形成新草坪或草坡。

7.3.4　花坛种植工程的施工

花坛的形式和布置方法主要有花池式花坛、平面式花坛、模纹式花坛、立体式花坛、活动式花坛、浮水花坛等六种。

7.3.4.1　花池式花坛种植施工

花池式花坛又称为花台式花坛，它是我国传统的花坛种植形式。过去多习惯于用花池栽种牡丹、芍药、天竺、山梅（又称太平花）等多种花木。其特点是以块石或砖等材料堆砌成高出地面的池状花坛，故人们习惯称它为"花池"，多布置于庭院的显要位置供人欣赏。北京故宫内设置的"太平花花池"，就是用砖砌堆的池状花坛；上海的"龙华古塔"前布置的"百年牡丹花池"也属池状花坛，已有 100 多年历史。

近年来，在花池的应用上多与假山叠石相结合，花池内植物的配置也以草本和木本相结合。

1）土壤准备

用假山石或其他建筑材料砌成花池后，应测定其土壤酸碱度（即 pH 值），根据栽种植物的酸碱要求调整。池内土壤要求疏松、肥沃，排水良好。

2) 定点放线

工作根据设计图纸要求定点放样,施工时必须密切结合苗木的实际大小、姿态调整其位置,使花木栽种后保持整齐美观。

3) 适于池栽的花卉品种

常见的花木品种有月季、杜鹃、牡丹、贴梗海棠、木瓜海棠、垂丝海棠、山茶、八仙花、栀子、含笑、棣棠、金丝桃、木笔、白玉兰、天女花、山梅、迎春、黄馨、南天竹、紫竹、(造型)五针松,以及水仙、葱兰、石蒜、沿阶草、书带草等草本陪衬植物。

4) 花池植物的栽植

花池内植物的种植穴要略大于花木的根系(或泥球),坑底必须平整,花木放入时要深浅适中,并注意植株的观赏面和姿态。放稳后,覆土时必须夯紧,同时注意防止损伤根群,避免倾斜。检查有无断枝和重叠枝,及时修整以保持树形的完整。定植后浇水要透。

5) 花池的养护管理

花池养护管理一般要求精细,应根据不同品种,进行不同的修剪、施肥和病虫防治,以促进其正常发育生长。对特殊姿态的花木(如迎客松),应注意整形,以保持其原有姿态。

7.3.4.2 平面式花坛种植施工

平面式花坛亦称普通式花坛。其种植形式简单、管理粗放,因此在园林中应用较多。

1) 整地翻耕

栽培花卉的土壤必须深厚、肥沃、疏松。因而在种植前,一定要先整地,一般应深翻30～40 cm,除去草根、石头及其他杂物。如果栽植深根性花本,还要翻耕更深一些。如土质较差,则应将表层更换好土(30 cm 表土)。根据需要,施加适量肥性好而又持久的已腐熟的有机肥作为基肥。

平面花坛不一定呈水平状,也可随地形、位置、环境处理成各种简单的几何形状,并带有一定的排水坡度。平面花坛有单面观赏和多面观赏等多种形式。

平面花坛用青砖、红砖、石块或水泥预制件砌边,也有用草坪植物铺边的,有条件的还可以用绿篱、低矮植物(加葱兰、麦冬)及用矮栏杆围边以保护花坛免受人为破坏。

2) 定点放线

一般根据图纸规定,直接用皮尺量好实际距离,用点线作出明显的标记。如花坛面积大,可改用方格法放线。放线时,要注意先后顺序,避免踩坏已放好的标志。

3) 起苗栽植

裸根苗应随起随栽。起苗时应尽量注意保持根系完整。掘带土花苗,如花圃畦地干燥,应事先灌浇苗地。如苗床土质过于松散,可用手轻轻捏实。掘起后,最好于阴凉处置放一两天再栽植,这样既可以防止花苗土球松散,又可以缓苗,有利其成活。栽植盆栽花苗时最好将盆退下,但应注意保证盆土不松散。

平面花坛由于管理粗放,除采用幼苗直接移栽外,也可以在花坛内直接播种。出苗后,应及时进行间苗。同时根据需要适当施用追肥。施肥后应及时浇水。球根花卉不可施用未经充分腐熟的有机肥料，否则会造成球根腐烂。

4）中耕除草

中耕除草不仅有利于花苗生长，且能减弱和防止杂草与花苗争肥。中耕深度要适当，不要损伤花卉的根部。杂草应及时清除，防止腐烂发热。

5）修剪

花卉开花期间，应定期剪除残花。草花忌在花坛内收籽，应在苗圃中进行。

6）其他养护工作

及时补齐缺苗、拔去病苗，发现病虫害应喷药防治。

7.3.4.3　模纹式花坛种植施工

模纹式花坛又称"图案式花坛"。由于花费人工较多，一般均设在重要景点（见图 7.19）。

图 7.19　模纹式花坛与立体花坛的组合

1）整地翻耕

由于模纹式花坛平整度要求比一般花坛高，为了防止花坛出现下沉和不均匀现象，在施工时应增加一两次镇压。

2）确定中心装饰物

模纹式花坛的中心多数栽种苏铁、龙舌兰及其他球形盆栽植物或其他装饰物，也有在中心地带布置高低层次不同的盆栽植物。

3）定点放线

安置好中心盆栽植物或装饰物后，应将花坛内其他的土地翻耕均匀，耙平，然后按图纸的纹样精确放线。一般先将花坛表面等分为若干份，再按照图纸设计，用白色细沙撒在所画的花纹线上。也有用铅丝、胶合板等制成纹样，再用它在地表上打样。

4）栽花草

一般按照图案花纹先里后外、先左后右，先栽主要纹样。如花坛面积大，栽花草困难，可搭搁板或扣木匣子，操作人员踩在搁板或木匣子上栽花草。栽种时可先用木槌子插眼，再将草插入眼内用手按实。要求做到苗齐,地平。为了强调浮雕效果,施工人员事先做出模型来,再把花草栽到模型处,则会形成起伏状。株行距离视花草的大小而定,如五色草,一般白草的株行距为 3～4cm,小叶红草、绿草的株行距为 4～5cm,大叶红草的株行距为 5～6cm。平均种植密度为每平方米栽草 250～280 株。最窄的纹样栽白草不少于 3 行,绿草、小叶红草、不少于 2 行。花坛镶边植物火绒子、香雪球栽植距离为 20～30cm。

5）修剪和浇水

修剪是保证模纹花坛好坏的关键。草栽好后可先修剪 1 次,将草压平,以后每隔 15～20 天修剪 1 次。有两种剪草法;一为平剪,纹样和文字都剪平,顶部略高一些,边缘略低;另一种为浮雕形,纹样修剪成浮雕状,即中间草高于两边,呈圆拱形。修剪时要做到面平、线直、不走样。每次修剪的剪茬要逐渐升高,不能剪到分枝以下。

栽好后浇 1 次透水,以后每天早晚各喷水 1 次。

6）病虫害防治

模纹花坛易遭受虫害。一旦发现虫害,应立即施用 3% 呋喃丹颗粒剂,每平方米用量 3～4g。天气干旱,易受红蜘蛛、蚜虫危害,可喷洒 1500 倍氧化禾果稀释液。

7.3.4.4　立体花坛种植施工

立体花坛就是用泥、砖、木、竹、钢架等制成的骨架,再用花卉布置外形,使之成为兽、鸟、花瓶、花篮等立体形状的花坛形式(见图 7.20)。

图 7.20　双龙戏珠立体花坛

1）立架造型

根据设计构图,在保证结构安全稳定的基础上,先用建筑硬材料制成大体相似的骨架外形,外面包以泥土,并用蒲包或草将泥固定。有时也可以用木棍作中柱,固定在地上,然后再用竹条、铅丝等扎为立架,再外包泥土及蒲包。

2）栽花草

立体花坛的主体材料一般多用五色草。所栽小草由蒲包的缝隙中插进去。插入之前,先用铁器钻一小孔,插入时草根要舒展。然后用土填满缝隙,用手压实,栽植的顺序一般由下向上,植株距离可参考模纹式花坛。为防止植株向上弯曲,应及时修剪,并经常整理外形。

花瓶式立体花坛的瓶口或花篮式立体花坛的篮口,可以布置鲜花。立体花坛的基床四周应布置一些草本花卉或模纹式花坛,见图 7.19。

立体花坛应每天喷水,一般情况下喷水 2 次,天气炎热干旱则应多喷几次,每次喷水要细,防止冲刷。

7.3.4.5　活动式花坛种植施工

活动式花坛又称组合式花坛、装配式花坛,是近几年兴起的一种花坛布置形式。这种花坛形式与上述四种完全不同。它占地面积小,装饰性强,一般由若干盛花的容器组合而成,需要时,随时拼装;不要时,又可拆除。

容器内盛有介质,它不仅可以移栽各种不同颜色的盆栽花卉,而且可以根据不同季节调换新花,使城市的绿化更加美丽。

目前,我国的一些大中城市已开始设立这种花坛,但并不普遍。

1) 花坛的位置选择

活动花坛一般设置在城市的主要交通道口、绿地的出入口、展览会及广场的人口集中处,以及重要的建筑物前。位置必须适中,既不能影响交通,又要置于视线集中之处,使它在美化环境、活跃气氛中发挥作用。

2) 容器的组合

栽花容器是活动花坛的基础。这种容器的形式和大小均不受限制。可因地制宜自行设计制作。多数采用塑料压制或以塑料板材胶合(PVC 材料)。不论哪种形式,容器的底部都必须有排水孔道。容器运到场地后,应按照图纸要求,采用吊装方法安装。

3) 介质的选择

活动花坛能否成功,关键在于容器中的介质。目前,以采用轻型发酵木屑土为佳。这种人造土壤,不仅质地疏松、养分充足,并具有良好的保水性能,能促进花木正常生长发育。不论哪种介质,均须经过消毒灭菌以后方可使用。消毒灭菌除用蒸汽法外,亦可将介质堆放在强阳光下,利用日光暴晒消毒。一般摊晒 1 周左右,能达到较好的效果。

4) 花苗栽种养护管理

活动花坛多数采用盆花移栽,也可直接将花苗连盆埋入介质中。但布置盆花时,必须注意花卉的色彩和植株大、小、高、矮的协调。具有图案花纹的活动花坛,应按设计图纸移栽花苗。活动花坛一般均设置在阳光直射下,应每日早、晚各喷水养护 1 次,及时剪除残花,保持花坛完整清洁。为了防止新栽花卉在阳光下萎蔫,花苗栽入前应充分浇 1 次透水,移栽后再次浇 1 次透水。

一般根据需要结合各种花卉的开花季节来决定活动花坛的换花次数和换花时间。

7.3.4.6　水中花坛种植施工

水中花坛属于生态浮岛中湿式类型,是一种经过人工设计建造、漂浮于水面上,供动植物和微生物生长、繁衍、栖息的生物生态设施,具有改善景观、净化水质、创造生物生息空间、消波护岸等综合性功能。水中花坛植物的选择和配置,首先要考虑到景观美化和水体净化的双重要求,应选择耐污抗污染、根系发达、繁殖能力强的开花植物,如美人蕉、鸢尾、千屈菜、姜花、梭鱼草、花叶芦竹、菖蒲、灯芯草等。其次,还应考虑到冬季水面绿化的需要,需要选择耐寒性强、根系发达的常绿植物,如常绿水生鸢尾。另外,水生观赏植物的布置要考虑到水面大小、水位深浅、种植比例与周围环境的协调,注意观花植物与观叶植物的错落搭配(见图7.21)。

图 7.21　水中花坛植物配置景观效果

7.3.5　垂直绿化的施工

垂直绿化是绿化与建筑的有机结合,是向空间多层次方向发展的一种新的绿化形式,不仅能美化城市、改善环境卫生条件,而且可以改变和丰富人们的生活和居住环境,应用越来越普遍。

7.3.5.1　垂直绿化的种植形式

目前,在我国垂直绿化形式有以下三种。

1) 墙面式

墙面式是利用攀接植物的吸盘或不定根吸附于墙面形成大面积的绿幕。由于植物的枝叶能吸收墙面上的反射阳光,能降低室内温度 $4\sim5$ ℃,因此有较好的效果。

2) 棚架式

利用路面、天井、阳台、屋顶等,搭起高低、大小、形式不一的棚架,并在棚架旁种植各种蔓生植物,如葡萄、紫藤以及瓜果、豆类,用它形成一定阴棚,成为人们休息和纳凉的地方。常见的棚架形式有圆顶形、长廊形、井字形和丁字形等多种。

3) 篱垣式

依靠栏杆、篱笆、矮墙等作支柱,种植一些攀缘植物,使之形成篱垣式的绿色屏障。它既美化了环境,又能分隔庭院和绿地,增加自然景观的变化。

7.3.5.2　常用垂直绿化的植物材料

1) 墙面绿化材料

墙面绿化应选择具有吸盘或不定根发达的攀缘和吸附能力强的蔓生植物，比较理想的有以下几种：

(1) 爬山虎。又名地锦，为落叶藤本植物。喜阳光，又能耐半阴，适应性强，对土壤要求不严。它具有发达的吸盘，因此人们最喜用它作墙面绿化植物。

(2) 常春藤。为常绿藤本植物，品种较多。具有气生根，性耐阴，能攀附石壁和树干，适宜于阳台和墙基栽植。

(3) 凌霄。为落叶藤本植物，品种较多。喜光，有气生根，故能攀附他物生长，适宜棚架栽植。

(4) 扶芳藤。为常绿蔓生灌木。稍耐阴。叶有光泽，茎枝常有附生根，故能攀缘树干、墙面或石岩。

(5) 小叶薜荔。为常绿蔓生木本植物，极耐阴，茎上生有气根，能攀缘树干和岩石。嫩枝上叶小，老枝上的叶略大，叶片革质。

2) 棚架绿化材料

棚架绿化一般应挑选攀缘力强、缠绕茎发达的植物，常见的有以下几种：

(1) 葡萄。著名的落叶藤本果树。喜光性强，茎尖具卷须，耐修剪，适宜于作棚架栽培。但其病害较多，应注意选择抗病能力强的品种。

(2) 紫藤。为落叶藤本植物。喜光，亦能稍耐阴。花穗大，色有紫、白、淡紫多种，为良好的棚架植物。

(3) 木香。适应性强，我国大部分地区可以栽培。北方寒冷地区冬季落叶，南方则各季常绿。喜光，花芳香，白色或淡黄色。我国用它作棚架栽培的历史很长。

3) 篱垣绿化材料

篱垣绿化常用的攀援植物有以下几种：

(1) 十姊妹。为落叶灌木，枝近蔓性，能向上伸长。花有深红、粉红、黄、白、紫红等多种颜色，花期 6 月。多栽植于矮墙、围墙、栏杆、大门等处。我国有很久的栽培历史。

(2) 忍冬。俗称金银花，为半常绿缠绕藤本，对土壤要求不严，酸、碱均能适应。常攀附岩石或树木上生长，在园林中常作篱垣及廊架的缠绕植物栽植。

(3) 络石。为常绿缠绕性植物，喜阳，耐潮湿，亦耐阴。茎上生有气根，能攀附树干、岩石，花白色，花期 6～7 月，多作矮墙、挡土墙、花架等的缠绕植物栽植。

7.3.5.3　垂直绿化的施工方法

墙面绿化可靠近建筑物路基，砌宽 50cm、高 10cm 的种植槽，还必须向下挖 20～30cm，除去建筑垃圾土，换成无杂质的园田土，并施入腐熟的有机肥作基肥。一般于春季 2～4 月前后种植为宜。株距 1m 左右，种植点离开墙基 20cm，栽时苗稍向墙面倾斜。种植后土要夯实，浇透水。成活后，施 2、3 次肥。当年爬山虎可长至 6～8m。常春藤稍慢一些，一般当年生长 2～3m。墙面绿化栽种初期，如遇大风，应及时缚扎，枝条下垂者，应及时修整。一般水泥拉毛墙面,植物的吸盘吸得牢,枝蔓长势也好。

阳台、屋顶,天井内的水泥地上,可用砖砌成种植池,规格长 1m、宽 60cm;也可用木箱或缸代替种植池栽植。

大楼四周一般不向下挖土,可用砖先盖设明沟,然后在楼的四周,砌高 20～30cm 的挡土墙,做成宽 50cm 的花坛来栽植植物。一般 3 年生的爬山虎高度可达 14m,单株覆盖面积 28m²。

栽植于窗台的藤本植物,一般选 1 年生小苗,藤蔓采用竹竿和绳子牵引,并逐步引导形成绿帘,既可美化环境,又可遮挡强烈的阳光,起到防暑降温作用。如在窗口外或阳台处放置盆栽、缸栽植物,则应加强肥水管理。

7.3.6　坡面绿化的施工

7.3.6.1　坡面绿化概述

人们一般将坡度小于 3% 的平坦用地称为平地,如草坪地、花坛以及树木大多情况下宜栽植在平地上。根据坡度的不同,坡地可分为缓坡地(3%～10%)、中坡地(10%～25%)、高差在 2～3m,陡坡地(25%～50%)、急坡地(50%～100%)、悬坡地＞100%。其中缓坡地和中坡地可按平地的栽植方法进行绿化栽植,但大树尽量少栽植在中坡地上。陡坡地和悬坡地应采用特殊的绿化方法进行处理,也就是常说的坡面绿化。

边坡按组成物质可分为岩质边坡(简称岩坡、石质边坡)和土质边坡(简称土坡);边坡按形成坡面角的大小可大致分为缓坡(0°～20°)、陡坡(20°～60°)、断崖(60°以上);按使用的年限可以分为永久性边坡(超过 2 年)、临时性边坡(不超过 2 年)。

典型的边坡剖面如图 7.22 所示。边坡与坡顶面相交的部位称为坡肩,与坡底面相交的部位称为坡趾或坡脚;坡面与水平面的夹角称为坡面角或坡倾角;坡肩与坡脚间的高差称为坡高。

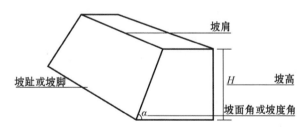

图 7.22　典型边坡剖面示意图

裸地复绿靠自然界自身的力量恢复生态平衡往往需要较长时间。从裸地到一年生草本、多年生草本群落,约需 10 年的时间;到灌木群落约需 20 年的时间;再到森林群落最少也需 100 年的时间。采用人工生态修复法可大大地缩短复绿的时间,一般只需 30～40 年的,所以在裸地复绿的特殊地形——边坡复绿中,土质边坡通过人工防护和绿化可以在较短的时间内实现生态恢复;但岩石边坡复绿难度较大,特别是采石场的地形包括了边坡的各种角度、类型。

1) 坡面绿化产生的原因

在自然界中,除由于地质作用产生坡面外,更重要的原因是人类的生产活动。人类的高速发展势必涉及周边环境，在水利、公路、高速公路、铁路、矿山等工程建设中，经常有大量的开挖。开挖破坏了原有植被，造成大量的裸露土坡和岩石边坡，导致严重的水土流失和生态环境失衡。伴随着经济的快速发展，人类对矿产资源，特别是石矿资源的需求呈跳跃式发展的趋势，特别是改革开放以来，经济的迅猛发展刺激了采石场的发展。这些采石场在短时间内有促进社会经济发展和基础设施建设的作用，但是同时给环境、生态和景观带来了一系列的危害和问题。进入 21 世纪，我国城市化进程迅速加快，原有的荒山和采石场已按城市规划的要求，纳入到新城区及都市风景区、生态保护区的建设范围中。许多废弃的采石场暴露在城市中成为一个个"伤疤"，影响了城市的形象，影响了人与自然的和谐发展。采石场采石后形成的宕口、修建公路"劈山"形成"断崖"可以认为是一种严重破坏生态环境极端恶劣的废弃地。

2）坡面绿化的研究情况

在环境绿化发达的国家，如美国、法国、加拿大、澳大利亚、日本等，边坡复绿工程技术研究起步较早。美国是世界上最早的生态恢复研究与实践的国家之一，早在 20 世纪 30 年代就成功恢复了一片温带高草草原。20 世纪 50～60 年代，欧洲和北美等开展了一些工程与生物措施相结合的矿山、水体和水土流失等环境恢复和治理工程。英国对工业革命以来留下的大面积采矿地以及欧石楠灌丛地的生态恢复研究最早，也很深入。此外，澳大利亚对采矿地生态恢复的研究历史长且深入。在国外发达国家的生态护坡几乎与项目建设同步发展。为了解决水土保持和生态恢复问题，美国较多研究植物材料，建立了植物材料中心。至 20 世纪 80 年代初，美国各植物材料中心与其他机构合作，已公布用于商业化生产的水土保持植物种共 200 多个，表明生态恢复中植物材料的研究已进入商业化阶段。

我国从 20 世纪 50 年代开始退化生态系统的长期定位观测试验和综合整治研究，20 世纪 50 年代末，余作岳等在广东的热带沿海侵蚀地上开展了植被恢复研究。对因基础建设或矿场开采引起的裸露地表实施生态防护于 20 世纪 80 年代中期，90 年代后期开始边坡复绿工程研究。

尽管目前国内关于裸露地表生态修复技术方面的研究已经取得了一些成果，修复技术已相对成熟。但是由于我国地域辽阔，各地气候、土壤、地形差异大，不同生态条件下选择适宜的植物与合理配置已成为制约生态恢复的关键因子，如灌草种类的选择、配比和种子喷施量，肥料的配比和用量，覆盖材料和黏合剂以及保水剂的用量，对众多大型高陡硬质岩面修复等均是目前急需解决的问题，都要根据当地的立地条件和生态条件加以选择和调整，并在不断实践的基础上予以总结，逐步形成边坡复绿的技术规范。

7.3.6.2　坡面绿化工程设计的总体原则

1）生态优先原则

边坡复绿工程设计首先是一个生态恢复工程，必须遵循"生态优先"和"可持续发展"的原则，依照现代生态学的理论指导，采用一系列科学合理的工程措施和生物措施，以恢复和营造一个良好的生态环境和取得最佳的生态效益为首要目的。采用恰当的养护措施，保护目标植物和目标群落，并逐步向自然群落过渡，最终形成一个可自我更新、循环并进展演替的稳定高效的生物群落，成为生态系统的良好一环。

2）综合利用原则

边坡复绿工程设计应在"生态优先"和符合建设总体规划要求的前提下,综合考虑工程地质、边坡高度、环境条件和施工条件等因素,尽可能采用综合开发利用的方式,因地制宜,结合场地设计,为后续规划营造良好的环境,实现最佳的社会综合效益。

3）注重景观原则

边坡复绿工程设计同时也是一个景观恢复工程,必须考虑工程本身的景观效果,展现"山景、绿景、石景"以及与周边环境协调统一,尽可能设计和营造一个赏心悦目和美观得体的城市生态山体景观。

4）长期效益原则

边坡复绿工程设计是一个福泽当代、利在千秋的环境生态工程,必须从工程的长远效益出发,设计营造一个可长期发挥效益的自然、优美的生态景观工程。要特别强调植物的选择及植物群落的自身更生。

5）经济效益原则

在保证质量的前提下,应采用一系列科学、合理的技术方法和措施,将工程造价控制在一个合理的水平,尽可能地提高工程收入的经济效益。

6）施工安全原则

边坡复绿工程从设计环节开始,采用科学、合理、安全的设计和各种保障施工期、养护期的安全措施,确保施工和养护期工作人员的安全。

7）长期安全原则

保障工程的长远效益和安全,必须采用科学、安全的设计,确保工程验收移交后不会因工程的质量问题而出现滑坡、崩塌、飘台倒塌(不可抗拒外力所致的除外)等安全问题。

8）因地制宜原则

边坡复绿工程各工地地质、地形复杂,情况各异。应因地制宜地选用一种或多种的复绿方式,以达到良好的复绿和生态效果。

9）适地适树原则

边坡复绿工程要求选用植物时,按照"适地适树"的原则,优先选用本地植物,以及一些适应本地气候的优良外来植物,并要求植物具有良好的抗逆性(耐旱、耐瘠等)和本地适应性。

10）生物多样性原则

边坡复绿工程要求选用植物时,要遵循"生物多样性"原则,尽可能采用多种植物,以增加生态系统的稳定性和可持续性。植物的自然群落结构是草、灌、乔三位一体的多层次的复杂结构,物种多样性指数高,在一般的情况下抗外界干扰的能力强。但在两种以上植物混种时,考虑生态位的配置,要考虑植物之间的"相克"作用。它直接关系到工程生态功能的发挥和景观价值的提高。

11）鼓励创新原则

边坡复绿工程鼓励技术进步和技术创新,并做好现场试验,争取达到更理想的生态恢复和景观恢复效果。

7.3.6.3 边坡复绿工程实施总体要求

1）土壤要求

边坡生态恢复主要限制因子是土壤，即土壤的严重不足或完全没有土壤，因此，必须采用质量优良、具有满足栽植植物生长所需要的水、肥、热的能力的沙质壤土（直径大于1cm的石砾要剔除）。壤土颗粒不宜过细，如现场所用土壤颗粒过细，则拌入颗粒较大的红土，比例为2：1，土壤应保持置于手中不扬灰、不起球的适度。严禁建筑垃圾及有害物质混入土壤中。

（1）土壤质量标准。种植土层必须具有良好的理化性质，如表7.11所示。另外，易分解有机质成分，如木屑不应超过15%，以防止土壤体积的急剧下降。

表7.11   土壤质量标准表

酸碱度 /pH	可溶性盐 /%	土壤容量 /（g/cm³）	有机质 /%	全氮 /%	全磷 /%	全钾 /%	通气孔隙 度/%	代换量 cmol（＋）/kg
6.5～7.2	0.1～0.20	0.9～1.3	8～15	0.15～0.30	0.18～0.38	1.2～2.8	15～30	10～20

（2）土壤体积标准。石质边坡坡面不管用何种绿化方式，每平方米覆盖的种植土体积不得少于0.06m³，最好能达到0.1～0.2m³。缓坡地及水体的绿化要根据选用的植物种类来决定的种植土层的厚度，如表7.12所示。单位复绿面积的土壤体积的指标越高，植物生长和生态恢复的效果就越好。

表7.12   各类植物主要根系分布深度（单位/cm）

生活型	草本植物	小灌木	大灌木	浅根乔木	深根乔木	水生植物
分布深度	30	45	60	90	150	60～100

2）植物选择要求

边坡复绿工程选用植物时，必须按照"适地适树"和"生物多样性"的原则，充分考虑当地的自然地理条件以及树种的生态习性和外观形态。应优先选用本地植物，特别是当地的原有物种，以及一些适应本气候的优良的外来植物。要求选用的植物具有良好的抗逆性（耐旱、耐瘠）和对本地气候条件的适应性。重视植物的生态效应和植物的多样性，合理确定主要植物种类的比例，提高复绿的效果和质量。选用适当的先锋植物并采用恰当的养护措施，保护目标植物和目标群落，促进人工群落向自然群落过度，并进展演替至稳定而高效的顶级群落。以常绿植物为主，适当采用落叶植物。两种以上植物混种时，要考虑植物之间的"相克"作用。除上述原则，还应综合考虑植物本身和植物配置的生态及景观效果。

复绿的坡面面积的绿色覆盖率自竣工之日起，1年以内要达到60%以上，2年养护期结束时要达到80%以上，5年内达到100%。缓坡地复绿面积的绿色覆盖率自竣工之日起，1年内要达到80%以上，2年养护期结束时要达到90%以上。

为确保"生态优先"原则的落实和生态效益的发挥，综合开发利用的边坡的绿地率和坡面的绿化覆盖率必须达到70%以上，即道路、园林建筑、雕塑等不超过总用地面积的30%。单纯复绿的石质边坡的绿地率要达到90%以上。

3）边坡安全及防震安全要求

严格按照法律和法规的规定开展边坡的绿化工作。特别是陡坡急、高度大的石质边坡,必须由地震部门进行地震安全性评价,并根据结果确定抗震设防要求。安全性要符合《建筑边坡工程技术规范》(GB50330-2002)的有关规定。

4）防风要求

大型边坡区域,周边环境较为空旷,形成自然山谷,山谷与附近空气之间的热力差异引起山谷风,白天风从山谷吹向山坡形成谷风;夜晚,风从山坡吹向山谷形成山风,山风和谷风总称为山谷风。设计时必须考虑这一自然因素,设计合理的防风措施,避免施工人员和目标植物受到损害。

5）灌溉要求

水分也是边坡绿化的另一个限制因子,必须按照连续干旱季节植物生长对水分的要求,以及植物在2~5年(长大以后)后对水分的要求来设计合理的灌溉或滴灌系统。根据现场情况确定水源,保证灌溉用水。地下水源较丰富的地区,可开挖水井、建储水池保证正常用水。

6）排水要求

边坡复绿工程要求建造合理的排水系统,以防止雨水对边坡安全、绿化基础设施、植物和土壤的冲击和破坏。坡顶的排水设计要根据集雨(汇水)面积和当地的暴雨量记录来综合考虑,在考虑排水的同时,最好能将雨水通过相应设施贮存起来或引入到立面的种植槽(燕巢或飘台)中,化水害为水利。

7）安全要求

所有的设计、施工必须符合上述要求及有关安全标准和规定,并进行环境设计、施工评价。设计的评审、定标,施工的监理以及工程的验收必须有岩土工程、地震专业工程师参与进行,严格监督。

8）养护期要求

各种养护设备的设计使用年限不少于5年。施工单位负责的养护工作自竣工之日起计,不得少于2年。2年后的养护工作,在同等条件下,原施工单位有承接优先权。同时,石质边坡复绿工程必须采取恰当的养护措施,在养护期内保证各种植物有尽可能长的绿色期。

7.3.6.4 边坡绿化的施工内容

以边坡绿化难度较大的石质边坡为例,见图7.23。边坡绿化的施工主要包括以下内容:

1）石质边坡的加固与支挡

为确保边坡的稳定性和长期安全,防止开挖坡面的岩石、土层崩塌、滑坡,消除安全隐患,必须根据专业部门提供的边坡稳定性评价和加固的具体要求设计边坡加固、危崖清理与支挡工程。设计内容包括坡顶排水工程、削坡减载工程、危岩清理工程、支挡工程等。必要时可与绿化基础工程设计相结合。

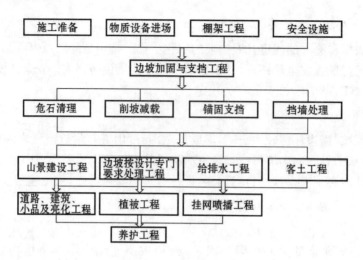

图 7.23　边坡绿化施工流程图

2）绿化基础工程

为了给植物的生长发育提供必需的土壤、水分、排灌系统、支撑结构等基本条件，必须实施绿化基础工程的。工程内容要求包括以下的几种或全部：种植槽或燕窝(槽)式容器工程、排灌工程、框架工程、客土工程、防护工程等。

3）植被工程

为恢复边坡的生态环境，必须根据当地的气候、原有植被等条件进行植被工程设计。设计内容包括植物的选择(包括先锋植物和目标群落植物)与配置、绿化的方式、种植和养护的程序与要求等。

4）养护工程

为了较快形成边坡人工群落，并促进人工群落向自然群落过渡，最终进展演至顶极群落，必须对施工后的养护工程进行合理设计。内容包括灌溉系统(浇水、蓄水、排水、施肥)和防护系统(防土层侵蚀、防风、防病虫害、防有害植物等)及其运作方式等。

5）山景综合开发工程

为了达到边坡复绿工程最佳的综合效益，必须进行综合开发工程设计。设计内容包括公共绿地、公园、各式风景旅游区规划设计等。

7.3.6.5　边坡绿化工程的主要模式

1）削坡挂网法

使用爆破技术对岩石山体进行降坡，使坡度降为适合植物生长的角度，高层每隔 10m 设一级平台，坡面角度一般控制在不大于60°，可削坡达五级坡，四级平台。削坡形成的岩土坍塌至坡脚处，堆积成坡。削坡挂网法的特点是能够安全降坡，稳定性好，利于养护管理；但要求山体削坡面要有足够的水平退让距离，否则造景效果较差，山体复绿后显得呆板。因此，加强削坡后坡级台面的处理、山体骨架形式的处理等是设计重点，是复绿景观效果好坏的关键。在坡面复绿上，挂网喷播技术设计是削坡挂网法成败的关键(见图 2.24)。

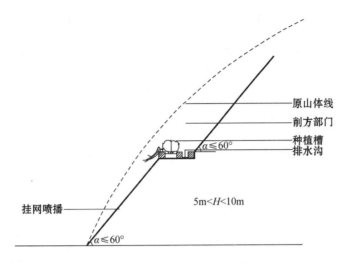

图 7.24 边坡削面挂网喷播示意图

2）燕巢法

在边坡高差不大、相对平整的区域,利用现场地形,结合园林造景方法,修筑燕巢形种植槽,创造植物生长环境,栽植适合植物。用燕巢法复绿后,山石、植物相互彰显,形成自然景象。但种植槽面积小,保水能力差,灌溉与养护困难,植物成活率较低,不宜大面积使用,仅在特殊地形(景观视觉焦点处)区域内使用。燕巢法设计成功的关键是运用园林造景方法——焦点式空间布局、盆景式构图等方法,对现场景观从整体到细部巧妙处理(见图 7.25)。

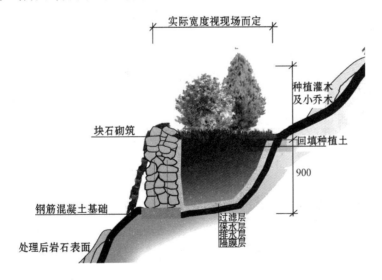

图 7.25 边坡燕巢法示意图

3）飘台法

直接在崖体表面按照一定距离悬空建造水平种植槽,栽植适合植物,达到复绿效果。飘台法适用面广,特别适合边坡石质风化程度较低、稳定性较好且边坡坡度大于 70°的断崖处理。当飘台密度较大时,复绿时间较短。但飘台种植槽面积小,保水能力差,乔灌木生长受限,同时施工难度较大,造价较高(见图 7.26)。

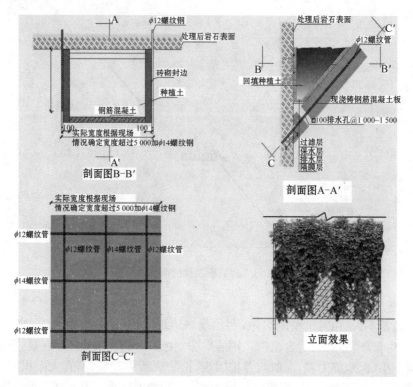

图 7.26　石质边坡飘台法示意图

4）堆坡法

堆坡法是指对山体的边坡场地规划并进行地形设计，营造适宜较大植物生长的空间条件。在山地空间较大的情况下，用堆坡的方法既稳定了原有边坡，又明显增加了绿量，景观视觉效果很好，且施工方法简单。同时可现场平衡石质边坡因削坡需要爆破的大量石方，减少外运。堆坡时要采用分层堆坡，以防止沉降。

7.3.7　人工地面(屋顶花园)绿化的施工

7.3.7.1　人工地面概述

人工地面是人工修造的代替天然地面的构筑物，或者说是一种新地面。这是针对因城市建筑过密而产生的土地利用问题的一种解决方法，它试图多层化、高密度地利用城市空间，把城市有限的土地充分利用起来。人工地面包括如屋顶花园、地下构筑物的顶面（地下停车场、地下通道、地下蓄水池等）。

1）人工地面绿化的特点

（1）承载力的限制。一般进行绿化，荷载要求达到 $350kg/m^2$。

（2）地面（顶面）结构防水、排水的要求。与普通地面相比，人工地面增加了承重和防水投资，施工和养护的费用也有所增加。

（3）生境条件的限制：生境条件是指土壤条件、温湿条件、风向风力等。以屋顶花园为例，其生境与地面差别很大。对于植物来说，有利因素有：和地面相比，屋顶光照强；光照时间长，大大促进光合作用;昼夜温差大,利于植物的营养积累;屋顶上气流通畅清新,污染明显减少,受外界影响小,有利于植物的保护与生长。不利因素有:植物易受干旱;土温、气温变化较大,对植物生长不利;屋顶风力一般比地面大。

2) 人工地面绿化的功能(以屋顶花园为例)

(1) 提供休憩和娱乐活动场所。在建筑密集的城市中,人们常常为满眼都是冰冷的混凝土构筑物,周围见不到一点绿色而烦躁。利用屋顶空间进行绿化,既可开辟休息和活动场所,又可点缀街景,增添城市建筑的艺术魅力。有人估计,一个城市的屋顶面积大约为居住区面积的20%。如果屋顶被全部绿化,人们将置身于一座真正的园林城市,可在花香鸟语中尽情享受大自然的恩赐。

(2) 增强屋顶的隔热效果。一年四季的气温各不相同,屋顶表面则首当其冲,始终处于剧烈的温度变化之中。夏季经过阳光直射的屋顶,表面温度往往要超出空气温度;而在冬季则可低于空气温度。而屋顶经过绿化以后,温度变化幅度就将显著减小,这是因为植物蒸发水分并从中消耗大量热量,从而起到保温隔热的作用。

(3) 隔音作用。因为植物层对声波具有吸收作用,因而绿化后的屋顶可以隔音和降低噪音,按照崔希尔·施密德原理,绿化后的屋顶与砾屋顶相比,可降低噪音20~30 dB,平屋屋顶土层12cm厚时隔音大约为40dB。

(4) 蓄水作用。屋顶种植了植物之后能提高蓄水能力,减少雨水下泄。普通的屋面约有80%的雨水流入下水道,在雨季,给下水道形成很大的压力。屋顶绿化后,50%的雨水滞留在屋顶上,储藏于植物的根部和栽培介质中,待日后逐步蒸发,从而减轻了下水道的压力,对城市环境起到了平衡作用。

(5) 其他作用。屋顶绿化还有吸附飘尘和吸收二氧化碳,放出氧气等作用。总之,对于城市来说,建设屋顶花园是调节小气候、净化空气、降低室温的一项重要措施,也是美化城市、增加景观层次的一种好办法。

7.3.7.2 人工地面(以屋顶花园为例)的施工

1) 屋顶花园的基本类型

平屋面在现代建筑中较为普遍,这是发展屋顶花园最有潜力的部分。根据我国的国情,屋顶花园可分为以下几种:

(1) 苗圃式。从经济效益出发,将屋顶作为生产基地,种植蔬菜、中草药、果树、花木和农作物,利用屋顶扩大副业生产,取得经济效益。

(2) 周边式。沿屋顶女儿墙四周设置种植槽,槽深为0.3~0.5m。根据植物材料的数量和需要来决定槽宽,最狭的种植槽宽0.3m,最宽可达1.5m以上。这种方式较适合于住宅楼、办公楼屋顶花园。在屋顶的四周种植高低错落、疏密有致的花木,中间留有人们活动的场地,设置花坛、坐凳等。四周绿化还可选用枝叶垂挂的植物,以美化建筑物立面。

(3) 活动(预制)盆栽式。这种方式机动性大、布置灵活,常被家庭采用。

(4) 庭园式(屋顶花园式)。庭园屋顶花园是屋顶绿化中的高级形式,布置树木、花坛、草坪,并配有园林建筑小品,如水池花架、室外家具等。这种形式多用宾馆、酒店,也适合用企事业单位及居住区公共建筑的屋顶绿化。

2）屋顶花园屋面面层结构

一般屋顶花园屋面面层结构从上到下依次是：植物和景点层、种植基质层、过滤层、隔根层、排水（蓄水）层、防水层、找平层、保温隔热层、现浇混凝土楼板或预制空心楼板层（见图7.27）。

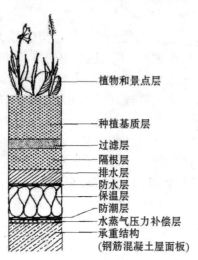

图7.27　布置屋顶花园的屋面结构

3）屋顶的防水与排水设计

屋顶花园的排水要通畅。排水系统由排水层、排水管、排水口、排水沟等组成，一般通过屋面坡度排至屋面排水沟或排水管。小面积的屋顶花园，排水一般通过屋顶坡度的方式。面积较大的屋顶花园要采用较大管径的排水管，以免积水而引起植物烂根。

4）屋顶荷载的减轻方法

设计屋顶花园时，要计算屋顶架空层楼面的荷载，一般绿化要求达到350kg/m²。因此，可采用先进技术，减轻屋顶荷载。一方面要借助屋顶结构选型，减轻结构自重和结构防水问题；另一方面就是减轻屋顶需绿化材料的重量，包括将排水层的碎石改成轻质的材料等。最好上述两方面结合起来考虑，使屋顶的建筑功能与绿化的效果大体一致，既能隔热保温，又能减缓柔性防漏材料的老化。具体方法如下：

（1）减轻种植基质重量，采用轻基质如木屑、蛭石、珍珠岩等。常用轻基质材料，如表7.13所示。

表7.13　国内屋顶花园种植基质

屋顶花园名称	人工种植土名称及成分	重度/kN·m⁻³	厚度/mm
广州中国大酒店	合成腐殖土	16	200～500
重庆会仙楼	炉灰土＋锯木屑＋蚯蚓粪		500～800
北京长城饭店	草炭土∶蛭石∶沙土（7∶2∶1）	7.8	300～500
北京饭店贵宾楼华韵园	草炭土＋沙壤土	12～14	草坪200 花卉灌木300～500 小乔木700

（2）植物材料尽量选用中、小型花灌木以及地被植物、单坪等,少用大乔木。

（3）少设置园林小品及选用轻质材料如轻型混凝土、竹、木、铝材、玻璃钢等制作小品。

（4）合理布置承重,把较重物件如亭、台、假山、水池安排在建筑物主梁、柱、承重墙等主要承重构件上或者这些承重构件的附近,以利用荷载传递,提高安全系数(见图 7.28)。

（5）采用屋顶结构粘钢加固处理技术,对现有建筑结构进行补强加固改造处理。

5）屋顶绿化栽植技术

（1）屋顶绿化常用植物。我国江南地区自从推广屋顶绿化后,经过 4 年多的实践和观察,归纳以下适于屋顶绿化的植物品种:黑松、罗汉松、瓜子黄杨、大叶黄杨、雀舌黄杨、锦熟黄杨、珊瑚树、棕榈、蚊母、丝兰、栀子花、卫茅、龙爪槐、紫荆、紫薇、海棠、蜡梅、寿星桃、白玉兰、紫玉兰、天竺、杜鹃、牡丹、茶花、含笑、月季、橘、金橘、茉莉、美人蕉、大丽花、苏铁、百合、百枝莲、鸡冠花、松叶菊、桃叶珊瑚、海桐、枸骨、葡萄、紫藤、常春藤、爬山虎、六月雪、桂花、菊花、麦冬、葱兰、黄馨、迎春、垂盆草、天鹅绒草坪、荷花等。

（2）屋顶花园大树固定技术设计。屋顶较地面风力大,且种植土层薄,如新植树木高度超过 2.5m,必须采取措施固定。可采用地埋金属网格固定的方法,即是将金属网格(尺寸为固定植物树冠投影面积的 1～1.5 倍)预埋在种植基质层内(见图 7.29)。用结实且有弹性的牵引绳将金属网格四角和树木主要枝干部位连接,绑缚固定,绑扎时注意树木枝干保护。

（3）采用斜面栽植大灌木的方式(见图 7.30)和承重柱上方栽植大灌木的方式,以及采用容器大苗栽植技术等。

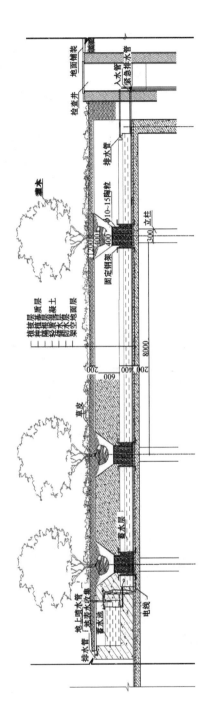

图 7.28　屋顶花园承重设计

图 7.29　树木固定技术

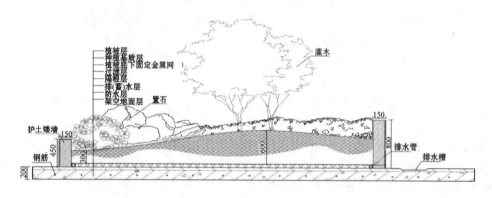

图 7.30　斜面栽植的技术

7.3.8　大树移栽施工

城市的改建和扩建中都有大树的移植工作。大树移植在我国城市建设中采用较早，以北京为例，1954～1959 年，移植大量油松、桧柏等大树，其中天安门广场大树移栽的成活率到 98％以上，在 1 年左右的时间内，把原来空空的场地变成了苍翠一片的松林，这种惊人的建设速度，使得许多国际友人为之惊讶。又如南京，1952 年南京雨花台烈士陵园施工中，一次性成功地在雨花台主峰移栽 50 年生的大桧柏 200 多棵。上海市在大树移栽方面也有很多成功的经验，1954 年上海展览馆建馆时，移栽了干径在 20 cm 以上的雪松、龙柏、广玉兰、梧桐等名贵大树，成活率也相当高。

7.3.8.1　移栽前的树种选择

一般干径在 10 cm 以上、高度 4～8m 及以上的大乔木称为"大树"。胸径 25cm 以上的快长树及胸径 15cm 以上的慢长树，一般不宜移植。胸径超过 40cm 的树木，参照有关古树名木保护管理办法。

1）选择大树的原则

（1）为造景需要，并考虑移植后的较长期的保留价值，在树龄上应选壮龄大树。已经衰老了的大树，移植后观赏效果不佳，不容易恢复健康，尤其是患有严重病虫害的更不适宜。总之，应选生长正常、形态合乎景观要求的树种。一般慢生树选 20～30 年生,速生树选 5～8 年,中生树选 10 年,果树、花灌木选 5 年左右。

(2)现场一般不能栽种没经移植或预先断根处理的实生大树。尽可能选用经过移栽的实生苗。因实生苗寿命长,对不良环境条件的抵抗力强。选择大树应在移栽前 1 年作出决定。

(3)现场栽种大树的立地条件应尽量与原大树的生境相近。要选择便于挖掘、便于运输的树木,尤其是选择野生树种时更应注意。如树木生长密集,往往由于改变生长环境,树木不易成活,或者生长不佳,影响观赏效果。

(4)应选择生长正常没有病虫害和没有受机械损伤的大树。

2)适宜移植的树种

树种选定后,即在树木的北侧胸高处用彩色喷笔标明区号,有利于栽种时识别朝向。一般宜于大树移栽的树种如表 7.14 所示。

表 7.14　各地适于移栽的大树树种

适宜地区	树 种 名 称
华北地区 (以北京为例)	油松、白皮松、桧柏、云杉、柳树、杨树、国槐、白蜡、悬铃木、合欢、香樟、元宝枫、核桃、苹果、柿子等
华东地区 (以上海、南京为例)	雪松、龙柏、黑松、广玉兰、白皮松、五针松、枫杨、白杨、悬铃木、国槐、银杏、香樟、桂花、泡桐、罗汉松、石榴、桧柏、榉树、朴树、杨梅、枇杷、桑树等
华南地区 (以广州为例)	凤凰木、木棉、樟树、桉树、木麻黄、白玉兰、水杉、石栗、榕树等

3)移栽大树的规格

移栽大树的规格各地有所不同,但大致相似。《北京市绿化工程技术规程规范》中规定木箱移植规格:干径 15～30 cm;土球移植规格:干径 10～15 cm;露根移植规格:干径 10～20 cm。

7.3.8.2　大树移植前准备工作

大树移植前首先应号苗,即按照设计要求的品种、规格、数量去选苗,选好后应在树干上做一明显标记,并将树木品种、高度、胸径、分枝点、树形及观赏价值分别记在卡片上,以便分类排队。然后,了解所要掘的大树土质、周围环境、交通路线、障碍物等,确定能否移植。

移植前要了解树木的所有权和该单位的有关要求,并办好所有权转让手续。同时,对所挖掘大树的立地条件、株行距等进行详细调查。移植前还应注意:用大木箱移栽树木,在挖苗前应准备好杉杆、扎把绳,以备起树时支撑用。在掘改前应调查了解移植地的各种地下管线情况,以免在掘树时造成事故。掘树前应准备好各种移植大树用的工具、材料、机械、运输车辆以及运输通行证。

移植大树的施工中,对一些移栽难度大的树木采取切根处理。常用的大树切根处理措施有以下两种:

(1)回根法。一般应在移栽前 2～3 年的冬季或秋季,以树干为中心,以树干胸径的 2.5～3 倍为半径,在干基周围的地上挖一个圆形或方形的沟(沟宽 30～40 cm),然后将沟切成四等分，分别为 1、2、3、4 段。沟的深度视根系分布而定，一般为 50～80cm，挖掘时遇到较粗的侧根，应用锋利的修枝剪或小斧切断，切口要求平滑，并应与内沟壁平齐。挖完后用肥沃的土壤填平、踏实，定期浇水。

为了安全起见，切根挖沟分数年完成。第一年春、秋先挖掘 1、3 两段；第二年春、秋再挖掘 2、4 两段；在正常情况下，第三年沟中就生满了须根，以后挖掘大树时应从沟的外缘开挖，尽量保护须根。

（2）多次移植法。多次移植法主要适用于大树苗圃，操作比较简单。一般速生树种，从幼树开始，每隔 1～2 年移栽 1 次，待胸径长到 6cm 以上时，可每隔 3～4 年移栽 1 次。慢长树木最少每隔 1～2 年移栽 1 次，待胸径达到 3cm 以上时，每隔 3～4 年再移栽 1 次，以后胸径长到 6cm 以上时，每隔 5～8 年移栽 1 次。采用此法培养的大树，出圃时能带较多的根系，土球的尺寸也可缩小，移栽后不仅成活率高，而且生长健壮。

7.3.8.3　常用大树移植方法

常用大树移植方法有多种方法，以大木箱移栽法为例，具体操作如下：

1）掘苗

根据树木的品种、株行距离和干径确定掘苗土台的大小。一般可按树木的胸径（即干高的 1.2m 处）的 8～10 倍来确定。

大木箱移栽时，按苗木大树的规格大小做好木箱，木箱的规格见表 7.15，样式如图 7.31 所示。

表 7.15　大木箱移栽的木箱规格

树木干径/cm	木箱规格/m	备　注
15～18	1.5×0.60	超过以上规格应另行解决
19～24	1.8×0.70	
25～27	2.0×0.70	
28～30	2.2×0.80	

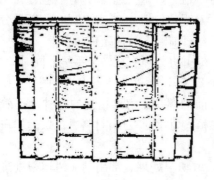

图 7.31　大树大木箱法移栽的木箱

掘苗前，以树干为中心，较规定的尺寸大 10cm 画正方形，作为土台的规格，以线为准，在线外开沟挖掘。沟的宽度一般为 60～80 cm,以容纳一人操作为准。土台四角比最大不超过预定规格5cm。土台要平整,侧面中间比两边稍为凸出,如遇有较大的侧根,应用手锯或剪刀将根切断,切口应在土台内。在修正土台时上端要符合规定的尺寸,下端比上端略小。在修正时,用箱板随时校对,直到合适时为止。切不可使土台小于木箱板。

掘苗时如障碍物太多、出水、石头、电缆、管道等而影响挖掘,应请示现场负责人解决。

2) 装箱

土台修好后,应立即上箱横,不能拖延。木箱板的规格、质量必须符合规定标准,以免造成事故。上箱板时,箱板中心与树干必须成一条直线,木箱上边应略低于土台1cm,作为吊运时土台下沉时的系数。如遇箱板高低规格不一致,则下端必须摆平。上箱板时,先将土台四角用蒲包片包好,再用箱板围在土台四面,用木棍或锹把顶住箱板,再进行检查。符合要求后,即可用钢丝绳分上下两道绕好。在绕钢丝绳之前,应检查钢丝绳及卡子是否坚固,而卡子必须卡紧钢丝绳。在上钢丝绳时,上下两道距离箱板上下边15～20 cm处,在钢丝绳的接口处,装上紧线器。紧线器要松到最大的限度,从上向下转动收紧。上下两道紧线器应装在两个相反方向的箱板中央带上,以便收紧。紧线器在收紧时,必须两道同时进行。钢丝绳的卡子不要放在箱带上和木带上,以免影响拉力。如在收紧时,钢丝绳跟着转,应用铁棍将钢丝绳固定。在收紧到一定程度时,应用锤子锤打木箱的四角,用小锤敲打钢丝绳发出当当之声,表明已收紧,即可钉铁皮。

在两块箱板相交处钉铁皮,每角的第一道和最后一道距板边缘5cm。如1.5m箱子,每角钉铁皮7～8道;1.8～2m木箱,每角钉铁皮8～9道;2.2m本箱,每角钉铁皮9～10道。每面最少要钉上两个钉子。铁皮不要钉在箱板拼缝处,钉时钉子稍向外斜,以增强拉力。钉子不能砸弯;如砸弯,应起下重钉。板与带之间的铁皮必须绷紧,不应钉成弯形。四角铁皮钉好后,再一次检查,用小锤轻打铁皮看其是否扎紧;如已钉紧,可松下紧线器,取下钢丝绳。

3) 掏底、上底板和上盖板

先沿箱板下端往下挖35cm,然后用小板镐、小平铲掏挖土台下部。

掏底可两侧同时进行,每次掏底宽度应与底板宽度相等,不可过宽。当掏够宽度时就上底板。在上底板时,应量好底板所需要的长度,并在底板的两头钉好铁皮。

在上底板时,先将板底的一头钉在木箱带上,钉好后用木墩顶紧,另一头底板用油压千斤顶顶起与土贴紧。钉好后铁皮,撤下千斤顶,再顶好木墩,两边底板上完后,再向内掏底。

在掏中间底以前,将四面木板箱的上部,用四根横木支撑,横木的一头顶在坑边(坑边必须先挖成一个小槽,槽内立一块小木板,将横木项上),另一头顶在木箱板的中间带上,用钉子钉牢,然后再进行中间掏底。

在掏中间底时,底面应凸出稍成弧形,以利收紧底板。掏底板时,如遇到树根,应用手锯锯断。锯口应在土台内,不可凸出,以免影响底板收紧。

在掏中间底时,应特别注意安全,操作时不得将头部和身体伸向土台下面。风力达到4级时,应停止掏底。

上中间底板时,应与上两侧底板相同,底板的距离要一致,一般保持10～15cm。在掏中间底板时,如遇土质松散,应用窄扳将底封严。如脱落少量土时,可在脱落处垫草包等物填充,再上底板。

钉盖板前，将表层土略铲去一些，使树干外稍高一点，四周稍低一些。如表层有缺土处，应填充较湿润的好土并踏平整。一般土台比木箱上口稍高 1cm，然后在土台上面铺一层蒲包片即可钉盖板。盖板的长度应与箱板上端相等。如需钉四块盖板时，木板间距为 15～20cm，盖板与底板的走向相互垂直交叉。如需要多次吊运，盖板应钉成井字形（见图 7.32）。

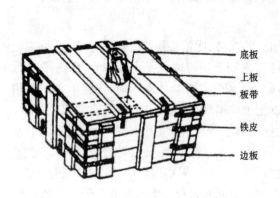

底板
上板
板带
铁皮
边板

图 7.32　木板箱整体包装示意图

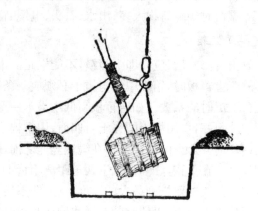

图 7.33　大树木箱起吊示意

4）装车

装车是保证树木完好的关键环节。木箱移植的大树重量一般都在 2 000kg 以上，因此需要起重机吊装，大型卡车装运。吊装时，先用一根较短的钢丝绳，将木箱围起，钢丝线两端扣在木箱的一侧，绳的长度为两端能相接，围好后用吊钩钩好钢丝绳向上缓缓起吊，树木即可躺倒。在木箱尚未离地面时，将树干围好蒲包或草袋，捆上大绳，绳的一端扣在吊钩上。注意树干的角度，使树头稍向上斜。吊装时应有专人指挥吊车，吊杆下面不得站人（见图 7.33）。

树木在躺倒前，要选好躺倒方向，以不损伤树干及便于装车为原则。树木在躺倒后应在分枝点上拴一绳，以便装车时牵引方向。

装车时树冠向后，土台上口应与卡车后轴在一条直线上，车厢板与木箱之间垫两块 10cm×10cm 的方木。木箱落实后，在车厢上再将树干的下面用两根木棍交叉，做成支架支撑树干，树干与支架相接处应垫蒲包草袋，待树完全放稳后，可将钢丝绳取出（不取亦可），关好车厢。

装好车后，必须用紧线器将木箱固定在车厢内，树干应搁在车厢后的尾钩上，树冠用绳系紧，以防拖地。

5）运苗

运苗时，押运人员必须了解所运苗木的品种、规格和卸苗地点，对号入位的苗木，应知道具体卸苗部位。必须仔细检查苗木装车情况，捆绳是否牢固、树梢是否拖地，有无过高、过宽、过长现象。必须随车携带挑杆，以备中途使用；途中应站在树干附近，切不可坐在树箱及驾驶室，以便随时检查运行中的情况；如遇松绳或有障碍物时可及时解决。

6）卸车

卸车前，应先将围拢树冠的小绳解下来，对于损伤的树枝进行修剪。取下固定木箱的紧线器，将后钩上的绳解开，然后准备卸车。

卸车与装车时的操作基本相同,但钢丝绳捆的稍向上一些,树干的大绳略紧一些,钢丝绳的两端和大绳的一端都扣在吊钩上,即可缓缓吊起,当木箱离车厢后,卡车应立刻开走,木箱落地前应横放一根或数根大方木,即可放松吊绳,摆动吊杆,使树木缓慢立直放好。

7)木箱树木的栽种

栽植木箱苗木,应在栽植前做好规划安排,按设计要求定点放线及测好标高等。坑穴的规格每面应比土台高 50～60cm,土质不好的可将坑穴加大到土台的 1 倍,需要换土时应换沙质壤土,并施以充分腐熟的优质有机肥。坑穴深比土台深 20～25cm,在坑穴的中心用土堆成 70～80cm 的长方形土堆,土堆的倾向应与木箱底板方向一致。

在吊树入坑时,树干上要包好麻包片或草袋以免擦伤树皮,并用两根钢丝绳兜底,然后将钢丝绳的两头扣在吊钩上,吊下时应注意避免碰伤树枝。在树木入坑前可先拆掉中间底板,只留两边底板(如遇土质松散,可以不拆中间底板)。同时,应注意周围的环境和树木的姿态,应将观赏面对准主要方向。

树木入坑后,为了校正位置,可由四人坐在坑边的四面,用脚蹬木箱的上口,掌握中心位置,专人负责看准,使木箱正好落于坑内长方形土堆上,尽可能将中间底板在坑内拆掉,当木箱落入后再拆去两边底板,并立即用土填实。

树木放稳后,要进行一次检查,一切无问题时,可将钢丝绳慢慢从底部抽出。然后在树干上捆好支柱,将树尽可能支稳,再拆木箱上板。上板拆完后,即可填土,当土入 1/3 时,再拆除四周箱板以防塌落,然后继续填土,每填入 20～30cm,均应夯实,直到填满为止。如施基肥,可在填土 1/3 时,再将肥料施入;如增加土层透气,可在填土过程中,设置通气管,如图 7.34 所示。

图 7.34 树坑内设置通气管

填好土后,应围土筑堰,规格大的应开双堰,外堰应在坑边以外,堰高 20cm 左右,内堰应在土台以内。内外两堰要同时浇水,如发现漏洞跑水,应填土补浇。第一次水要浇足,应隔

1 周浇第二次水，以后浇水酌情而定。在雨季应注意排水，每次浇水后均应中耕，深度 10 cm 左右。

在炎热夏季，如发现水分供不应求而产生萎蔫甚至枯叶，则适当浇水或修剪。并在剪口处涂防腐剂（1 ∶ 1 的石膏和熟桐油）。同时应加强病虫害检查，以防止发生或蔓延。

8）假植方法

（1）原坑假植。大树装箱以后，如在 1 个月以内不能起运，应进行临时假植，在假植期间，应适当养护，如浇水、喷药等。如在秋末掘苗翌年春季起运，应原土回填，更应注意养护。

（2）工地假植（即栽植地）。苗木运到工地 15 天之内不能栽植时，应进行假植。假植地点应选光照条件好、水源较近、排水良好、交通方便之处。大批树木假植，应尽量顺序排列，株行距以树冠互不干扰、便于取用及装车运输方便为准。苗木假植应在木箱下垫土，木箱周围培土 1/3～1/2，树干上捆绑支柱，然后去掉木板和蒲包片，在土台上培成土堰以便浇水。

假植树木应根据季节气候，树木需水情况进行浇水，风大或气候炎热时还应每天进行叶面喷水 1、2 次，并经常检查病虫害情况，必要时进行除治。雨季还应注意排水。搬运前 1 周应停止浇水。

7.3.8.4　促进大树移植成活的措施

（1）对于需要强度修剪的大树，应尽量在移植前 15～30 天进行修剪，并对 3～5cm 以上口径的伤口进行保护。

（2）树木挖掘时，粗根必须用锋利的手锯或枝剪切断，然后用利刀削平切口，并用 0.2%～0.5% 的高锰酸钾涂抹伤口。

（3）在离种植穴 0.5～1.0m 处，开设 1～2 个暗沟或盲沟，沟宽 40～50cm，沟深要超过种植穴深度。

（4）大树移植前 1～2 天，用 50mg/kg 的赤霉素、萘乙酸、吲哚丁酸或 1～2 号 ABT 生根粉溶液喷洒树冠枝叶；或者将这些溶液作为定根水浇灌，有利于大树成活。如果采用裸根移植，更应将根系在上述溶液中浸泡数小时。

（5）秋后及时撤除包扎在树干上的腐烂草绳，然后立即涂刷白涂剂，防止在喷水和包扎的湿润环境下的树皮出现冬季溃烂而使树木第二年死亡 。

7.3.8.5　大树移植工程的反思

每一棵大树都是一个完整的生态系统，它与周围的环境、生物形成了良好的共生关系，生态关系趋于和谐。大树移开其生长原始地后，整个群落的生态必将受到严重破坏，直接的恶果是水土流失，殃及区域环境。其次，移植大树为保成活，需要大抹头，强修剪，原来的枝繁叶茂不复存在，取而代之的只是树体主干或主干上孤零的几个大枝，谈不上绿化的效果。三是大树移植费用很高，一般来说，移植一棵普通大树，需要支出购树费、挖掘费、打包费、吊装费、维护费、运输费等。移植一棵古树，费用更高。在移植大树过程中，往往对本地的地质土壤、气候等条件欠考虑，更未能进行事前科学论证，加上技术力量不足，后期养护跟不用上，移植的大树很难存活，死亡率高。

7.3.9　反季节移植

　　树木移植的死亡的最大原因是根部不能充分吸收水分,茎叶的蒸腾作用强,水分收支失衡。在春季施工,由于植株未展叶,根系萌动,再生力强,只需修剪枝条来满足树势平衡。相反在夏季、冬季,移植就比较困难。

　　因此,解决非正常季节绿化施工的难点,应注意以下几点:种植材料选择健壮的树苗。施工过程采用特殊处理技术容器苗法;搭建遮阳棚;根部喷施生根粉;浇水(包括树冠喷雾)和茎干注射营养液(见图7.35);扩大种植穴和土球的直径,提供较好的土壤条件等。一般不提倡绿化工程的反季节施工。

图7.35　茎干注射营养液

7.3.10　园林种植工程的竣工验收

　　(1) 种植材料、种植土和肥料等,均应在种植前由施工人员按其规格、质量分批进行验收。

　　(2) 工程中间验收的工序应符合下列规定:在挖穴、槽前进行种植植物的定点、放线;应未换种植土和施基肥前挖掘种植的穴、槽;在挖穴、槽后更换种植土和施肥;在播种或花苗(含球根)种植前进行草坪和花卉的整地;分别填写验收记录并签字。

　　(3) 施工单位应于工程竣工验收一周前向绿化质检部门提供下列文件:土壤及水质化验报告、工程中间验收记录、设计变更文件、竣工图和工程决算、外地购进苗木检验报告、附属设施用材合格证或试验报告、施工总结报告。

（4）竣工验收时间应符合下列规定：新种植的乔木、灌木、攀缘植物，应在一个年生长周期满后方可验收；地被植物应在当年成活后，郁闭度达到80％以上进行验收；花坛种植的一二年生花卉及观叶植物，应在种植15天后进行验收；春季种植的宿根花卉、球根花卉应在当年发芽出土后进行验收；秋季种植的应在第二年春季发芽出土后验收。

（5）绿化工程质量验收应符合下列规定：乔、灌木的成活率应达到95％以上，珍贵树种和孤植树应保证成活；强酸性土、强碱性土及干旱地区，各类树木成活率不低于85％；花卉种植地应无杂草、无枯黄，各种花卉生长茂盛，种植成活率达到95％；草坪无杂草、无枯黄，种植覆盖率应达到95％；绿地整洁，表面平整；种植的植物材料的整形修剪应符合设计要求；绿地附属设施工程的质量验收应符合《建筑安装工程质量检验评定统一标准》GBJ301的有关规定。

（6）竣工验收后，填报竣工验收单。绿化工程竣工验收单应符合《绿化工程竣工验收单表》（见表7.16）。

表 7.16　《绿化工程竣工验收单表》样表

工 程 名 称		工 程 地 址	
绿地面积(m²)			
开工日期	竣工日期		验收日期
树木成活率(%)			
花卉成活率(%)			
草坪覆盖率(%)			
整洁及平整			
整形修剪			
附属设施评定意见			
全部工程质量评定及结论			
验收意见			
施工单位	建设单位		绿化质检部门
签字： 公章：	签字： 公章：		签字： 公章：

7.4　园林植物种植工程案例与制图

7.4.1　树木重量的计算方法

例如，一株在苗圃中的孤植银杏树，经测定高度为3.5m，树干平均胸径为30cm，根部直径为40cm，苗圃土壤类型为壤土，欲挖土球直径为1m，请计算欲准备用几吨的车辆运输？

（1）树木的重量＝树干重量＋土球重量（根部重量可略）。

（2）树干重量 $W(\text{kg}) = k \times \pi \left(\dfrac{d}{2}\right)^2 \times H \times \omega \times (1+p)$。

式中:d——树木的胸径(m);

 H——树木的高度;

 k——树干形状系数(取 0.5);

 ω——树干单位体积重量(查表);

 p——依叶多少的增重量,林木取 0.2,孤立木取 0.1。

(3) 根部重量 $f(\text{kg}) = \dfrac{1}{\alpha} \times k \times H \times \omega \times (1+p)$。

当根径 $d > 0.2\text{m}$ 时,$\alpha = 1.5$;$d < 0.2$ 时,$\alpha = 2-2.5$

(4) 土球重量 $= \dfrac{4}{3} \times \pi \times r^3 \times$ 土壤容重。

7.4.2 城市快速道路交叉口的绿化种植

城市快速道路交叉口的绿化种植的关键问题是道路交叉口的安全控制(见图 7.36)。

计算公式为:

$$D = a + tv + b$$

式中:D——安全视距;

 a 为安全距离(取 4m);

 v 为行车速度(m/s);

 t 为刹车时间;

 b 为刹车距离 $= \dfrac{v^2}{2\text{g}\psi}$(g 为重力加速度,取 9.81m/s,$\Psi$ 为摩擦系数,结冰时取 0.2、潮湿时取 0.5、干燥时取 0.7)。

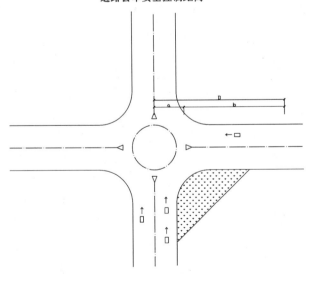

图 7.36 城市快速道路交叉口的绿化种植设计

7.4.3　常见草坪的景观配置设计

常见草坪的景观配置设计有以下三种模式：

1）以施工快速见效为目的的配置

（1）黑麦草＋高羊茅；黑麦草＋翦股颖；黑麦草＋早熟禾；

（2）黑麦草＋结缕草；黑麦草＋狗牙根草；等（黑麦草＜20%）。

2）树林下种植的草地配置

早熟禾（80%）＋翦股颖（20%）

3）以四季常青为目的草坪的配置（江苏地区）

（1）狗牙根草（50%）＋翦股颖（50%）；

（2）高羊茅（60%以上）＋早熟禾＋翦股颖。

7.4.4　绿化种植设计施工图（局部区域）

以住宅区为例，植物种植设计施工图如图 7.37 所示。

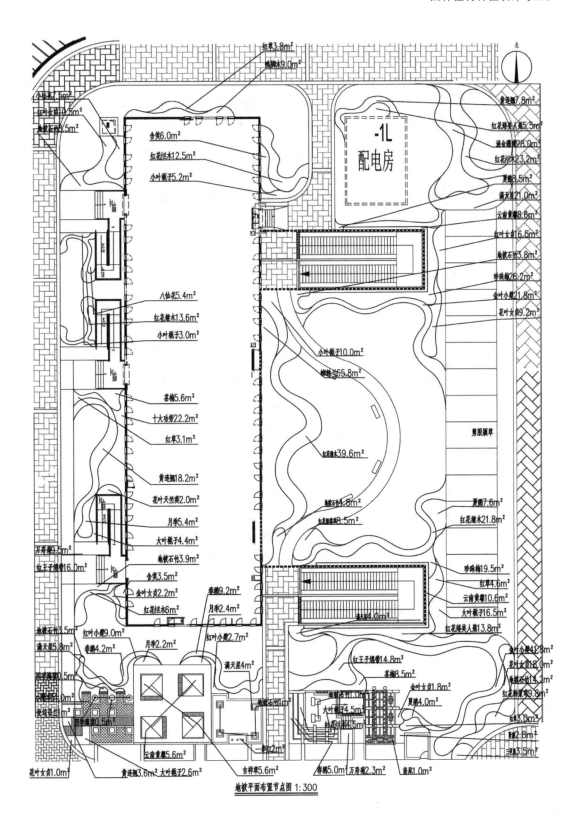

地被平面布置节点图 1:300

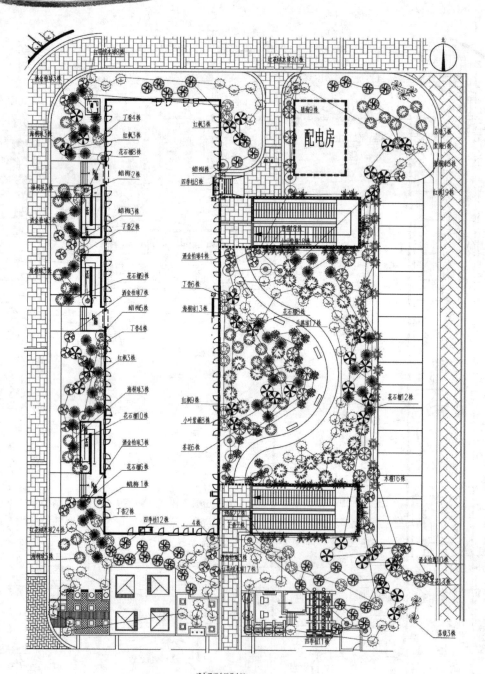

配电房

灌木平面布置节点图 1:300

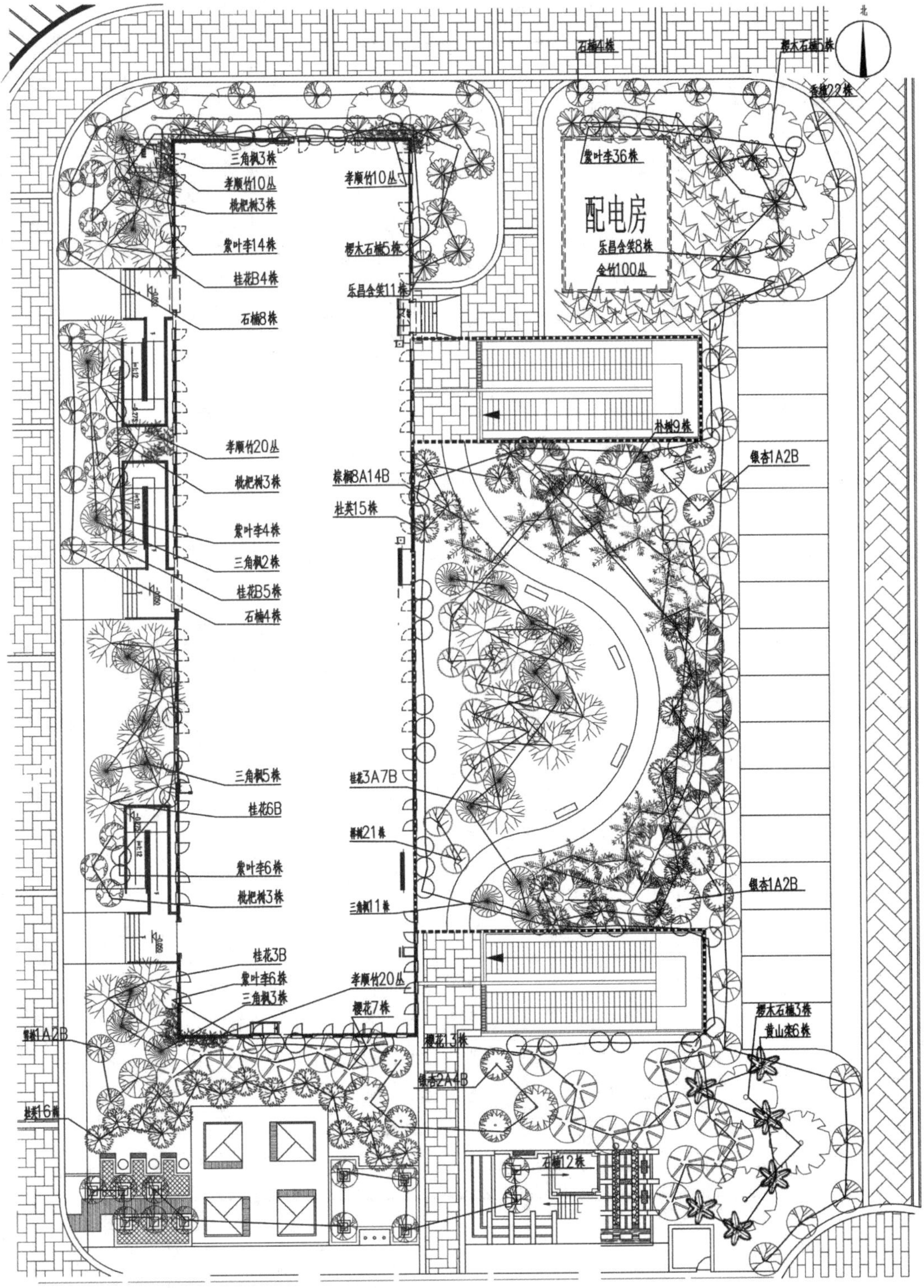
北
石楠4株
椤木石楠5株
香樟22株
三角枫3株
孝顺竹10丛
枇杷树3株
紫叶李14株
桂花B4株
石楠8株
孝顺竹10丛
椤木石楠5株
乐昌含笑11株
紫叶李36株
配电房
乐昌含笑8株
金竹100丛
朴树9株
银杏1A2B
孝顺竹20丛
枇杷树3株
紫叶李4株
三角枫2株
桂花B5株
石楠4株
棕榈8A14B
杜英15株
三角枫5株
桂花6B
紫叶李6株
枇杷树3株
桂花3A7B
三角枫11株
银杏1A2B
桂花3B
紫叶李6株
三角枫3株
孝顺竹20丛
樱花7株
樱花13株
银杏2A4B
椤木石楠3株
黄山栾6株
杜英16株
石楠12株

乔木平面布置节点图 1:300

苗木配置表

序号	图例	植物名称	数量	单位	胸径（cm）	高度（m）	冠幅（m）
一、乔木类							
01		雪松A	1	株	10~15	6~8	3~4
02		雪松B	2	株	6~8	4~5	2~3
03		香樟	22	株	7~8	5~6	2.5~3.5
04		棕榈A	8	株	16~20	4~6	2~3
05		棕榈B	14	株	13~15	2~3	2~3
06		桂花A	3	株	18~25（地径）	8~15	4~6
07		桂花B	22	株	10~13（地径）	5~7	3~4
08		榉树	21	株	6~8	3.5~4.5	2.5~3.5
09		三角枫	24	株	5~6	4~5	2~3
10		银杏A	4	株	15~18	6~8	3~4
11		银杏B	8	株	11~13	4~5	2~3
12		黄山栾	6	株	6~8	4~5	2.5~3.5
13		椤木石楠	13	株	25~40	8~10	3.5~4.5
14		朴树	9	株	25~40	10~12	4~6
15		紫叶李	66	株	3~5（地径）	2~2.5	0.8~1.2
16		石榴	24	株	6~7	4~5	2~3
17		樱花	20	株	7~8	5~6	2.5~3.5
18		枇杷树	9	株	5~6	4~5	2~2.5
19		杜英	31	株	6~7	3.5~4	2~2.5
20		乐昌含笑	19	株	6~7	4~5	2~2.5
21		金竹	100	丛	5枝以上/丛	3~4	
22		孝顺竹	50	丛	5~6杆/丛	2~3	0.8~1.2
二、大灌木类							
23		苏铁	6	株	0.2~0.25杆径	0.2~0.3杆高	1.0~1.2
24		蜡梅	18	株	3~5分枝	1.5~1.8	1.2~1.5
25		红枫	34	株	4~5	1.5~1.8	0.8~1.0
26		四季桂	31	株	3~5分枝	1.2~1.5	0.8~1.0
27		丁香	25	株	3~5分枝	1.8~2	0.8~1.2
28		茶花	3	株		1.6~1.8	0.8~1.2

(续表)

序号	图例	植物名称	数量	单位	胸径（cm）	高度（m）	冠幅（m）
29	✳	木槿	16	株		1.0~1.2	0.8~1.0
30	✳	迎春	40	株		枝长1~1.5	0.6~0.8
31	⊛	洒金柏球	33	株		0.8~1	0.8~1.0
32	⊛	红花檵木	79	株		1~1.2	0.8~1.0
33	⊙	海桐球	36	株		1.2~1.5	1.2~1.5
34	✸	毛鹃球	17	株		0.8~1	0.8~1.0
35	❀	小叶紫薇	26	株	4~6（地径）	1.5~1.8	1.2~1.5
36	✵	花石榴	53	株	3~5（地径）	1.2~1.5	0.8~1.0
		三、地被类					
37		夏鹃	31.6	㎡	36株/平方	0.25~0.3	0.15~0.2
38		红花檵木	146.2	㎡	25株/平方	0.25~0.3	0.2~0.25
39		云南黄馨	24.8	㎡	36株/平方	枝长40~50cm	0.15~0.2
40		珍珠梅	19.5	㎡	25株/平方	0.3~0.4	0.2~0.3
41		十大功劳	22.2	㎡	25株/平方	0.4~0.5	0.2~0.3
42		金叶小檗	21.8	㎡	36株/平方	0.2~0.3	0.15~0.2
43		红花矮美人蕉	19.3	㎡	25株/平方	0.25~0.3	0.2~0.25
44		满天星	34.8	㎡	49株/平方	0.12~0.15	0.12~0.15
45		月季	7.6	㎡	25株/平方	0.2~0.3	0.2~0.3
46		黄连翘	29.6	㎡	36株/平方	0.12~0.15	0.12~0.15
47		春鹃	19.4	㎡	25株/平方	0.25~0.3	0.2~0.25
48		红王子锦带	3.08	㎡	25株/平方	0.25~0.3	0.2~0.25
49		小桂花	7.5	㎡	16株/平方	0.5~0.6	0.3~0.4
50		洒金榴蝴	28.0	㎡	25株/平方	0.25~0.35	0.2~0.25
51		金叶女贞	4.0	㎡	25株/平方	0.25~0.3	0.2~0.25
52		含笑	9.5	㎡	25株/平方	0.25~0.3	0.2~0.25
53		鸭脚木	9.0	㎡	25株/平方	0.25~0.3	0.2~0.25
54		小野芋	11.0	㎡	16株/平方	0.3~0.4	0.3~0.4
55		大叶蔗子	29.0	㎡	25株/平方	0.25~0.3	0.2~0.25
56		蜘蛛兰	65.8	㎡	25株/平方	0.3~0.4	0.2~0.3
57		红叶小檗	2.7	㎡	36株/平方	0.25~0.35	0.15~0.2

（续表）

序 号	图 例	植物名称	数 量	单 位	胸径（cm）	高度（m）	冠幅（m）
58		花叶女贞	28.2	㎡	25株/平方	0.25~0.3	0.2~0.3
59		八仙花	5.4	㎡	16株/平方	0.3~0.4	0.25~0.3
60		肾蕨	2.8	㎡	36株/平方	0.25~0.3	0.15~0.2
61		红叶女贞	27.0	㎡	25株/平方	0.25~0.35	0.2~0.3
62		茶梅	15.1	㎡	25株/平方	0.25~0.3	0.2~0.25
63		小叶栀子	18.2	㎡	36株/平方	0.15~0.2	0.15~0.2
64		小春羽	5.0	㎡	16株/平方	0.3~0.4	0.3~0.4
		四、时花类					
65		花叶天竺葵	2.0	㎡	25株/平方	0.2~0.3	0.2~0.3
66		金边吊兰	1.0	㎡	49株/平方	0.15~0.2	0.15~0.2
67		一串红	2.0	㎡	36株/平方	0.2~0.25	0.15~0.2
68		三色堇	3.5	㎡	36株/平方	0.1~0.15	0.15~0.2
69		万寿菊	11.8	㎡	36株/平方	0.2~0.3	0.15~0.2
70		四季海棠	1.0	㎡	36株/平方	0.15~0.2	0.15~0.2
		五、多年生草本及藤类					
71		红花酢浆草	18.3	㎡	49株/平方	0.1~0.15	0.12~0.15
72		吉祥草	5.6	㎡	49株/平方	0.3~0.4	0.12~0.15
73		红草	14.5	㎡	49株/平方	0.12~0.15	0.12~0.15
74		地被石竹	26.5	㎡	36株/平方	0.15~0.2	0.15~0.2
		六、草坪类					
75		剪股颖草	288.1	㎡			
		七、湿生植物类					
76		鸢尾	68.2	㎡	25株/平方	0.25~0.3	0.25~0.3
77	备注						
78		所有大树及棕榈科植物以选择移植苗为主，而且冠幅及树形漂亮；所有灌木类植物					
79		全部选用容器苗，且冠幅饱满；所有地被植物选用袋装或盆装苗而且长势良好，其中水					
80		生植物能种植的尽量种植，不能种植的采用换大盆摆放池内，时花带塑料杯种植，以便定					
81		时更换；要求高度的绿篱逐步修剪成设计的成型高度，紫藤同花叶常春藤两种藤类植物					
82		间种于花架及亭子边，使其攀缘其上。					

图 7.37　住宅绿化种植施工图

思考题

1. 园林种植工程的含义是什么？种植工程进行应具备哪些条件？

2. 写出园林种植工程施工程序的内容。

3. 大树移植有哪几个施工工艺流程？其技术要点是什么？促进大树移植成活的措施有哪些？

4. 结合所在地区建筑物的情况，说明屋顶绿化应考虑的因素。

5. 石质坡面绿化施工的要点有哪些？其技术要点是什么？

6. 如何进行草坪草种的选择？草坪的建植过程应注意哪些问题？

8 园林照明与亮化工程

【学习重点】

　　本章介绍园林照明与亮化工程的环境功能效果和艺术效果,同时分析园林照明和亮化给人的心理感受;掌握园林照明与亮化工程在设计时防治光污染的问题。

8.1 园林照明亮化概述

　　近年来园林照明、亮化与城市发展一样与时俱进,塑造城市园林绿地夜间形象,增加城市魅力,丰富人们夜间生活。

8.1.1 园林照明亮化的作用

　　园林夜间照明为园林绿地环境提供良好的视觉条件,而且利用灯具造型及光色的协调创造某种气氛和意境,体现一定的风格,增加园林艺术的美感,使环境空间更加符合人们的心理和生理上的要求,从而得到美的享受和心理平衡。所以,在现代照明设计中,为了满足人们的审美要求,更加致力于利用光的表现力对园林广场、仿古建筑、景观小品、灯光音乐喷泉进行艺术加工,以满足视觉的心理功能。园林照明主要效果如下:

8.1.1.1 丰富空间内容

　　在现代照明设计中,运用人工光的扬抑、隐现、虚实、动静以及控制投光角度和范围,以建立光的构图、秩序、节奏等手法,可以大大渲染空间变幻的效果,改善空间比例,限定空间领域,强调趣味中心,增加空间层次,明确空间导向。可以通过明暗对比,在一片环境度较低的背景中突出"明框效应",以吸引人们的视觉注意力,从而强调主要去向;也可以通过照明灯具的指向性,使人们的视线跟踪灯具的走向而达到设计意图所刻意创造的空间。

8.1.1.2 装饰空间艺术

　　人工光的装饰效果可以通过灯具自身的造型、质感以及灯具的排列组合对空间起着点缀或强化艺术效果的作用。但是,只有当灯具的选择与环境的体量、形状以及用途、性质相协调时,才能更有效地体现出光的装饰表现力。

灯饰亮化在现代园林建筑和园林山水环境中扮演重要的角色。照明灯具的艺术化处理，对建筑物起着锦上添花、画龙点睛的作用，使夜景环境体现各种气氛和情趣，反映建筑物风格。灯饰水平往往体现园林的文化艺术性。

人工光的装饰作用除了与照明灯具的造型有关，也与园林空间的形、色合为一体。当灯光照射在湖、滨、水池的建筑上时，借助于光影效果便将结构或装饰廊柱和古建筑的翘角、宝顶美的韵律揭示出来。如果进一步考虑光色因素，会使这种美的韵律增添神奇的效果。当人工光与小溪、喷泉流水，特别是声控喷泉相结合时，那闪烁万点的碎光和成串跃动的光珠和现代激光炫舞，给滨岸水景平添奇丽多姿的艺术效果。

8.1.1.3　渲染空间气氛

夜景照明灯具的造型和灯光色彩用以渲染空间气氛，能够收到非常明显的效果。例如，一排排工艺庭院灯可以使广场、大道显得富丽豪华；一盏盏巷式灯柱使滨岸显得热闹非凡；一颗颗草地灯使绿地连成光珠；露天舞会旋转变幻的灯光会使空间扑朔迷离，富有神秘色彩；而外形简练的新型灯具、LED变彩灯、光纤灯，使人们体验科学技术的进步，感到新颖的明快。灯光投射角适当，会使得景观更加生动耐看；变化灯光的投射方向，有意形成非正常的阴影，则使人们感到气氛奇特，甚至令人惊叹。

照明灯具选择不同光源产生色光是取得环境特定情调的有力手段。暖色调表现愉悦、温暖、华丽的气氛；冷色调则表现宁静、高雅、清爽的格调。值得注意的是，形成环境特种气氛的视觉色彩，是光色与光照下环境实体显色效应的总和，因此必须考虑物体环境中基本光源与次级光源（环境实体）的色光相互影响、相互作用的综合效果。例如，绿地彩块、红色植被采用暖光，黄色植被采用偏暖光源，绿色植被选用偏冷光源就会对植物的本色起到渲染效果。如果用荧光灯（冷光源）照明，由于这种光源所发出的青蓝光成分多，就会给鲜艳的暖色蒙上一层灰暗的色调，从而破坏暖色调的广场或室内温暖、华丽的气氛；如果采用白炽灯（暖光源）照明，则可使广场或室内的温暖基调得以加强。

8.1.2　园林照明亮化的干扰因素

眩光和直射光是园林亮化和照明环境中一种干扰因素，应在照明和亮化设计中加以避免和控制。但是在某种特定的空间里如露天迪斯科舞场，却有意用闪烁不定的灯光、震荡的音乐、刺激的色彩、晃动的人影共同渲染一种异常奔放的气氛，使人们借助于跳跃的灯光声色得到美的享受。

8.1.3　照明对视觉的影响

视觉是由进入眼睛的光所产生的视觉印象而获得对于外界差异的认识。通过视觉获得信息的效率和质量与眼睛的特性和照明的条件有关。光刺激必须达到一定的数量才能引起感觉。能引起光感觉的最低限度的光通量称为阈限。绝对阈限的倒数表明感觉器官对最小刺激的反应能力，称为绝对感受性。光的亮度不同时，人的视觉器官的感受性不同，因而人在不同照度条件下有不同的视觉能力。人的视觉器官不但能反映光的强度，而且也能反映光的波长特性。前者表现为亮度的感觉，后者表现为颜色的感觉。人们看到各种物体具有的不同颜色，是由于它们所辐射（或反射）的光的光谱特性不同的缘故。通过颜色视觉人们能从外界事物获得更多的信息，可以产生多种作用和效果，这在生活中有重要的意义。

8.1.4　视觉功能

一般用以下几个因素来评价人眼的视觉功能：

8.1.4.1　对比灵敏度

眼睛能够辨别某背景上的任一物体，必须使物体与背景具有不同的颜色，或者物体与背景在亮度上有明显的差别。前者为颜色对比，后者为亮度对比。

眼睛的对比灵敏度是随着照明条件和眼睛的适应情况而变化的。为了提高对比灵敏度，必须增加背景的亮度。随着背景亮度的增加，对比灵敏度也将增加。

8.1.4.2　视觉敏锐度

视觉敏锐度也与背景亮度以及物体和背景的颜色、亮度对比有关。为了提高视觉敏锐度，必须提高背景亮度或照度。彩色照明对比视觉敏锐度也有影响，当背景亮度小时，绿色和蓝色光要比红色光有较高的视觉锐度。一般来说，单色光照明要比白色光照明更能提高视觉敏锐度。

8.1.4.3　视觉感受速度

视觉感受速度与背景亮度与物体的对比有关，与被观察物的视角有关。视觉感受速度随着背景亮度的增加而增加。由此可见，视觉能力与背景的亮度水平或照度水平有关，照度是照明质量的主要方面。

8.1.5　颜色视觉

颜色感觉的基本特征可用色调、亮度和饱和度来表示。一切颜色都可以按照这三个基本特征的不同而加以区别。色调是辐射的波长标志，即一定波长的光在视觉上的表现。各种颜色，不论其光谱成分如何，在视觉上总是表现为某一种光谱色（或绛色）相同或相似，这便是颜色的色调。颜色亮度的意义是：亮度越大则越接近白色，亮度越小则越接近黑色。亮度反映了辐射的强度（功率），强度越大则亮度越大。色调相同的颜色由于亮度不同而区别。饱和度的意义是指某种颜色与同样亮度的灰色之间的差别，表示辐射波长的纯洁性。光谱的各种颜色是比较纯洁的，既饱和度大。如果在光谱的某一种颜色中加入白色，颜色就会淡薄起来，既颜色的饱和度减少了。

8.1.6　颜色辨认

人们在亮度较高的条件下，利用眼睛能够分辨各种颜色。例如，用三棱镜将日光分解，可以看到红、橙、黄、绿、青、蓝、紫等七种颜色。实际上,这七种颜色不是截然分开而是逐渐过渡的。从红到紫的颜色变化中还可以分成许多中间颜色。

颜色反映光的波长特性。在光谱中,颜色与波长范围的对应关系如表8.1所示。

表 8.1　光谱颜色波长及范围/nm

颜　色	波　　长	波长范围
红	700	672～780
橙	610	589～672
黄	580	566～589
绿	510	495～566
蓝	470	420～495
紫	420	380～420

波长变化时,颜色也发生变化。在整个光谱区,人眼可以分辨出上千种不同的颜色。

8.1.7　颜色的光学混合定律

人们的视觉器官具有综合性能,即能够把一定颜色的物体所发出的不同波长的光线综合成一种颜色感觉。

视觉器官的综合性能表现在下面三个颜色光学混合定律中:

(1) 任何一种颜色均能与另外一种颜色相混合得到一种非彩色(灰色或白色),这两种颜色叫做互补色。例如,红色与青绿色、橙色与青色、黄色与蓝色、绿黄色与紫色等都是互补色。但是,两种互补色光线只有在它们的强度具有一定对比关系时才能因混合而得到一种非彩色。

(2) 如果在眼睛里混合的颜色不是互补色,则会得到另外一种颜色的感觉,这种彩色的色调介于两个混合颜色的色调之间。例如,红色和黄色混合得出橙色,蓝色和绿色混合得出青色等。

(3) 混合色的颜色不宜被混合的光谱成分为转移,即每一种被混合的颜色本身也可以由其他颜色混合而得到。

颜色光学混合是由不同颜色的光线引起眼睛同时兴奋的结果。它与颜料混合完全不同。颜色混合是利用不同波长的光线在所混合的颜料微粒中逐渐被吸收而引起的变化。

颜色的光学混合定律在景观亮化与艺术照明中可以得到实际应用。例如可以利用几种不同光色的光源的混合光来得到光色优良的照明,这是获得良好照明很经济的办法。三基色是现代 LED 灯的基础,它可千变万化地组合不同色彩。

8.1.8　显色性

物体表现的颜色由从物体表面所反射出来的光的成分和它们的相对强度决定。当反射光中某一波长最强时,物体便显示某种色调。这个最强的波长就决定该物体的色彩。显然,物体所显现的颜色与物体的反射特性(光谱反射系数)以及光源的辐射光谱有关。

现代照明的人工光源种类很多,它们的光谱特性各不相同,所以同一颜色样品在不同光源照射下会显现不同的颜色,即将产生颜色变化。为了对各种光源进行比较和评价,通常用显色性来说明光源的光谱特性。显色性是在某种光源的照明下,与作为标准的光源的照明相比较,各种颜色在视觉上的变化(失真)程度。在显色性比较中,一般用日光或近似日光的人工光源作为标准,其显色性为最优,以显色指数 100 表示。其余光源的显色指数小于 100。表 8.2 为常用光源的显色指数(Ra)。随着生产技术的改进,高强度放电灯的显色指数将得到进一步提高。

表 8.2　常用光源的显色指数

光 源 种 类	显色指数/Ra
白炽灯	97
日光色荧光灯	75～94
白色荧光灯	55～85
氙灯	95～97
金属卤化物灯	53～72
高压汞灯	22～51
高压钠灯	21

8.1.9　色彩的使用效果

色彩通过视觉器官为人们感知后,可以产生多种作用和效果,运用这些作用和效果,有助于装饰与艺术照明设计的科学化。

8.1.9.1　色彩的物理效果

具有颜色的物体总是处于一定的环境空间中。物体的颜色与环境的颜色相混杂,可能相互谐调、排斥、混合或反射,结果便要影响人们的视觉效果,使物体的大小、形状等在主观感觉中发生变化。这种主观感觉的变化可以用物理单位表示,如温度感、重量感和距离感等,常称为色彩的物理效果。

8.1.9.2　色彩的心理效果

色彩的效果主要表现为两个方面,一是悦目性,二是情感性。悦目性就是它可以给人以美感;情感性说明它能影响人的情绪,引起联想,乃至具有象征的作用。

色彩给人的联想可以是具体的,有时也可以是抽象的。抽象指的是联想起某些事物的品格和属性。例如,红色最富有刺激性,很容易使人联想到热情、热烈、美丽、吉祥,也可以联想到危险、卑俗和浮躁。蓝色是一种极其冷静的颜色,最容易使人联想到碧蓝的海洋,抽象之后,则会使人从积极方面联想到深沉、远大、悠久、纯洁、理智;但从消极方面联想,却容易激起阴郁、贫寒、冷淡等情感。绿色是森林的主调,富有生机,它可以使人联想到新生、青春、健康和永恒,通常是公平、安详、宁静、智慧、谦逊的象征。白色能使人联想到清洁、纯真、神圣、光明、和平等,也可以使人联想到哀怜和冷酷。色彩的联想作用还受历史、地理、民族、宗教、风俗习惯的影响。

8.1.9.3　色彩的生理效果

色彩的生理效果首先对视觉本身的影响,也就是由于颜色的刺激而引起视觉变化的适应性问题。色适应的原理经常运用到园林环境色彩设计中,一般的做法是以景观建筑色彩的补色作为背景色,以消除视觉干扰,减少视觉疲劳,使视觉感官从背景色中得到平衡和休息。正确地运用色彩有益于身心的健康。例如,红色能刺激和兴奋神经系统,加速血液循环,但长时间接触红色会使人感到疲劳,甚至出现筋疲力尽的感觉。

8.1.10　照明美学问题

照明美学是由自然科学和美学相结合而形成的一门新兴的实用性学科。它属于自然科学的范畴,所以是对自然界规律的认识,并具有无限深入自然现象本质的能力。同时,人们对生动的多样性的现实还有一种审美认识。这种审美认识也要深入到现象的本质,但是它的任务是通过创造典型形象来反映自然界的客观规律。它不仅不会破坏现实生动的多样性,而且有能力显露和表现客观现实的这种多样性。

装饰亮化与艺术照明属于实用科学技术的范畴。它的多样性不仅体现人的本质力量,而且体现为审美的形式,它蕴含着一种有异于传统美学研究对象的特殊美。

现代科学技术丰富了装饰亮化与艺术照明的表现力。人们对美的认识,不仅仅停留在数、和谐、均衡、比例、整齐、对称等感性认识上,还注意揭示科学技术构建自然美与艺术美之间存在的某些内在联系,通过技术美学这个中间环节联系得更加紧密了。

任何艺术形式的具体表现都离不开一定的物质条件,这些物质条件或构成艺术的材料,或成为艺术表现所依赖的物质基础,如灯具、光的介质玻璃、透光变形凹凸镜、烟、水气、水、调光设备等。随着科学技术的进步,新的艺术表现形式不断增加,极大地丰富了艺术的表现力,如动态感、真实感、三维影像感等。

美好的环境离不开色彩的装饰,照明亮化给色彩增加生命活力。

色彩的美,要求鲜明、丰富、和谐统一。鲜明的色彩给人们的视觉以较强的刺激,容易引起美感,引起人们的注意,鲜艳耀眼的霓虹灯,就具有这样的效果。

丰富,是色彩的第二个要求。色彩丰富,给人的美感就充实、持久。即使色彩鲜明,如果很单调,也会使人感到乏味,引起人们厌倦。亮化的彩色可以变化,如变色、流水、跳跃就可以使人感到光的生命和魅力。

园林夜景照明与亮化设计要注意其独特的艺术语言和风格,在考虑使用功能的同时,还要体现美感、气氛和意境。它同一般照明相比,无论对灯具选型、设计和安装方法以及对建筑物本身的要求等都有所不同。在艺术处理上,应根据整体空间艺术构思来确定照明的布局形式、光源类型、灯具造型以及配光方式等,特别是灯具的选择和安装不要破坏原建筑面貌。

在设计照明亮化时,还应根据光的特性,有意识地创造环境空间气氛,例如利用光来进行导向处理,让游客知道浏览路线;利用光来形成虚拟空间以及来表现园林植物的美姿和高大等。

照明亮化的视觉美感是最大众化的形式，因此对环境及构筑物的选择很重要，审美周期应根据季节和特定节目确定。设计时应注意环境条件，掌握配色规律，调节色彩关系，以达到功能适用和最佳的艺术效果。

8.2　园林照明亮化设计

8.2.1　照明设计要点及亮化基本原则

8.2.1.1　"安全、适用、美观"是照明亮化设计的基本原则

适用是指能提供一定数量和质量的照明，保证规定的照度水平，满足工作、学习和生活的需要。灯具的类型、照度的高低、光色的变化等都应与使用要求一致。一般生活和工作环境，需要稳定柔和的灯光，使人们能适应这种光源环境而不感到厌倦。

照明亮化设计必须考虑照明设施安装、维护的方便、安全以及运行的可靠。

8.2.1.2　照明亮化设计的经济性原则

照明亮化设计，一方面是采用先进技术，充分发挥照明设施的实际效益，尽可能以较小的费用获得较大的照明效果；另一方面是在确定照明设施时要符合我国当前电力供应设备和材料方面的生产水平。

照明装置具有装饰空间、亮化环境的作用，特别是装饰性照明更应有助于丰富空间深度和层次，显示被照物体的轮廓，要表现材质美，使色彩和图案更能体现设计意图，达到美的意境，影响空间体量感与装修表现观感上的环境气氛。但是，在考虑美化作用时应从实际情况出发，注意节约。对于一般的生产、生活福利设施，不能为了照明装置的美观而花费过多投资。

8.2.1.3　环境条件对照明设施的影响

要使照明设计与环境空间相协调，就要正确选择照明方式、光源种类、灯泡功率及灯具数量、形式与光色，使照明在改善空间体量感、形成环境气氛等方面发挥积极的作用。

在选择照明设备时，必须充分考虑环境条件，即空气温度、湿度、含尘、有害气体或蒸气、辐射热度等对照明设施的影响，并注意防止可能发生的触电事故。

8.2.2　照明与亮化设计的主要内容和步骤

照明设计的主要内容及具体步骤如下：确定照明方式、照明种类并选择照度值；选择光源和灯具类型并进行灯光布置；进行照度计算，确定光源的安装功率；选择供电电压、电源；选择照明配电网络的形式；选择导线型号、电缆截面和敷设方式；选择布置照明配电箱、开关、定时器、熔断器和其他电器设备；绘制照明布置平面图，同时汇总安装容量，并列出主要设备和材料清单。

8.2.3 照明亮化设计的注意问题

8.2.3.1 色彩协调

光色应与建筑物内部装饰色彩相协调,否则就会形成不相宜的气氛。例如,在宴会厅宜用白炽灯光源,由于白炽灯的红色光成分多,气氛热烈。

8.2.3.2 避免眩光

灯饰的五彩缤纷是供人观赏的,因此要求光线柔和且无眩光。各种式样的玻璃水晶灯是很好的选择,光源四周挂满各种水晶珠,显得晶莹、剔透,但应没有眩光。

8.2.3.3 合理分布亮度

为了满足工作和学习的需要,室内固然要有一定的照度值,但亮度分布也要合理。顶棚较暗,空间就显得狭小,使人感到压抑;顶棚照亮便显得空间宽阔,会使人心情明快开朗。

8.2.3.4 显示照射目标

灯光的照射方向和光线的强弱要合适,尤其是商店橱窗照明,对商品采用多层次、多方向的照射来显示商品的特色,更加引人注目。

8.2.3.5 表达主题思想

灯光起烘托气氛的作用,用以装饰建筑物能够给人以具体的感受和教育。例如北京人民大会堂顶棚中央的五星红旗和葵花灯,表达了各族人民大团结的主题。

8.2.3.6 亮化植物注意时段

古树、名木不要过分亮化或捆绑彩灯,如满天星、软管灯、光纤灯。植物叶子有吸光性,过分亮化会破坏植物生长习性,最好不要艺术亮化或亮化时间过长。

8.2.3.7 水下彩灯安全事项

水下彩灯选用高亮度的 LED 灯,采用隔离变压器照明系统,并要求安装等电位,确保人员和设备安全。

8.2.3.8 动物园照明

任何动物对光和声响都有敏感性,照明应避开动物视线。动物园区上空不得有光线或折射光线进入,不得有光线进入动物所在的水域和进入林区。园林夜景亮化特别注意如动物保持原生态环境,让动物有一个安宁的栖息地。

8.2.4　园林照明、亮化的种类

8.2.4.1　按灯具的散光方式分类

1) 直接照明

直接照明就是90%以上的灯光直接照射被照物体。裸露装设的荧光灯和白炽灯均属于此类。其特点是光线柔和，没有很强的阴影，因此可用于需要宁静平和气氛的空间场所。

2) 一般漫射

灯光照射到上下左右的光线大体相等时，其照明方式就是一般漫射。带半透明球形罩的灯光便属于这种照明方式。

3) 半直接照明

半直接照明就是灯光的60%左右直接照射被照物体。用半透明的玻璃、塑料等做灯罩的灯便属于这一类。这种照明方式的特点是没有眩光，常用于园林道路、商店、室内的顶廊等。

4) 半间接照明

半间接照明指大约有60%以上的灯光首先照射到墙和顶棚上，只有少量光线直接照射到被照物体。

8.2.4.2　根据灯具使用功能分类

1) 路灯

路灯一般为金属杆杆，有截光型、半截光型、非截光型灯具和泛光灯，高度6～12m；有单头、双头、悬挑式；常见景观灯式有北京天安门广场的中华灯，南京长江大桥的玉兰灯等（见图8.1）。

图8.1　路灯照明示意

2）庭院灯

常见的庭院灯有金属杆和陶瓷杆等，高度 2～4m，有装饰照明功能，一般布置在广场、景观大道、庭院、湖滨、园林绿地，仅次于路灯功能，在人群密集地段有独特效果（见图 8.2）。

图 8.2　庭院灯照明示意

3）景观灯

景观灯有造型，与环境产生共鸣，如公园门前或集会广场的标志灯，主要以灯光造型为主并有艺术名称。

4）广告灯

广告灯是用于宣传事物、产品和公益事项的艺术造型灯具，一般设置在人群较多的地方或用广告灯引导人去的地方。

5）甬道灯、草地灯

甬道灯高度为 0.7～0.9m，草地灯高度为 0.4～0.6m，均安装在广场和道路、游步道地段、禁示或提示区域，又有装饰亮化作用。甬道灯、草地灯有反射式、量光式、泛光式，品种繁多，是公园绿地不可缺少的灯种。

6）嵌地灯

嵌地灯中的小型嵌地灯适用于广场，通道和水上平台等，采用 LED 灯的有色彩变幻效果和防水功能，有指引、提示作用。大型嵌地灯有投射功能，广场树木和建筑物墙体需要亮化又不影响交通，采用此类嵌地灯最合适。

7）投射灯

投射灯有泛光投射和聚光投射灯两种，功率有大有小，泛光投射灯用于近距离大角度亮化，如景墙、字墙和雕塑等；聚光投射灯用于距离小角度强化照明，如点缀主题、彰显标志物等。小型的聚光投射灯用于乔木亮化、装饰廊柱和古建翘角等。

8）软管 LED 灯

软管 LED 灯用于装饰图案和建筑轮廓造型，有变色功能和流动效果。早期的 LED 灯多数是低压小珠灯，只能流水不能变色。

9）LED 灯带

LED灯带是目前建筑大厦、彩门、高架桥等首选亮化灯饰。

8.2.4.3　按照明的用途分类

1）正常照明

正常照明是在正常工作时使用的照明。它一般可单独用，也可与事故照明、值班照明同时使用，但控制线路必须分开。

2）安全照明

安全照明是在正常照明因故障熄灭后，供事故情况下继续工作或安全通行的照明。事故照明灯宜布置在可能引起事故的设备、材料周围以及主要通道出入口，在灯具的明显部位涂以红色以示区别。如突发事故正常照明供电中断时，在公共场所如楼间过道、楼梯间就需发挥应急照明灯的作用。应急照明灯是有蓄电池，平时接电充电，以备急需使用。

3）警卫照明

警卫照明是指警卫地区周围的照明。是否设置警卫照明应根据场所的重要性和当地治安部门的要求来决定。警卫照明一般沿警卫线装设。

4）值班照明

值班照明是指照明场所在无人工作时保留的一部分照明。可以利用正常照明中能单独控制的一部分，或利用事故照明的一部分或全部作为值班照明。值班照明应该有独立的控制开关。

5）障碍照明

障碍照明是指装设在建筑物上作为障碍标志用的照明。在飞机场周边较高的建筑物上和城市大厦上或有船舱通行的航道两侧的建筑物上，大型桥梁顶部都应该按照民航和交通部门的有关规定装设障碍照明灯具。

8.2.5　常用照明光源

灯具是光源和控照器（灯罩）组装在一起的总称。照明、亮化设计就是要确定光源、灯具、安装功率以及解决照明质量等问题。

8.2.5.1　常用照明光源

用于照明的电光源按其发光机理可分为两大类：热辐射光源，即利用物体加热时辐射发光的原理所制造的光源，白炽灯、卤钨灯（碘钨灯和溴钨灯等）既属此类；气体放电光源，即利用气体放电时发光的原理所制造的光源，荧光灯、高压汞灯、高压钠灯、金属卤化物灯和氙灯均属此类。高压，低压是指灯管内气体放电时的气压。常用光源特点及应用范围如表 8.3 所示。

表 8.3 常用光源特点及应用范围

光 源	光 源 特 点	应 用 范 围
白炽灯	(1) 光谱连续显色性好 (2) 易控光,适于频繁开关 (3) 不需配件、价格低 (4) 光效低、寿命短	(1) 适用于客房、住宅、餐厅、走廊、台灯、厕所等照明 (2) 便于调光,如舞台、舞厅等照明 (3) 显色性要求高场所,如商店、医院、绘画、印刷工厂等 (4) 瞬间点燃,适于应急照明 (5) 不允许有电磁波干扰、因频闪影响视觉效果的场所
荧光灯	(1) 光效高、节能 (2) 显色性好 (3) 表面亮度低眩光少 (4) 涂不同的荧光粉可制成不同颜色灯管 (5) 光输出受温度影响,高温、低温环境均不宜采用 (6) 开关影响寿命,不适于频繁开关场所	(1) 用于精细工作、连续作业场所 (2) 需要正确识别色彩的场所 (3) 适用无天然采光的场所
高压钠灯系列	(1) 光效高、节能效果显著 (2) 寿命长 (3) 显色性差 (4) 中显灯光效较高、显色性改善(Ra=60)	(1) 适用于道路、铁路、港口、隧道、仓库的照明 (2) 中显灯适用于工厂、体育馆、室外广场的照明
金属卤化物灯	(1) 光效较高、节能效果好 (2) 显色性好 (3) ZJD 寿命较高,其他光源寿命较低	(1) 适用于体育馆、展览馆、商场、工厂车间、广场、车站、码头等大面积场地照明 (2) 对高大车间、厅堂等照度要求高的场所
荧光高压汞灯	(1) 光效较低 (2) 显色性差	(1) 小路路灯 (2) 光色无要求的仓库

8.2.5.2 新型照明光源

随着人们对半导体发光材料研究的不断深入,LED(Lighting Emitting Diode)制造工艺的不断进步和新材料(氮化物晶体和荧光粉)的开发和应用,各种颜色的超高亮度 LED 取得了突破性进展,其发光效率提高了近 1 000 倍,色度方面已实现了可见光波段的所有颜色,其中最重要的是超高亮度白光 LED 的出现,使 LED 应用领域进入高效率照明光源市场成为可能。曾经有人指出,高亮度 LED 将是人类继爱迪生发明白炽灯泡后最伟大的发明之一。LED 照明即是发光二极管照明,是一种半导体固体发光器件。它是利用固体半导体芯片作为发光材料,在半导体中通过载流子发生复合放出过剩的能量而引起光子发射,直接发出红、黄、蓝、绿、青、橙、紫、白色的光。LED 照明产品就是利用 LED 作为光源制造出来的照明器具。LED 被称为第四代照明光源或绿色光源，具有节能、环保、寿命长、体积小等特点，可以广泛应用于各种指示、显示、装饰、背光源、普通照明和城市夜景等领域(见图 8.3)。

图 8.3　LED 灯具及应用示意

LED 光源的优点有：

(1) 高节能。能源无污染即为环保。直流驱动,超低功耗(单管 0.03~0.06W)电光功率转换接近 100%,相同照明效果比传统光源节能 80% 以上。

(2) 寿命长。LED 光源有人称它为长寿灯,意为永不熄灭的灯。固体冷光源,环氧树脂封装,灯体内也没有松动的部分,不存在灯丝发光易烧、热沉积、光衰等缺点,使用寿命可达 6 万到 10 万小时,比传统光源寿命长 10 倍以上。

(3) 多变幻。LED 光源可利用红、绿、蓝三基色原理,在计算机技术控制下使三种颜色具有 256 级灰度并任意混合,即可产生 256×256×256＝16 777 216 种颜色,形成不同光色的组合变化多端,实现丰富多彩的动态变化效果及各种图像。

(4) 利环保。环保效益更佳,光谱中没有紫外线和红外线,既没有热量,也没有辐射,眩光小,而且废弃物可回收,没有污染不含汞元素,冷光源,可以安全触摸,属于典型的绿色照明光源。

(5) 高新尖。与传统光源单调的发光效果相比,LED 光源是低压微电子产品,成功融合了计算机技术、网络通信技术、图像处理技术、嵌入式控制技术等,所以是数字信息化产品,是半导体光电器件"高新尖"技术,具有在线编程、无限升级、灵活多变的特点。

8.3　园林景观照明亮化设计要求

照明、亮化设计与施工时应贯彻国家相关的法律、法规和技术、经济政策,有利于生产、工作、学习、生活和身心健康,做到技术先进、经济合理、使用安全、维护管理方便、实施绿色照明。

8.3.1 术语

1) 绿色照明(Green Lights)

绿色照明是节约能源、保护环境,有益于提高人们生产、工作、学习效率和生活质量,保护身心健康的照明。

2) 光通量(Iuminous Flux)

根据辐射对标准光度观察者的作用导出的光度量称为光通量。该量的符号为 Φ,单位为流明(lm),1lm=1cd·1sr。有

$$\Phi = K_{\mathrm{m}} \int_0^\infty \frac{d\Phi_e(\lambda)}{d\lambda} \cdot V(\lambda) \cdot d\lambda$$

式中:$d(\lambda)$ ——辐射通量的光谱分布;

$V(\lambda)$ ——光谱光(视)效率;

K_{m} ——辐射的光谱(视)效能的最大值,单位为流明每瓦特(lm/W)。在单色辐射时,明视觉条件下的 K_{m} 值为 683 lm/W(λ_{m}=555nm 时)。

3) 发光强度(Iuminous Intensity)

发光体在给定方向上的发光强度是该发光体在该方向的立体角元 $d\Omega$ 内传输的光通量 $d\Phi$ 除以该立体角元所得之商,既单位立体角的光通量。该量的符号为 I,单位为坎德拉(cd),Icd=1lm/sr。计算公式为

$$I = \frac{d\Phi}{d\Omega}$$

4) 亮度(Iuminance)

由公式 $d\Phi/(dA \cdot \cos\theta \cdot d\Omega)$ 定义的量,既单位投影面积上的发光强度,该量的符号为 L,单位为坎德拉每平方米(cd/m²)。其公式为

$$L = d\Phi/(dA \cdot \cos\theta \cdot d\Omega)$$

式中,$d\Phi$ ——由给定点的束元传输的并包含给定方向的立体角 $d\Omega$ 内传播的光通量;

dA ——包括给定点的射束截面积;

θ ——射束截面积法线与射束方向间的夹角。

5) 照度(Illuminance)

表面上一点的照度是入射在包含该点的面元上的光通量的 $d\Phi$ 除以该面元面积 dA 所得之商。该量的符号为 E,单位为勒克斯(lx),1lx=1lm/m²。计算公式为

$$E = \frac{d\Phi}{dA}$$

6) 亮度对比(Luminance Contrast)

视野中识别对象和背景的亮度差与背景亮度之比。计算公式为

$$C = \frac{\Delta L}{L_{\mathrm{b}}}$$

式中,C ——亮度对比;

ΔL——识别对象亮度与背景亮度之差；

L_b——背景亮度。

7）灯具效率（Iuminaire Effciency）

在相同的使用条件下，灯具发出的总光通量与灯具内所有光源发出的总光通量之比，也称灯具光输出比。

8）照度均匀度（Uniformity Ratio of Illuminance）

规定表面上的最小照度与平均照度之比。

9）眩光（Glare）

由于视野中的亮度分布或亮度范围的不适宜，或存在极端的对比，以致引起不适感觉或降低观察细部或目标的能力的视觉现象。

10）显色指数（Colour Rendering Index）

在具有合理允差的色适应状态下，被测光源照明物体的心理物理色与参比光源照明同一色样的心理物理色符合程度的度量。符号为 R。

11）色温度（Colour Temperature）

当某一种光源（热辐射光源）的色品与某一温度下的完全辐射体（黑体）的色品完全相同时，完全辐射体（黑体）的温度，简称色温。符号为 Tcp，单位为开（K）。

12）照明功率密度（Lighting Power Density，LPD）

单位面积上的照明安装功率（包括光源、镇流器或变压器），单位为瓦特每平方米（W/m^2）。

8.3.2　构筑物景观照明亮化设计要求

8.3.2.1　构筑物景观照明亮化设计总体要求

（1）构筑物（包括桥梁、雕塑、塔、碑、城墙、市政公共设施等）的夜景照明亮化设计应在不影响其使用功能的前提下，展现其形态美感并应与环境协调。

（2）构筑物的照度和亮度标准值应根据它们各自的表面色彩，合理选择光源的颜色，使其与构筑物本身的形象及周边环境相协调。

8.3.2.2　主要构筑物景观照明亮化设计要求

（1）桥梁的照明亮化设计应符合下列要求：

① 应避免夜景亮化干扰桥面的功能照明。

② 应根据主要视点的位置、方向、选择合适的亮度或照度。

③ 应根据桥梁的类型，选择合适的夜景亮化方式，展示与塑造桥梁的特色，并宜符合下列规定：塔式斜拉钢索桥的照明宜重点塑造桥塔、拉索、桥身侧面、桥墩等部位，照明效果具有整体感；园林中景观桥的亮化应避免照明设施的暴露以及对游人的眩光影响；城市立交桥和过街天桥的照明亮化应简洁并与周边环境相协调；城市中跨越江河的桥梁照明亮化，应考虑营造在

水中所形成的倒影,选择灯具及安装位置时,应考虑涨水时对灯具造成的影响。

④ 应控制投光照明的方向以及被照面亮度,避免造成眩光及光污染。

⑤ 桥梁夜景照明产生的光色、闪烁、动态、阴影等效果,不应干扰驾驶车辆和船舶行驶,不应干扰指挥驾驶与航行的交通信号。

⑥ 通行重载机动车的桥梁照明装置应有防振设施。

(2) 雕塑及景观小品的照明亮化设计应合理确定被照物的亮度,并应与其背景亮度保持合适的对比度;应根据雕塑的主题、体量、表面材料的反光特性等来确定照明方案和选择照明方式。

(3) 塔的照明亮化设计应兼顾远近、不同方向、位置上观看的需要,合理确定亮度和亮度分布,充分展现形体特点。

(4) 碑的照明亮化设计应与碑的主体内涵相协调,并控制周边的光照氛围。

(5) 城墙的照明亮化设计宜重点表现城楼、门洞、垛口、瞭望台等部位。

(6) 公共设施的夜景照明亮化设计应与其具体功能相结合。

8.3.3 广场照明亮化设计要求

8.3.3.1 市民广场照明亮化设计应符合下列规定

(1) 广场照明设计所营造的气氛应与广场的功能及周围环境相适应,亮度或照度水平、照明方式、光源的显色性以及灯具造型应体现广场的功能要求和景观特征。

(2) 广场绿地、人行道、公共活动区及主要出入口的照度标准值按表 8.4 的规定。

(3) 广场地面的坡道、台阶、高差处应设置照明设施。

(4) 广场公共活动区、建筑物和特殊景观元素的照明亮化应统一规划,相互协调。

(5) 广场照明应有构成视觉中心的亮点,视觉中心的亮度与周围环境亮度的对比度应符合均匀度、对比度和立体感。广场中的建筑物入口、门头及雕塑、喷泉、绿化等可采用重点照明亮化的方式,凸显形象,被照物的亮度和背景的对比值宜为 $3\sim5$,且不超过 $10\sim20$。

表 8.4 广场绿地、人行道、公共活动区和主要出入口的照度标准值

照明场所	绿地	人行道	公共活动的区域				主要出口
			市政广场	交通广场	商业广场	其他广场	
水平照度/ lx	≤3	5~10	15~25	10~20	10~20	5~10	20~30

注:①人行道的最小水平照度为2~5lx;②人行道的最小半柱面照度为2lx。

(6) 除重大活动外,广场照度不宜选用动态和彩色光照明。

(7) 广场应选用上射光通比不超过 25% 且具有合理配光的灯具;具有良好的装饰性且不对行人、机动车驾驶员产生眩光,对环境无光污染。

8.3.3.2 交通广场照明亮化设计要求

机场、车站、港口的交通广场照明应以功能照明为主,出入口、人行道或车行道路及换乘位

置应设置醒目的标识照明,使用的动态照明或彩色光不能干扰交通信号灯。

8.3.4　公园照明亮化设计要求

8.3.4.1　园林公园照明亮化设计的一般要求

根据公园类型(功能)、风格、周边环境和夜间使用状况,确定照度水平和选择照明方式。避免溢散光对行人,周围环境及园林绿地生态的影响。公园公共活动区域的照度标准值应符合表8.5的规定。公园步道的坡道、台阶、高差处,应设置照明设置。公园的入口、公共设施、指示标牌,应设置功能照明和标识照明。

表 8.5　公园公共活动区域的照度标准值

区域	最小平均水平照度 Eh,min(lx)	最小半柱面照度 Esc,min(lx)
人行道、非机动车道	2	2
庭园、平台	5	3
儿童游戏场地	10	4

8.3.4.2　公园中树木照明亮化设计要求

树木的照明亮化应选择适宜的照射方式和灯具安装位置,应避免长时间的光照和灯具的安装对植物生长产生不利的影响;不应对古树、珍稀名木进行近距离照明。应考虑常绿树木和落叶树木的叶状特征、颜色及季节变化因素的影响,确定照度水平和选择光源的色表。应避免在人的观赏角度上产生眩光和对环境产生光污染。

8.3.4.3　公园绿地、花坛照明亮化设计要求

草坪的照明光线宜自上向下照射,应避免溢散光对人的活动影响和对环境造成的光污染。灯具应作为景观元素考虑,并应避免灯具的设置影响景观。花坛宜采用自上向下的照明方式以表现花卉本身,避免溢散光对观赏及周围环境的影响。公园内观赏性绿地的最低照度不宜低于2lx。

8.3.4.4　公园水景照明亮化设计要求

应根据水景的形态及水面的反射作用,选择合适的照明方式。喷泉照明的照度应考虑环境亮度以及喷水的形状和高度。水景照明灯具应结合景观要求隐蔽,并兼顾无水时和冬季结冰时的外观效果。光源灯具及其电器附件安置在水中的,必须符合水中使用的防护与安全要求,其安全控制范围可划分为0区、1区、2区,危险程度0区大于1区,1区大于2区,如图8.4所示。同时,水景周边应设置功能照明,防止人观景时,意外落水。

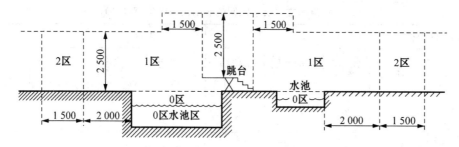

图 8.4 嬉水池应根据电气危险程度度划分区域

0区—水池内部；1区—离水池边缘2m的垂直面内，其高度上于距地面或人能达到的水平的2.5m处；

对于跳台或滑槽，该区的范围包括离其边缘1.5m的垂直面内，其高度上于人能到的最高水平面的2.5m处；

2区——1区至离1区1.5m的平行垂直面内，其高度上于离地面或人能达到的水平面的2.5m处。

8.3.5 照明节能措施

8.3.5.1 照明亮化设计采取的节能措施

应根据照明场所的功能、性质、环境区域亮度、面装饰材料及所在城市的规模等确定照度或亮度标准值。应合理选择夜景照明方式。选用的光源应符合相应光源能效标准，并达到节能评价值的要求。应采用功率损耗低、能稳定的灯用附件。镇流器按光源要求配置，并符合相应能效标准的节能评价值。采用效率高的灯具。气体放电灯灯具的线路功率因数不低于0.9。合理选用节能技术和设备。有条件的场所，宜采用太阳能等再生能源。建立切实有效的节能管理机制，如图8.5所示。

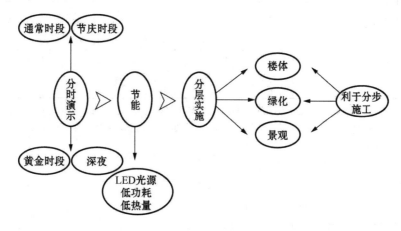

图 8.5 绿地休闲区域节能管理设计模式

8.3.5.2 照明功率密度值(LPD)

建筑物立面夜景照明应采用功率密度值作为照明节能的评价指标。建筑物立面夜景照明的照明功率密度值不大于表8.6规定。

表 8.6　建筑物立面夜景照明的照明功率密度值(LPD)

建筑物饰面材料		城市规模	E2 区		E3 区		E4 区	
名称	反射批 ρ		对应照度(lx)	功率密度(W/m²)	对应照度(lx)	功率密度(W/m²)	对应照度(lx)	功率密度(W/m²)
白色外墙涂料、白色外墙釉面砖、白色大理石	0.6～0.8	大	30	1.3	50	2.2	150	6.7
		中	20	0.9	30	1.3	100	4.5
		小	15	0.7	20	0.9	75	3.3
银色或灰绿色铝塑板、浅色大理石、浅色瓷砖、灰色或土黄色釉面砖、中等浅色涂料、中等色铝塑板等	0.3～0.6	大	50	2.2	75	3.3	200	8.9
		中	30	1.3	50	2.2	150	6.7
		小	20	0.9	30	1.3	100	4.5
深色天然花岗石、大理石、瓷砖、混凝土、褐色、暗红色釉面砖、人造花岗岩、普通砖等	0.2～0.3	大	75	3.3	150	6.7	300	13.3
		中	50	2.2	100	4.5	250	11.2
		小	30	1.3	75	3.3	200	8.9

注：环境区域根据环境亮度和活动内容划分为：①E1 区为天然暗环境区，如国家公园、自然保护区和天文台所在地区等；②E2 区为低亮度环境区，如乡村的工业或居住区等；③E3 区为中等亮度环境区，如城郊工业或居住区等；④E4 区为高亮度环境区，如城市中心和商业区等。

思考题

1. 照明亮化环境中有哪两种干扰因素？
2. 动态照明亮化会带来哪些不安全问题？
3. 水下照明亮化宜选用几种灯型？采取哪几种安全措施？
4. 常用光源的显色指数(Ra)与光源种类有关，什么光源显色指数最高？
5. 广场照明为什么不宜选用动态和彩色光照明？
6. 公园照明亮化设计对树木、绿地、水景应符合哪些要求？如何选择光源或照射度？
7. LED 光源的优点有哪些？举例说明 LED 光源的应用。
8. 结合优秀案例，总结公园照明亮化节能设计应采取哪些节能措施？

9　园林工程机械

【学习重点】

　　现代园林工程随着标准化、精细化程度的不断提升,已经越来越多采用机械化操作。本章重点介绍了园林工程涉及的主要工程机械的种类、结构、特点、使用要求等,为园林工程实现"成本、质量、进度"的核心目标服务。

9.1　园林工程机械概述

　　使用现代园林机械设备与传统简易的手工工具是顺利开展园林绿化工作的保证。由于园林工程工作项目内容繁多,工作对象条件差异也很大,所用园林工程机械种类也各不相同。

9.1.1　按机械的功能分类

　　1) 园林工程机械

　　可分为土方工程机械、压实机械、混凝土机械、起重机械、抽水机械等。

　　2) 种植养护工程机械

　　可分为种植机械、整形修剪机械、浇灌机械、病虫害防治机械、整地机械等。

9.1.2　按与动力配套的方式分类

　　1) 人力式机械

　　人力式机械是以人力作为动力的机械,如手推式剪草机、手摇式撒播机、手动喷雾器、手推草坪滚。

　　2) 机动式机械

　　机动式机械是以内燃机,电动机等作为动力的机械,有便携式、拖拉机挂接式、自行式和手扶式等。

9.1.3　园林工程机械的组成

园林工程机械种类繁多、结构、性能、用途各异，但不论什么类型的机械，通常都由动力机、转动、执行（工作）机构三部分组成，能在控制系统下实现确定运动，完成特定作业。行走式机械还有行走装置和制动装置等。

1）动力机

动力机是机器工作的动力部分，其作用是把各种形态的能转变成机械能，使机械生产运动和做功，如电动机和内燃机等。

目前，我国城市园林工程由于面积、环境所限，较多采用机动灵活的小型内燃机为园林机械的动力机。

2）传动

传动是把动力机生产的机械能传送到执行（工作）机构上去的中间装置，也就是说把动力机生产的运动和动力传递到工作机构。

3）执行（工作）装置

工作装置是指机器上完成不同作业的装置。工作装置所需能量是由动力装置产生并经过传动系统传递的机械能。因为园林工程机器品种、型号很多，完成作业也不一样，因此，工作装置也是多种多样的，如机械式、气力式和液力式等。

9.1.4　园林绿化作业的手工工具

园林绿化作业的对象除了各种类型工程机械外，还有一部分传统手工具。根据不同的功能，园林绿化手工工具可分为镢、镐、铁锹、锄、耙、铲、锯，剪、刀等。我国地域广阔，各地的园林绿化手工工具的名称、形状，甚至组成部件和材料各不相同。常见的手工工具有：

1）镢

有长木把，木把在头部的一侧，头部为较宽的铁制器具，是刨较松软的土以及掘土、翻耕的农具。

2）镐

有长木把，木把安装在头部中间且与头部垂直，头部似圆柱形的铁制器具，头部一端为尖头，一端为扁头，是用来刨较坚硬的土或石头的土的农具。

3）铁锹

有长木把，用熟铁或钢打成片状，前一半略成圆弧形而稍尖，也有的是平头而侧上翘，是一种翻土或铲起砂灰的农具。

4）锄

有长木把，头部是一种弯形而薄的铁制器具，弯形的末端较宽，是用来松表层土和除草的农具。

5）耙

有长木把，头部似梳子一类的铁制器具，是用来碎土与不平整的农具。使用它可把耕过的土地大土块弄碎、弄平和整平圃地及整畦。

6）铲

有长木把，似平板或窄簸箕的铁制用具。因在绿化中作用不同，可分为起树铲、苗圃铲等。起树铲主要是起挖树木时裁断侧根，修整土球，也可用作起草皮和开沟用。

7）锯

具有许多尖齿的薄钢片是主要部分，用来锯断树干或枝条的。绿化中常用的是手锯、高枝锯、折叠锯等。手锯主要用于锯断比较粗而剪枝剪无法剪断的枝条。高枝锯可安装长柄，锯断高部位的枝条。

8）剪

绞断枝条等的铁制器具，交错的两刃，通过开合将枝条剪断。园林绿化中常用的是剪枝剪、绿篱剪、高枝剪等。剪枝剪用于小型树木、盆栽、花卉的整形修剪；绿篱剪用于绿篱修剪，规则式植物造型的嫩枝修剪；高枝剪可安装长柄，与高枝锯合制成一件工具，用于树木高部位枝条的修剪。

9）刀

园林绿化中常使用的是嫁接刀，可分为枝接刀和芽接刀，用于苗木、花卉嫁接繁殖。枝接刀用于木质化较高的枝接，芽接刀用于嫩枝或芽接以及草花的嫁接。芽接刀比枝接刀刀片较薄，不易挤伤嫩枝的植物组织。另外，一般芽接刀刀柄的后部安装有角质片，用于芽接时撬开树木切口的韧皮部。

以上这些手工工具都比较锋利，使用时要注意安全，应掌握这些工具的安装和保养方法，以提高效率。

9.2　土方工程机械

在园林工程施工中，无论是挖池、堆山、建筑、种植、铺路以及埋砌管道，都包括数量既大又费力的土方工程。因之，采用机械施工，配备各种型号的土方机械，并配合运输和装载机械施工，可进行土方的挖运、填、夯、压实、平整等工作，不但可以使工程达到设计要求，提高质量，缩短工期，降低成本，还可以减轻人力，多、快、好、省地完成施工任务。

常用主要土方工程机械见表 9.1。

9.2.1　土方机械

9.2.1.1　推土机

推土机是园林土方工程施工中的主要机械之一，是浅挖及短距离运土、铲土的机械。它除了能完成铲土、运土及卸土三种基本作业外，还可以进行清理施工现场，平整场地，铲除树根、灌木、杂草，以及扫雪等作业。加装各种附件还可以进行其他作业，应用领域十分广泛。

1）推土机的基本结构与工作原理

按行走装置不同，推土机可分为履带式和轮式两大类，以履带式居多。图 9.1 所示为带有松土器的履带式推土机。推土机主要由发动机、底盘、工作装置和操纵系统四部分组成。发动机基本上都采用柴油机。底盘分履带式底盘和轮式底盘两类，基本结构与拖拉机相同。小型推土机一般采用机械传动较多，大中型推土机则多采用液力机械传动。

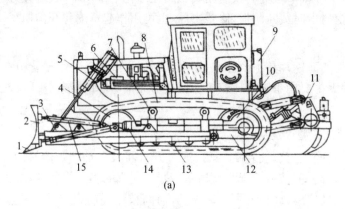

(a)

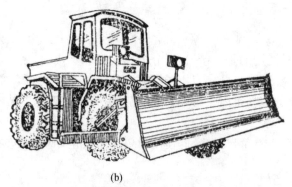

(b)

图 9.1　推土机的结构和外观

（a）履带式推土机的主要结构　（b）轮式推土机外形图

1—铲刀刃　2—推土板　3—顶推框架　4—导向轮　5—铲刀升降液压缸　6—发动机　7—托带轮

8—行走履带　9—油箱　10—驱动轮　11—松土器　12—推架　13—支重轮　14—履带张紧调节器

15—支撑杆

推土机的工作装置包括推土铲刀、顶推架和控制推土铲升降的装置。推土铲刀有直铲和角铲两种结构形式。直铲是指推土铲刀的安装位置垂直于车辆的纵向轴线，其位置固定不变，仅推土铲刀的削角可以作小量调整。角铲式的推土铲刀位置与车辆横向轴线以及和地面之间的角度可以在一定范围内进行调节，这可以扩大推土机的使用范围。图 9.2 所示为常用的直铲式推土机的工作装置。

推土机后方还常装有松土器，当推土机在作业中遇到硬土壤或石块，难以用推土铲直接铲削时，往往可用松土器预先耙松，然后再用推土铲进行作业，这样就免去了再使用其他机械进行松土，从而提高了作业的经济性和效率。

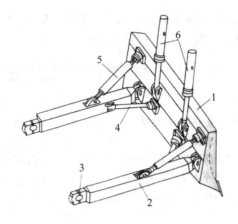

图 9.2 直铲式推土机的工作装置

1—铲刀 2—顶推架推臂 3—连接柄 4—顶推架水平斜撑杆 5—顶推架垂直斜撑杆 6—推土铲升降液压缸

有的推土机还利用悬挂装置装备挖掘机构,进行挖土、挖沟等作业。如林业和园林部门应用比较多的 250L 型履带式营林整地机,在前面配制了推土铲,用于推土作业;在后面还配有反铲式液压挖掘装置,用于挖掘作业,见图 9.3。

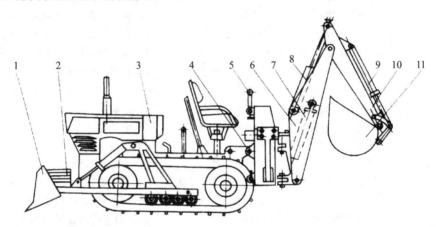

图 9.3 推土机装配的液压挖掘装置

1—推土铲 2—配重块 3—拖拉机 4—四点连接机构 5—液压操纵手柄 6—动臂
7—动臂液压缸 8—斗杆液压缸 9—铲斗液压缸 10—斗杆 11—铲斗

推土机的操纵系统,目前已大多采用液压操纵系统。液压系统具有切土力强、作业性能好、作业质量高、结构紧凑、操作轻便等优点。

2)推土机的操作要点

推土机在使用中应特别注意以下几点:

(1)在作业中应平稳操作,尽可能避免推土机过载,特别在铲土时容易发生过载,经常过载会缩短推土机的使用寿命,也容易发生事故。

(2)严格按照维护保养制度,按时对推土机进行保养,这是使推土机能经常处于良好工作状态的关键。

(3)应及时排除推土机在作业中出现的各种故障,这对提高机器生产率,保证作业的安全性是非常重要的。表 9.1 列出了推土机常见的故障及其排除方法。不同牌号的推土机由于结构不同，故障的原因及其排除方法也会有差异，仅供参考。

表 9.1　履带式推土机的故障原因及排除方法

故障现象	产 生 原 因	排除或处理方法
推土机跑偏	(1)左右履带板和销轴磨损不均,张紧度不同 (2)左右驱动轮牙齿严重磨损或磨损不均 (3)引导轮轴或车架大梁变形 (4)转向轮离合器打滑或操纵杆调整不当	(1)更换履带板和销轴,不要新旧混用 (2)修理或更换驱动轮 (3)校正或更换已损件 (4)调整或修理离合器及操纵杆
齿轮打坏机身抖动	(1)铲刀吃土过深或一侧吃土,偏载太大 (2)大减速齿轮与驱动轮的连接螺栓松动 (3)齿轮箱严重缺油	(1)正确掌握操纵杆,扳动应平稳 (2)更换并紧固连螺栓 (3)修理更换已损齿轮,加足润滑油
履带脱轨	(1)履带太松,垂度过大 (2)导向轮拐轴弯曲变形 (3)导向轮轴及轴承严重磨损 (4)张紧装置的缓冲弹簧过松或弹性变弱 (5)导向轮轴与车架大梁的固定螺栓松动 (6)驱动轮的轮齿严重磨损,节距增加	(1)调整履带松紧,使垂度不超过50mm (2)修理或更换 (3)更换磨损超限的轮轴及轴承 (4)调整弹簧压力或更换弹簧 (5)校正导向轮轴,紧固连接螺栓 (6)修理或更换驱动轮
液压系统油温过高	(1)油箱中油不足 (2)油箱过滤器太脏,滤油网堵塞 (3)分配器,滑阀上下弹簧座装反	(1)添加润滑油至规定数量 (2)清洗过滤器 (3)重新装配,找正位置
推土铲不能提升或提升很慢	(1)分配器回油阀卡住或回油阀座配合面上粘有污物 (2)安全阀漏油或开启压力过低 (3)油泵卸压阀密封环损坏使容积效率和压力下降 (4)油泵磨损过重,使容积率和压力下降	(1)用木棒轻轻敲打回油阀盖。如仍不能提升,则取出回油阀清洗干净,拆下回油管用清洁柴油冲洗阀座,重新装上回油阀并检查回清阀与导管内的活动情况 (2)检查并调整安全阀压力至(9.81+0.49)MPa (3)更换密封环,调正卸压阀 (4)在油泵壳体和轴套间适当地加垫片或更换油泵
推土铲提升时有跳动现象	(1)油箱中油不足 (2)油温过高(超过70℃) (3)油路中有空气	(1)添加液压油至规定油面高度 (2)冷却至30～40℃ (3)检查并拧紧从油泵的油管接头,升降数次,如不能消除,则需将液压缸上腔软管接头松开,放出空气

（续表）

故障现象	产 生 原 因	排除或处理方法
推土铲不能保持提升位置	(1)油温过高(超过70℃) (2)液压缸活塞密封环损坏 (3)分配器滑阀与壳体磨损	(1)冷却至30～40℃ (2)更换密封环 (3)更换分配器元件

9.2.1.2 铲运机

铲运机在土方工程中主要用来铲土、运土、铺土、平整和卸土等工作。它本身能综合完成铲、装、运、卸四个工序，能控制填土铺撒厚度，并通过自身行驶对卸下的土壤进行初步压实。铲运机对运行的道路要求较低，适应性强，准备工作简单，具有操纵灵活、转移方便与行驶速度较快等优点，因此使用范围广泛，如筑路、挖湖、堆山、平整场地等。

铲运机按行走方式分为拖式铲运机和自行式铲运机两种；按铲斗的操纵方式分为机械操纵（钢丝绳操纵）和液压操纵两种。

拖式铲运机由履带拖拉机牵引，并使用装在拖拉机上的动力绞盘或液压系统对铲运机进行操纵，目前普遍使用的铲斗容量有 2.5m³ 和 6m³ 两种。图 9.4 为 C6-2.5 型铲运机，它的斗容量平整为 2.5m³，尖装为 3m³。它需用 40～55kW 的履带式拖拉机牵引，并使用拖拉机上的液压系统实行操纵，具有强制切土和机动灵活等特点。一般在运距 50～150m 范围内零星和小型的土方工程，也适合于挖一～二类土壤。在开挖三类以上土壤时，应预先进行疏松。

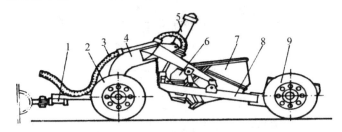

图 9.4　C6-2.5 型拖式铲运机的结构

1—拖把　2—前轮　3—油管　4—辕架　5—工作油缸　6—斗门　7—铲斗　8—机架　9—后轮

自行式铲运机由牵引车和铲运斗两部分组成，目前普遍使用的斗容量有 6m³ 和 7m³ 两种。C4-7 型自行式铲运机由单轴牵引车和铲运斗两部分组成，其构造如图 9.5 所示。这种铲

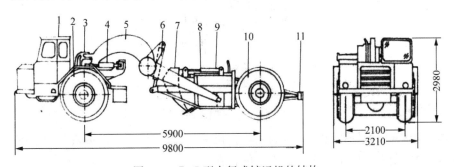

图 9.5　C4-7 型自行式铲运机的结构

1—驾驶室　2—前轮　3—中央抠架　4—转向油缸　5—辕架　6—提斗油缸　7—斗门
8—铲斗　9—斗门油缸　10—后轮　11—尾架

运机适用于开挖一至三类土壤、运距在 800～3500m 的大型土方工程。如运距在 800～1500m 时,3 台铲运机可以配一台 58.8～73.5kW 履带式推土机或 117.6kW 轮胎式推土机助铲。如运距在 1500～3500m 时,5 台铲运机可配一台推土机助铲。

9.2.1.3 挖掘机

1) 挖掘机简介

常见的挖掘机结构包括动力装置、工作装置、回转结构,操纵机构、传动机构、行走机构和辅助设施等。

从外观上看,挖掘机由工作装置、上部转台、行走机构三部分组成。根据其构造和用途可以分为履带式、轮胎式、步履式、全液压、半液压、全回转、非全回转、通用型、专用型、铰接式、伸缩臂式等多种类型。

工作装置是直接完成挖掘任务的装置,由动臂、斗杆、铲斗等三部分铰接而成。动臂起落、斗杆伸缩和铲斗转动都用往复式双作用液压缸控制。为了适应各种不同施工作业的需要,挖掘机可以配装多种工作装置,如挖掘、起重、装载、平整、夹钳、推土、冲击锤等多种作业机具。

挖掘机是园林土方工程施工中的主要大型机械,用于开沟挖池、堆山筑路、叠堤坝、修梯台、开挖管沟、回填土方、开挖地面以下深度 4～6m 土方等,可装车和甩土、堆土等。挖掘机的分类如图 9.6 所示。

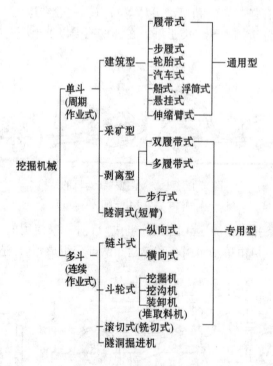

图 9.6　挖掘机的分类

按照铲斗来分,挖掘机又可以分为正铲挖机、反挖掘机。正铲挖掘机多用于挖掘地表以上的物料,反铲挖掘机多用于挖掘地表以下的物料。

反铲挖掘机是我们最常见的(见图 9.7)。其特点是向后向下,强制切土,可以用于停机作业面以下的挖掘,基本作业方式有沟端挖掘、沟侧挖掘、直线挖掘、曲线挖掘、保持一定角度挖掘、超深沟挖掘和沟坡挖掘等。

图 9.7 反铲挖掘机

正铲挖掘机如图 9.8 所示,其特点是"前进向上,强制切土"。正铲挖掘机力大,能开挖停机面以上的土,宜用于开挖度大于 2m 的干燥基坑,但必须设置上下坡道。正铲的挖斗比同当量的反铲的挖掘机的斗要大一些。正铲挖掘机也可开挖含水量不大于 27% 的一至三类土,且与自卸汽车配合完成整个挖掘运输作业。正铲挖土机的开挖方式根据开挖路线与运输车辆的相对位置的不同,挖土和卸土方式有两种:正向挖土,侧向卸土;正向挖土,反向卸土。

图 9.8 正铲挖掘机

2) 挖掘机相关参数简介

(1) 操作重量。操作重量是挖掘机三个重要参数(发动机功率、铲斗容量、操作重量)之一,决定了挖掘机的级别和挖掘力的上限。挖掘力应小于地面和履带间的附着力系数与操作重量的乘积。如果挖掘力超过这个极限,在反铲的情况下,反铲挖掘机将打滑,并被拉动向前;在正铲情况下,正铲挖掘机将向后打滑。

(2) 挖掘力。挖掘力主要分为小臂挖掘力和铲斗挖掘力。两个挖掘力的作用点均匀铲斗的齿根(铲斗的唇边),只是动力不同,小臂挖掘力来自小臂油缸;而铲斗挖掘力来自铲斗油缸。

(3) 接地比压。接地比压的大小决定了挖掘机适合工作的地面条件。接地压力指机器重量对地面产生的压力用下面的公式表示：

$$接地比压＝工作重量÷全部与地面接触的面积$$

（4）履带板。给机器装上合适履带板是很重要的。对履带式挖掘机来说，选择履带的标准是：只要有可能，尽量使用最窄的履带板。常用履带板类型有齿履带板、平履带板、宽型和窄型。

（5）行走速度。对于履带式挖掘机而言，行走时间大概占整个工作时间的 1/10。行走性能参数表明挖掘机行走的机动灵活性及其行走能力。

（6）爬坡能力。爬坡能力是指爬坡、下坡，或在一个坚实、平整的坡上停止的能力。爬坡能力两种表示方法：角度、百分比。

（7）提升能力。提升能力是指额定稳定提升能力或额定液压提升能力中较小的一个。额定稳定提升能力：75%的倾翻载荷。额定液压提升能力：87%的液压提升能力。

（8）回转速度。回转速度是指挖掘机空载时，稳定回转所能达到的平均最大深度。

（9）发动机功率。总功率指在没有消耗功率附件，如消音器、风扇、交流发电机及空气滤清器的情况下，在发动机飞轮上测得的输出功率。

有效功率指在装有全部消耗功率附件，如消音器、风扇、交流发电机及空气滤清器的情况下，在发动机飞轮上测得的输出功率。

（10）噪声的测定。挖掘机噪声的主要来源于发动机。测定噪声有两种方式：操作人员耳边的噪声测定、机器周围噪声测定。

3）对现场挖掘机驾驶管理的注意事项

（1）挖掘机是固定资产，为提高其使用年限，获得更大的经济效益，设备必须做到定人、定机、定岗位，明确职责。人员调岗时，应进行设备交底。

（2）挖掘机进入施工现场后，驾驶员应先观察工作面地质及四周环境情况，挖掘机旋转半径内不得有障碍物，以免对车辆造成划伤或损坏。

（3）机械发动后，禁止任何人员站在铲斗内、铲臂上及履带上，确保生产安全。

（4）挖掘机在工作中，禁止任何人员在回转半径范围内或铲斗下面工作停留或行走，非驾驶人员不得进入驾驶室乱摸乱动，不得带培训驾驶员，以免造成电器设备的损坏。

（5）挖掘机在挪位时，驾驶员应先观察并鸣笛，后挪位，避免机械边有人造成安全事故，挪位后的位置要确保挖掘机旋转半径内无任何障碍，严禁违章操作。

（6）工作结束后，应将挖掘机挪离低洼处或地槽（沟）边缘，停放在平地，关闭门窗并锁住。

（7）驾驶员必须做好设备的日常保养、检修、维护工作，做好设备使用的每日记录。发现车辆有问题，不能带病作业，并及时汇报修理。

（8）必须做到驾驶室内干净、整洁，保持车身表面清洁、无灰尘、无油污；工作结束后养成擦车的习惯。

（9）驾驶员及时做好日台班记录，对当日的工作内容做好统计，对工程外零土或零项及时办好手续，并做好记录，以备结账使用。

（10）驾驶人员在工作期间严禁工作餐中喝酒和酒后驾车工作，如发现，给予经济处罚，造成的经济损失，由本人承担。

（11）对人为造成车辆损坏，要分析原因，查找问题，分析职责，按责任轻重进行处罚。

（12）挖掘机操作属于特种作业，需要特种作业操作证才能驾驶挖掘机作业。

9.2.1.4 装载机

装载机是一种作业效率高，用途很广泛的工程机械。它不仅对松散的堆积物料可进行装、运、卸作业，而且还可完成推土、挖土、松土等土方工程，如换装其他工作属具后，还可对木材、管材等长料和包装物件等进行装卸和搬运，也可进行起重作业。因此，装载机在园林工程中使用相当普遍，是最常用的工程机械之一。

装载机在我国发展非常迅速，目前我国的常林、柳工、夏工三个股份有限公司及烟台、宜春等一批工程机械厂已形成了装载机的骨干生产基地，生产的装载机已达数十个品种，基本实现了产品的系列化。其中使用最多的装载机有 0.5 m³、1.0 m³、1.5 m³、2.0 m³、3.0 m³、4.0 m³、5.0 m³ 7 个系列，30 多种产品。这些产品大多已采用了液力机械传动、液压折腰转向、全动力液压换挡等先进技术，有的已开始应用电控变速器、电子液晶显示监控装置等高新技术，基本上达到或接近国际先进水平，产品出口量正逐年增加。

1）装载机的基本结构与工作原理

装载机的种类很多：按行走装置不同，有轮式和履带式两类，以轮式为主；按卸载方向不同，有前卸式、后卸式、回转式和侧卸式 4 种，以前卸式为多。图 9.9 所示为园林部门常用的轮式前卸装载机。

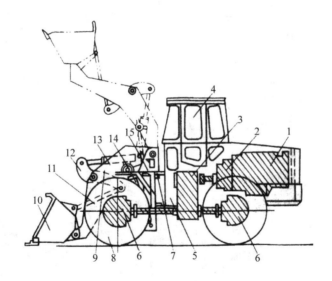

图 9.9　轮式前卸装载机的结构

1—发动机　2—液力变矩器　3—行星变速箱　4—驾驶室　5—后车架　6—前桥、后桥　7—车架铰接装置
8—车轮　9—动臂　10—铲斗　11—拉杆　12—摇臂　13—转斗液压缸　14—动臂液压缸　15—前车架

装载机主要由发动机、底盘、工作装置和液压操纵系统 4 部分组成。装载机的工作装置由铲斗、动臂、摇臂、拉杆、动臂液压缸、转斗液压缸等组成。动臂的一端铰接在车架上，另一端安装铲斗，动臂的升降由臂液压缸来带动。铲斗的翻转由转斗液压缸通过摇臂和拉杆来实现。驾驶员通过操纵动臂液压缸、转斗液压缸的操作纵阀和车辆，即可进行铲斗的铲、装、运、卸等作业。铲斗是装载机的主工作装置，有多种形式，如图 9.10 所示。直刀刃铲斗适宜于装载轻

质和松散小颗粒物料,并可利用刀刃作刮平,清理场地等工作。V行刀刃便于插入料堆,适宜于铲装较密实物料,斗齿铲斗则具有更大的插入物料的能力,特别是V型斗齿铲斗,主要适用于铲装石料和坚实物料,也可挖掘土壤。除铲斗以外,装载机还可更换其他属具,完成其他作业。换装颚抓,可用于抓取和装载木材、管材等长物料;换上叉架,可以作叉车使用;换上起重臂,可以进行起重作业等(见图9.11)。

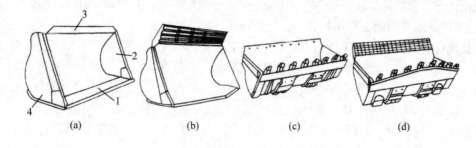

图 9.10　铲斗的多种形式

(a)直刀刃铲斗　(b)V形刀刃铲斗　(c)斗齿铲斗　(d)V形刀刃斗齿铲斗

1—主切削刀　2—侧刀刃　3—挡板　4—护壁

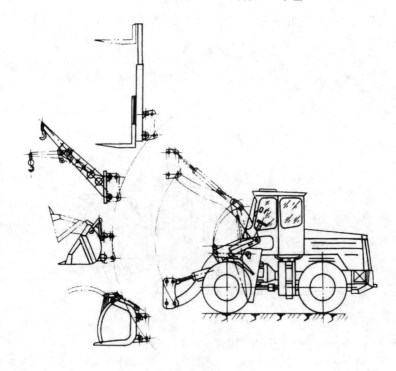

图 9.11　装载机更换其他属具示意

2) 装载机的主要技术参数与标记

正确理解装载机的技术性能参数,可以正确使用装载机。

(1) 额定装载质量(me)。额定装载质量是指装载机在固定作业时所允许载的最大起升质量。它反映了装载机的生产能力,是装载机的主参数。装载机在作业时的实际装载质量应小于额定装载质量,这样才能保证装载机作业时的必要稳定性。一般规定,轮式装载机在平、硬的地面上作业时,速度 Va≤6.4km/h,铲斗中的载荷不得超过静态倾翻载荷的50%。装载机按额定装载质量可分为:小型(<1t)、轻型(1～3t)、中型(4～8t)、重型(≥10t)几种。

(2)额定斗容量(Ve)。装载机的斗容量有几何斗容量(V)和额定斗容量(Ve)两种。几何斗容量是指铲斗的平装容积,即由铲斗切削刃与挡板上边缘的连线沿斗宽方向刮平后留在斗中的物料的容积。额定斗容量是指铲斗上口四周均以 1:2 的坡度堆积物料时,由料堆坡面线与铲斗内廓之间所围成的容积,又称名义堆积容积。在产品使用说明书中,若未注明是几何斗容量或额定斗容量时,均指额定斗容量。

铲斗容量由于不同的物料有不同的容积密度 ρ,因此同一装载质量等级的铲斗可以有不同的容积。一般分成三类:正常斗容的铲斗,用于铲装 ρ 为 1.4～1.6t/m³ 的物料,如砂、松散泥土、碎石等;加大斗容的铲斗,用于铲装 ρ 为 1t/m³ 左右的物料,如煤等;加大斗容一般为正常斗容的 1.4～1.6 倍;减小斗容的铲斗,用于铲装容积密度较大的物料,如矿石等;减小斗容为正常斗容的 0.6～0.8 倍。对于作业范围广的装载机,一般采用正常斗容的铲斗,但在铲装容积密度大的物粒时,铲斗不应装满。

(3)卸载高度(H)和卸载距离(S)。卸载高度是指在前倾卸载情况下,铲斗斗底与水平面成 45°时,铲斗刃口距地面的垂直高度;卸载距离是指在相应卸载高度时,铲斗刃口到装载机最前点(轮式装载机前轮胎的前缘)之间的水平距离。

在产品使用说明书中标注的最大卸载高度(Hmax)和最小卸载距离(Smin)是指动臂提升到最高位置时的卸高度和载距离。

(4)铲斗倾角(a)。铲斗倾角分收斗角和卸载角。收斗角是指铲斗斗底由水平面向上转动的角度,又称上翻角,动臂在不同位置时收斗角是不同的,一般只标注装载机在运行状态时的最大收斗角 a5 和动臂升到最大高度时的最大收斗角 a2。卸载角是指铲斗斗底由水平面往下转动的角度,又称下翻角,一般标注最大卸载高度时的卸载角 a3。

(5)最小转弯半径(Rmin)。最小转弯半径是指装载机在无载低速转弯行驶,转向轮处于最大转角时,车体最外侧至转向中心的最小距离。一般车体最外点是铲斗的斗尖。这是决定装载机机动性的主要参数。

(6)装载机的型号标记由 4 组汉语拼音字母或数字组成,如图 9.12 所示。用字母"Z"表示行驶装置及传动形式代号,履带行走、机械传动不标;履带行走、液力转动代号为"Y";轮胎行走、液力转动代号为"L";主参数代号以额定起升质量(t)X10 表示。例 ZL5O 表示装载机为轮式、液力机械传动,装载质量为 5t。

改进代号
主参数代号
行驶装置及传动形式代号
装载机代号

图 9.12　装载机的型号标记

3)装载机的维护保养

正确、规范的维护保养,对充分发挥装载机的使用性能,提高作业效率,延长使用寿命,减少或避免安全事故,均有十分重要的意义。装载机的结构不同,工作条件不同,其维护保养的周期和内容也不尽相同。一般来说,装载机的维护保养周期分六级进行:日维护(8～10h);周维护(50h);月维护(200h);季(维护 600h);半年(维护 1 200h);年维护(2 400h)。根据装载机的作业时间、作业环境和装载机的实际技术状态,还可对维护周期作适当调整。各级维护保养的内容大致如下：

（1）日维护。由驾驶员在每日开车前和收车后进行。检查发动机润滑油油面,低于油标尺低限刻线时应加油;如高于油标尺高位刻线时,应找出机油被稀释的原因并排除;检查燃油箱油面;检查发动机、变矩器、液压泵及转向器的紧固、密封情况,以及是否有过热现象;检查有无漏油、漏水、漏气、漏液、漏电等情况;检查传动轴及万向节、各铰销等处的螺栓有无松动或损失等现象;检查整机各处有无异响、抖振等不正常现象;保持车容、车貌整洁,无油污、泥土、杂物等。

（2）周维护。由驾驶员或专业维修人员进行。检查并调整风扇、发动机转动带的松紧程度;检查并添加喷油泵体内润滑油;检查蓄电池电解液和密度,电解液面应在极板上 10～15mm 处,不足时应加蒸馏水,相对密度应大于 1.27,当环境温度 15℃时相对密度为 1.28～1.29;检查并调整各踏板自由行程;检查油门、驻车制动、变速器等操纵杆系有无卡滞、不灵活现象;按规定的部位和油（脂）的牌号加油;清洗机油粗滤器、燃油粗滤器和空气滤清器滤芯。

（3）月维护。一般由专业维修人员完成。清洗机油细滤器和燃油细滤器滤芯;清洗液压工作系统和变矩器的粗、细滤清器的滤芯;检查轮胎气压及磨损情况,气压一般为 0.27～0.39MPa,松软地面上作业时应取下限,一般地面取上限;检查前、后主减速器、轮边减速器油面;检查并紧固前、后车轮、摆架、制动器螺栓;检查车架、工作装置等受力较大部位的焊缝是否脱焊、有裂缝等现象;工作 150h 时,拆检制动总泵活塞皮碗,如有老化、损伤等现象应更新。

（4）季维护。由专业维修人员进行。清洗发动机冷却系;给发电机、电起动机注射润滑脂,并检查电气系统及接线柱,如有烧痕等异常现象应换新;检查并调整发动机气门间隙;检查并调整配气定时及喷油提前角;检查、清洗并调整喷油嘴的喷油压力、油束角及射程;检查并清洗制动总泵放气孔、主减速器、变压器、变矩器的通气孔;给转动轴伸缩键注射润滑脂;更换发动机润滑油及喷油泵体内润滑油;检查空压机、储气筒、制动阀及其管路是否漏气;检查液压工作系统的转斗液压缸、动臂液压缸有无沉降现象,必要时检修油泵、活塞、分配阀,或更换密封件;每年春、秋两季要对发动机润滑油、主减速器油、液压工作油、燃油以及润滑脂（滚动轴承及销轴）进行季节换油。

（5）半年维护。由专业维修人员进行。清洗发动机机油壳、燃油箱及管路;清洗并按规定润滑各运动副;检查并更换驻车制动器的摩擦衬片;检查全部仪表、灯光及指示信号灯;检查并更换制动总泵密封皮碗。

（6）年维护。由专业维修人员进行。检修发动机;根据装载机技术状况,对变速器、变矩器、主减速器、差速器、轮边减速器进行解体检查、修复或更换零部件;检查转向器及转向盘自由行程,修复或更换新件;检查并修复车架、车桥、工作装置动臂、拉杆、摇臂的变形、裂纹等损伤处;解体检查制动系各部件,修复或更换新件。

9.2.1.5　主要常用土方工程机械总结

主要常用土方工程机械见表 9.2。

表9.2 常用主要土方工程机械

机械名称	特 性	作业特点	适用范围
推土机	操作灵活,运转方便,需工作面小,可挖土、运土易于转移,行驶速度快,应用广泛	(1)推平 (2)运距100m内的堆土(效率最高为60m) (3)开挖浅基坑; (4)推送松散的硬土、岩石 (5)回填、压实; (6)配合铲运机助铲 (7)牵引 (8)下坡坡度量最大35°,横坡最大为10°,几台同时作业,前后距离应大于8m 注:土方挖后运出,需配备装土、运土设备,推挖三至四类土,应用松土机预先翻松	(1)推一至四类土 (2)找平表面,场地平整 (3)短距离移挖回填,回填基坑(槽)、管沟并压实 (4)开挖深不大于1.5m的基坑(槽) (5)堆筑高1.5m内的路基、堤坝 (6)配合挖土机进行集中土方,清理场地、修路开道等
铲运机	操作简单灵活,不受地形限制,不需特设道路,准备工作简单,能独立工作,不需其他机械配合能完成铲土、运土、卸土、填筑、压实等工序,行驶速度快,易于转移,需用劳力少	(1)大面积整平 (2)开挖大型基坑、沟渠 (3)运距800~1 500m内的挖运土(效率最高200~350m) (4)填筑路基、堤坝 (5)回填压实土方 (6)坡度控制在20°以内 注:开挖坚土时需用推土机助铲,开挖三、四类土宜先用松土机预先翻松20~40cm,铲运机用轮胎行驶,适合于长距离	(1)开挖含水率27%以下的一至四类土 (2)大面积场地平整、压实 (3)运距800m内的挖运土方 (4)开挖大型基坑(槽)、浅湖、河道、管沟、填筑水坝、驳岸、路基等。但不适于砾石层,冻土地带及沼泽地区使用
反铲挖掘机	操作灵活、挖土、卸土均在地面作业,不需开设运输道路	(1)开挖地面以下深度不大的土方 (2)最大挖度4~6m,经济合理深度为1.5~3m (3)可装车和两边甩土、堆放 (4)较大较深基坑可用多层接力挖土 注:土方外运应配备自卸汽车,工作面应有推土机配合推土到附近堆放	(1)开挖含水量大的一至三类的砂土或黏土 (2)管沟和基槽 (3)独立基坑 (4)边坡开挖

（续表）

机械名称	特　性	作业特点	适用范围
装载机	操作灵活,回转移位方便、快速；可装卸土方和散料,行驶速度快	(1)开挖停机面以上土方 (2)轮胎式只能装松散土方,履带式可装较实土方 (3)松散材料装车 (4)吊运重物,用于铺设管 注:土方外运需配备自卸汽车,作业面需经常用推土机平整并推松土方	(1)外运多土方 (2)履带式改换挖斗时,可用于开挖 (3)装卸土方和散料 (4)松散土的表面剥离 (5)地面平整和场地清理等工作 (6)回填土

9.2.2　压实机械

在园林工程中,特别是在园路路基、驳岸、水闸、水堰、挡土墙、水池、假山、雕塑等的基础施工过程中,为了使基础达到一定的抗压强度,以保证其稳定,就必须使用各种压实机械把新筑的基础土层和垫层,均按设计要求的密实度进行机械密实。

9.2.2.1　蛙式打夯机

蛙式打夯机是一种电动自移式打夯机。HW-20 蛙式打夯机主要由操纵手柄、拖盘、轴销铰接头、传动装置、动臂、前轴装置、前轴轴销、夯板、立柱、大带轮、斜掌、电动机及电源开关等组成,如图 9.13 所示。

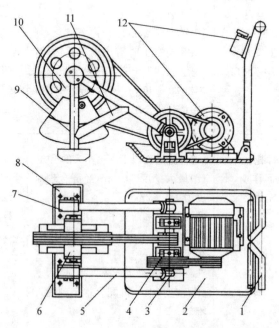

图 9.13　HW-20 型蛙式打夯机的结构示意图

1—操纵手柄　2—拖盘　3—轴销铰接头　4—传动装置　5—动臂　6—前轴装置
7—前轴轴销　8—夯板　9—立柱　10—大带轮　11—斜撑　12—电动机及电源开关

9.2.2.2 冲击夯

冲击夯是针对在狭窄区域中对带黏性的、混合的、粒状的泥土压实而设计的,适用于路基工程平整、道路维修及柏油路面小修补的夯实平整和混凝土地面、路面的振动夯实,能自动调速行走,也可以原地夯实,操作简单自如,工作效率高。

上海产本田 GB600 型冲击夯,如图 9.14 和表 9.3 所示。该机选用本田或罗宾发动机,如果机器在怠速下运行时间较长,发动机的自动关闭装置将会关闭发动机,从而减少废气排放和积碳现象;润滑油和汽油分开加,方便使用。

图 9.14 上海产本田 GB600 型冲击夯

表 9.3 本田 GB600 型冲击夯性能参数

性 能 参 数	数 值
操作质量/kg	62
冲程/mm	65
冲击能量/J	70
最大冲击频率/次/min	700
压实深度/cm	58
功率/马力	4
油箱容量/L	3
耗油量/L/h	0.9
发动机名称	本田或罗宾发动机
产地	上海

注:1 马力=735.5W。

9.2.2.3　振动平板夯

振动平板夯与被压材料的接触为一平面，在工作量不大的工程中，尤其在狭窄地段工作时，得到广泛的使用。

轻型振动平板夯的质量一般为 0.1～2t、中型一般为 2～4t，重型的一般为 4～8t。按其结构原理可分为单质量和双质量。单质量的平板夯，全部质量参加了振动运动；而双质量的平板夯仅下部振动，弹簧上部不振动，但对土壤有静压力。试验表明，当弹簧上部的质量为机械总质量的 40%～50% 时，可以保证机械稳定地工作，而且消耗功率少。当质量大于 100kg 时，通常都制成双质量的。按照振动特性不同，振动平板夯可分为非定向振动式（图 9.15a）和定向振动式（图 9.15b）两种；按照移动方式不同也可分为自移式和非自移式，自移式得到广泛地使用，如图 9.15 所示即为自移式双质量振动平板夯。

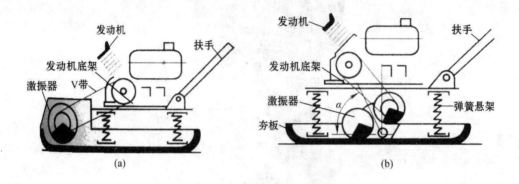

图 9.15　自移式双质量振动平板夯示意
(a) 非定向振动式　(b) 定向振动式

振动平板夯由发动机、激振器、振动夯板、带传动装置和弹簧悬架系统等组成。弹簧悬架系统是上部非振动质量的隔振和减振元件，用以减轻振器对动力及传动装置的振动影响，也可改善人力操纵的舒适性。

振动平板夯机动灵活，操纵轻便，对于大型压实机械无法进入的场地和死角，应用振动平板夯进行压实十分有效。由于夯实底板的侧面与地面垂直，故压实的贴边性好，特别适合沥青路面维修和市政园林狭窄场地等工程的压实作业。

9.2.2.4　电动式振动冲击夯

快速冲击式打夯机因为冲击的频率高，在冲击土壤的同时还可使土壤产生振动，有效地提高了夯实效果，不仅可夯实黏质土壤，还可夯实散粒状土壤，故适用范围较为广泛。电动式快速振动冲击夯工作时需要依靠外部电源和电缆供电，机动范围受电缆长度的限制，当野外没有电源时，需要发电机组供电，没有内燃式冲击夯应用方便。图 9.16 所示为 HD60 型电动式快速振动冲击夯的结构。

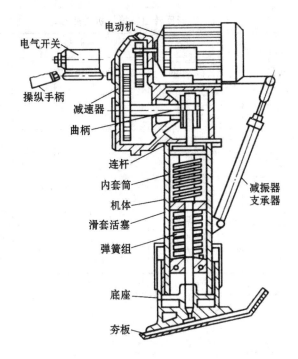

图 9.16　电动式快速振动冲击夯的结构示意

9.2.3　混凝土机械

混凝土机械的工作对象是混凝土,所以在施用操作混凝土机械时,必须对混凝土的组成、性质及性能指标有所了解。

混凝土是由胶凝材料、骨料按适当的比例配合,与水拌和制成具有一定可塑性的浆体,再经浇筑成形、养护硬化而成的人造石。新拌制的未硬化的混凝土,通常称为混凝土拌和物(或新鲜混凝土);经硬化有一定强度的混凝土称硬化混凝土。

园林大型工程一般都采用商品混凝土。园林景观小品采用的混凝土量较小,为了工艺的需要采用现场搅拌新鲜混凝土,现拌现用。主要现场搅拌混凝土机械有以下几种。

9.2.3.1　锥形反转出料混凝土搅拌机

1)锥形反转出料搅拌机

锥形反转出料搅拌机是一种自落式搅拌机。正转时搅拌,反转时出料。该类型搅拌机主要有以电动机为动力的 JZ 系列和 JZY 系列。JZY 系列除进料机构采用液压传动外,其余结构及性能与 JZ 型相同。目前该系列产品有 150L、200L、250L、350L、500L、750L、1 000L,其性能参数如表 9.4 所示。

锥形反转出料搅拌机适用于搅拌最大粒径在 80mm 以下的塑性和半硬性混凝土,可供各种建筑工程和中、小型混凝土制品现场使用。

表 9.4　锥形反转出料搅拌机性能参数

型　　号	基　本　参　数				
	出料容量/L	进料容量/L	搅拌额定功率/kW≤	工作周期/S≤	骨料最大粒径/mm
JZ150	150	240	3.0	120	60
JZ200	200	320	4.0	120	60
JZ250	250	400	4.0	120	60
JZ350	350	560	5.5	120	60
JZ500	500	800	11.0	180	80
JZ750	750	1 200	15.0	120	80
JZ1000	1 000	1 600	22.0	120	100

　　锥型反转出料搅拌机主要由搅拌筒、进料机构、传动系统、供水系统、电气控制系统和机架底盘等机构组成，如图 9.17 所示。

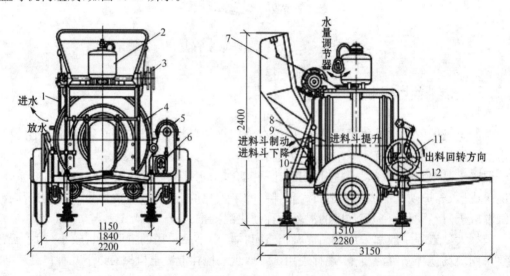

图 9.17　锥型反转出料搅拌机

1—三通阀操纵杆　2—水箱　3—天轮　4—搅拌筒　5—电动机　6—水泵　7—进料斗　8—进料斗提升手柄
9—进料斗下降手柄　10—振动装置　11—出料手轮　12—出料槽

2）混凝土搅拌机的选择

　　混凝土搅拌机的选择与使用是否合理，直接影响着施工进度和工程质量。因此，应根据工程量的大小、工期的长短、施工具体条件以及混凝土的特性等条件来正确选定搅拌机的形式和数量，具体选择时常从以下几方面考虑：

　　（1）根据工程类型选择。

　　① 从工程量和工期方面考虑。混凝土工程量大且工期长时，宜选用中型或大型固定式混凝土搅拌机群或搅拌站。混凝土工程量小且工期短时，宜选用中小型移动式搅拌机。

② 从所搅拌混凝土的性质考虑。若混凝土为塑性或半干硬性时,宜选用自落式搅拌机;若混凝土为高强度、干硬性或轻质混凝土时,宜选用强制式搅拌机。

③ 从混凝土的组成材料和混凝土的稠度方面考虑。稠度小且粗骨料粒径大时,宜选用容量较大的自落式搅拌机;稠度大而骨料粒径大时,宜选用搅拌筒转速较快的自落式搅拌机;稠度大而骨料粒径小时,宜选用强制式搅拌机或中、小容量的锥形反转出料搅拌机。

（2）混凝土搅拌机容量的选择。

搅拌机的容量可以根据施工要求的每台班所需混凝土量,结合额定生产率进行合理选择。

① 优先考虑本单位现有机械,不足的再考虑其他来源。

② 根据混凝土需要量选择。当混凝土需要较多时,宜选用生产率较高的机械,以减少投入台数,节约费用;当施工期内所需混凝土量变化较大时,可适当用一些小型搅拌机,以备调节使用。

③ 搅拌机容量应适合混凝土骨料的最大粒径。一般骨料粒径越大,要求搅拌机的容量越大。若自落式搅拌机的容量为 $0.35m^3$、$0.75m^3$、$1.0m^3$,则其拌和料最大粒径分别可达 60mm、80mm、120mm。强制式搅拌机由于叶片易磨损或卡料,骨料最大粒径应小些,一般不超过 $40\sim60mm$。

9.2.3.2　混凝土振动器

1）内部振动器

内部振动器亦称为插入式振动器,即插入混凝土拌和料内部进行振动的振动设备。其工作部分是一个棒状空心圆柱体,内部安装振动子,在动力源驱动下,振动子的振动使整个棒体产生高频低幅的机械振动。工作时,将它插入已浇好的混凝土中,通过棒体将振动能量直接传给周边混凝土,因此振动密实的效率高,一般只需 $10\sim20s$ 的振动时间可把棒体周围 10 倍于棒径范围的混凝土振动密实。例如,行星式振动器分为外滚道式和内滚道式两种,如图9.18所示。滚道在滚锥外称为外滚道式,滚道在滚道锥内称为内滚道式。目前使用的行星式振动器多属于外滚道式。

电动软轴行星插入式振动器由可更换的振动棒、软轴、防逆装置和电动机等组成,如图9.19所示。电动机主要为全封闭 E 级绝缘三相异步电动机,机壳内装有定子和支承在滚动轴承上的转子,电动的手柄和电源开关装在开机壳上部,电机安装在可 360°回转的电机支座上,便于电机座转动和移动。

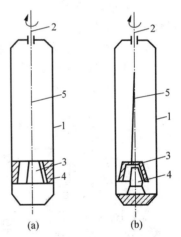

图 9.18　行星式振动器的结构示意
(a) 外滚道式　(b) 内滚道式
1—棒壳　2—传动轴　3—振动子
4—滚道　5—振动子轴

2）外部振动器

外部振动器是在混凝土外部或表面进行振动密实的振动设备,根据作业的不同需要,可分为附着式和平板式两种;根据动力源的不同,可分为电动式、电磁式和气油式三种。

（1）附着振动器。对于面积比较大或钢筋十分密集而形状复杂的薄壁构件,如墙板、拱圈

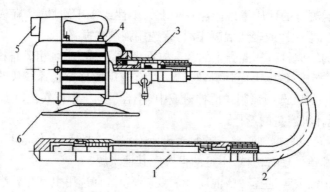

图9.19　电动软轴行星插入式振动器示意

1—振动棒　2—软轴　3—防逆装置　4—电动机　5—电器开关　6—电机支座

等,在施工中使用插入式振动器有时也感到不便和效果不好。这时只好从混凝土结构模板的外部对混凝土施加振动以使之密实。附着振动器即是这种密实机械。这种振动器的特点是其自身附有夹持或固定装置,工作时将它附在混凝土施工模板上,就可以将振动波传送给混凝土,以达到捣实的目的。在一个成形构件的模板上或成形机上,可根据需要装上一台或数台附着式振动器,同时进行振动,但因振动从表面传递进去,深入效果不如内部振动器,且易受模板量、刚度的影响,故一定要针对构件的具体情况和模板形式,合理选用振动器的参数,才能取得满意的效果。图9.20是电动机驱动的附着式振动器的内部构造,图9.21为其结构示意图。它是特制铸铝外壳的三相两级电动机,在机壳内装有电动定子和转子,转子轴的两个伸出端各装有一个圆盘形偏心,电机回转时偏心块产生的离心力和振动通过轴承基座传给模板。振动器两端用端盖封闭。端盖与轴承座、机壳用三只长螺栓紧固,以便于维修。外壳上有四个地脚螺栓孔,使用时用地脚螺栓将振动器固定到模板或平板上。这种振动器的振动为环向振动,它的缺点是有水平方向的振幅。

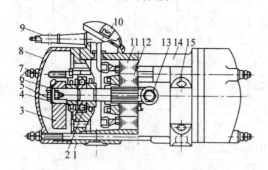

图9.20　附着式振动器的内部构造

1—轴承座　2—轴承　3—偏心块　4—键　5—螺钉
6—转子轴　7—长螺栓　8—端盖　9—电源线　10—接
线盒　11—定子　12—转子　13—定子

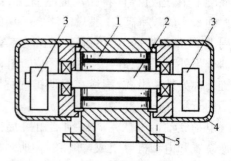

图9.21　附着式振动器的结构图

1—电动机　2—电机轴　3—偏心块　4—护罩
5—固定基座

　　(2)平板式振动器。平板式振动器又称表面振动器,它直接浮放在混凝土表面上,可移动地进行振动作业。它的振动深度一般为150～250mm,适用于坍落度不太大的塑性、半塑性、干硬性、半干硬性的混凝土或浇筑层不厚、表面较宽敞的混凝土捣实,如用于预制构件板、路面、桥面等最为合适。

平板式振动器的构造和附着式振动器相似,如图 9.22 所示。不同之处是平板式振动器下部装有钢制振板,振板一般为槽形,两边有操作手柄,可系绳提拖着移动。振板能使振动器浮放在混凝土上,达到振实混凝土的作用。如将附着式振动器改装为平板式振动器,只需在振动器的底座用螺栓紧固一块木板或金属板即可。

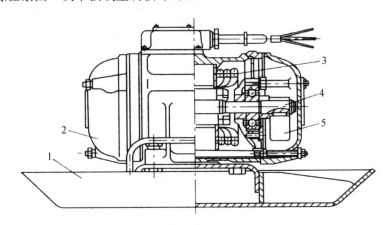

图 9.22　平板式振动器的构造
1—底板　2—外壳　3—定子　4—转子轴　5—偏心振动子

9.3　栽植机械

园林绿化中植物的品种繁多、形态各异,其大苗栽植作业和定植后的养护作业比较复杂,作业劳动量大,劳动强度高,但国内的植物栽植与养护作业中的机械化水平比较低,因此,先进栽植机械的使用可以减轻劳动强度,改善户外工作条件,提高园林绿化工程的质量和水平。

9.3.1　挖坑机

挖坑机是用于挖掘树木栽植坑的穴状整地机械,也可用于穴状松土、钻深孔等作业。钻深孔的挖坑机又称深孔钻,可用于杨树扦插造林、埋设桩柱、打炮眼、树根部打洞施肥等作业。

9.3.1.1　手提式挖坑机

小型便携挖坑机有单人手提式和双人手提式(见图 9.23)。凡是操作者能到达并站稳的地点基本上都能使用手提式挖坑机进行挖坑作业。

手提式挖坑机主要工作部件由钻头、刀片、螺旋翼片和钻杆组成。钻头起定位作用,刀片用于切削土壤,螺旋翼起导土、升土作用。螺旋钻头一般有单螺旋钻头(适于挖直径 35cm 以下的坑)、双螺旋钻头(适于挖直径 50~80cm 的坑)、翼片式钻头(适于深坑)和螺旋齿钻头(适于树根草皮多的地方)4 类。一般土壤多采用单螺旋钻头,用以挖植树坑,钻头上还可备有钻杆套和防护罩,以防钻杆被草缠住,并起安全保护作用,为使钻头能自动出土,机上多装有逆转

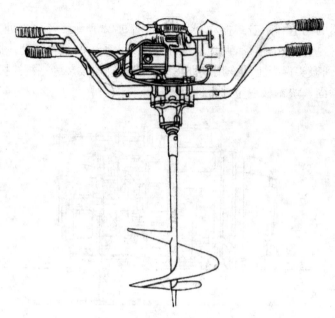

图 9.23　双人手提式挖坑机

机构。钻头转速一般为 200～300r/min，其圆周线速度为 3m/s 左右，以保障升运出土壤不致甩得过远，利于回垫覆埋树根。

　　德国 STIHL 公司生产的单人手提式挖坑 BT120C 功率只有 1.34kW；重量 8.2kg，钻孔直径 40～260mm，孔深 700mm。双人手提式挖坑机 BT360 的功率 3kW 左右，重量 25.9kg，钻孔直径为 90～400mm，孔深可达 1000mm。

9.3.1.2　拖拉机悬挂式挖坑机

　　拖拉机悬挂式挖坑机工作部件有正置式、侧置式两种。正置式拖拉机悬挂式挖坑机依靠机械传动，侧置式拖拉机悬挂式挖坑机依靠液压传动。

　　1）正置式拖拉机悬挂式挖坑机

　　正置式拖拉机悬挂式挖坑机由钻头、减速箱、万向传动轴、上拉杆和机架等组成，如图 9.24 所示。钻头所需动力由拖拉机动力输出轴通过万向传动轴、减速箱获得。由于挖坑工作时动力输出轴和减速器之间的距离要变化，以保证钻头在作业时始终与地面垂直，使树坑不会歪斜。工作部件是双螺旋钻头，其切刀常镶有硬质合金刀片，磨损后可以卸下刃模或更换。

　　2）侧置式拖拉机悬挂式挖坑机

　　侧置式拖拉机悬挂式挖坑机由钻头、液压马达、液压缸和机架等组成，如图 9.25 所示。钻头由液压马达直接驱动，液压马达和机架之间采用单点铰链悬挂，这就保证了挖坑时钻头的垂直度。液压传动的悬挂式挖坑机结构比较简单，挖坑的直径和深度都比较大，应用日趋广泛。侧置式液压传动悬挂式挖坑机视野好，公路两侧绿地的植树挖坑和街道行道树的挖坑作业效率高、质量好。

　　俄罗斯生产的悬挂式挖坑机可挖树坑直径系列为：150mm、180mm、200mm、220mm、

300mm、400mm、600mm、650mm、800mm、1 000mm,可挖最大树坑深度系列为:240～340、500、600、700mm,生产率达到每小时 100 多个树坑左右。

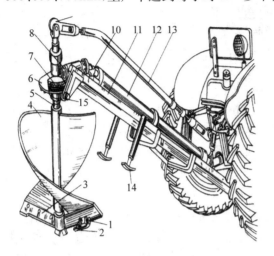

图 9.24 正置式拖拉机悬挂式挖坑机

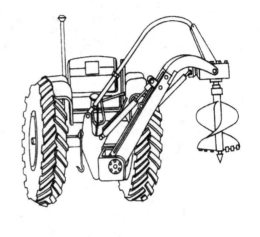

图 9.25 侧置式拖拉机悬挂式挖坑机

1—调节螺钉 2—支撑端头 3—切刀犁头 4—螺旋翼片 5—竖轴 6—减速箱体 7—大锥齿轮 8—小锥齿轮 9—上铰链 10—万向传动轴 11—机架 12—万向传动轴护套 13—上拉杆 14—可伸支脚 15—下交链

9.3.2 开沟机

9.3.2.1 铧式开沟机

铧式开沟机由大中型拖拉机牵引,犁铧入土后,土垡经翻土板、两翼板推向两侧,侧压板将沟壁压紧即形成沟道。其结构如图 9.26、图 9.27 所示。

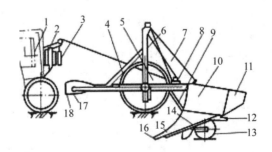

图 9.26 K-90 铧式开沟机

1—操纵系统 2—绞盘箱 3—被动锥形轮 4—行走轮 5,6—机架 7—钢索 8—滑轮 9—分土刀 10—主翼板 11—副翼板 12—压道板 13—尾轮 14—侧压板 15—翻土板 16—犁尖 17—拉板 18—牵引钩

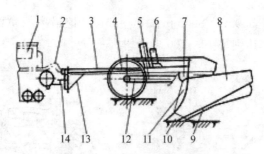

图 9.27　K-40 铧式液压开沟机

1—拖拉机　2—橡胶软管　3—机架　4—行走轮　5—限深梁　6—油缸　7—连接板
8—犁壁　9—侧压板　10—犁铧　11—分土刀　12—拐臂　13—牵引拉板　14—牵引环

9.3.2.2　旋转圆盘开沟机

旋转圆盘开沟机是由拖拉机的动力输出轴驱动,圆盘旋转抛土开沟。其优点是牵引阻力小、沟形整齐、结构紧凑、效率高。圆盘开沟机有单圆盘式和双圆盘式两种。双圆盘开沟机组行走稳定,工作质量比单圆盘开沟机好,适于开大沟。图 9.28 为单圆盘旋转开沟机结构示意。

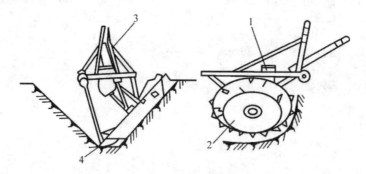

图 9.28　单圆盘旋转开沟机

1—减速箱　2—开沟圆盘　3—悬挂机架　4—切土刀

9.3.3　树木移植机

树木移植机又称植树机,是用于移植带土球树木的机械,见图 9.29。移植机是将树木球移植到绿地进行栽植,包括挖土球、包扎、起树、运输、挖栽植坑、栽植,甚至浇水等一系列作业。

图 9.29　树木移植机

树木移植机可一次性地完成全部或大部分的移植作业。在园林绿化中,往往会移植大规格树木,且要求效率高、见效快,因此树木移植机是重要的技术装备。

树木移植机按底盘结构可分为车载式、特殊车载式、拖拉机悬挂式和自装式4类。其中,车载式树木移植机,可移植土球直径和树木径级最大,移植土球直径为100~160cm、树木直径为12~20cm的常绿树,并可进行较长距离的运输。这种车载式树木移植机以载重汽车为底盘,安装有切土装置、升降装置、倾倒装置、紧缩装置和液压传动系统等,如图9.30所示。

图9.30 车载式树木移植机

树木移植机还应用于苗圃树木移植,机器刀片提升系统可控制挖掘深度和保证树木垂直提升,不伤害根球,即使在树林间的狭窄空间里也可移走树木,生产效率大大提高,一般比人工提高10倍以上,且成本下降50%以上。树木径级越大,效果越显著,且减轻劳动强度,安全性能高,移植成活率高,几乎达100%,还可适当延长移植季节,"反季节"移植成活率也很高,能够适应城市各种繁杂的土壤条件,甚至在较差的条件下也能够作业。

9.3.4 起重机械

起重机械种类很多,在园林工程中使用最多的是汽车起重机。汽车起重机是在通用或专用载重汽车的底盘上,装上起重工作装置及设备的起重机械。由于它利用了汽车底盘,因而具有汽车的通过性能好、机动灵活、行驶速度快、可快速转移、到达目的地后能马上投入工作等一系列优点,特别适用于流动性大、不固定的作业场所。在园林工程中,无论是假山的建造,大树的移植,还是各种园林建筑工程等,都需要汽车起重机进行装卸作业。

9.3.4.1 汽车起重机

1)汽车起重机结构

汽车起重机由汽车底盘、取物装置、起重臂、回转机构、变幅机构、支腿,以及液压操纵系统等组成,图9.31为汽车起重机的主要结构。

(1)汽车底盘。汽车底盘有通用的汽车底盘和专用汽车底盘两种。通用汽车底盘是指采用原汽车底盘稍加改装,必要时才更换原车架。一般小型汽车起重机多在原汽车底盘上加装副车架,以增加其刚度和强度,支撑起重机的上车部分。其优点是制造工艺简单、成本比较低,

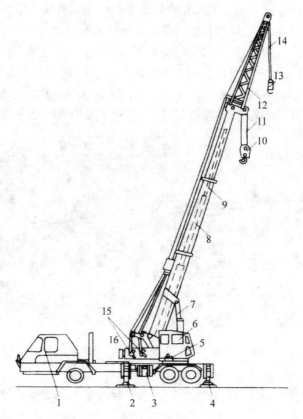

图 9.31　汽车起重机的主要结构

1—汽车驾驶室　2—前支腿　3—油箱　4—后支腿　5—回旋机构减速器　6—起重机驾驶室
7—变幅液压缸　8—伸缩液压缸　9—起重臂　10—主吊钩　11—主吊钩钢丝绳　12—副臂
13—副吊钩　14—副吊钢丝绳　15—起升和变幅卷筒　16—平衡重

缺点是起重机重心偏高、质量较大。专用汽车底盘是按起重机要求专门设计的，轴距加长，车架刚性加大，驾驶室也可能重新布置，主要用在大、中型汽车起重机上。

（2）取物装置。取物装置主要包括吊钩或其他属具，如抓斗等，由起重卷筒通过钢丝绳、滑轮牵引。

（3）起重臂。起重臂是起重载荷的主要承载件，有桁架式和箱形两种结构。前者通常由钢丝绳牵动起重臂头部来变幅，故起重臂为偏心受压构件；后者是用刚性的液压缸（变幅液压缸）推动伸缩式起重臂变幅，故起重臂为悬梁受弯构件。目前，汽车起重机上主要采用伸缩式箱形起重臂。伸缩式箱形起重臂由多节组成，需要时逐节伸出，以满足不同起重高度的要求；有时，为扩大其作业范围，还在起重臂顶端加一桁架式副臂。

（4）回转机构。回转机构包括回转平台、回转减速器及其驱动装置等。起重臂、起重机驾驶室、起升和变幅卷筒等均安装在回转平台上，以便于起重臂能回转作业。平台的旋转由汽车分动箱通过回转减速器驱动旋转，也有通过液压驱动旋转的。

（5）变幅机构。变幅机构用于改变起重臂的工作幅度，以扩大起重机的作业范围，它由变幅液压缸等组成。

（6）支腿。支腿用于提高汽车起重机的起重能力，使载荷能通过支腿刚性地传递到地面上,减轻车轮和车辆的载荷,并增加起重机的稳定性。汽车起重机要求支腿有足够的强度和刚度,伸缩方便,行驶时能收回,作业时能外伸撑地。在现代汽车起重机上,支腿的伸缩都采用液压传动,其结构形式以蛙式和 H 式为多。

(7) 液压操纵系统。汽车起重机的液压操纵系统比较复杂,小型汽车起重机采用开式、单泵单路系统。整个操纵系统的油路分成两部分:一部分是起重臂伸缩机构、变幅机构、回转机构、起升机构回路,其液压元件都装在回转平台上部;另一部分为前、后支腿油路,其元件和油泵、油箱、滤清器等一起都装在下部,上部和下部油路通过中心回转接头连接。两部分油路不能同时工作,它通过支腿换向阀组中的二位三通分路阀进行操纵。当分路阀处于支腿油路位置时,油泵的压力油进入支腿液压缸,可进行支腿作业;当支腿完成后,将分路阀拨至上部油路位置时,油泵的压力油即进入上部油路,可进行起重作业。

2) 汽车起重机的使用特点

起重机的起升质量参数通常是以额定起升质量表示,单位是 t。额定起升质量是起重机在各种工况下安全作业所容许的起吊货物的最大质量。起重机的起升质量一般不包括吊钩的质量,但若换装抓斗或电磁吸盘时,则应包括它们的质量。汽车起重机的起升质量是随吊钩的起升高度、起重臂长度、幅度的改变而变化的,随着起重臂长度和幅度的增加,起升质量就相应的减小,这种关系称为汽车起重机的起重特性。如表 9.5 为 Q2-16 型汽车起重机的起重性能表,其最大额定起升质量为 16t。起重特性也可用特性曲线表示。汽车起重机铭牌上标定的起升质量是最大额度起升质量,即基本臂处于最小幅度,并使用支腿时所允许起吊货物的最大质量。所以用户在使用中或选型时,要充分注意汽车起重机的起重特性。

表 9.5 Q2-16 型汽车起重机起重性能表

幅度 /m	基本臂(8.2m)		伸出二节臂(14.1m)		伸出三节臂(20m)	
	倍率(6)		倍率(4)		倍率(2)	
	起升质量 /t	起升高度 /m	起升质量 /t	起升高度 /m	起升质量 /t	起升高度 /m
3.5	16	7.9	8	14.2		
4.0	13.25	7.6	8	13.9		
4.25	12	7.4	8	13.8	6	20
4.50	11	7.2	8	13.75	6	19.9
5.0	9	6.9	7.2	13.6	6	19.8
6.0	6.5	6	5.6	13.15	4.8	19.45
7.0	5	4.5	4.4	12.6	4	19.1
8.0			3.65	11.9	3.3	18.7
9.0			3	11.2	2.75	18.2
10.0			2.5	10.25	2.3	17.7
12.0			1.9	7.7	2.3	16.3
14.0					1.4	14.5
16.0					1.15	12.2

9.3.4.2　其他起重机械

在园林工程中，还有一些简易实用的小型起重机械，除在树木移植时使用外，还可以在其他园林工程中使用，例如环链手拉葫芦（见图 9.32）和电动葫芦（见图 9.33）等。

图 9.32　SH 型环链手拉葫芦

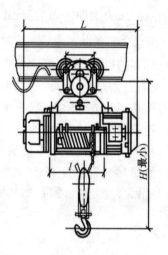

图 9.33　MD 型电动葫芦 9.3.5

9.3.5　草坪栽植机械

9.3.5.1　草坪播种机械

草坪建植时，种子撒播是常用方法。草坪种子比较小，撒播时，常使用草坪撒播种机、喷播机和草坪补播机，可以提高撒播的均匀程度。

1）草坪撒播机

草坪撒播机是靠转盘旋转的离心力将种子进行播种的机械。该机械除播种以外，还可用于草坪撒施颗粒肥料。草坪播种机有步行操纵自走式（见图 9.34）、拖拉机悬挂式等类型。

2）草坪喷播机

草坪喷播机是利用液压或气压进行播种的机械，主要用于城市大面积草坪、高尔夫球场、运动场草坪的建设以及难以施工的陡坡地的草坪建设（见图 9.35）。

3）草坪补播机

需要补播的草坪，一般面积较小，因而使用集整地、播种于一身的草坪补播机是非常合适的。草坪补播机有步行操纵自走式和拖拉机悬挂式等类型。步行操纵自走式补播机由小型汽

图 9.34　步行式草坪播种机　　　　　　图 9.35　液压草坪喷播机

油机驱动,可将草种导入播种沟且覆土等,其工作幅宽为 483mm,最大播深为 38mm。

9.3.5.2　草坪移植机械

1)起草皮机

起草皮机是起出草皮并切割成一定宽度和长度的草皮块或草皮卷的机械。起草皮机主要工作部件是草皮地割刀。常见的草皮切割刀是一种 U 形铲刀,这种铲刀的水平刃可切割草皮的底面,亦可调整切割下来的草皮厚度,而其垂直刃可调整切割下来草皮的宽度,并使草皮与地面完全分离。起草皮机通常采用振动式铲刀,以减少切割阻力,容易入土,也不易粘土。起草皮机根据配套动力不同,又可分为步行操纵自走式、拖拉机悬挂式等类型。步行操纵自走式起草皮机是目前使用最广泛的一种机型,如图 9.36 所示。

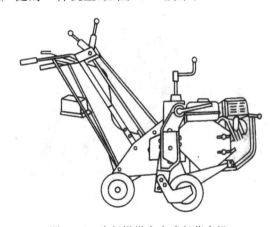

图 9.36　步行操纵自走式起草皮机

2)草毯作业机

草毯是一种特殊的草皮,在播种前就铺设有特殊的尼龙网做骨架,因此起出后有比较好的强度,便于机械作业。成套的草毯作业机包括草毯收割机、草毯包装机、草毯辊压机等。

9.4　园林绿化养护机械

由于园林绿化养护作业的特殊性,对其机械设备提出了较高的环保要求:为降低噪声和废气对环境的污染，园林绿化机械在作业时，其噪声级和排放的废气必须符合城市要求的标准。园林绿化机械的作业现场应保持整洁，随时清除建筑垃圾和枝杈、树叶等废弃物，防止粉尘飞扬，降低污染。园林绿化机械在作业时应严格遵守安全操作规程和安全标准，必要时应采取一定的安全措施，防止发生人身伤害事故。园林绿化机械操作人员在露天作业时应备有防晒、防淋及防暑、防寒等安全装备。

9.4.1　草坪养护机械

9.4.1.1　草坪修剪机械

在日常草坪养护工作中，草坪修剪机是使用比较广泛的一种草坪养护机具。草坪修剪机主要用于对草坪的日常修剪，类型很多。

1）常见的类型

（1）按照行走装置动力分有手推式、手扶自行式、驾乘式、拖拉机式等。

（2）按不同切割装置分有旋刀式、滚刀式、往复刀齿式、甩刀式以及尼龙绳式等，其中以旋刀式草坪修剪机比较为普遍，如图 9.37 所示。

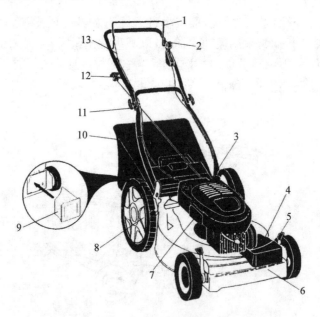

图 9.37　步行操纵自行式旋刀草坪修剪机

1—操纵控制杆　2—驱动控制手柄　3—燃油箱　4—传动系统护罩　5—修剪高度调节手柄

6—前护盖　7—汽油机　8—后行走轮　9—后排草口盖　10—集草袋　11—把手调节旋钮

12—启动索手柄　13—油门控制索

2）旋刀式草坪修剪机

旋刀式草坪修剪机有手推式、手扶自行式、驾乘式以及太阳能式等类型，但其切割装置都为旋刀割草器。这种草坪修剪机使用方便、噪声小、无排烟、维护保养简单，并适于起伏不平地面的作业和边角地带修剪。

　　(1) 使用注意事项。为了安全使用该类草坪修剪机,避免发生伤害事故,旋刀式草坪修剪机使用时必须注意:

　　① 在使用之前要认真阅读使用说明书并全面检查、熟悉机器各部的结构和操作步骤,还要全面检查机器是否处于正常状态,特别是运动件和防护装置必须要安装牢固,并按照说明书的操作步骤进行每一步骤的启动。

　　② 要做好操作者个人防护,步行操作者的鞋靴应坚固并戴安全眼睛,决不能光脚或穿凉鞋操作。

　　③ 作业前要事先计划好机器行走路线,并按路线作业,以提高作业效率。还要检查并清除草坪上的硬杂物,并注意斜坡坡度和草坪的干湿情况。步行操纵的草坪修剪机不要在湿草上或大于 15°的斜坡上作业。

　　④ 作业进行时不要让旁人进入作业区,特别要注意树后、屋角以及其他物体遮挡视线的地方,注意儿童突然出现等情况。作业中如发现机器产生不规则振动,应立即关闭发动机,拔下火花塞导线,仔细检查振动的原因。通常,机器振动是出现危险的先兆或警告,一定要查找原因。一般来说,刀片松动、刀片受到损伤、发动机安装螺栓松动等都可能引起机器振动,一定要排除故障后才能继续作业。作业中如发现刀片撞击物体,发出特殊声响时,应立即关闭发动机,拔下火花塞导线,仔细检查切割装置和其他部件的受损情况,必要时进行更换或修理 ,要确保一切正常后才能再次启动发动机作业。作业中,不要触摸发动机散热片和消声器,以免烫伤,同时也不要在机器运行中给发动机加油。

　　⑤ 当草坪草植株太高(超过 12cm 时),修剪应分两次或多次进行。当草坪修剪机穿过人行道、道路、碎石路时,要脱开刀片离合器,停止刀片转动。

　　⑥ 平时要经常检查刀片磨损情况,当发现刀片弯曲、出现裂缝或缺口等损坏时,必须立即更换新刀片。为了安全和保持良好的切割性能,每两年应更换刀片一次。还要经常检查紧固刀片的螺栓,防止松动,并及时更换损失的螺栓。

　　(2) 调整修剪高度。使用草坪修剪机,往往要调整修剪的高度。旋刀式修剪机是调节行走轮到相对于盘体的高度,行走轮升高,则盘体高度降低;反之下降高度升高。常见的调节方式是:从齿槽板的一个齿槽中拔出调节手柄,再将其插入到另一个齿槽中以改变走轮的相对高度。4 个轮子都要用相同的方法调整,使各行走轮的修剪高度调节手柄都处于相同位置上,这样才能保证统一的修剪高度,使修剪后的草坪平整美观。

　　(3) 步行操纵旋刀式草坪修剪机把手高度调节。一般步行操纵旋刀式草坪修剪机的把手架由上下 2 个把手架组成,是可以折叠的。改变把手架的倾斜度就能改变把手的高度,操作者可根据自己的需要进行调节。

9.4.1.2　草坪通气机械

　　由于种种原因,草坪土壤逐渐变得密实,甚至板结,导致草坪土壤失去通气性和透水性,致使草坪生长不良。草坪通气机(见图 9.38)可对草坪定期进行通气养护,使空气、水分、肥料能直接进入草根部吸收,还能切断部分根茎和盘根交错的葡匐根,以刺激新根生长,使草坪复壮。一般草坪使用寿命约为 6 年,如精心养护,特别是定期进行通气养护,草坪寿命能够延长 5 倍左右。因此,对草坪进行通气养护是非常必要的。

　　草坪通气机械的刀具有多种多样,目前大都采用空心管刀。空心管刀除打洞、通气、切根

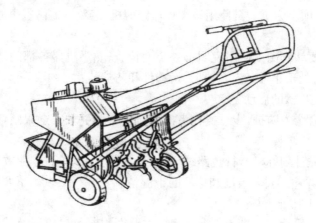

图 9.38   步行操纵自走式打洞通气机

外,还可将洞中土壤带出,在不破坏草坪的情况下更新草坪土壤,有利于肥料进入草株根部。

9.4.1.3   草坪整理和清扫机械

1) 草坪修边机

草坪修边机是用于修整草坪边界的机械。草坪通过修整以切断蔓延到草坪界限以外的根茎,使草坪边缘线条整齐美观。小面积草坪上的修边一般使用手持式修边机,其结构与手持式割灌机相同。

2) 草坪疏草机

草坪疏草机是用于清除草坪枯草层的机械。在草坪上往往堆积着由枯死的叶、茎形成的枯草层,阻碍空气、水分和肥料渗入土壤中,导致土壤贫瘠,使草株的根系向上,抗性降低,在干旱季节或严寒冬季将导致草株死亡。另外超厚的枯草层是病虫害及细菌的孳生场所,易引起草坪病虫害的发生和蔓延。利用草坪疏草机进行疏草疏根,能有效地清除枯草层,改善表土的通气透水性能,减少杂草蔓延,促进草坪健康生长。

3) 草坪清扫车

草坪清扫车主要用于清扫草坪上的烟斗、果皮、纸屑和垃圾,以及落叶和修剪下来的草屑。草坪清扫车的工作方式有机械式和气吸式两种,多数草坪清扫车同时安装这两种清扫装置。

9.4.2   园林绿地养护机械

9.4.2.1   中耕除草机

对于城市园林绿地,杂草丛生有碍观瞻,而且树木根部杂草与树木争夺养分、水分,特别是对于新栽植的乔灌木以及浅根性树影响更大,因此,及时除杂草是园林树木养护的重要内容之一。

中耕除草机又称除草松土机,是具有可中耕松土和消除杂草双重作用的机械。中耕除草机按作业可分为行间除草松土和株间除草松土2类;按动力可分为自走式、牵引式和悬挂式3

类;按主要工作部件可分为旋耕式、圆盘式和铲式 3 类。

9.4.2.2　绿篱修剪机

1)绿篱修剪机

绿篱修剪机是用于修剪绿篱、灌木丛和绿墙的机械。通过修剪可控制绿篱、灌木丛和绿墙的高度及藤本植物的厚度,并可进行造型,使绿篱、灌木丛和绿墙成为理想的景观。按切割装置结构和工作原理,绿篱修剪机可分为刀齿往复式(见图 9.39)和刀齿旋转式(见图 9.40)两种;根据动力的不同,可分为电动、汽油机和液压式;根据整机结构,可分为便携式和悬挂式两大类。目前,以手持往复便携式绿篱修剪机,动力为电动的和小汽油机的最普遍。其中,往复式绿篱修剪机刀齿间距约为 32~34mm,刀齿的切割速度约为 1.0~1.4m/s,能够修剪的灌木丛表面枝叶茎秆的直径一般为 2~5mm,最大为 10~12mm,割幅一般为 30~80cm。

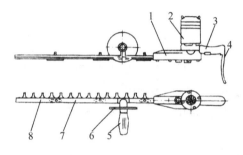

图 9.39　往复式单面刀绿篱修剪机
1—传动机构　2—电动机(或汽油机)　3—右把手　4—电缆　5—左把手　6—护手板　7—导向刀杆　8—切割刀齿条

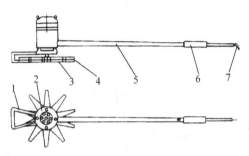

图 9.40　电动旋刀式绿篱修剪机
1—定刀架　2—电动机　3—定刀片　4—动刀片　5—操纵杆　6—把手　7—电缆

2)维修保养

在每次修剪前,必须要检查各零部件是否完好,是否能够正常发挥作用,要检查切割装置的运动情况和刀齿的锋利程度。发现零部件损坏的应立即修复或更换。为使操作时更为轻松,并延长刀齿的使用寿命,动刀与定刀间的间隙要调整适当,两者的间隙为 0.1~0.4mm,调整或刃磨后必须加润滑油。正确的刀齿刃磨,则使刀齿锋利,以便操作轻松,提高工作效率。

3)操作规程

(1)要先检查作业面的绿篱、灌木或藤本植物的情况,去掉树根、枝条处的枯枝、铁丝、电线等硬杂物;计划好操作路线,看好操作位置。不能在雨中和潮湿的条件下使用,禁止湿手操作。

(2)要保护好电缆,尽量避免电缆受损。要避免电缆与发热面、润滑油和刀齿接触。

(3)要保护好操作员人体各部位不受切割装置的伤害,穿工作服、束发、戴帽、戴手套。机具一开动,操作员的两手就要握在把手上,不能单手操作。禁止用手拨弄树木枝条或接近刀齿,不能把防护板当做把手使用。非操作员,特别是儿童应远离操作点。

9.4.2.3　割灌机

割灌机是可置换多种切割件的便携式割草割灌木的机械,是城市绿地养护常用的机具。

便携式割灌机按结构形式可分为硬轴手持式、硬轴侧挂式（见图9.41）和软轴背负式；按动力可分为内燃割灌机和电动割灌机，其中电动割灌机重量较轻，且以手持为主。

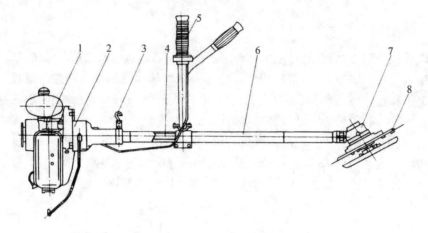

图9.41　硬轴侧挂式割灌机

1—动力机　2—离合器　3—吊挂机构　4—中间传动轴　5—把手和操纵机构　6—套筒　7—减速器　8—切割装置

电动手持式割灌机使用更为方便，电动机的功率为517～1 000W不等，切割件为直径约2.0mm的尼龙索，其切割圆最大直径约38cm。该机械主要用于割草和草坪切边，还用于墙角台阶边和乔灌木根部周围的除草等。

便携式割灌机工作装置的切割件有多种类型，有尼龙索，有3齿、4齿、8齿金属片，有多齿圆锯片等，可根据不同场所不同作业对象，选用不同的切割件。当用尼龙绳索作切割件时，可用于庭院、行道树间，街心花园等小块绿地的草坪修剪、切边以及清除稀软杂草等作业。以3～4齿金属片作为切割件时，可用于浓密粗秆杂草及稀疏灌木的割除作业。多齿金属片或圆形锯片作为割件时，可进行野外路边、堤岸和山脚坡地的浓密灌木的割除作业以及乔木整形、修枝等作业。

9.4.2.4　油锯

油锯是手持式汽油动力链锯的简称，有高把油锯和低把油锯两种类型，如图9.42所示，主要用于树木的整形修枝、伐木等。在城市绿化中，主要使用小型矮把油锯。这种油锯结构紧

图9.42　油锯的类型

(a)高把油锯　(b)矮把油锯

凑,重量轻,使用方便,可用于树木整形修枝、伐除径级不大的病树和老树,如在高台车的配合下可用以锯除阔叶乔木的秃顶和造型整枝。

当油锯的锯链变钝时要进行锉磨使其更加锋利。锉磨主要是对左右切削齿进行锉磨。要用专用的锯链圆锉,进行手工锉磨是简易可行的方法。锉磨完毕后,应将油锯锯链在汽油中清洗而后晾干,再浸泡在油中。第二天使用前再把油锯锯链与导板一起安装好。新安装的锯链要进行紧张度的调试。

9.4.2.5 喷雾机

植物的病虫害防治机械是植物保护机械的主要部分,种类很多,按喷施药剂的种类分成喷雾机、喷粉机、喷烟机、撒粒机等;按液体药剂雾化的方式分成液力喷雾机、气力喷雾机(弥雾机)、热力喷雾机、离心喷雾机(超低量喷雾机)、静电喷雾机等;按机械型或分为背负式、担架式、手持式、拖拉机牵引式、拖拉机悬挂式和车载式等。在园林绿化作业中使用的病虫害防治机械主要有:用于花卉的各种小型手持式喷药器具;用于草坪、绿篱、灌木丛的背负式液力喷雾机、背负式喷粉喷雾机、步行操纵或乘坐操纵小型液力喷雾机和超低量的或静电的喷雾机;用于乔木的液力喷雾车、风速喷雾车、牵引式静电喷雾机以及树干注射器等。这些机械中,有的是农作物病虫害防治机械,有的是根据园林绿化植物的实际情况在农作物防治机械的基础上改装制成,有的是专门设计研制的;高射程喷雾车是专门设计研制的典型代表。

园林植物病虫害防治机械的发展方向是:更新机型、增加品种,特别是发展污染少、节省药剂的机型,如气力喷雾机、超低量喷雾机、静电喷雾机等;研制新型喷洒部件,改变其品种单调、技术落后的局面,并使一台机器配有几种不同的喷洒部件,以满足不同植物、不同病虫害的防治需要;规范喷洒技术,充分发挥药剂和机械的作用,提高施药效果,并尽可能减少药剂对操作人员以及周围环境的污染。

1)背负式喷雾器

(1)使用方法。背负式喷雾器是在日常园林绿化植保工作中普遍使用的园林植保机械,如图9.43所示。使用前,应详细阅读产品使用说明书,按要求进行操作。背负式喷雾器不仅可喷洒药物,还可喷洒液体肥料。

① 安装。安装前首先应按照产品说明书检查各部件是否齐全,各接头处的垫圈是否完好。安装时将各零部件按说明书依次连接,并拧紧连接螺纹,防止漏气、漏水。

② 总体检验。

(a)揿动摇杆。检查吸气和排气是否正常。如手感有压力,能够听到喷气声,说明泵筒完好,亦可在皮碗上加几滴机油来测试。反之,泵筒中的皮碗已经收缩变硬,应取出皮碗,将其放在机油中浸泡,待胀软后再装上使用或直接换新的皮碗使用。

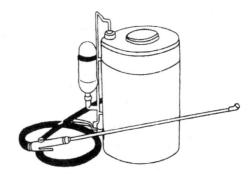

图9.43 背负式喷雾器

(b)喷雾试验。在药箱内加入适量清水,揿动摇杆进行喷雾试验。检查各运动零部件是否灵活,有无磕碰、卡死现象。喷雾时看雾流是否均匀,有无断续现象发生。检查各零部件及连接处是否渗漏,必要时可拧紧连接件或更换垫圈等。

(c) 使用前的准备。根据不同植物种类、生长期和病虫害种类等,选择适当孔径的喷片。喷片孔径大时,喷雾量大,雾点较粗;反之,喷雾量小,雾点细。若在喷片下面增加垫圈,则使涡流室变深,雾化锥角度变小,射程变远,雾点变粗。同时,装喷片时要注意喷片圆锥面向内,否则影响喷洒质量。进行低容量喷雾时,可使用孔径为 0.7～1.0mm 的喷片;进行常规喷雾时,使用孔径为 1.3～1.6mm 的喷片。还可根据需要选择低容量或常量的扇形喷雾嘴。选择陶瓷喷片或扇形喷雾嘴时,要加长螺母,以便于固定。在作业前,皮碗和摇杆轴转动处应加适量润滑油。根据操作者的身材,将药液桶背带调节好,以操作时舒适为宜。

③ 操作方法。背负作业时,应先揿动摇杆数次,使气室内的气压达到工作压力后再打开开关,边喷雾边揿动摇杆。如感觉到揿动摇杆沉重时,不能过分用力,以免气室爆裂,应排除故障后再行作业。

④ 注意事项。

(a) 灌注药液。向药液桶内灌注药液时,应用过滤网过滤,并关闭开关,以免药液流出。灌注的药液不要超过桶壁上所示最高水位线,灌注后应立即拧紧桶盖。作业时,桶盖上的通气孔应保持通畅,以免药液桶内形成真空,影响药液的排出。空气室中的药液超过安全水位线时,应立即停止打气,以免空气室爆裂。

(b) 背负作业时,操作人不可过分弯腰,以防药液从桶盖处溢出流淌到身体上。禁止用喷雾器喷洒腐蚀性液体,以免损坏器械。

(2) 维护保养。

① 每天使用结束后,应将桶内残液倒出,用清水冲洗桶内部,并清洁各部分,然后放置通风干燥处存放。若长期存放,应用温淡碱水清洗,再用清水清洗并擦干桶内积水。

② 所有皮质皮碗及垫圈储存时应浸泡在机油中,以免干缩硬化。

③ 长期存放时应将桶盖打开,拆下喷射部件,打开直通开关,流尽积水,倒挂在干燥阴凉处。

④ 凡活动部件和塑料接头连接处,应涂黄油防锈,但橡胶件切勿涂油。所有塑料件均不能用火烤,以免变形,老化或损坏。所有零部件、备用件、工具等均应存放在同一地点,分类妥善保管,以免散失。

⑤ 如使用喷雾器时发生故障,应立即停止作业并及时检查故障原因,给予排除或进行维修。

2) 背负式喷雾喷粉机

背负式喷雾喷粉机是采用气流输粉、气压输液和气力喷雾的原理,由汽油机驱动的小型便携式机具,是一种多用途的喷洒机械。这种机械以喷雾为主,射程达 15～18m,通过更换少量部件也可喷粉,在园林绿化中用于草坪、灌木、花卉、绿篱以及苗圃中低矮植物病虫害的防治,应用普遍,如图 9.44 所示。

(1) 主要部件。背负式喷雾喷粉机是由发动机、机架总成、风机、药箱、喷洒部件等组成。

(2) 使用时注意事项。

① 作业前,应先按照汽油机有关操作方法检查油路和电路,然后启动,确保汽油机工作正常。

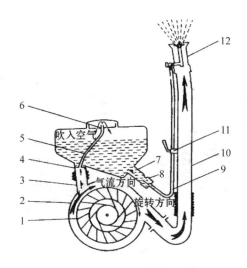

图 9.44 背负式喷雾喷粉机工作原理
1—叶轮 2—风机壳 3—出风筒 4—进气塞 5—进气管 6—过滤网组合
7—粉门体 8—出水塞 9—输液管 10—喷管 11—开关 12—喷头

② 喷雾作业时,全机应安装和调整到喷雾状态。加药液前,应用清水试喷一两次,检查各处有无渗漏。加药一般加到药箱的 4/5 处,以免药液过满从过滤网出口溢进风机壳中。药液要过滤,以免将喷嘴堵塞。加添药液时,可以不停机,但发动机要处于怠速状态。

③ 背负式喷雾喷粉机属漂移性喷洒,应采用侧后喷洒方式,即喷洒方向与前进方向垂直,以免药液加害操作者。喷洒时,要严格按预定喷量大小和行进速度进行,以保证喷洒均匀。向低矮的草坪或灌木喷洒时,应将弯管朝下,以防止雾滴向上飞扬。喷药时,发动机要稳定在额定转速。

④ 喷粉作业时,全机应安装和调整到喷粉状态。添加粉剂时,应将粉门关好;粉剂要干燥,不得含有杂物和结块。加粉后应即旋紧药盖。使用长薄膜管喷粉时,应先将长薄膜管安装好,再加大油门,使长薄膜管吹鼓起来,然后调整粉门喷撒。前进中应随时抖动长薄膜管,以防止喷管末端存粉。

⑤ 应特别注意防止中毒,除侧向喷洒外,还应随时注意风向,严禁顶风作业和迎风喷洒。作业时,操作者必须戴一次性口罩。作业背机时间不要过长,应以 3～4 人为一组,轮流背负交替作业。如发现有中毒症状时,应立即停止作业,求医诊治。

⑥ 每天工作完毕都应对机具机械进行保养,要特别注意药箱内不得残存药液或粉剂,要排空后用清水洗刷药箱,尤其是橡胶件更要注意清洗。还要清理机器表面的油污和灰尘。在喷粉作业时,更应勤擦,每天清洗发动机的化油器和空气滤清器等。

3) 其他大型病虫害防治机械

(1) 担架式打药机(见图 9.45)和推车式远射程喷雾机。担架式打药机和推车式远射程喷雾机效率高、用药省、防治成本低、弥漫性好、附着力高,同时重量轻、体积小、移动方便、操作简单,还可配置喷雾枪,适合不同的场合作业。

(2) 车载式高射程喷雾机(见图 9.46)。车载式高射程喷雾机特点是噪声低、射程远(垂直射程 2～35m)、穿透性好、操作方便、由程序控制、遥控操作、低量喷雾、药剂利用率高、污染

图 9.45　担架式打药机

图 9.46　车载式高射程喷雾机

小、成本低、劳动强度低、工作效率高，适用于各种防护体、高速公路两旁绿化树、城市行道树等高大林木的病虫害防治，以及大面积农林病虫害防治和城市绿化、大型体育场等室外场所的杀菌灭虫。

9.4.2.6　园林绿地保洁机械

1）园路清扫车

园路清扫车由载重汽车改装而成，主要用于清扫公园园路、广场，以及城市街道等硬质路面。机械清扫装置有立扫刷、卧扫滚刷，还有气吸清扫装置，构成混合式清扫方式，皆由液压马达驱动。为防止清扫时扬尘，在扫刷作业范围内采用水喷雾进行压尘。

2）手持吹气/吸气两用清扫机

手持吹气/吸气两用清扫机，既能以吹气方式清扫，又可以以吸气方式清扫，使用范围很广，见图9.47。它通过风机产生高速气流，能将乔木、灌木绿篱边或树缝里的垃圾或沟槽、洞穴缝隙中的垃圾吹或吸出来，而这些地方也是一般清扫机很难清扫的。吹出来的垃圾可采用其他方式清除掉；吸出来的垃圾，集中在垃圾收集袋内。草坪修剪后，散落在园路、人行道或花坛上的草屑，也可用吹气机吹到草坪上，以保持这些场所的整洁与美观。这种机器吹吸气互换操作很简单，使用也很简便。

图9.47 手持吹气/吸气两用清扫机

(a) 吹气清扫 (b) 气吸清扫

3）枝桠粉碎/削片机

灌木、绿篱等在养护过程中，产生大量的枝桠、树叶等废弃物，这些废弃物可通过枝桠粉碎/削片机(见图9.48)处理后，变成可以再利用的原料。经粉碎的小枝桠和树叶可沤制成肥料或燃料或裸露地的覆盖物；较大枝桠能削成木片可作为纸浆或人造板原料。

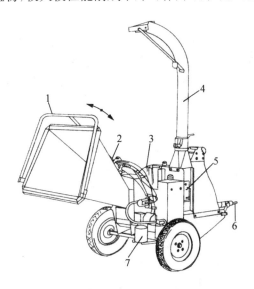

图9.48 枝桠粉碎/削片机

1—进料装置 2—进料辊液压马达 3—切削装置 4—出料管 5—液压系统油箱 6—动力输入轴 7—机架

4）树桩刨除机

树桩刨除机主要是可以刨除残留在地面的枯死树根（见图 9.49）。

图 9.49　树桩刨除机

9.5　园林绿化机具的使用安全常识与注意事项

9.5.1　作业前的准备

9.5.1.1　人员准备

1）阅读说明书

操作人员应认真阅读机械使用说明书，熟悉机械的结构原理及正确操作，不允许儿童和未经过培训的成年人操作使用。

2）劳动保护

操作人员要穿合格的劳动防护服，要穿长裤和不露脚趾的鞋，要戴防护帽和护目镜，不留披肩长发，不戴首饰。操作人员的身体状况要符合工作要求，不得疲劳操作，不得酒后操作。

9.5.1.2　机械准备

1）检查部件

检查各部螺栓有无松动，对关键部件要特殊检查。

2）启动

启动时和行走前应处于空挡或离合器处于分离位置。工作装置离合装置也应处于分离位置。

3）防护设施

机械各传动以及旋转工作置等的防护板及防护罩应安装正确并完整。

4）检查机油位置

使用前，应将机械置于水平地面上，将油尺口擦净，取出油尺检查油位是否在油尺刻度线以内，不足时应从机油口缓慢加入机油，到油尺上的满刻度线即可，不可过量加油。

5）检查油箱

当油箱燃油不足时，应加燃油。机油与汽油的比例应按说明书要求配兑。首先拧下燃油箱盖，将配兑好的燃油加入油箱，但不要加满，以留出膨胀空间。拧紧油箱盖，同时擦净溅出的油污。加油时，在油箱四周严禁烟火。

9.5.1.3 随机工具

作业时均需要携带随机工具及易损件和附件。必要时应携带随机附件与主机间的接件。

9.5.1.4 带好燃料油

小型机械的油箱容量有限，应随机携带燃料油。其中汽油是易燃易挥发的物质，应远离火源，并应存放在专门的容器中。机油应与汽油按比例配兑好。配兑方式是，首先向适量机油加入少量汽油，盖上盖子轻微摇动使其充分混合，然后再加入余量汽油。

9.5.1.5 清除作业地域

操作前，应勘察作业地域有无砖头、石块、建筑渣物，树枝以及坑洼、斜坡等，应清除地面异物，要及时躲避地面坑洼和斜坡，以免发生事故。高空作业时应对四周环境空间情况注意仔细观察，如电线、栅栏、建筑物等，以便确定正确的作用路线，确保安全。

9.5.1.6 注意安全

操作人员应注意观察作业地域周围环境，与作业无关人员应远离操作现场。操作人员在整个操作过程中，应随时预防危险和紧急情况的发生，造成人和财产损失。

9.5.2 作业操作规则管理

园林绿化管理要求在办公室内建立病虫害管理档案，应该有专职人员对病虫害防治管理，对常见病虫害的类型和周期建立挂图和防治管理规章制度；对防治病虫害的机械设备建立挂图，指定责任人员和维护保养人。

（1）从发动机启动开始到全部工作过程，直到作业告一段落停机，都要必须随时注意机械状况。在发动机启动前，虽经调试，还应将转动装置的离合器脱开，待发动机平稳启动后，一切正常并平稳结合离合器，使用者切不可粗心大意。在机械运转过程中，注意是否出现异常状况，如有异常响声、振动、气味等，有仪表盘的机械要时刻注意仪表盘是否正常，一旦出现异常，应立即停机，查找原因，处理后方可开机作业。

（2）作业过程中，要不断目测检查作业效果及质量，甚至定时停机检查。作业质量，最能够反映机械工作部件的状态是否正常，如通过割茬整齐与否可判断刀片是否锋利，通过铣削工作稳定情况可判断盘式铣刀是否磨钝。可安排他人检查，亦可在停机状态下由作业者自己检查。

（3）若工作中需添加燃油则必须一定要停机加注，严禁在机械运转时加注，并严禁加注燃油时靠近明火或吸烟。添加燃油后，盖好油箱盖，擦去油污。如果加注时不慎将燃油滴落在地面应该将油剂清除，不得将机械设备停留在有落油区域。

（4）作业中需更换工作部件或零配件时，应尽量在开阔场地域完全停机后更换。在进行擦拭、清洗、检查、维修、调校等工作之前，必须将发动机灭火拔掉火花塞高压线，并使高压线接头远离火花塞，避免机械被意外启动，以确保安全。

（5）机械的维护和保养均应按照各种机械说明书的要求进行定期检查，要严格遵守正确的操作规范操作，做好机械的维护、调整和保养等，并建立保养记录簿。特别注意运动件和转动件的工作可靠性能，如油锯、割灌机以及草坪机械等切削部件的锋利程度等。

（6）机械在使用过程中出现的影响正常工作的障碍或异常现象，称为故障。机械有了故障，就是说机械的设备或系统或某零部件已经丧失其规定性能的状态，而这种状态只能在机械运转状态中显现出来，若机械停止不动，便无从发现，因此故障是在使用中发现和排除的。

要正确判断及排除故障，很大程度上取决于经验，这要在作业使用中逐渐积累。对于通常所说的出现异常或缺陷，故障处于萌芽状态，此时即应注意仔细观察，及时排除异常情况，避免故障的形成。必须强调的是，当出现故障时，绝不要乱拆乱卸，而应在熟悉机械结构的基础上，从动力、转动、工作装置、操作机构等各系统按顺序查找原因，逐一排除；先查外部机件，再查管路、线路和封闭的机械部件；先检查易于发现、易于解决的油、电系统，再查机械转动系统等。

9.5.3　机械的保养、封存保管

作业完成后，将机械从作业地回到存放地时，一定要使机械发动机完全冷却后放置，且不要停放在易于产生火花或靠近火源的地方。严寒的冬天，若放置在无取暖设备的地方，应放净水箱中的水。除此还应完成擦拭、检查、紧固、润滑以及下次或次日作业的准备工作等。

9.5.3.1　机械的保养

（1）擦拭：在机械停放地，应将机械外表擦净，清楚看出机械各部位，以确保无碰伤或损坏；对于切削部件应清除挤塞在上面的枝桠、草、土等杂物，并擦净。

（2）检查：检查机械各部分状态：确定有无松动、损坏或碰伤；检查切削部件（如往复修剪刀片、旋转刀片、锯链等）有无裂纹、刃部是否损坏或磨钝等。

（3）紧固和更换：如检查出有问题，应予以解决，如紧固松动的螺栓和销钉等，修理或更换的零部件，磨钝的切削部件应及时刃磨以恢复其锋利等。

（4）加注润滑油：按说明书的要求，对运动部位，轴承等各润滑点要加润滑油。

（5）做好下次作业准备：按照下次作业内容，安装好工作部件以及随机应带物品，做好准备工作。依次完成上述工作后，应书写工作日志，记录当次或当日作业内容、工作情况和完成量，遇到的问题以及解决的办法，要详细记录作业中出现的故障和排除方法等，还要记录当日的油耗、易损件等消耗情况，初步核算成本，以及经手人签名等。

9.5.3.2　机械的封存、保管

（1）建立健全机械设备存放保管制度，要有专人保管，防止乱拆乱卸，防止零部件的损坏或丢失。动力机械与机具应放置在库房内，并务必放净水。长轴、长刀杆等细长零部件应垂直悬挂在墙上或放置在架上，以防止变形而无法使用。对于裸露部件以及调整支杆、螺栓等，应涂油防锈。对于薄钢板制件应油漆；油漆脱落的应重新油漆，以防锈蚀。存放机械时，要做到排放整齐平稳，以防止因放置不平受力不均而变形；对于有升、降两个位置的机具工作部件均应处于下降的位置；对于金属轮子或与地面接触的部件，均应垫上木板或砖块，以防止锈蚀。

（2）长期封存与保管小型汽油机时，应将燃油箱内的燃油在冷却后排放干净。燃油排放后，启动发动机使其空转，直到燃油全部耗尽、发动机逐渐停止转动。为了确保燃油排放干净，可再重复启动一次。然后，取下火花塞，向火花塞孔内注入适量的机油，拉动启动绳，让汽油机慢慢转动，使机油均匀地分布在活塞、活塞环、曲柄连杆、气缸等处，最后重新装上火花塞，但是不接导线。

上述工作进行完毕后，将汽油机摆放在货架上或置于箱子中，以待重新使用。下次使用时，应先取下火花塞，拉动启动绳，让汽油机迅速转动。吹出气缸内多余的机油，清洁火花塞，向燃油箱注入新鲜燃油后，装上火花塞、高压线，按照启动程序进行启动，开始新一轮的使用。

思考题

1. 简述挖坑机的施工作业原理。
2. 混凝土振动机有哪几种？各适用于哪种类型的工程施工？
3. 分别简述割灌机、绿篱修剪机、油锯的功能特点。
4. 单斗挖土机有哪些施工作业方式？各有哪些特点？
5. 什么是液压移植机？一般有哪些功能？
6. 举例说明各类园林机械安全使用的具体要求。
7. 结合当地园林机械市场的调研，按不同类别总结各类园林机械的应用优势。
8. 结合当地园林工程现场的调研，试述园林机械在园林工程中的应用现状和发展趋势。

参考文献

[1] 陈科东. 园林工程[M]. 北京:高等教育出版社,2002.

[2] 赵兵. 园林工程学[M]. 南京:东南大学出版社,2003.

[3] 张文英. 风景园林工程[M]. 北京:中国农业出版社,2007.

[4] 袁海龙. 园林工程设计[M]. 北京:化学工业出版社,2005.

[5] 陈永贵,吴戈军. 园林工程[M]. 北京:中国建材工业出版社,2010.

[6] 孟兆祯. 园林工程[M]. 北京:中国林业出版社,1996.

[7] 杨育德. 园林工程[M]. 武汉:华中科技大学出版社,2007.

[8] 蓝先琳. 园林水景[M]. 天津:天津大学出版社,2007.

[9] 闫宝兴,程炜. 水景工程[M]. 北京:中国建筑工业出版社,2005.

[10] 陈祺. 山水景观工程图解与施工[M]. 北京:化学工业出版社,2008.

[11] 王希亮. 园林绿化工任职晋级必读[M]. 北京:中国建筑工业出版社,2011.

[12] 顾正平,沈瑞珍,刘毅. 园林绿化机械与设备[M]. 北京:机械工业出版社,2002.

[13] 李世华. 市政工程施工图集道路工程[M]. 北京:中国建筑工业出版社,2001.

[14] 陈国平,谭延平,田苗宗. 压实机械日常使用与维护[M]. 北京:机械工业出版社,2010.

[15] 易军. 园林工程材料识别与应用[M]. 北京:机械工业出版社,2009.

[16] 周武忠. 园林植物配置[M]. 北京:中国农业出版社. 2004.

[17] 朱钧珍. 中国园林植物景观艺术[M]. 北京:中国建筑工业出版社,2003.

[18] 中国建筑东北设计研究院. 民用建筑电气设计规范(JGJ/T-92). 北京:中国计划出版社,1993.

[19] 全国民用建筑设计工程设计技术措施/给水排水分册编写组. 给水排水[M]. 北京:中国计划出版社,2009.

[20] 中国城市建设研究院. 风景园林绿化标准手册[M]. 北京:中国标准出版社. 2004.

[21] 中华人民共和国建设部. 建筑照明设计标准(GB 50034-2004). 北京:中国建筑工业出版社,2004.

[22] 中国建筑标准设计研究院. 环境景观——绿化种植设计(S). 北京:中国建筑标准设计研究院,2003.

[23] 中华人民共和国住房和城乡建设部. 城市园林绿化评价标准(GB/T505632-2010). 北京:光明日报出版社,2010.